“十二五”职业教育国家规划教材
经全国职业教育教材审定委员会审定

VISUAL FOXPRO CHENGXU SHEJI

Visual FoxPro 程序设计

（第4版）

李淑华 主编

高等教育出版社·北京

内容简介

本书是“十二五”职业教育国家规划教材。

本书主要介绍 Visual FoxPro 6.0 系统的基础知识和项目管理器的使用，简单介绍面向对象程序设计的基本概念；较详细地介绍数据库的建立和表的有关操作、数据库管理的操作、查询与视图、程序设计的常用命令和基本结构、报表和标签设计的方法等；详细地介绍常用控件的程序设计、数据表的表单程序设计、菜单等设计方法；主要介绍一个人事管理系统实例；最后介绍 SQL 语言和常用函数的使用。

本书由浅入深、通俗易懂，可作为各类高等学校数据库应用课程的教材，也可供参加计算机等级考试二级 Visual FoxPro 程序设计的考生学习参考，同时也适合各类信息管理人员学习参考。

图书在版编目(CIP)数据

Visual FoxPro 程序设计/李淑华主编 .—4 版 .—北京：高等教育出版社，2014.8（2016.12 重印）
ISBN 978-7-04-040389-3

Ⅰ.①V… Ⅱ.①李… Ⅲ.①关系数据库系统-程序设计-高等职业教育-教材 Ⅳ.①TP311.138

中国版本图书馆 CIP 数据核字(2014)第 133182 号

策划编辑 许兴瑜　责任编辑 许兴瑜　封面设计 张雨微　版式设计 余 杨
责任校对 刘春萍　责任印制 毛斯璐

出版发行 高等教育出版社
社　　址 北京市西城区德外大街 4 号
邮政编码 100120
印　　刷 北京玥实印刷有限公司
开　　本 787mm×1092mm 1/16
印　　张 24
字　　数 580 千字
购书热线 010-58581118
咨询电话 400-810-0598
网　　址 http://www.hep.edu.cn
　　　　 http://www.hep.com.cn
网上订购 http://www.landraco.com
　　　　 http://www.landraco.com.cn
版　　次 2004 年 8 月第 1 版
　　　　 2014 年 8 月第 4 版
印　　次 2016 年 12 月第 4 次印刷
定　　价 35.00 元

物 料 号 40389-00

出版说明

教材是教学过程的重要载体,加强教材建设是深化职业教育教学改革的有效途径,推进人才培养模式改革的重要条件,也是推动中高职协调发展的基础性工程,对促进现代职业教育体系建设,切实提高职业教育人才培养质量具有十分重要的作用。

为了认真贯彻《教育部关于"十二五"职业教育教材建设的若干意见》(教职成〔2012〕9号),2012年12月,教育部职业教育与成人教育司启动了"十二五"职业教育国家规划教材(高等职业教育部分)的选题立项工作。作为全国最大的职业教育教材出版基地,我社按照"统筹规划,优化结构,锤炼精品,鼓励创新"的原则,完成了立项选题的论证遴选与申报工作。在教育部职业教育与成人教育司随后组织的选题评审中,由我社申报的1338种选题被确定为"十二五"职业教育国家规划教材立项选题。现在,这批选题相继完成了编写工作,并由全国职业教育教材审定委员会审定通过后,陆续出版。

这批规划教材中,部分为修订版,其前身多为普通高等教育"十一五"国家级规划教材(高职高专)或普通高等教育"十五"国家级规划教材(高职高专),在高等职业教育教学改革进程中不断吐故纳新,在长期的教学实践中接受检验并修改完善,是"锤炼精品"的基础与传承创新的硕果;部分为新编教材,反映了近年来高职院校教学内容与课程体系改革的成果,并对接新的职业标准和新的产业需求,反映新知识、新技术、新工艺和新方法,具有鲜明的时代特色和职教特色。无论是修订版,还是新编版,我社都将发挥自身在数字化教学资源建设方面的优势,为规划教材开发配备数字化教学资源,实现教材的一体化服务。

这批规划教材立项之时,也是国家职业教育专业教学资源库建设项目及国家精品资源共享课建设项目深入开展之际,而专业、课程、教材之间的紧密联系,无疑为融通教改项目、整合优质资源、打造精品力作奠定了基础。我社作为国家专业教学资源库平台建设和资源运营机构及国家精品开放课程项目组织实施单位,将建设成果以系列教材的形式成功申报立项,并在审定通过后陆续推出。这两个系列的规划教材,具有作者队伍强大、教改基础深厚、示范效应显著、配套资源丰富、纸质教材与在线资源一体化设计的鲜明特点,将是职业教育信息化条件下,扩展教学手段和范围,推动教学方式方法变革的重要媒介与典型代表。

教学改革无止境,精品教材永追求。我社将在今后一到两年内,集中优势力量,全力以赴,出版好、推广好这批规划教材,力促优质教材进校园、精品资源进课堂,从而更好地服务于高等职业教育教学改革,更好地服务于现代职教体系建设,更好地服务于青年成才。

高等教育出版社

2014年7月

第4版前言

Visual FoxPro 6.0 是为数据库应用程序开发而设计的功能强大、面向对象的编程工具。Visual FoxPro 6.0 数据库是一个关系型数据库，利用它可以设计出丰富多彩的用户界面，并能够管理大量复杂的数据信息，方便用户的操作和使用。数据库系统是应用最广、实用性最强的一种计算机技术，为了进一步满足这种实际需要，编者编写了《Visual FoxPro 程序设计(第4版)》一书。

本书在编写过程中着重突出以下特点：

第一，强调应用性。本书在保持知识系统性的同时，突出应用性。在整体结构和素材的选择上，特别注意实际应用，以满足学生学习和工作的需要。全书可视化实例非常丰富，并附有习题和测试题，可供学生思考和上机操作训练时使用和参考。

第二，提高学生的学习兴趣。本书配有计算机辅助教学(CAI)课件，可充分利用计算机特有的功能，如图形、声音、色彩等，同时采用动画模拟、局部放大等技术手段，向学生提供图文并茂、有声有色的感性素材，可使抽象的内容具体化、微观的内容形象化，开阔学生的视野，激发学生的学习兴趣，使学生产生学习动力，达到良好的学习效果。

第三，注意培养学生的能力。学生通过屏幕上生动的演示来理解和掌握抽象的概念及一些复杂过程，较好地实现直观感觉与形象思维和抽象思维之间的过渡，培养学生的想象能力、思维能力、自学能力和操作能力。

本书重点介绍面向对象程序设计方法，从常用控件的一般使用方法入手到数据表单的设计方法，最后介绍具有代表性的人事管理系统设计实例，体现了知识循序渐进的规律。

书中程序设计例题、程序开发实例的代码全部调试通过。本书另提供与教材配套的电子课件等相关资源，教师可发邮件至编辑邮箱1548103297@qq.com 索取。

本书由李淑华担任主编，张丕振、张翼英担任副主编，李淑华负责整体结构的设计，并编写第1~11章、第14章；张丕振编写第12章；张翼英编写第13章；张朋、张丕振负责电子课件的制作。

尽管在编写过程中编者做了许多努力，但由于水平有限，书中难免存在缺点和疏漏之处，敬请读者批评指正。

编　者

2014年7月

第3版前言

Visual FoxPro 6.0 是为数据库应用程序开发而设计的面向对象编程工具。它能够管理大量复杂的数据信息。Visual FoxPro 6.0 数据库是一个关系型数据库,利用它可以设计出丰富多彩的图形化的界面,方便用户的操作和使用。数据库系统是应用最广、实用性最强的一种计算机技术,为了进一步满足使用的实际需要,作者编写了此书。

本书在编写过程中着重突出以下特点:

第一,强调应用性。本书在保持知识系统性的同时,突出应用性。在整体结构和素材的选择上,特别注意实际应用,以满足学生学习和工作的需要。各章最后都附有习题和实训,可供学生思考和上机操作训练时使用和参考。

第二,提高学生的学习兴趣。本书配有多媒体课件 CAI,可充分利用计算机特有的功能,如图形、声音、色彩等,向学生提供图文并茂、有声有色的感性素材,开阔学生的视野,激发学生的学习兴趣,使学生产生学习动力,达到良好的学习效果。

第三,注意培养学生的能力。学生通过屏幕上生动的演示来理解和掌握抽象的概念及一些复杂过程,可较好地实现直观感觉与形象思维和抽象思维之间的过渡,培养学生的想象能力、思维能力、自学能力和操作能力。

此次改版将所有的操作步骤进行修改,达到了标准化的目的;删除了画图方面的实例,使结构更加完善与合理;增加了常用函数的应用;增加了结构化查询语言(SQL)的应用;介绍了通用的人事管理系统,优化了操作模块的功能,着重讲解了如何使用 SQL 编程。实例体现了查询与检索功能的增强,查询贯穿了大部分模块,使人事管理系统操作简便、流畅,更加富有感染力。

本书由李淑华担任主编,负责整体结构的设计,由张丕振与张翼英担任副主编。李淑华编写第 1 章至 11 章与第 14 章,张丕振编写第 12 章,张翼英编写第 13 章。张朋与刘鑫负责 CAI 课件的制作。本书由朱鸣华老师主审,在此深表感谢。

尽管在编写过程中编者做了许多的努力,但由于水平有限,书中难免有缺点和疏漏之处,敬请读者批评指正。

编　者

2008 年 5 月

第2版前言

《Visual FoxPro 6.0 程序设计》一书自2002年6月出版以来，由于教材突出了面向对象以及丰富的可视化方面实例的特点，在全国各类高校得到了广泛使用，也受到广大专家、教师和学生的好评。

由于“Visual FoxPro 程序设计”作为大学生程序设计的主要的一门课程，同时也是计算机二级考试的主要科目，为了满足各类高校的教学和计算机二级考试的实际需要，本书进行了修订(第2版)。第2版主要增加了结构化查询语言(SQL)的有关内容，并在每章增加了习题。

为了适应多媒体教室和大屏幕课堂教学的需要，与本教材配套的CAI课件已完成了第2版，还制作了电子教案，旨在为广大教师和学生提供最好的教学服务。

为了满足广大学生的自学需要，将教材例题的代码光盘和实训教材题库发到高等教育出版社的网站(http://www.hep.edu.cn)上，供下载。

本书由李淑华担任主编，负责整体结构的设计，并编写第1~11章、第13章、第14章，张翼英担任副主编，并编写第12章，张朋、张翼英与张丕振负责CAI课件的制作。

本书已被教育部选为普通高等教育“十五”国家级规划教材，在此，我们感谢全国各类高校的专家、广大教师对我们工作的支持和关心。

编　者

2004年3月

第1版前言

随着计算机技术的发展和普及，各行各业的管理机构需要由计算机处理大量的信息。选择一个优秀的数据库管理系统作为开发平台，将给日后的信息处理带来极大方便。利用 Visual FoxPro 6.0 可以设计出丰富多彩的用户界面，在用户界面中可以放置各种控制部件，如命令按钮、图形图片、图表等，从而设计出完全图形化的界面，方便用户的操作和使用。Visual FoxPro 6.0 是为数据库应用程序开发而设计的功能强大、面向对象的编程工具。它能够管理大量复杂的数据信息，同时具有很好的安全性和较强的网络功能，能够实现数据的远程访问和存储加工。

微型计算机数据库系统是应用最广、实用性最强的一种计算机技术。为了进一步满足高校教学以及计算机二级考试的实际需要，作者编写了《Visual FoxPro 6.0 程序设计》一书。

本书在编写过程中着重突出以下特点：

第一，强调应用性。本书在保持知识系统性的同时，突出应用性。在整体结构和素材的选择上，特别注意实际应用，以满足学生学习和工作的需要。全书都附有习题和测试题，可供学生思考和上机操作训练时使用和参考。

第二，提高学生的学习兴趣。本书配有多媒体课件 CAI，CAI 充分利用计算机特有的功能，如图形、声音、色彩等，同时采用动画模拟、局部放大等技术手段，向学生提供图文并茂、有声有色的感性素材，可使抽象的内容具体化，微观的内容形象化，开阔学生的视野，激发学生的学习兴趣，使学生产生学习动力，达到良好的学习效果。

第三，注意培养学生的能力。学生通过屏幕上生动的演示来理解和掌握抽象的概念及一些复杂过程，较好地实现直观感觉与形象思维和抽象思维之间的过渡，培养学生的想象能力、思维能力、自学能力和操作能力。

第四，本书重点介绍面向对象程序设计方法，从常用控件的一般使用方法入手，到数据表单的设计方法，最后介绍具有代表性的人事管理应用和工资管理系统设计实例，体现了知识循序渐进的规律。

此书已被教育部选为普通高等教育“十五”国家级规划教材。书中程序设计例题、程序开发实例的代码全部调试通过，其代码及程序设计相关文件均能从高等教育出版社的网站(http://www.hep.edu.cn)下载。

本书由李淑华担任主编，负责整体结构的设计，并编写第1～11章、第13章与附录，由张翼英担任副主编，并编写第12章，张朋与张丕振负责CAI课件的制作。

尽管在编写此书过程中编者做了许多的努力，但由于水平有限，加之编写时间仓促，书中缺点和疏漏之处一定不少，敬请读者批评指正。

编　者

2002年6月

目　录

第 1 章　Visual FoxPro 6.0 概述

Visual FoxPro 是一个关系型数据库软件，主要用于 Windows 环境。由于 Visual FoxPro 需要少量编程就可以建立一个面向对象的数据库应用程序，所以在众多的数据库软件中，Visual FoxPro 脱颖而出，成为一种通用的数据库软件。利用 Visual FoxPro 6.0 可以设计出丰富多彩的用户界面，在用户界面中可以放置各种控制部件，如命令按钮、图形、图片、图表等，从而设计出完全图形化的界面，方便用户操作和使用。

1.1　数据库的基础概念

数据库是按一定方式把相关数据组织、存储在计算机中的数据集合，数据库不仅存放数据，而且还存放数据之间的联系。

1.1.1　数据与数据处理

数据是描述事物的符号。数据的概念有两个方面的含义：描述事物特性的数据内容以及存储在媒体上的数据形式。数据形式可以是多样的，例如，姓名、电话号码、年龄、工资等都是数据。

数据的概念在数据处理领域中已经大大地拓宽了，数据不仅包括各种文字或字符组成的文本形式的数据，而且包括图形、图像、动画、影像、声音等多媒体数据。

数据处理是指将数据转换成信息的过程，通过数据处理可以获得信息，如通过公司的进货量和销售量，就可以知道库存量，从而为进货提供依据。

1.1.2　数据库的产生

计算机管理数据随着计算机的发展而不断发展，利用计算机对数据进行处理经历了以下 4 个阶段。

1. 人工管理阶段

计算机诞生之初，外存储器只有纸带、磁带、卡片等，没有像磁盘这样的速度快、存储容量大、支持随机访问、可直接存储的外存储器。软件方面，没有专门管理数据的软件，数据包含在计算或处理它的程序之中。这一阶段的数据管理任务，包括存储结构、存取方法、输入输出方式等完全由程序员通过编程实现。这一阶段的数据管理称为人工管理阶段。

2. 文件系统管理阶段

20世纪50年代后期至60年代后期，计算机开始大量地用于各种管理中的数据处理工作。大量数据的存储、检索和维护成为紧迫的需求。此时，在硬件方面，可直接存取的磁盘成为外存储器的主流；在软件方面，出现了高级语言和操作系统。

这一阶段的数据处理采取程序与数据分离的方式，有了程序文件与数据文件的区别。数据文件可以长期保存在外存储器上被多次存取，在操作系统的文件系统的支持下，程序使用文件名访问数据文件，程序员只需关注数据处理的算法，而不必关心数据在存储器上如何存取。这一阶段的数据管理称为文件系统管理阶段。

文件系统中的数据文件是为了满足特定的需要而专门设计的，被某一特定的程序使用，数据与程序相互依赖。同一数据可能出现在多个文件中，这不仅浪费空间，而且由于不能统一更新，容易造成数据的不一致和数据冗余。

3. 数据库系统阶段

随着社会信息量的迅猛增长，计算机处理的数据量也相应增大，文件系统存在的问题阻碍了数据处理技术的发展，于是数据库系统便应运而生。

使用数据库技术的主要目的是有效地管理和存取大量的数据资源，包括提高数据的共享性，使多个用户能够同时访问数据库中的数据，减少数据的冗余度，提高数据的一致性和完整性，提供数据与应用程序的独立性，从而减少应用程序的开发和维护费用。

数据库系统从20世纪60年代末问世以来，一直是计算机管理数据的主要方式。

4. 分布式数据库系统阶段

20世纪70年代以前，数据库多数是集中式的，网络技术的发展为数据库提供了良好的运行环境，使数据库从集中式发展到分布式，从主机/终端系统结构发展到客户/服务器系统结构。

1.1.3 数据库系统

1. 基本概念

(1) 数据库

数据库(Database，DB)是存储在计算机存储器中结构化的相关数据的集合。它不仅存放数据，而且还存放数据之间的联系。

数据库中的数据面向多种应用，可以被多个应用程序共享。其数据结构独立于使用数据的程序，对于数据的增加、删除、修改和检索由系统软件进行统一的控制。

(2) 数据库管理系统

数据库管理系统(Database Management System，DBMS)是指帮助用户建立、使用和管理数据库的软件系统，主要包括3部分：数据描述语言(Data Definition Language，DDL)、数据操作语言(Data Manipulation Language，DML)以及其他管理和控制程序。

(3) 数据库应用系统

数据库应用系统(Database Application System，DBAS)是利用数据库系统资源开发的面向某一类实际应用的应用软件系统。一个DBAS通常由数据库和应用程序两部分构成，它们都需要在数据库管理系统(DBMS)支持下开发和工作。

（4）数据库系统

数据库系统（Database System，DBS）是指引进数据库技术后的计算机系统，包括硬件系统、数据库集合、数据库管理系统和相关软件、数据库管理员、用户5部分。

- 硬件系统是指运行数据库系统需要的计算机硬件，包括主机、显示器、打印机等。
- 数据库集合是指数据库系统包含的若干个设计合理、满足应用需要的数据库。
- 数据库管理系统和相关软件包括操作系统、数据库管理系统、数据库应用系统等相关软件。
- 数据库管理员是指对数据库系统进行全面维护和管理的专门的人员。
- 数据库系统最终面对的是用户。

2. 数据库系统的特点

与文件系统相比，数据库系统具有以下特点：

① 数据的独立性强，减少了应用程序和数据结构的相互依赖性。

② 数据的冗余度小，尽量避免数据的重复存储。

③ 数据的高度共享，一个数据库中的数据可以为不同的用户所使用。

④ 数据的结构化，便于对数据统一管理和控制。

1.2 数据模型

在现实世界中，事物之间是存在联系的，这种联系是客观存在的，是由事件本身的性质决定的。例如，学校教学系统中的教师、学生、课程、成绩等都是相互关联的。通常把表示客观事物及其联系的数据和结构称为数据模型。

1.2.1 基本概念

1. 实体

客观存在并且可以相互区别的事物称为实体。实体可以是实际的事物，如教师、职工、部门、单位等，也可以是抽象的事件，如比赛、订货、选修课程等。

2. 实体集

实体集是具有相同类型及相同性质（或属性）的实体集合，例如，某个学校的所有学生的集合可以被定义为实体集Students。

3. 属性

实体通过一组属性来表示，属性是实体集中每个成员具有的描述性性质。将一个属性赋予某实体集表明数据库为实体集中每个实体存储相似的信息。例如，学生可以用学号、姓名、性别、出生日期等属性描述。但对每个属性来说，各实体都有自己的属性，即属性被用来描述不同实体间的区别。

4. 联系

实体之间的对应关系称为联系，它反映了现实事物之间的相互联系。例如，一位学生可以选学多门课程，一个部门中可以有多个职工等。

1.2.2 实体之间的联系

联系(也称关系)可以归纳为:一对一的联系、一对多的联系和多对多的联系3类。

1. 一对一的联系

若对于实体集A中的每一个实体,在实体集B中都有唯一的一个实体与之联系,则称实体集A与实体集B具有一对一的联系。例如,一个部门有一个经理,而每个经理只在一个部门任职,则部门和经理之间具有一对一的联系。

2. 一对多的联系

若对于实体集A中的每一个实体,实体集B中有$n(n>0)$个实体与之联系,反之,对于实体集B中的每个实体,实体集A中至多只有一个实体与之联系,则称实体集A与实体集B具有一对多的联系。例如,一个部门有若干个职工,而每个职工只在一个部门工作,则部门与职工之间是一对多的联系。

3. 多对多的联系

若对于实体集A中的每一个实体,实体集B中有$n(n>1)$个实体与之联系,反之,对于实体集B中的每个实体,实体集A中也有$m(m>1)$个实体与之联系,则称实体集A与实体集B具有多对多的联系。例如,学生和选修课程的联系,某个学生可以选修多门课程,某选修课程也可以被多名学生选修。

1.2.3 数据模型简介

数据库中的数据从整体来看是有结构的,即所谓数据的结构化。各实体以及实体间存在的联系的集合称为数据模型,数据模型的重要任务之一就是指出实体间的联系。按照实体集间的不同联系方式,数据库分为3种数据模型,即层次模型、网状模型和关系模型。

1. 层次模型

层次模型的结构是树形结构,树的结点是实体,树的枝是联系,从上到下为一对多的联系。每个实体由"根"开始,沿着不同的分支放在不同的层次上。如果不再向下分支,则此分支中最后的结点称为"叶"。图1.1所示为某学院的机构设置,"根"结点是学院,"叶"结点是各个教研室。

支持层次模型的数据库管理系统称为层次数据库管理系统,其中的数据库称为层次数据库。

2. 网状模型

用网状结构表示实体及其之间的联系的模型称为网状模型。在网状模型中,每一个结点代表一个实体,并且允许"子"结点有多个"父"结点。这样网状模型代表了多对多的联系类型,如图1.2所示。

支持网状模型的数据库系统称为网状数据库管理系统,其中的数据库称为网状数据库。

3. 关系模型

关系模型是以数学理论为基础构造的数据模型,它用二维表格来表示实体集中实体之间的联系。在关系模型中,操作的对象和结果都是二维表(即关系),表格与表格之间通过相同的栏目建立联系,如表 1.1 所示。

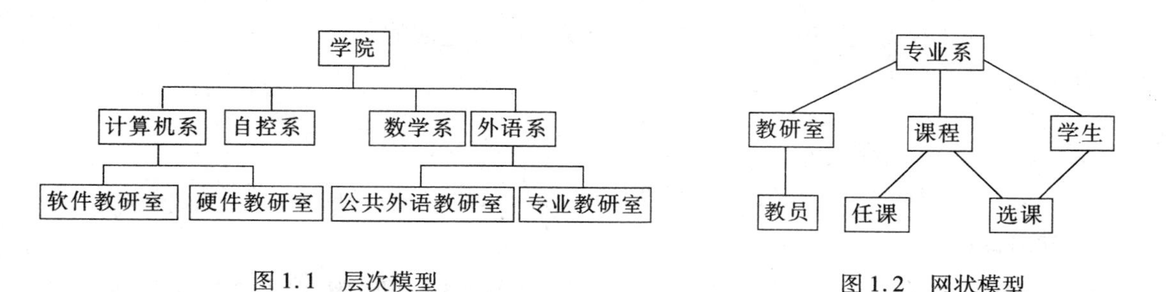

图 1.1 层次模型

图 1.2 网状模型

表 1.1 关 系 模 型

记录号	编号	姓名	性别	年龄	职称	工作时间	婚否	简历	照片
1	1	张黎黎	女	26	助教	05/24/18	.T.	memo	Gen
2	2	李 艳	女	30	助教	09/24/18	.T.	memo	Gen
3	3	刘 强	男	28	讲师	12/24/15	.T.	memo	Gen
4	4	王秋燕	女	30	讲师	10/09/15	.T.	memo	Gen
5	5	姜丽萍	女	30	讲师	10/09/15	.T.	memo	Gen
6	6	陈丽丽	女	32	讲师	09/27/15	.T.	memo	Gen

关系模型有很强的数据表达能力和坚实的数学理论基础,而且结构单一,数据操作方便,最易被用户接受,以关系模型建立的关系数据库是目前应用最广泛的数据库。由于关系数据库具有许多优秀功能,层次数据库和网状数据库均已失去其重要性。

1.3 关系数据库

自 20 世纪 80 年代以来,新推出的数据库管理系统几乎都是基于关系模型的。Visual FoxPro 就是一种关系数据库管理系统。

1.3.1 基本概念

1. 关系与表

关系的逻辑结构是一张二维表,如学籍表、课程表等。在 Visual FoxPro 中,一个关系就是一个"表",每个表对应一个磁盘文件,表文件的扩展名为.DBF。表文件名即表的名称,也就是关系的名称。

2. 属性与字段

一个关系有很多属性(即实体的属性),对应二维表中的列(垂直方向)。每一个属性有一个名字,称为属性名。对于一张二维表格来说,属性就是表格中的栏(列),同栏的数据应具有相同的性质,如"姓名"这一栏就只能填入姓名数据,而不能是其他数据。

在 Visual FoxPro 中,属性表示为表中的字段,属性名即为字段名。

3. 关系模式与表结构

对关系的描述称为关系模型，它是由若干个关系模式组成的集合。一个关系模式对应一个关系的结构。其格式为：

关系名(属性名1,属性名2,…,属性名 n)

在 Visual FoxPro 中对应的表结构为：

表名(字段名1,字段名2,…,字段名 n)

4. 元组与记录

在一个表格(关系)中,行(水平方向)称为“元组”。在 Visual FoxPro 中,元组表示为表中的“记录”。

一个表中可以有多个记录,也可以没有记录,没有记录的表称为“空表”。

5. 域

域是属性的取值范围,不同的属性有不同的取值范围,即不同的域。例如,成绩的取值范围是0~100,逻辑型属性的取值只能是.T.(真)或.F.(假)。

6. 码与关键字

用来区分不同元组(实体)的属性或属性组合,称为码。在 Visual FoxPro 中对应的概念是关键字,关键字是字段或字段的组合,用于在表中唯一标识记录。如学生成绩表中的学号字段是关键字,因为学号不可能重复,可以用来唯一标识一个记录,性别字段就不是关键字,因为表中性别可能会在不同记录中出现,即在两个或两个以上的记录中该属性是相同的。

如果码的任意真子集都不能成为码,这样的最小码称为“候选码”。候选码可能有多个,被选中用来区别不同元组的候选码称为主码。在 Visual FoxPro 中,对应的概念是候选关键字和主关键字。

如果表中的某个字段不是本表的关键字,而是另外一个表中的关键字,则称该字段为外部关键字。

7. 关系模型与数据库

从集合论的观点来看,一个关系模型就是若干个有联系的关系模式的集合,一个关系模式是命名的属性集合。另外,关系是元组的集合,元组是属性值的集合。

在 Visual FoxPro 中,把相互之间存在联系的表放到一个数据库中统一管理。例如,在教工管理数据库中可以包括职工档案表和职工工资表。数据库文件的扩展名为.DBC。

1.3.2 数据完整性

数据完整性是指数据库中数据的正确性和一致性(或相容性),数据完整性用来防止数据库中存在不合法的数据,防止错误的数据进入数据库中。

数据完整性可以分为实体完整性、域完整性和参照完整性。

1. 实体完整性

实体完整性是指数据库表的每一行都有一个唯一的标识。实体完整性由实体完整性规则来定义,完整性规则是指表中的每一行在组成码(关键字)的列上不能有空值或重复值,否则就不能起到唯一标识行的作用。

2. 域完整性

域完整性是指数据库中数取值的正确性。它包括数据类型、精度、取值范围以及是否允许空值等。取值范围又可分为静态和动态两种:静态取值范围是指列数据的取值范围是固定的,如年龄小于150;动态取值范围是指列数据的取值范围由另一个列或多列的值决定,或更新列的新值依赖于它的旧值。

3. 参照完整性

参照完整性是指数据库中表与表之间存在码(关键字)与外码(外部关键字)的约束关系,利用这些约束关系可以维护数据的一致性或相容性,即在数据库的多个表之间存在某种参照关系。要实现这种参照关系,首先应创建表的码与外码。

① 当对含有外码的表进行插入、更新操作时,必须检查新行中外码的值是否在主表中存在,若不存在就不能执行该操作。

② 当对主表中的行进行删除、更新操作时,必须检查被删除行或被更新行中主码的值是否正被一个或多个外码参照引用,若正被参照,就不能执行该操作。

1.3.3 对关系数据库的要求

通常,生活中的二维表格有多种多样,不是所有二维表格都能被当成“关系”而存放到数据库中。也就是说,在关系模型中对“关系”有一定规范化要求,即:

① 关系中的每个属性(列)必须是不可分割的数据单元。

② 同一关系中不应有完全相同的属性名,即在同一个表格中不能出现相同的列(字段)。

③ 关系中不应有完全相同的元组,即在同一个表格中不能出现相同的行(记录)。

④ 元组(记录)和属性名(字段)与次序无关,即交换两行或两列的位置不影响数据的实际含义。

1.3.4 关系运算

关系运算对应于Visual FoxPro中对表的操作,在对关系数据库进行查询时,为了找到用户感兴趣的数据,需要对关系进行一定的运算。这些运算以一个或两个关系作为输入,运算的结果将产生一个新的关系。关系运算主要指选择、投影、连接3种运算。

1. 选择运算

选择运算是指从关系中找出满足给定条件的元组,又称为筛选运算。选择的条件以逻辑表达式给出,使得逻辑表达式的值为真的元组被选取。选择是从行的角度进行的运算,即选择部分行,经过选择运算可以得到一个新的关系,其关系模式不变,但其中的元组是原关系的一个子集。

在Visual FoxPro中,选择操作使用命令短语FOR | WHILE〈条件〉或设置记录过滤器来实现。

2. 投影运算

从关系模式中指定若干个属性来组成新的关系称为投影。投影是从列的角度进行的运算,经过投影可以得到一个新关系,其关系模式所包含的属性个数往往比原关系少,或者属性的排列顺序不同。投影运算提供了垂直调整关系的手段,体现出关系中列的次序无关的特性。

在Visual FoxPro中,投影操作使用命令短语FILEDS〈字段1〉,〈字段2〉,…,〈字段n〉,或设置字段过滤器来实现。

选择和投影经常联合使用,以从数据库文件中提取某些记录和某些数据项。

3. 连接运算

从两个关系中选取满足连接条件的元组组成新关系,称为连接。连接是关系的横向结合,连接运算将两个关系模式的属性名拼接成一个更宽的关系模式,在新关系中生成包含满足条件的元组。连接过程是通过连接条件来控制的。连接条件中将出现两个关系中的公共属性名,或者具有相同语义或可比的属性。

选择和投影运算都是一目运算,它们的操作对象只是一个关系,相当于对于一个二维表进行切割。连接运算是二目运算,需要把两个相连接的关系作为操作对象,如果需要连接两个以上的关系,应当两两进行连接。

在 Visual FoxPro 中,连接操作相当于对两个二维表进行拼接,有两种意义上的连接操作:JOIN 命令实现两个表的连接将得到一个新的表;关联操作命令 SET RELATION 属于逻辑上的连接操作。

1.3.5 关系运算的优化

1. 自然连接

自然连接是指去掉重复属性的等值连接,它是按照属性对应相等为条件进行的连接操作。自然连接是最常用的连接运算。

系统在执行连接运算时,要进行大量的比较操作,因此执行时比较费时,尤其在包括许多元组的关系之间进行连接时,更加突出。

2. 优化方法

优化的一般方法是:

① 进行选择运算,尽量减少关系中元组的个数,缩小参与连接运算关系的数量,减少访问记录的次数。

② 能投影的投影,使关系中的属性个数减少。在投影时必须注意保留连接两个关系所需要的公共属性或具有相同语义的属性,否则关系之间就失去了联系。

③ 再进行连接操作。利用关系的投影、选择和连接运算可以方便地分解或构造新的关系。

1.4 VFP 的功能

1.4.1 VFP 的基本功能

作为一种可视化数据库管理系统软件,Visual FoxPro(VFP)具有下列基本功能:

① 可以为每一种类型的信息创建一个表,利用表存储相应的信息。

② 可以定义各个表之间的关系,从而很容易地将各个表中相关的数据有机地联系在一起。

③ 可以创建查询搜索那些满足指定条件的记录,也可以根据需要对这些记录排序和分组,并根据查询结果创建报表、表及图表。

④ 使用视图,可以从一个或多个相关联的表中按一定条件抽取一系列数据,并可以通过视

图更新这些表中的数据，还可以使用视图从网上取得数据，从而收集或修改远程数据。

⑤ 可以创建表单来直接查看和管理表中的数据。

⑥ 可以创建一个报表来分析数据或将数据以特定的方式打印出来。例如，可以打印一份将数据分组并计算数据总和的报表，也可以打印一份带有各种数据格式的邮件标签。

1.4.2 VFP 的特点

与其他数据库不同，VFP 在实现上述功能时提供了各种向导，用户在操作时只需按照向导所提供的步骤执行，使用起来非常方便，因此，VFP 数据库深受广大用户的青睐。

1. 易于使用

对于熟悉 XBASE 命令语言的用户，可以在 VFP 系统命令窗口使用命令和函数，也可以使用系统菜单选项直接操作和管理数据，这比编写应用程序具有更大的灵活性和更高的数据处理效率。对于具备数据库应用开发能力的用户，可以用 VFP 开发可单独运行的应用系统，并可使用系统所提供的功能制作发布应用程序的光盘。

对于没有数据库使用经验的用户，可以在中文 Windows 环境中，运行 VFP 支持的或可脱离 VFP 支持单独运行的数据库应用系统。这是一种适合办公管理人员操作管理数据的方式。

VFP 作为一个关系型数据库系统，不仅可以简化数据管理，使得应用程序的开发流程更为合理，而且它还在前期版本的基础上实现了计算机易于使用的构想。所以，许多使用 VFP 早期版本的用户在从事数据库开发时都可以转向使用 VFP。对于刚刚进入数据库领域的新用户来说，使用 VFP 建立数据库应用程序要比使用其他软件容易得多。

2. 可视化开发

在过去，程序员的大部分时间都用在编写代码上。而 VFP 因为具有可视化开发环境，所以开发人员在描绘用户界面和设置控制属性上所花的时间与在编码上所花的时间差不多。不仅对于用户界面的开发是这样，而且对于数据库的设计、报表的布局和开发过程中的其他方面也是这样。

可视化环境使用方便，可以使开发人员直接看到工作是如何进行的。开发时间被缩短，调试次数也减少，而且维护也更容易。

3. 事件驱动

Windows 是事件驱动的，也就是说运行于该环境下的程序并不是顺序执行的。它们不是一条指令接着一条指令执行，而是偶尔停下来与用户交互。程序被写成许多独立的片断。某些程序只有当与之关联的事件发生时才会执行。例如，有一段代码与某个按钮的 Click 事件关联，通常只有当用户用鼠标单击该按钮时才会发生 Click 事件，否则代码不被执行。

4. 面向对象编程

VFP 仍然支持标准的面向过程的程序设计方式，但更重要的是它现在提供真正的面向对象程序设计的功能。例如，借助 VFP 的对象模型，可以充分使用面向对象程序设计的所有功能，包括继承性、封装性、多态性和子类。

用户可以使用类快速开发应用程序。例如，使用 VFP 提供的表单基类、工具栏基类或页框基类，可以创建基本的表单、工具栏或页框。

通过对现有的类派生子类，可以重用代码和表单。例如，可以派生表单基类来创建一个自定义类，使应用程序中的所有表单具有风格相近的外观。

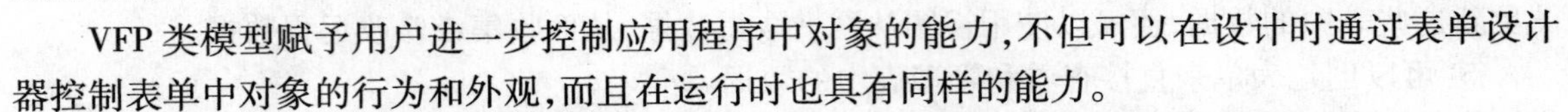

VFP 类模型赋予用户进一步控制应用程序中对象的能力，不但可以在设计时通过表单设计器控制表单中对象的行为和外观，而且在运行时也具有同样的能力。

类设计器帮助用户创建自定义类，在 VFP 中，可以用类设计器可视地创建类或用 Define Class 命令以编程方式创建类。

5. 应用向导和生成器

VFP 包括一个完全面向对象的应用框架，这些框架能够给应用提供一整套的基本功能。在这些框架基础上，新的应用向导可以建立项目，新的应用生成器能用于增加表单和报表。

6. 组件库

组件库是 VFP 中文版新增的工具。利用组件库，用户可以将各种对象（包括类库、表单、按钮等）组合和集成到对象、工程或项目中。对这些可视化对象的组合可以进行动态修改、复制、重新排列组合等操作。

7. VFP 基础类

VFP 提供多于 100 种已经预建并可重用的类，开发者能用这些组件给应用提供通用功能。使用这些类或子类，可以扩充它们的功能。

8. 活动文档

活动文档是基于 Windows 的非 HTML 格式应用程序。活动文档可以嵌入浏览器，通过浏览器接口可以访问应用程序。同 VFP 应用程序一样，在 VFP 和活动文档中可以运行表单、报表、标签、类的实例、程序代码以及手工操作数据等。但是，活动文档必须嵌入像 Internet Explorer、Netscape Communicator 之类的网络浏览器中才能发挥其功能。

9. 对动态图形文件的支持

VFP 中文版的最大特点是加强了对 Internet 和 Intranet 的支持，而图形是 Internet 和 Intranet 中的重要资源，尤其是 GIF 和 JPEG 格式的图形。GIF 是动态的图形文件，JPEG 是压缩的图形文件，二者又是 Internet 和 Intranet 中最主要的图形文件，因此对 GIF 和 JPEG 格式的图形文件的支持非常重要。

10. 程序语言的增强

在 VFP 中文版中，为简化程序设计任务，程序语言在一定程度上比以前版本有所增强。在 VFP 中增加了一个 API 函数库，通过 API 函数调用，很多 VFP 旧版本难以解决的问题也变得易于解决。

11. 支持 OLE 拖放

在 VFP 中文版中引进了强大的 OLE 拖放工具，允许用户在不同的支持 OLE 拖放技术的应用程序（如 Word、Excel、Visual Basic 等）之间移动数据。在同一应用程序的不同控件之间以及支持 OLE 拖放技术的不同应用程序控件之间都可以通过 OLE 拖放技术移动数据。

12. 新增和改进的生成器和编译器

VFP 中文版对以前版本的生成器和编译器做了一定程度的改进，同时还推出了一些新的生成器和编译器，主要用于编译应用程序、创建数据库、在 Web 上发布用户数据、执行对象模型以及方便用户设计自己的生成器。

1.5 VFP 系统的启动与退出

1.5.1 启动 VFP

1. 在“开始”菜单中启动 VFP

在“开始”菜单中启动 VFP 的操作步骤如下：

① 单击屏幕左下角的“开始”按钮，移动鼠标指针指向“程序”选项。

② 再把指针指向“Microsoft Visual FoxPro 6.0”，单击“Microsoft Visual FoxPro 6.0”选项，如图 1.3所示，可以启动 VFP。

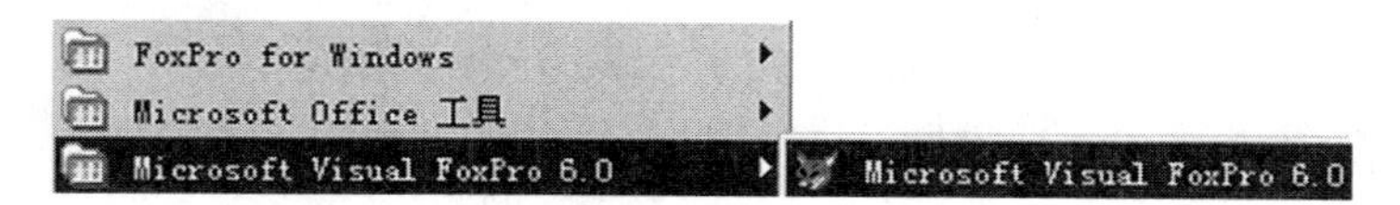

图 1.3　在“开始”菜单中启动 VFP

2. 用快捷方式启动 VFP

为了方便地启动，可以在自己的桌面上建立启动快捷方式，其操作步骤如下：

① 在桌面上单击鼠标右键，在弹出的快捷菜单中选择“新建”→“快捷方式”命令。

② 在“创建快捷方式”对话框中，单击“浏览”按钮，然后在“浏览”对话框中，找到 Visual FoxPro 所在的目录，再找到 Vfp6. exe 文件，单击“打开”按钮，如图 1.4 所示。

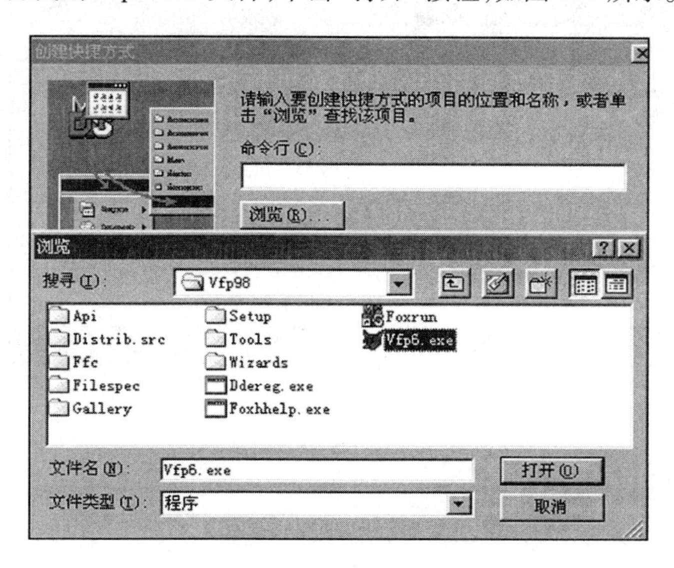

图 1.4　创建快捷方式

③ 在“创建快捷方式”对话框中，单击“下一步”按钮。

④ 在“为程序选择标题”对话框中，输入用户所要创建的快捷方式的名称，然后单击“完成”

按钮。

1.5.2 退出 VFP

退出 VFP 有以下几种方法:

① 在命令窗口中,输入“quit”命令,按 Enter 键,如图 1.5 所示。

② 直接按 Alt +F4 组合键。

③ 在“文件”菜单中选择“退出”命令。

④ 双击主窗口左上角的控制菜单。

⑤ 在主窗口控制菜单中选择“关闭”命令,如图 1.6 所示。

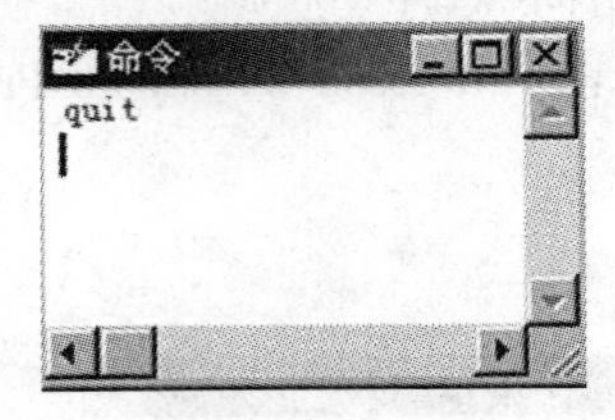

图 1.5 从命令窗口退出

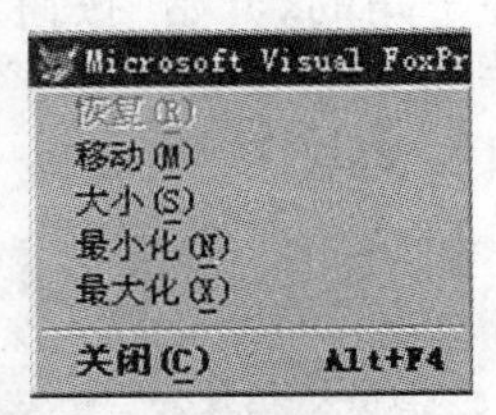

图 1.6 从控制菜单退出

1.6 VFP 环境介绍

VFP 系统启动成功后,便进入如图 1.7 所示的 VFP 主窗口。

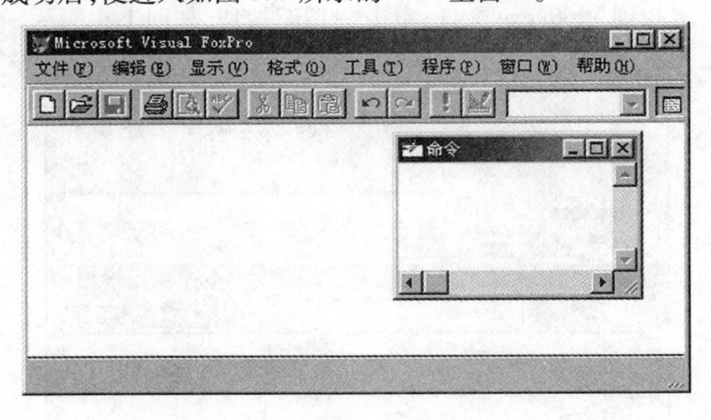

图 1.7 VFP 主窗口

1.6.1 主窗口介绍

主窗口是开发应用程序的起点,主要由标题栏、菜单栏、工具栏、状态栏和命令窗口组成。

① 标题栏:标题栏将显示目前所使用的系统是 Microsoft Visual FoxPro。

② 菜单栏:菜单栏中可提供多种菜单,如“文件”、“编辑”、“显示”、“格式”、“工具”、“程序”、“窗口”和“帮助”,应用程序的开发可在这些菜单中实现,如图 1.8 所示。每个菜单都有快捷键。

在不同状态时，主菜单项会有一些变化，如当有表设计器时，主菜单中的“项目”菜单项就变成了“表”菜单项。各种菜单的具体情况将在后面的章节中分别详细介绍。

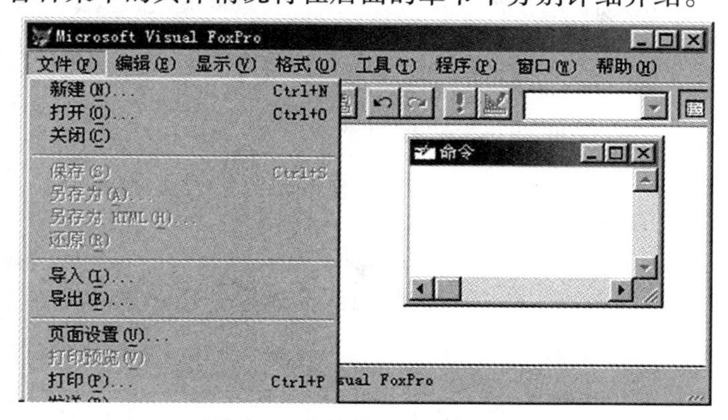

图 1.8 菜单栏及其下拉菜单

③ 工具栏：工具栏由多个按钮组成，实际上就是下拉式菜单变成弹出式按钮。工具栏是应用程序开发过程中重要的工具，利用工具栏能够快速地访问常用的命令和功能。工具栏的按钮只能通过鼠标来使用，单击某一按钮，VFP 就执行指定给该按钮的命令或过程。VFP 提供了多种工具栏，一般与各种对象设计器对应。在主窗口中，一般显示的是“常用”工具栏，如图 1.9所示。

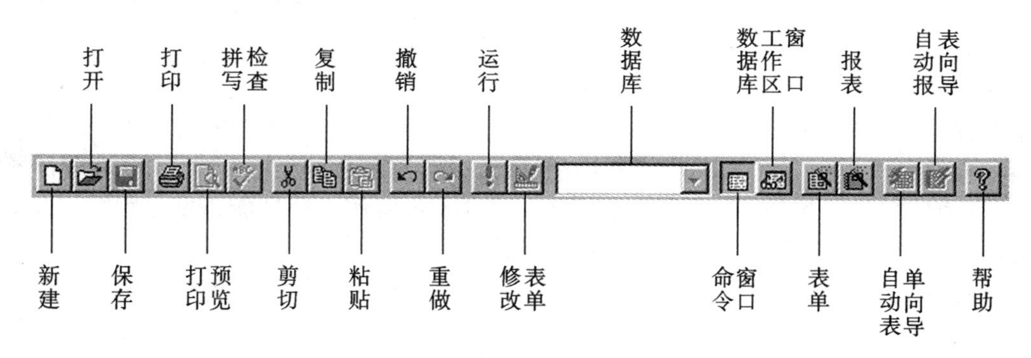

图 1.9 工具栏说明

在不同状态下，VFP 会把对应的对象工具栏显示出来，如当有表设计器时，会把表设计器的工具显示出来。对于每一种工具栏，用户可以决定是否显示以及在屏幕的什么地方显示。工具栏可以浮动在窗口之上，也可以停在工具栏区域，并且可以对浮动工具栏的显示形式进行重新调整。

④ 命令窗口：在命令窗口中，可以输入 VFP 的各种命令和语句，同样可以达到程序开发的目的。

⑤ 状态栏：把当前最有用的信息告诉用户。在 VFP 状态栏中，显示的信息可能有 3 种，即配合菜单操作显示选项的功能、显示系统对用户的反馈信息及显示键的当前状态。

1.6.2 用 VFP 开发应用程序的方式

VFP 开发应用程序可以使用 3 种不同的方式，即向导方式、菜单方式和命令方式。

1. 向导方式

VFP为用户提供很多具有实用价值的向导工具,其基本思想是把一些复杂的功能分解为若干简单的步骤来完成,每一步使用一个对话框,然后把这些较简单的对话框按适当的顺序组合在一起。向导方式的使用,使不熟悉VFP命令的用户也能在很短的时间内学会VFP的操作。只要回答向导提出的有关问题,通过有限的几个步骤就可以使用户轻松解决实际应用问题。

向导为交互式程序,能够帮助用户快速完成一般性的任务,如创建表单、设置报表格式和建立查询。例如,选择"报表向导"后,可以选择待创建报表的类型。向导会询问要使用哪个表,并提供为设置报表格式所做的选择。针对不同的应用问题可使用不同的向导工具。各种向导的具体用法在以后的学习中将会遇到。

VFP的各种向导有统一的界面:至少拥有一个下拉列表框"步骤"和5个命令按钮,即"帮助"、"取消"、"返回"、"下一步"和"完成"。在向导对话框上部的"步骤"下拉列表框中,有该向导的所有步骤,如从中选择任一步骤,可立即转到所选的步骤上。

单击"帮助"按钮,可看到该向导步骤的有关帮助信息;单击"取消"按钮,可使所有设置无效,立即取消向导的执行过程;单击"返回"按钮,可返回到该向导的上一步骤,以便对上一步骤中的设置进行必要的修改;单击"下一步"按钮,可以进入该向导的下一步骤;单击"完成"按钮,将跳过该向导当前步骤之后的所有步骤,完成向导的执行过程。这些步骤的设置将取向导的默认值。

2. 菜单方式

菜单方式包括对菜单栏、快捷键和工具栏的组合操作。开发过程中的每一步操作常常要依赖菜单方式来实现,如要打开一个已存在的项目,这时必须要用到"文件"菜单中的"打开"命令(或工具栏中的"打开"按钮或快捷键 Ctrl + O),而且菜单操作直观易懂,击键简单,因此菜单方式是应用程序开发中常用的方式。

3. 命令方式

VFP也是一种命令式语言系统。用户每发出一条命令,系统随即执行并完成一项任务。许多命令执行后会在屏幕上显示必要的反馈信息,包括执行结果或错误信息。这种方式直截了当,关键在于要求用户熟悉VFP的命令及用法,由于要记忆大量的命令,可能对初学者不利,因此这种方式仅适合于程序员使用。另外,命令方式由于操作命令输入的交互性和重复性,会限制执行速度。

1.6.3 帮助

在VFP的主菜单中,最后一项是"帮助",打开此菜单就可进入VFP的帮助系统。VFP的帮助系统是一个十分有效的信息系统,与Visual Studio的其他软件的帮助集成在一起,组成MSDN(Microsoft Developer Network Library),就像一本内容丰富的使用手册,使用户不离开VFP环境就能检索到各种帮助信息。

进入帮助系统有3种方法,即在命令窗口中输入"Help"命令,调用"帮助"菜单和在VFP的任一地方选中需获得帮助的内容后按功能键F1。用户可以根据自己的需要来选择帮助方法。

习　题

一、选择题

1. 用二维表来表示实体及实体之间联系的数据模型称为(　　)。

A) 实体－联系模型　B) 层次模型
C) 网状模型　D) 关系模型

2. 数据库(DB)、数据库系统(DBS)、数据库管理系统(DBMS)三者之间的关系是(　　)。

A) DBS 包括 DB 和 DBMS　B) DBMS 包括 DB 和 DBS
C) DB 包括 DBS 和 DBMS　D) DBS 就是 DB,也就是 DBMS

3. 在下列关于数据库系统的叙述中,正确的是(　　)。

A) 数据库中只存在数据项之间的联系
B) 数据库的数据项之间和记录之间都存在联系
C) 数据库的数据项之间无联系,记录之间存在联系
D) 数据库的数据项之间和记录之间都不存在联系

4. 数据库系统与文件系统的主要区别是(　　)。

A) 数据库系统复杂,而文件系统简单
B) 文件系统不能解决数据冗余和数据独立性问题,而数据库系统可以解决
C) 文件系统只能管理程序文件,而数据库系统能够管理各种类型的文件
D) 文件系统管理的数据量较小,而数据库系统可以管理庞大的数据量

5. VFP 是一种关系型数据库管理系统,所谓关系是指(　　)。

A) 各条记录中的数据彼此有一定的关系
B) 一个数据库文件与另一个数据库文件之间有一定的关系
C) 数据模型符合满足一定条件的二维表格式
D) 数据库中各个字段之间彼此有一定的关系

6. 关系数据库的任何检索操作都是由 3 种基本运算组合而成的,这 3 种基本运算不包括(　　)。

A) 连接　B) 比较　C) 选择　D) 投影

7. 数据库系统的核心是(　　)。

A) 数据库　B) 操作系统　C) 数据库管理系统　D) 文件

8. 数据模型是(　　)的集合。

A) 文件　B) 记录　C) 数据　D) 记录及其联系

9. 数据库系统的组成包括(　　)。

A) 数据库、数据库管理系统和数据库管理员　B) 数据库、数据库管理系统、硬件和软件
C) 数据库管理系统、硬件、软件和数据库　D) 数据库、硬件、软件和数据库管理员

10. Visual FoxPro 是一种关系数据库管理系统,所谓关系是指(　　)。

A) 表中各个记录间的关系　B) 表中各个字段间的关系
C) 一个表与另一个表间的关系　D) 数据模型为二维表格式

11. 数据处理的中心问题是(　　)。

A) 数据　B) 处理数据　C) 数据计算　D) 数据管理

12. 关系的概念是指(　　)。

A) 元组的集合　B) 属性的集合　C) 字段的集合　D) 实例的集合

13. 在数据管理技术的发展过程中,可实现数据完全共享的阶段是(　　)。

A) 自由管理阶段　　　　B) 文件系统阶段

C) 数据库阶段　　　　D) 系统管理阶段

二、填空题

1. 数据模型不仅表示反映事物本身的数据,而且表示________。
2. 用二维表的形式来表示实体之间联系的数据模型叫做________。
3. 二维表中的列称为关系的________;二维表中的行称为关系的________。
4. VFP 不允许在主关键字字段中有重复值或________。
5. 在 VFP 的表之间建立一对多联系是把________的主关键字字段添加到________的表中。
6. 为了把多对多的联系分解成两个一对多联系,所建立的"纽带表"中应包含________。

实　训

【实训目的】

熟悉 VFP 系统的操作环境。掌握 VFP 系统的启动和退出方法。

【实训内容】

1. VFP 系统的启动

① 单击"开始"菜单中的"程序"选项。

② 找到 Visual FoxPro 6.0 的快捷方式来启动 VFP。

2. 退出 VFP

① 在命令窗口中,输入命令"Quit"。

② 在"文件"菜单中,选择"退出"命令。

③ 在"文件"菜单中,选择"关闭"命令。

④ 按快捷键 Alt + F4。

⑤ 在主窗口左上角中,双击控制菜单框。

3. 认识 VFP 界面

① "常用"工具栏的显示与关闭。

② 命令窗口的显示与关闭。

显示命令窗口:选择菜单"窗口"→"命令窗口"命令,或按快捷键 Ctrl + F2。

关闭命令窗口:按快捷键 Ctrl + F4。

第2章 VFP基础

本章主要介绍VFP中文版的性能指标、文件组成、项目管理器的使用，简单介绍设计器与生成器的功能，这些是VFP的基础。

2.1 VFP中文版的性能指标

用户设计数据库管理应用程序时需要考虑数据库系统的某些性能指标,下面向读者提供VFP中文版的某些性能指标。

每一个数据表可以容纳的最大记录数：10^{10}个。

每一个表文件的最大长度：2 GB。

每一个记录的最大长度：64 KB。

每一个数据表结构中字段数的最大值：255个。

可以一次在内存中打开的表的最大个数：255个。

字符型字段的最大长度：254B。

数值型字段表示十进制数的最大位数：20位。

浮点型字段表示十进制数的最大位数：20位。

数值计算时最多可以精确的位数：16位。

整数的最大值：+2 147 483 647。

整数的最小值：-2 147 483 647。

定义的内存变量的最多个数：65 000。

数组下标的最大值：65 000。

DO调用命令最多可以嵌套的层数:128层。

READ命令最多可以嵌套的层数:5层。

结构化程序设计命令的最大嵌套层数:384层。

在自定义的过程或者函数中可以传递参数的最大值:27。

报表页面可以定义的最大长度:20英寸。

报表分组的最大层数:128层。

可以同时打开浏览窗口的最大个数:255个。

每一行命令的最大长度:8 192 B。

每一个宏替换的最大长度:8 192 B。

2.2 VFP文件组成

VFP文件类型多而繁杂,存储数据的数据库文件和存储程序的程序文件是VFP中两类最常用的文件。实际上,使用VFP会创建很多种类型的文件,这些文件有着许多不同的格式,常用的文件类型有:数据库、表、项目、表查询、视图、连接、报表、标签、程序、文本、表单、菜单等。表2.1列出了VFP中常用的文件扩展名。

表2.1 常用的文件类型

扩展名	文件类型	扩展名	文件类型
.DBC	数据库文件	.DCT	数据库备注文件
.DCX	数据库索引文件	.BAK	备份文件
.DBF	数据表文件	.FPT	数据表备注文件
.PJX	项目文件	.PJT	项目备注文件
.PRG	源程序文件	.FXP	目标文件
.CDX	复合索引文件	.IDX	单一索引文件
.SCX	表单定义文件	.SCT	表单定义备注文件
.SPR	表单源程序文件	.SPX	表单目标程序文件
.FRX	报表定义文件	.FRT	报表定义备注文件
.LBX	标签定义文件	.LBT	标签定义备注文件
.MNX	菜单定义文件	.MNT	菜单定义备注文件
.MPR	自动生成的菜单源程序文件	.MPX	菜单源程序文件编译后的文件
.QPR	查询程序文件	.QPX	查询程序文件编译后的文件
.VUE	视图文件	.APP	应用程序文件
.TXT	文本文件	.EXE	可执行应用程序文件
.FMT	格式文件	.MEM	内存变量文件

① 数据库文件:有.DBC、.DCT和.DCX这3种文件。.DBC为数据库文件;.DCT为数据库备注文件;.DCX为数据库索引文件。

② 数据表文件:有.DBF和.FPT两种文件。.DBF文件为数据表文件,存储数据表的结构和备注型、通用型以外的数据;而.FPT文件为数据表备注文件,存储备注型和通用型的字段数据,由表设计器产生。

③ 项目文件:有.PJX和.PJT两种文件。通过项目文件,实现对项目中其他类型文件的组织。

④ 程序文件:有.PRG和.FXP两种文件。.PRG文件为源程序文件,用于存储用VFP语言编写的程序;而.FXP文件为编译生成的目标文件,用于存储编译好的目标程序的文件。

⑤ 索引文件:有.IDX和.CDX两种文件。IDX文件用于存储只有一个索引标识符的单索引文件;而.CDX文件用于存储具有若干个索引标识符的复合索引文件。

⑥ 表单文件:有.SCX、.SCT、.SPR、.SPX 4 种文件。前两种文件用于存储表单格式,其中.SCX 为定义文件,.SCT 为定义备注文件;后两种文件用于存储根据表单定义文件自动生成的程序文件,其中.SPR 为源程序,.SPX 为目标程序,它们由表单设计器产生。

⑦ 报表文件:有.FRX 和.FRT 两种文件。.FRX 文件用于存储报表定义文件;.FRT 用于存储报表定义备注文件。由报表设计器产生。

⑧ 标签文件:有.LBX 和.LBT 两种文件。.LBX 文件用于存储标签定义文件;.LBT 用于存储标签定义备注文件。由标签设计器产生。

⑨ 菜单文件:有.MNX、.MNT、.MPR、.MPX 等4 种文件。前两种文件用于存储菜单格式,其中.MNX 为定义文件,.MNT 为定义备注文件;后两种文件用于存储根据菜单定义文件自动生成的程序文件,其中.MPR 为源程序,.MPX 为目标程序。由菜单设计器产生。

⑩ 查询文件:有.QPR 和.QPX 两种文件。.QPR 为查询程序文件; QPX 为查询程序文件编译后的文件。

⑪ 视图文件:为.VUE 文件,用于存储程序运行环境的设置。

⑫ 应用程序文件:为.APP 文件,用于存储应用程序文件。

⑬ 文本文件:为.TXT 文件,用于供 VFP 与其他高级语言交换数据的数据文件。

⑭ 可执行文件:为.EXE 文件,用于存储可执行应用程序文件。

⑮ 格式文件:为.FMT 文件,用于存储界面的输出格式文件。

⑯ 内存变量文件:为.MEM 文件,用于保存已定义的内存变量。

2.3 项目管理器

一个 VFP 应用项目会包含很多种文件,如果零散地管理可能比较麻烦,因此 VFP 把这些文件放到“项目管理器”中,将文件用图示与分类的方式,依文件的性质放置在不同的选项卡中,并针对不同类型的文件提供不同的操作选项,这样就可实现对应用程序文件的集中有效的管理。

VFP 的“项目管理器”的组织结构如图 2.1 所示,它为用户提供了处理数据和对象的工具。

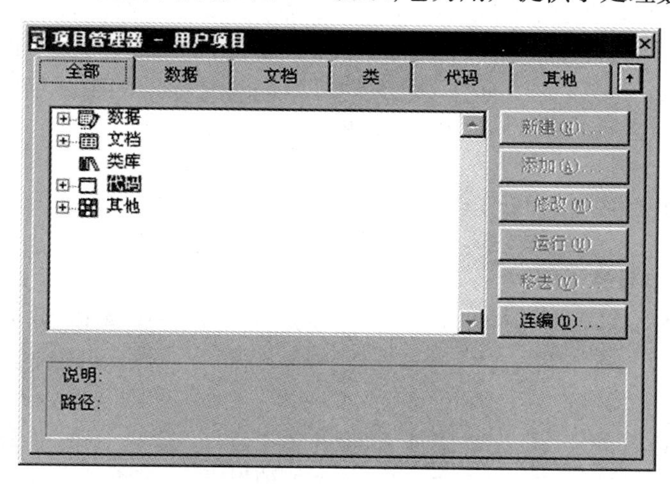

图 2.1 “项目管理器”的结构

"项目管理器"提供了简单的、可视化的数据组织和编程环境。通过"项目管理器",能方便地实现对数据表、表单、数据库、报表、查询以及相关文件的管理。

一个项目是文件、数据、文档的集合,VFP 的对象被存于后缀为. PJX 的文件中。在建立表、数据库、查询、表单、报表以及应用程序时,可以用"项目管理器"来组织和管理文件。通过把已有的数据库文件添加到一个新的项目中,用户可以为自己创建一个项目。

"项目管理器"采用可视化界面,按一定的逻辑关系组织各类对象文件,各种对象以类似大纲的视图形式组织,通过展开或折叠,可以清楚地查看项目在不同层次上的详细内容。使用"项目管理器",可使用户很快熟悉 VFP。"项目管理器"提供简易、可见的方式,组织处理表、表单、数据库、报表、查询和其他文件,用于管理表和数据库或创建应用程序,能够很容易地快速观察到使用设计工具和向导产生的结果。

用户最好把应用程序中的文件都组织到"项目管理器"中,这样便于查找。程序开发人员可以用"项目管理器"把应用程序的多个文件组织成一个文件,生成一个. APP 文件或. EXE 文件,其中. APP文件可以用 DO 命令来执行,而用 VFP 专业版编译成. EXE 文件。应用程序中的所有文件(如. PRG、报表格式文件和标签格式文件)都能组合在一个文件中。如果表和索引不再修改、添加,也可以组合到里面。

2.3.1 项目管理器的功能

"项目管理器"是 VFP 应用程序的文件、数据、对象的组织管理中心,利用"项目管理器"可以在项目中添加或移去文件、创建新文件或修改已有文件、查看表的内容以及把文件与其他项目关联起来。"项目管理器"的功能可归结为以下几种。

① 查找文件:利用分层结构视图,可以查找应用中的数据库文件、表单文件、报表文件等详细内容。

② 创建和修改文件:单击"新建"按钮,可以新建文件对象;单击"修改"按钮,则可修改已有的文件对象。

③ 添加和移去文件:单击"添加"按钮,可以添加已有的但没在"项目管理器"中的文件对象;单击"移去"按钮,可以把文件对象从"项目管理器"中移走。

④ 共享文件:通过与其他项目共享文件,可以重用在其他项目开发上的工作成果。此文件并未复制,项目只存储了对该文件的引用。文件可以同时与不同的项目连接。操作时只需把别的"项目管理器"中的文件对象拖到本"项目管理器"中即可。

2.3.2 项目管理器的组成

"项目管理器"为数据提供了一个组织良好的分层结构视图。若要处理项目中某一特定类型的文件或对象,可选择相应的选项卡。在建立表和数据库以及创建表单、查询、视图和报表时,主要处理"数据"和"文档"选项卡中的内容。"项目管理器"主要由以下几个部分组成。

① 选项卡:"项目管理器"有 6 个选项卡,其中在"全部"选项卡中,将显示应用的所有文件对象大类,即"数据"、"文档"、"类库"、"代码"和"其他";另外 5 个选项卡分别与这 5 个文件对象大类相对应,独立管理相应文件对象。

② 分层结构视图:如果要在某个选项卡列出的文件大类中找出某个文件对象,只需找到相应的文件大类,如"文档",然后单击"文档"左边的"+",就会列出其下级文件类型,再用同样的方法寻找,直到出现所需要的文件为止。

③ 命令按钮:在"项目管理器"右边有6个命令按钮,即"新建"、"添加"、"修改"、"运行"或"打开"或"浏览"、"移去"及"连编",其中"运行"或"打开"或"浏览"分别与所选中的文件对象有关,并且做相应的改变。这些命令按钮分别能实现在"项目管理器"中"新建"、"添加"、"修改"、"运行"或"打开"或"浏览"、"移去"及"连编"文件对象的操作。

2.3.3 使用项目管理器管理项目

1. 管理项目的数据

"项目管理器"的"数据"选项卡负责管理项目的数据库、自由表、查询和视图等数据内容,如图2.2所示。

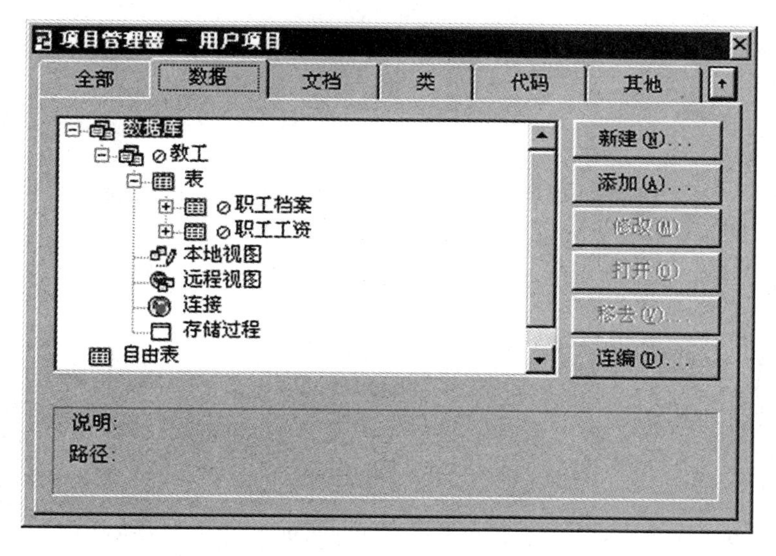

图2.2 "项目管理器"的"数据"选项卡

① 数据库:它由数据表组成,它们通常由公共的字段建立相互关系。为了支持这些表和关系,用户也可以在数据库中,建立相应的视图、连接、存储过程、规则和触发器。使用"数据库设计器",可以建立数据库,在数据库中加入表。数据库文件的后缀为.DBC。

② 自由表:它不是数据库的一部分,后缀为.DBF,如果需要,可以将自由表加入到数据库中。

③ 查询:它用来实现对存于表中的特定数据的查找。通过"查询设计器",用户可以按照一定的查询规则从表中得到数据。采用SQL-Select的查询,可以存于后缀为.QPR的文本文件中。

④ 视图:它执行特定的查询,从本地或远程数据源中获取数据,并允许用户对所返回的数据进行修改。视图依赖数据库而存在,并不是独立的文件。

2. 管理项目的文档

"项目管理器"的"文档"选项卡,如图2.3所示,它负责对数据的所有文档的管理,如用于数据输入浏览的表单、用于打印数据表的报表和标签。

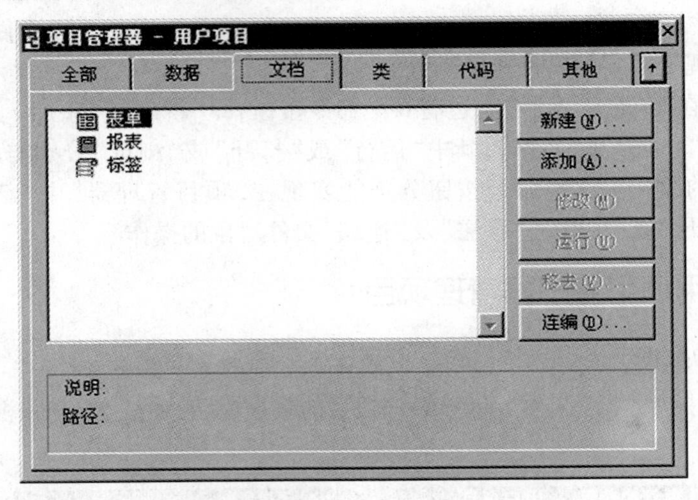

图2.3 “项目管理器”的“文档”选项卡

① 表单:显示和修改数据表中的内容。可以使用“表单设计器”设计表单,从而实现对数据的管理。

② 报表:报表文件实现对VFP数据表格式化打印输出。使用“报表设计器”,可以实现对报表的设计。

③ 标签:标签文件实现对VFP数据表格式化打印输出。使用“标签设计器”,可以实现对标签的设计。

3. 其他选项

“类”、“代码”和“其他”选项卡,用于产生针对最终用户的应用程序。它们的用法将在后面的“程序设计”中加以介绍。

“项目管理器”的组织结构是分级组织的,用户可以展开或折叠目录级别,如果在某一项的下面还有其他项,这一项有“+”的标志。单击“+”,便展开此项的所有内容。例如,当单击“自由表”前的“+”号时,便会将此项目中的所有“自由表”列出。

4. 建立一个新项目

在建立数据库之前必须先建立一个项目文件,只有建立了项目文件,才能在其中添加数据库、表、视图等,因此首先必须创建项目文件。

在“文件”菜单中,选择“新建”命令,可以随时创建新项目。创建新项目的操作步骤如下:

① 在“文件”菜单中,选择“新建”命令,或者在“常用”工具栏中,单击“新建”按钮,打开“新建”对话框,如图2.4所示。

② 选择“项目”单选按钮,就可以创建新项目。创建新项目有两种方式:一种是用“新建文件”方式自己创建;另一种是使用“向导”工具引导。在此主要介绍前一种方式。

③ 单击“新建文件”按钮,打开“创建”对话框,如图2.5所示。在“项目文件”文本框中,输入新项目的名称,如“用户项目”,在“保存在”下拉列表框中,直接显示默认工作目录,用户也可以选择新项目的文件夹,如选择“d:\vfp”。

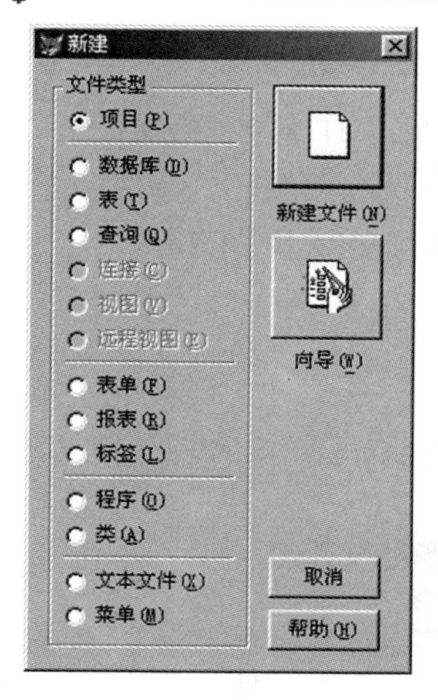

图 2.4　“新建”对话框

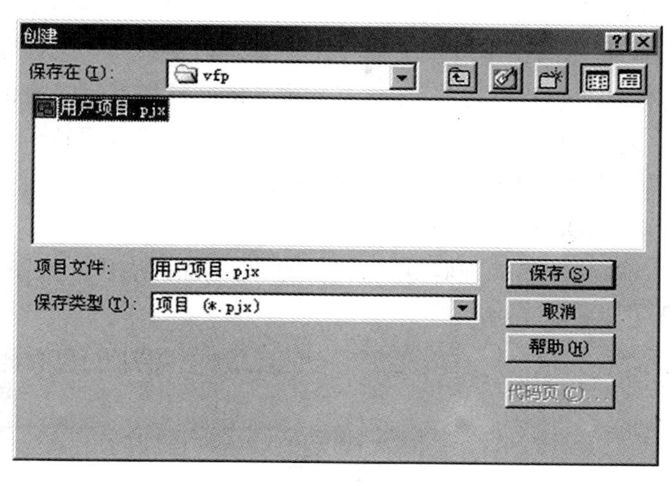

图 2.5　“创建”对话框

④ 单击“保存”按钮,此时创建一个新项目,打开“项目管理器”对话框,如图2.6所示。

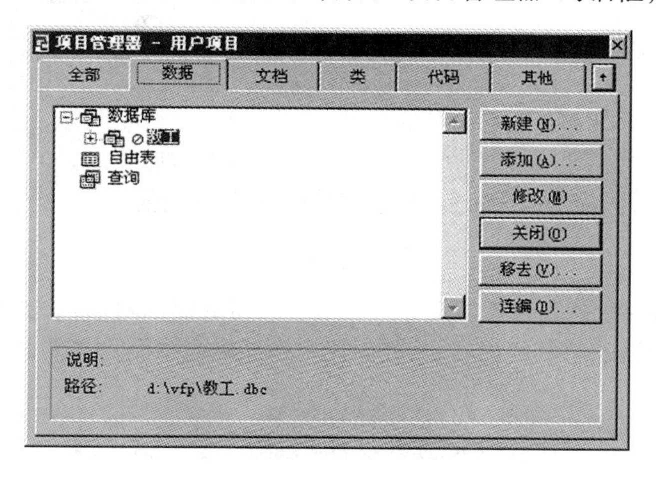

图 2.6　“项目管理器”对话框

5. 打开项目

创建项目文件后,在“文件”菜单中,选择“打开”命令,可以随时打开已存在的项目。打开已有项目的操作步骤如下:

① 在“文件”菜单中,选择“打开”命令,或者在“常用”工具栏中,单击“打开”按钮,打开“打开”对话框。由于 VFP 当前默认的文件夹为 vfp ,所以显示此文件夹下的内容。

② 在“文件类型”下拉列表框中,选择“项目(*.pjx)”类型。

③ 在“打开”对话框中,输入或选择已有项目的名称,如“用户项目”。

④ 打开项目文件后,将打开“项目管理器”对话框,这时就可以用“项目管理器”来组织和关联文件了。

2.3.4 在项目管理器中的文件操作

在“项目管理器”中,可以向项目中加入或移去已有的文件,还可以新建或修改文件。

1. 向项目中加入一个新文件

① 在“项目管理器”中选择想加入的文件类型,如“自由表”,单击“添加”按钮。

② 在“打开”对话框中输入或选择要加入的表的名称。

③ 单击“确定”按钮,完成添加。

2. 从项目中移去一个文件

① 在“项目管理器”中,选择用户想删除的文件。例如,在“自由表”选项中,选择一个表,如图2.7所示。

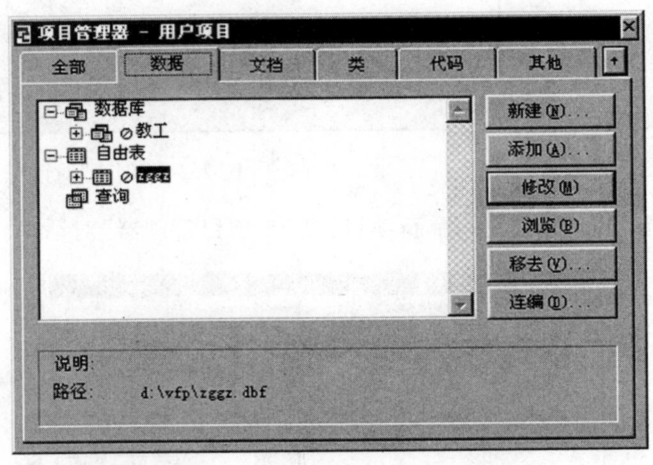

图2.7 从项目中移去文件

② 单击“移去”按钮,打开含有“移去”、“删除”按钮的提示对话框,如图2.8所示。在该对话框中,单击“移去”按钮,将其移出项目,如果用户想从磁盘中删除文件,单击“删除”按钮,即可删除文件。

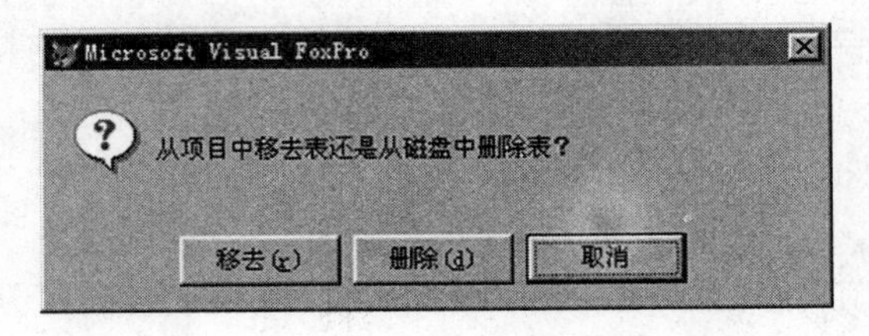

图2.8 从项目中移去或删除文件

当加入一个文件时,这个文件必须是“自由”的,即没有被其他数据库引用,否则会出现报错信息,此时需要将它先从它所属的数据库中移出,才能将它加入当前的数据库中。

3. 在项目中新建一个文件

“项目管理器”使文件的新建和修改变得很容易,只要选择要创建的文件类型,然后单击“新建”或“修改”按钮,VFP帮助用户选择合适的设计器,使用户方便地完成设计任务。

① 在“项目管理器”中，选择用户想新建的文件类型，如“数据库”选项，单击“新建”按钮。

② 按照所出现的设计器类型新建文件。

对于已经建立的文件可以通过“项目管理器”进行修改。

4. 使用项目管理器修改一个文件

① 在“项目管理器”中，选择用户想修改的文件。例如，在“自由表”选项中，选择一个表，单击“修改”按钮。

② 按照所出现的设计器类型修改文件。

2.3.5 项目管理器的其他操作

1. 浏览项目中表的数据

在“项目管理器”中，可以方便地浏览表中的数据。浏览表中数据的操作步骤如下：

① 在“项目管理器”中，选择用户想浏览的数据表，单击“浏览”按钮，显示浏览结果。

② 关闭“浏览”窗口，完成浏览。

③ 返回“项目管理器”对话框。

2. 项目信息的显示与编辑

每一个项目都有说明性的文件，它记载了项目的作者、路径、所包含的文件和服务器的信息。显示修改项目信息的操作步骤如下：

① 在“文件”菜单中，选择“打开”命令，打开要使用的项目，如“用户项目”。

② 在“项目”菜单中，选择“项目信息”命令，打开“项目信息”对话框，如图 2.9 所示。

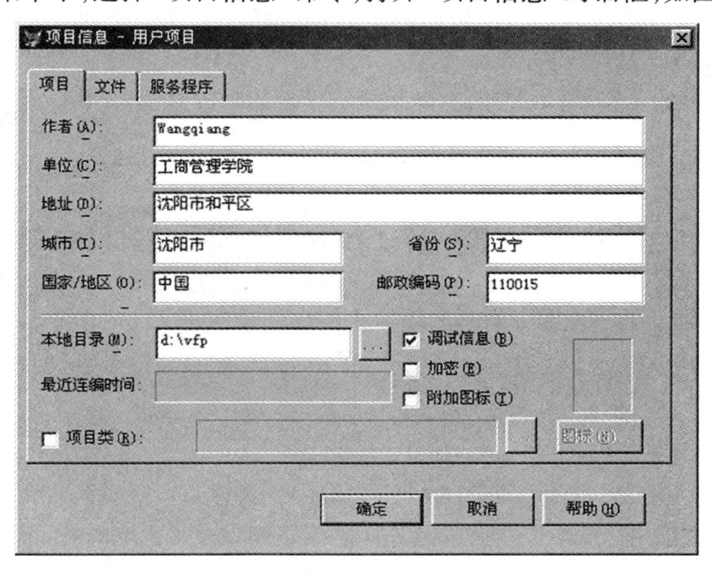

图 2.9 “项目信息”对话框

③ 选择相应的选项卡，浏览或编辑项目信息。

④ 单击“确定”按钮，完成整个项目信息的设置。

3. 给项目中的文件添加说明

用户可以给项目中的文件添加简单的说明，从而给整个项目的管理带来方便。这样在几年以后，只要打开项目，每个文件的功能都可以看得一清二楚。给项目文件添加说明的操作步骤如下：

① 在“项目管理器”中，选择所要加入说明的文件。

② 在“项目”菜单中，选择“编辑说明”命令，或单击鼠标右键，在弹出的快捷菜单中，选择“编辑说明”命令，打开“说明”对话框，如图2.10所示。

③ 在“说明”文本框中，输入或修改文件的说明，单击“确定”按钮，完成操作。

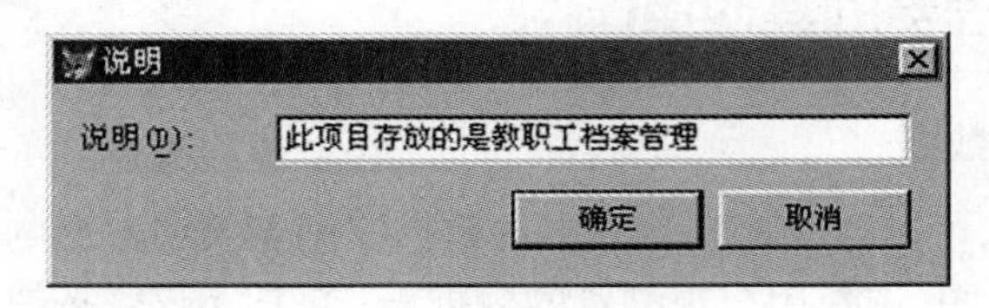

图2.10 “说明”对话框

4. 不同项目之间的文件共享

通过对不同项目的文件实现共享，可以实现代码和文件的复用。这些文件并没有被复制，因为项目只是存储了对文件的引用。一个文件可以同时被多个项目所引用。实现项目间的文件共享的操作步骤如下：

① 在“文件”菜单中，同时打开具有共享文件的两个项目。

② 在“项目管理器”中，选择需要共享的文件。

③ 将所选择的文件拖曳到另一个项目的“项目管理器”的相关位置上。

5. 项目管理器的定制

“项目管理器”是作为一个独立的窗口存在的。根据用户的不同需要，可以移动它的位置，改变它的大小和外观，也可以将它打开或折叠起来。

① 外观定制。“项目管理器”的外观除了系统默认的外观外，也可对其进行改变，把项目管理器折叠起来。操作时单击“项目管理器”右上角的向上箭头，“项目管理器”就被折叠了，在该状态下，只显示选项卡，同时选项卡也可被拖离，使选项卡成为浮动状态，如图2.11所示。如要复原，只需把选项卡拖回原来位置，单击选项卡中的向下箭头即可。

图2.11 折叠后的项目管理器

② 顶层显示。如果想让选项卡显示在屏幕的最外层，可以单击选项卡上的图钉图标，该选项卡就会一直保留在VFP窗口的表面。此外，还可以使多个选项卡都呈顶层显示。在图2.12中，“数据”和“文档”两个选项卡就是作为顶层显示的。再次单击图钉图标，可以取消顶层显示的设置。

③ “项目管理器”也可被拖放到工具栏中，成为工具栏的一部分，如图2.13所示。

当选项卡处于浮动状态时，在该选项卡中单击鼠标右键，可以访问快捷菜单中的菜单项。单击选项卡中的图钉图标，可以使该选项卡始终置于最前端，多个选项卡可同时具有

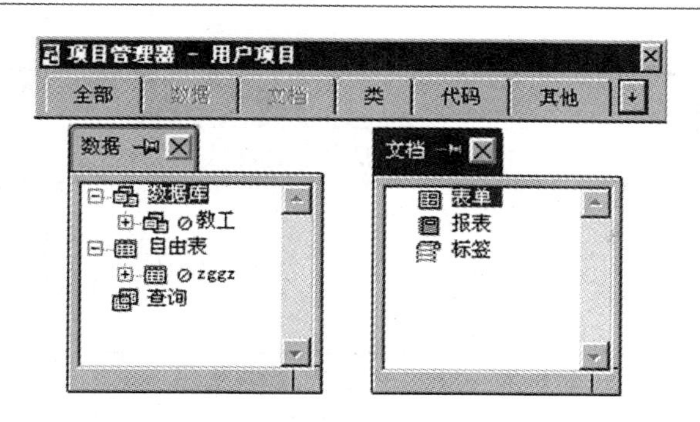

图 2.12　项目管理器的脱离

图 2.13　把选项卡放到工具栏中

“最前状态”。

④ 单击“确定”按钮，完成整个项目信息的设置。

2.4　设计器与生成器

2.4.1　设计器与工具栏

VFP 中的大部分工作的完成是与设计器分不开的。设计器是用来创建特定类型对象的开发环境。例如，在“表单设计器”中，可以创建表单。当创建应用程序时，用户会发现自己将不断地在处理多种对象的若干设计器之间转来转去。

利用“项目管理器”可以快速访问 VFP 的各种设计器，这使得创建表单、数据库、查询和报表等管理变得轻而易举。这里简介 VFP 中的设计器以及将设计器创建的项组装到应用程序中。除了在“项目管理器”中使用设计器外，还有一种方法就是利用“文件”菜单中的“新建”命令。各设计器的具体用法将在相应的章节中介绍。

如要用设计器创建新文件，在“项目管理器”中，选择待创建文件的类型，只要单击“新建”按钮，就可进入相应的设计器环境。表 2.2 说明了为完成不同的功能所使用的设计器。

表 2.2　设　计　器

设　计　器	功　　能
表设计器	创建表，设置表中的索引
数据库设计器	创建数据库，在不同表中查看并建立联系
表单设计器	创建表单，以形成与用户的交互界面

续表

设 计 器	功 能
报表设计器	创建显示和打印数据的报表
查询设计器	在本地表上查询
视图设计器	创建可更新的查询,在远程数据源上运行查询
连接设计器	为远程视图创建连接

每个设计器都有一个或多个工具栏,可以很方便地使用大多数常用的工具。例如,“表单设计器”就分别用到表单控件工具栏、布局工具栏以及调色板工具栏。在工作时,可以根据需要在界面上放置多个工具栏,通过把工具栏拖放到屏幕的上部、底部或两边,可以定制工作环境。VFP能够记住工具栏的位置,再次进入时,工具栏将处在关闭时所在的位置上。若要定制工具栏,则其操作步骤如下:

① 在“显示”菜单中,选择“工具栏”命令,打开“工具栏”对话框,如图2.14所示。

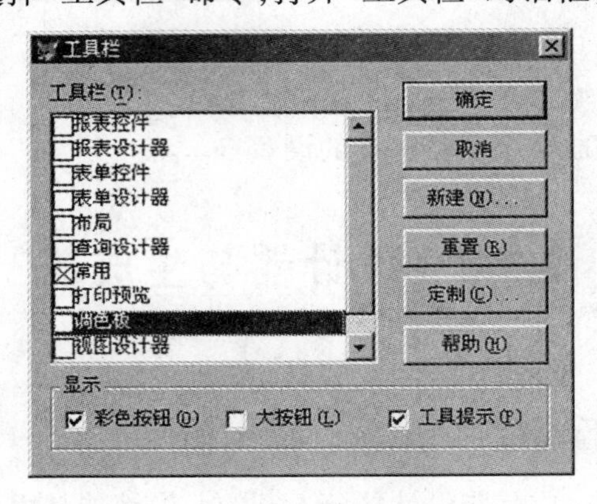

图2.14 “工具栏”对话框

② 在“工具栏”对话框中,选择要使用的工具栏,使其左边的方框变成“×”,单击“确定”按钮,在主窗口中就会显示选中的工具按钮组。

2.4.2 生成器

生成器是在“项目管理器”的“文件”选项卡的对象框中,用于简化创建或修改表单、复杂控件和参照完整性的工具。每个生成器显示一系列选项卡,用于设置选中对象的属性。用户可以使用生成器在数据库表之间生成控件、表单、格式化控件和创建完整性。表2.3说明了为完成不同的任务所使用的生成器。

表2.3 生 成 器

生 成 器	功 能
表格生成器	生成表格
表单生成器	生成表单
参照完整性生成器	数据库表间创建参照完整性

续表

生　成　器	功　　能
命令组生成器	生成命令组
选项组生成器	生成选项组
自动格式生成器	格式化控件组
组合框生成器	生成组合框
编辑框生成器	生成编辑框
列表框生成器	生成列表框
文本框生成器	生成文本框

2.5　建立工作目录与搜索路径

在数据库的操作、管理和应用中，文件的管理是很重要的。VFP 默认的工作目录为其主目录，应用中产生的所有文件将存在此目录下。由于它与系统文件混在一起，不便于管理，因此用户一定要先建立自己的工作目录。工作目录与搜索路径建立的步骤如下：

① 选择“工具”菜单中的“选项”命令，打开“选项”对话框，如图 2.15 所示。在该对话框中可以对系统的很多参数进行设置，这里选择“文件位置”选项卡。

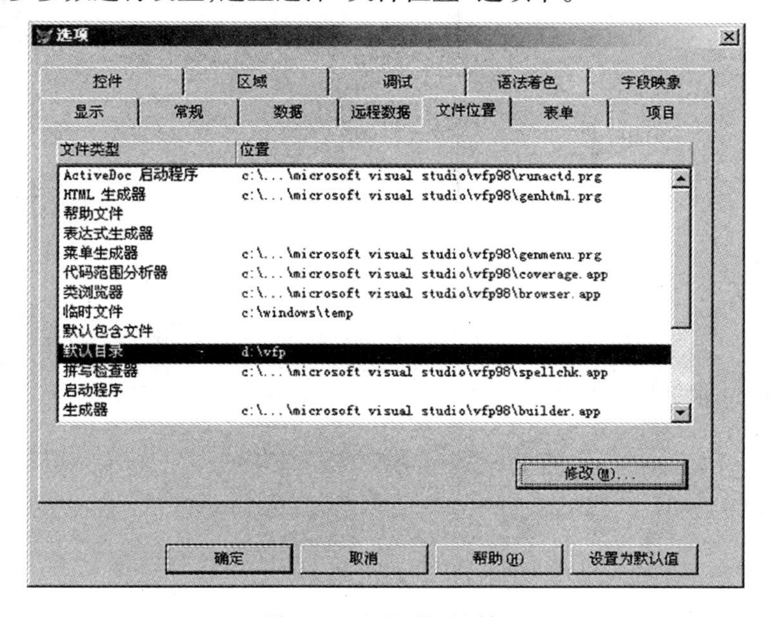

图 2.15　“选项”对话框

② 在“文件类型”列表框中，选择“默认目录”选项，单击“修改”按钮，打开“更改文件位置”对话框，如图 2.16 所示。

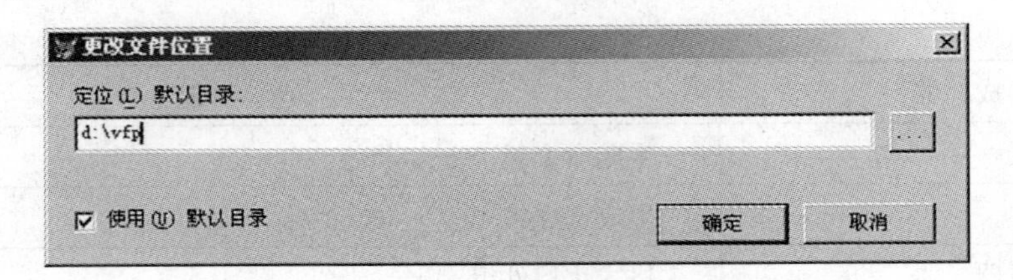

图2.16 在“更改文件位置”对话框中设置工作目录

③ 选中“使用默认目录”复选框，在“定位默认目录：”文本框中，输入默认目录位置，这里输入“d:\vfp”，单击“确定”按钮，系统又返回“选项”对话框，单击“设置为默认值”按钮，就把该目录作为用户的工作目录了。

④ 在“文件类型”列表框中，选择“搜索路径”选项，单击“修改”按钮，打开“更改文件位置”对话框，如图2.17所示。

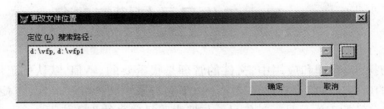

图2.17 在“更改文件位置”对话框中设置搜索路径

⑤ 在“定位搜索路径：”文本框中，输入搜索路径，这里输入“d:\vfp,d:\vfp1”，单击“确定”按钮，系统又返回“选项”对话框，单击“设置为默认值”按钮，就设置了搜索路径。

⑥ 在“选项”对话框中，单击“确定”按钮，系统又返回主窗口。至此完成工作目录建立和搜索路径的设置操作。

一、选择题

1. 显示与隐藏命令窗口的操作是(　　)。

　A) 单击“常用”工具栏上的“命令窗口”按钮

　B) 通过“窗口”菜单中的“命令窗口”命令来切换

　C) 直接按组合键 Ctrl + F2 或 Ctrl + F4

　D) 以上方法都可以

2. 下面关于工具栏的叙述错误的是(　　)。

　A) 可以创建用户自己的工具栏　　B) 可以修改系统提供的工具栏

　C) 可以删除用户创建的工具栏　　D) 可以删除系统提供的工具栏

3. 在“选项”对话框的“文件位置”选项卡中可以设置(　　)。

　A) 表单的默认大小　　B) 默认目录

　C) 日期和时间的显示格式　　D) 程序代码的颜色

4. “项目管理器”的“数据”选项卡用于显示和管理(　　)。

A) 数据库、自由表和查询　　B) 数据库、视图和查询

C) 数据库、自由表、查询和视图　　D) 数据库、表单和查询

5. “项目管理器”的“文档”选项卡用于显示和管理(　　)。

A) 表单、报表和查询　　B) 数据库、表单和报表

C) 查询、报表和视图　　D) 表单、报表和标签

二、填空题

1. “项目管理器”文件的扩展名是________。
2. 扩展名为.PRG的程序文件在“项目管理器”的________选项卡中显示。
3. “项目管理器”的“移去”按钮有两个功能:一是把文件________,二是________文件。
4. 数据库文件的扩展名是________,数据库备注文件的扩展名是________。
5. 数据表文件的扩展名是________,数据表备注文件的扩展名是________。
6. 项目文件的扩展名是________,项目备注文件的扩展名是________。
7. 数据表复合索引文件的扩展名是________,单一索引文件的扩展名是________。
8. 表单文件的扩展名是________,表单备注文件的扩展名是________。
9. 源程序的扩展名是________,目标程序的扩展名是________。

实　训

【实训目的】

1. 掌握默认工作目录与搜索路径的设置方法。
2. 掌握项目管理器的基本操作。

【实训内容】

1. 设置“D:\VFPLX”文件夹为默认工作目录,操作步骤如下:

首先在D盘新建立一个名为“VFPLX”的文件夹。

① 在“工具”菜单中,选择“选项”命令,打开“选项”对话框。

② 选择“文件位置”选项卡,在“文件类型”列表框中,选择“默认目录”选项。

③ 单击“修改”按钮,打开“更改文件位置”对话框。

④ 在“定位默认目录”文本框中,输入新的工作目录文件夹路径,如输入“D:\VFPLX”。

⑤ 单击“确定”按钮,系统返回“选项”对话框,单击“设置为默认值”按钮,再单击“确定”按钮。

用命令方式也可以设置默认工作目录。格式为:

```
Set Default To "目录名"
```

注:要设置为工作目录的文件夹必须已经存在,否则,不能设置成功。在VFP环境下,一旦设置了工作目录后,用户使用VFP工作过程中所产生的文件默认都会存到已经设置好的工作目录下,不会与VFP系统文件混在一起,方便管理与查找。

2. 设置“D:\VFPLX”文件夹为搜索路径,设置D:\VFPLX为默认工作目录。

第3章 数据库的建立和操作

设计一个功能齐全、结构优化的数据库，是设计数据库管理系统必不可少的一个重要环节。VFP 中文版提供了两个功能强大的数据库设计工具：数据库向导和数据库设计器。数据库向导能帮助初学者在很短的时间内设计出一个数据库，而数据库设计器能设计出满足用户实际需要的较为复杂的数据库。它们不仅能建立数据库，而且还提供了一套完善的数据库管理和维护功能。

本章主要介绍数据库、数据表的基本概念，数据库和数据表的建立、编辑表中的数据、记录的修改与删除，表的索引，等等。

3.1 数据库的概念

3.1.1 表的概念

VFP 作为关系型数据库系统是用来管理数据的，而数据以记录和字段的形式存储在数据库中，数据库就是一个关于某一特定主题或目标的信息集合。表是从简单数据处理到创建关系型数据库，再到设计应用程序的过程中所用到的基本单位，它是数据库的基础，可以说表是关系数据库系统中的基本结构。如果要保存数据，就应为所需记录的信息创建一个表。数据表是由行和列组成的，每一行称为一个记录，每一列称为一个字段。表有以下一些特征：

① 表可以存储若干条记录。

② 每条记录可以有若干个字段，而且每条记录具有相同结构的字段。相同结构的含义是具有相同的字段名、字段类型和字段顺序。

③ 字段可以是不同的类型，以便存储不同类型的数据。

④ 记录中每个字段的顺序与存储的数据无关。

⑤ 每条记录在表中的顺序与存储的数据无关。

3.1.2 表的字段

表由记录组成，记录又由字段组成，每个字段有其自身的属性，一般都有字段名、字段类型、字段宽度等。为了更进一步对字段进行了解，下面分别予以介绍。

1. 字段名

记录中的每一个字段都是有名称的，但在命名字段时，只能使用字母、汉字、下画线和数字。

字段名必须以字母或汉字开头,并且长度不能超过128个字符。

2. 字段类型

数据库可以存储大量的数据,并提供丰富的数据类型。这些数据可以是一段文字、一组数据、一个字符串、一个图像或一段多媒体作品。当把不同类型的数据存入字段时,就必须告诉数据库系统这个字段要存储什么类型的数据,这样数据库系统才能对这个字段采取相应的数据处理方法。对于一个表中的字段可以将其数据类型设置为以下的任意一种:

① 字符型(Character)。字符型字段通常用于存储键盘输入的文本数据。这些文本数据可以是汉字、字母、数字、空格、符号以及标点符号。使用字符型字段可以存储数字,字符型字段的宽度最大为254个字节。

② 货币型(Currency)。需要保存货币数值时,应当使用货币类型而不是数值类型字段。如果货币数值的小数位数超过4位,将四舍五入至4位。货币型字段取值范围为-922 337 203 685 477.580 8 ~922 337 203 685 477.580 7。

③ 数值型(Numeric)。数值型字段用来存储数值数据。它可以包含数字0 ~9,也可以带正、负号或小数点。字段取值范围为-0.999 999 999 9E+19 ~0.999 999 999 9E+20。

④ 浮点型(Float)。浮点型字段在功能上等价于数值型字段。

⑤ 日期型(Date)。日期型用于存储包含有年、月、日的日期数据。

⑥ 日期时间型(Date Time)。日期时间型用于存储包含有年、月、日、时、分、秒的日期和时间数据。

⑦ 双精度型(Double)。双精度型用于存储精度要求较高、位数固定的数值,或真正的浮点数值。

⑧ 整型(Integer)。整型用于存储整数数据,字段宽度固定为4个字节。取值范围为-2 147 483 647 ~2 147 483 647。

⑨ 逻辑型(Logical)。逻辑型用于存放逻辑数据的真(True)或假(False)值。

⑩ 备注型(Memo)。备注型用于存储不定长度的文本数据。当文本数据长度不定且长度可能大于254 B,无法使用字符型字段存储时(如附注、备注、说明等内容),通常使用这种类型字段。备注型字段的实际内容以数据块为单位,存储在和表名相同、扩展名为.FPT的文件中。

⑪ 通用型(General)。通用型用于存储OLE对象数据。字段宽度固定为4个字节,用于存储一个4个字节的指针,指向该字段的实际内容。通用型字段的实际内容存储在扩展名为.FPT的文件中。OLE对象包括电子表格、字处理文档、图像或其他多媒体对象等,它们相应的OLE服务程序应当安装在Windows系统中。这些OLE对象可以用链接方式存储在表中。通用字段存储数据的大小,取决于相关对象的OLE服务程序,并受可用磁盘空间大小的限制。

⑫ 字符型(二进制)(Character Binary)。字符型(二进制)用于存储不需要系统代码页维护的字符数据。其他字段特性同字符型字段。

⑬ 备注型(二进制)(Memo Binary)。备注型(二进制)用于存储不需要系统代码页维护的备注字段数据。其他字段特性同备注型字段。

3. 字段宽度

每一种数据类型都有其规定宽度。

为了便于记忆,将VFP中字段的数据类型与宽度列在表3.1中。

表 3.1 数据类型

数据类型	中文名称	说明	字段宽度/B
Character	字符型	字母、汉字、数字、文本、符号	254
Currency	货币型	货币单位	8
Numeric	数值型	整数或小数	20
Float	浮点型	同数值型	20
Date	日期型	年、月、日	8
DateTime	日期时间型	年、月、日、时、分、秒	8
Double	双精度型	双精度数值	8
Integer	整型	整数	4
Logical	逻辑型	真或假	1
Memo	备注型	不定长的字母、文本、数字	4
General	通用型	OLE 图像、多媒体对象	4
Character(Binary)	字符型(二进制)	同前字符型	254
Memo (Binary)	备注型(二进制)	同前备注型	4

4. 小数位数

当字段类型为 Numeric 或 Float 时,应在“小数位数”栏中设置小数的位数。

5. 是否允许为空(NULL)

如果允许字段接受 NULL 值,则应选中“NULL”栏所在框,否则不选中该栏,表的字段不允许为 NULL 值。

3.2 建立数据库

本节介绍建立数据库的操作步骤。建立数据库之前,必须先做一些准备工作:建立文件夹、设置工作目录、设置搜索路径、建立项目等。

3.2.1 建立数据库的准备

① 建立文件夹。例如,在 D 盘上建立一个 d:\vfp 文件夹。

② 设置工作目录。例如,设置 d:\vfp 为工作目录。

③ 设置搜索路径。例如,设置 d:\vfp 为搜索路径。

④ 建立项目。例如,在 d:\vfp 文件夹中,建立一个项目,名称为“用户项目”。

3.2.2 数据库的建立

表 3.2 是一张名为教师档案的文件,下面介绍建立数据库的操作步骤。

表3.2 教师档案表

记录号	编号	姓名	性别	年龄	职称	工作时间	婚否	简历	照片
1	1	张黎黎	女	26	助教	05/24/18	.T.	memo	Gen
2	2	李 艳	女	30	助教	09/24/18	.T.	memo	Gen
3	3	刘 强	男	28	讲师	12/24/15	.T.	memo	Gen
4	4	王秋燕	女	30	讲师	10/09/15	.T.	memo	Gen
5	5	姜丽萍	女	30	讲师	10/09/15	.T.	memo	Gen
6	6	陈丽丽	女	32	讲师	09/27/15	.T.	memo	Gen
7	7	刘 刚	男	38	副教授	06/28/13	.T.	memo	Gen
8	8	王 良	男	30	讲师	08/09/15	.T.	memo	Gen

① 打开“项目管理器”，如图3.1所示，选中“数据”选项卡，单击其左侧“+”号，展开该对象分支，再在该选项卡中，选中“数据库”对象，这时“项目管理器”右边的“新建”和“添加”两个按钮将由灰变实。

② 单击“新建”按钮，打开“新建数据库”对话框，如图3.2所示。

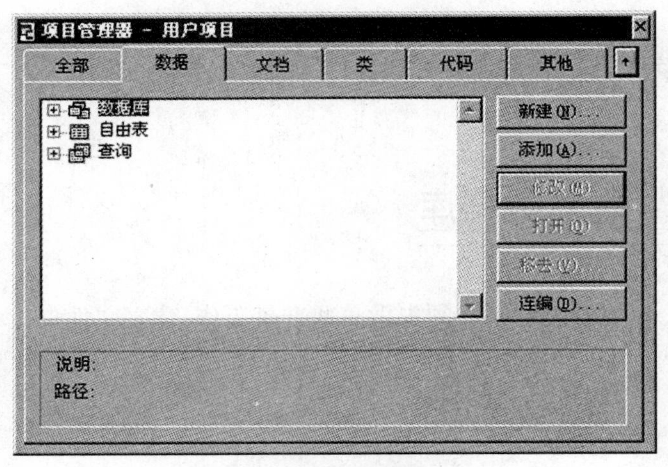

图3.1 “项目管理器”对话框

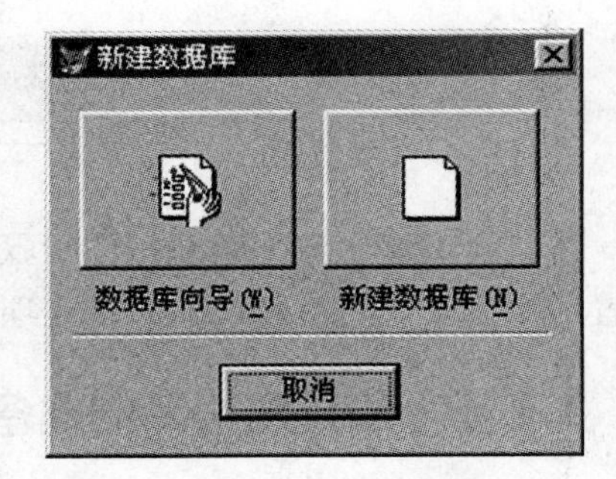

图3.2 “新建数据库”对话框

③ 单击“新建数据库”按钮，打开“创建”对话框，如图3.3所示。在“数据库名”文本框中输入数据库名称，这里输入“教工”，单击“保存”按钮，系统进入“数据库设计器”窗口，如图3.4所示，同时屏幕出现“数据库设计器”工具栏。

④ 在“数据库设计器”工具栏中，单击“新建表”按钮，即第一个按钮，打开“新建表”对话框，如图3.5所示。

⑤ 在“新建表”对话框中，单击“新建表”按钮，打开“创建”对话框，如图3.6所示，在“输入表名”文本框中，输入数据库表的名称，这里输入“职工档案”。在“保存在”下拉列表框中选择文

件保存位置,这里选择“d:\vfp”。

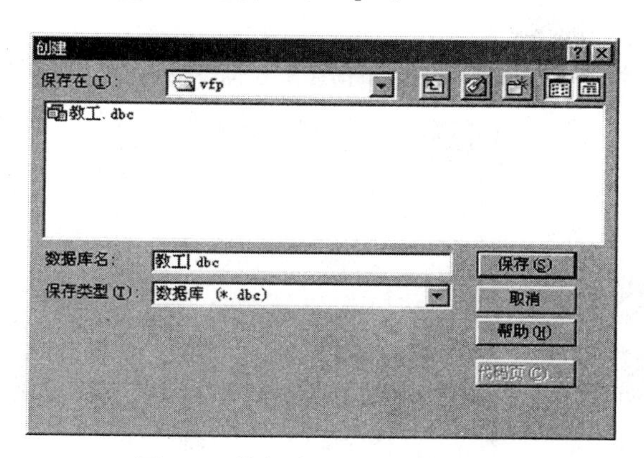

图 3.3　数据库的“创建”对话框

图 3.4　“数据库设计器”窗口

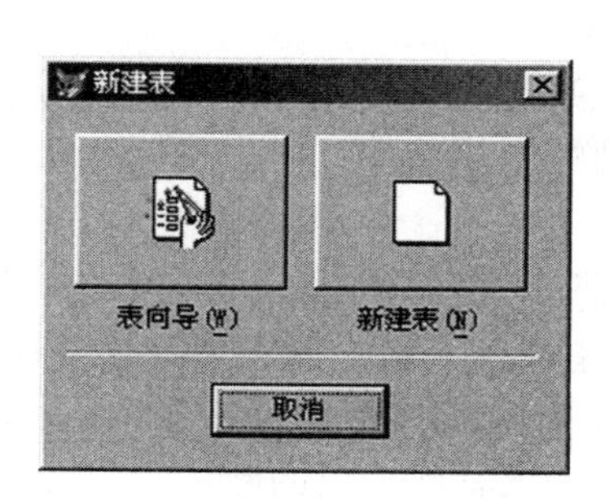

图 3.5　“新建表”对话框

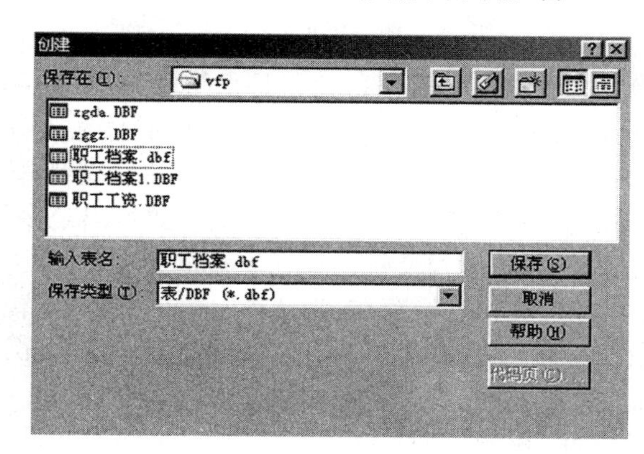

图 3.6　数据表的“创建”对话框

⑥ 单击“保存”按钮,打开“表设计器”对话框,如图 3.7 所示,在“字段”选项卡中,可以设置字段名、字段数据类型、字段宽度、索引和小数位数等信息。

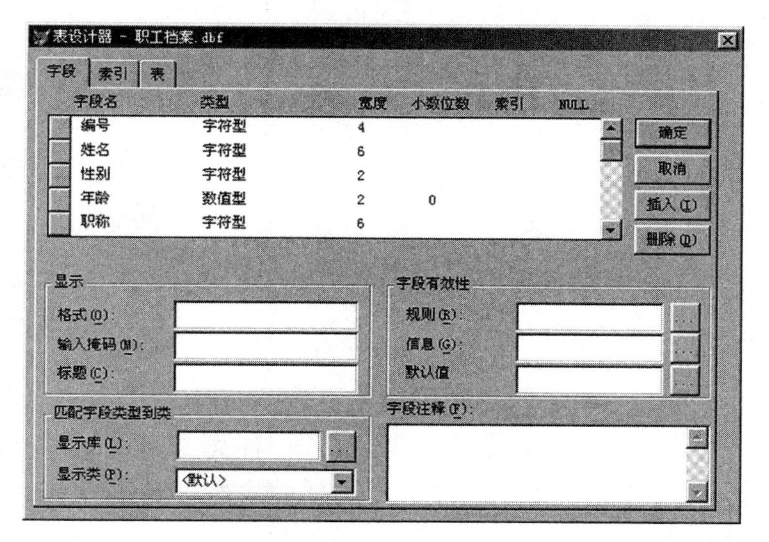

图 3.7　“表设计器”对话框

⑦“职工档案”表中字段信息输入完毕后，单击“确定”按钮，打开“现在输入数据记录吗?”输入记录提示信息对话框，如图3.8所示。

⑧ 如果想立即输入记录，单击“是”按钮，打开记录输入窗口，如图3.9所示。

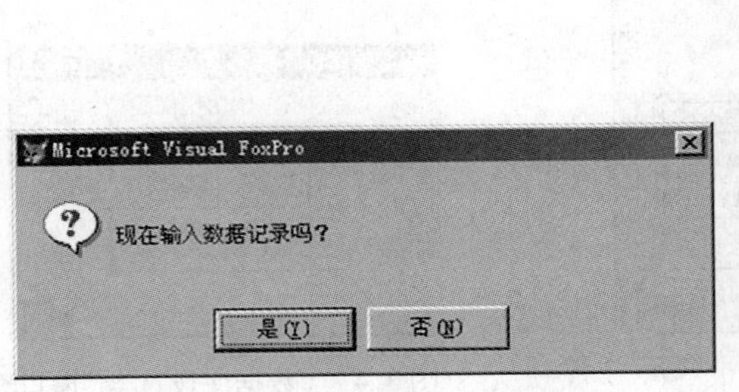

图3.8 输入记录提示信息对话框

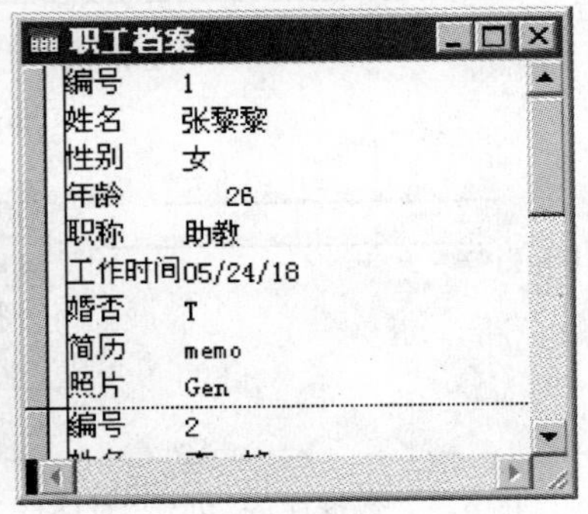

图3.9 输入数据库表记录

⑨ 记录中大部分字段的输入是很简单的，单击字段所在位置就可输入。但是其中“照片”字段是通用型数据类型，输入时要复杂一些，具体输入方法如下：

双击该字段，屏幕会出现照片输入窗口，在“编辑”菜单中，选择“插入对象”命令，打开“插入对象”对话框，如图3.10所示。插入的对象可以是多种类型的图片文件，这里只介绍BMP图像文件的插入(假设图片文件已经在硬盘上存在)。

如果照片文件已经存在，则选择“由文件创建”单选按钮，如图3.10所示，在“文件”文本框中，输入要插入照片的路径和文件名，如d:\t\t1.bmp，或通过单击“浏览”按钮来选择图片文件。路径和文件名输入完后，单击“确定”按钮，打开“职工档案.照片”窗口，如图3.11所示。单击“关闭”按钮，系统又返回记录输入窗口。用同样的方法可以输入其他记录的照片。

⑩ 所有记录输入完毕后，退出输入窗口，系统返回“项目管理器”对话框，这样就完成了数据库表的建立工作。

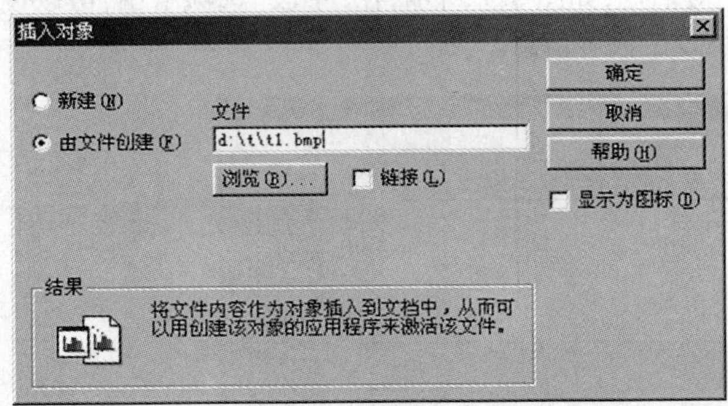

图3.10 “插入对象”对话框

图3.11 “职工档案.照片”窗口

3.3 建立自由表

在“用户项目”中已建立了“教工”数据库。在VFP中，表是组织数据的最基本的单位。本节介绍自由表的建立、追加记录等有关操作。

3.3.1 创建表

字段是组成表的关键,在创建新表之前要注意进行以下工作:

① 分析用户需要用表收集的数据,确定各表的字段。每个表的字段应属于同一个范畴,不同范畴的信息应该属于不同的表。

② 先整理好用户所需要的全部信息,然后进行表的划分,对那些通过计算机可以得到的结果不要再分配字段。

③ 表中要具有唯一标识单个记录的关键字段或字段的组合。

④ 根据字段的内容仔细确定每个字段的数据类型。

创建新表的方法有两种:一种是“表向导”,另一种是“表设计器”。

1. 使用表向导创建表

① 在“项目管理器”中,选择“自由表”,单击“新建”按钮,打开“新建表”对话框,如图3.12所示。

② 在“新建表”对话框中,单击“表向导”按钮。

③ 按照表向导提供的提示信息,可以一步一步地建立表。

2. 用表设计器创建表

① 在“项目管理器”中,选择“自由表”,单击“新建”按钮,打开“新建表”对话框,如图3.12所示。

② 单击“新建表”按钮,打开“创建”对话框,如图3.13所示。

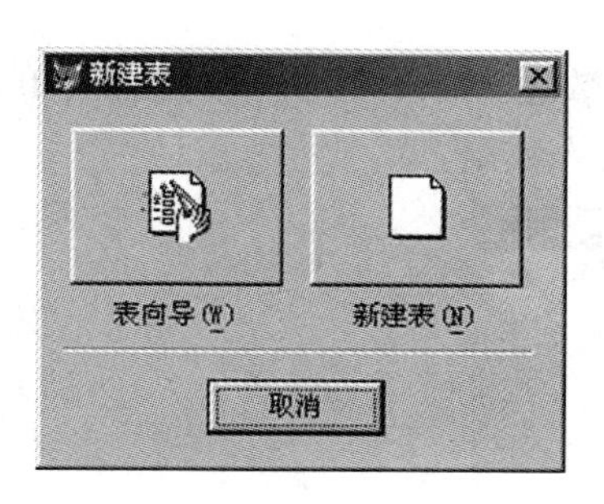

图3.12 “新建表”对话框

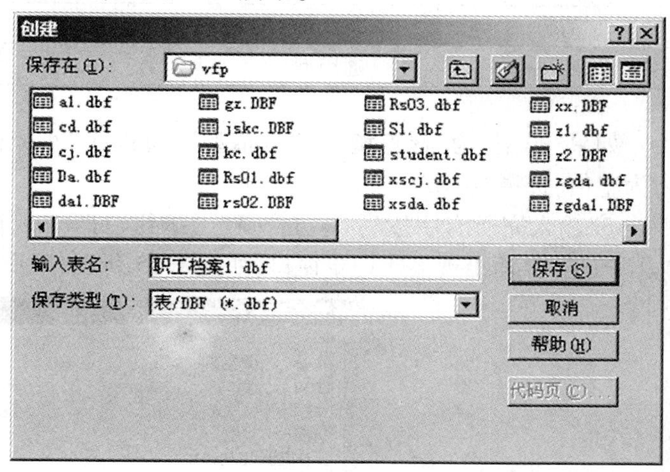

图3.13 “创建”对话框

③ 在“输入表名”文本框中,输入表名为“职工档案1”,单击“保存”按钮,打开“表设计器”对话框,如图3.14所示。

④ 在“字段名”栏下面输入“编号”,这时“类型”的默认值为“字符型”,选择默认值,在“宽度”栏下面输入“4”,设置“索引”为“升序”,其他字段按表3.3所示输入。

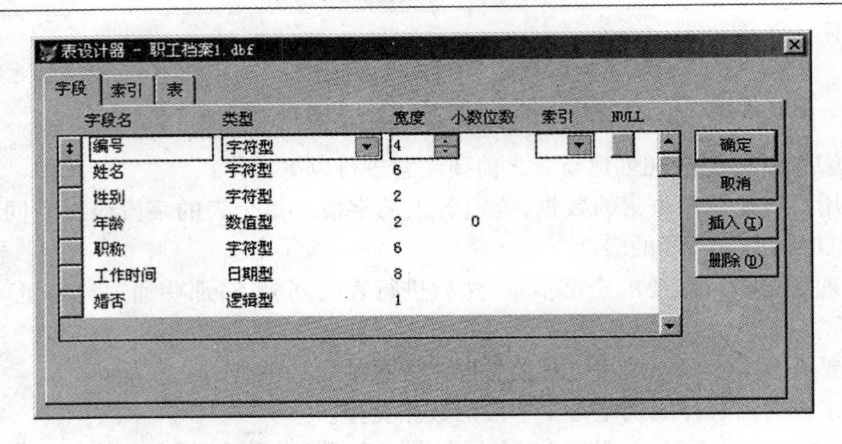

图3.14 “表设计器”对话框

表3.3 职工档案表结构

字段名	类型	宽度	小数位数	索引	NULL
编号	字符型	4	无	升序	否
姓名	字符型	6	无	无	否
性别	字符型	2	无	无	否
年龄	数值型	2	0	无	可
职称	字符型	6	无	无	可
工作时间	日期型	8	无	无	否
婚否	逻辑型	1	无	无	否
简历	备注型	4	无	无	可
照片	通用型	4	无	无	可

如果“类型”为“浮点型”或“数值型”，可以在“小数位数”栏下面确定小数位。如果需要输入为空值，选择“NULL”项。

⑤ 输入完所有字段后，单击“确定”按钮，打开“现在输入数据记录吗?”提示对话框，单击“是”按钮，界面出现输入记录窗口，如图3.15所示，用户可以输入数据。

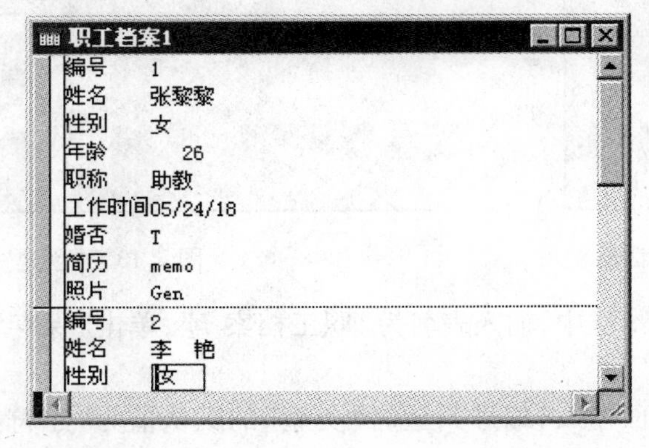

图3.15 输入记录窗口

⑥ 关闭输入记录窗口,完成输入数据操作。

3.3.2 向表中添加数据

快速地向表中添加数据,可以在“显示”菜单中,选择“浏览”(或“编辑”或“添加方式”)命令,这时将在文件的最底部出现一个空白记录。向表中添加数据的操作步骤如下:

① 打开“用户项目”,选择“职工档案 1”表,单击“浏览”按钮,打开“职工档案 1”表的浏览窗口。

② 在“显示”菜单中,选择“追加方式”命令,这时窗口如图 3.16 所示。

职工档案1

编号	姓名	性别	年龄	职称	工作时间	婚否	简历	照片
1	张黎黎	女	26	助教	05/24/18	T	memo	Gen
2	李 艳	女	30	助教	09/24/18	T	memo	Gen
3	刘 强	男	28	讲师	12/24/15	T	memo	Gen
4	王秋燕	女	30	讲师	10/09/15	T	memo	Gen
5	姜丽萍	女	30	讲师	10/09/15	T	memo	Gen
6	陈丽丽	女	32	讲师	09/27/15	T	memo	Gen
7	刘 刚	男	38	副教授	06/28/13	T	memo	Gen
8	王 良	男	30	讲师	08/09/15	T	memo	Gen
					/ /		memo	gen

图 3.16 追加记录

③ 在“浏览”窗口中,输入新的记录,按 Tab 键实现字段间的移动。

④ 追加记录完成后,关闭“职工档案 1”的浏览窗口。

3.3.3 修改表结构

当需要对已经存在的数据库表的结构进行修改时,可以通过表设计器删除字段,改变字段类型和宽度,也可以重新设置索引。如果用户正在修改的表是数据库的一部分,可以增加字段并修改属性。修改数据库表结构的操作步骤如下:

① 在“文件”菜单中,选择“打开”命令,在“打开”对话框中,选择“用户项目”,单击“确定”按钮,打开“项目管理器”对话框。

② 在“数据库”的“教工”中,选择“表”,再选择“职工档案”表,然后单击“修改”按钮,打开“表设计器”对话框,如图 3.17 所示。

③ 选择“字段”选项卡,选择“编号”字段,然后将“宽度”改为 6;选择“工作时间”字段,然后单击“删除”按钮。

④ 修改完成,单击“确定”按钮,打开“是否永久性地更改表结构?”提示对话框,如图 3.18 所示,单击“是”按钮,完成对表结构的修改。

修改自由表结构的方法与修改数据库表结构的方法完全相同,只是两者使用的表设计器有所不同。图 3.14 是自由表设计器,图 3.17 是数据表设计器。

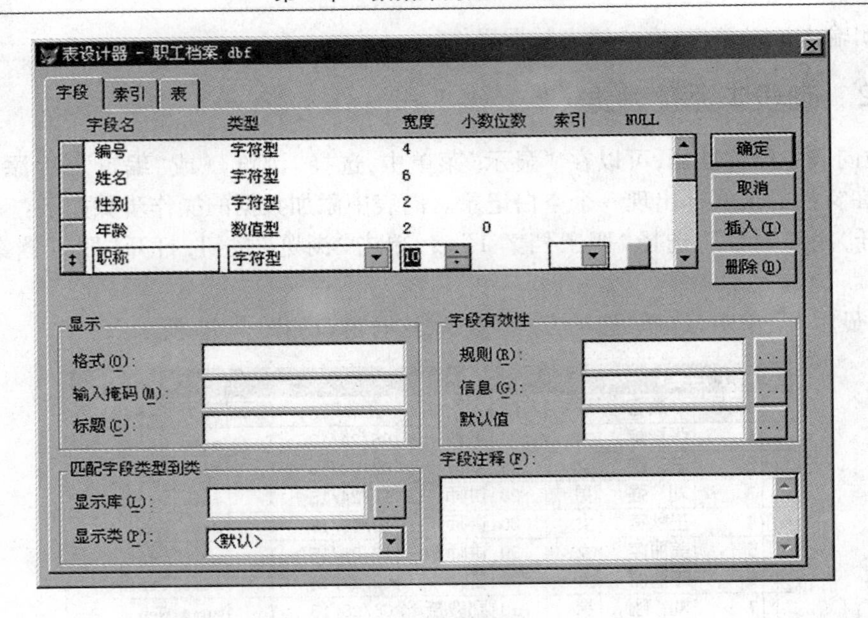

图 3.17 “表设计器”对话框

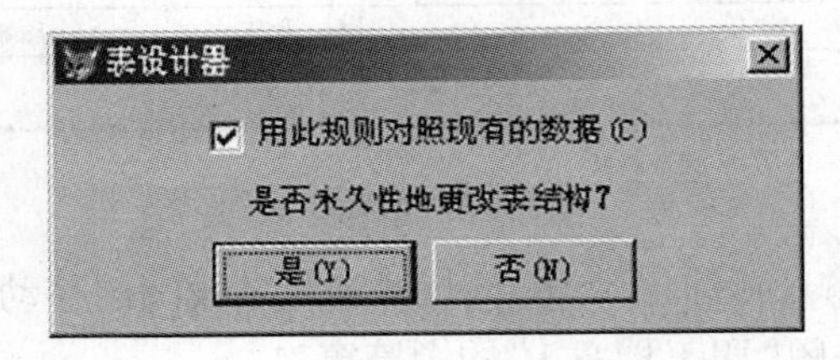

图 3.18 提示对话框

3.4 维护数据库表中的记录

维护数据库表中的记录,在数据库管理中是很重要的。在 VFP 中,用户可以采用多种方法维护数据库表中的记录。维护数据库表中的记录,主要包括编辑、修改和删除操作。

表中字段内容的修改很简单,只需找到要修改记录中的字段所在的单元格,输入正确的内容即可。

3.4.1 浏览表中的数据

在建表的过程中,可以选择输入数据,也可以在以后的操作中向表中输入数据。

1. 浏览表并向表中加入数据

① 在“文件”菜单中,选择“打开”命令,在“打开”对话框中,选择“用户项目”,单击“确定”按钮,打开“项目管理器”对话框。

② 在“数据库”的“教工”中,选择“表”,再选择“职工档案”表,如图 3.19 所示。

③ 单击“浏览”按钮,在打开的“职工档案”表窗口中,用户可以浏览、编辑或添加数据。

④ 关闭“职工档案”表窗口,完成浏览数据。

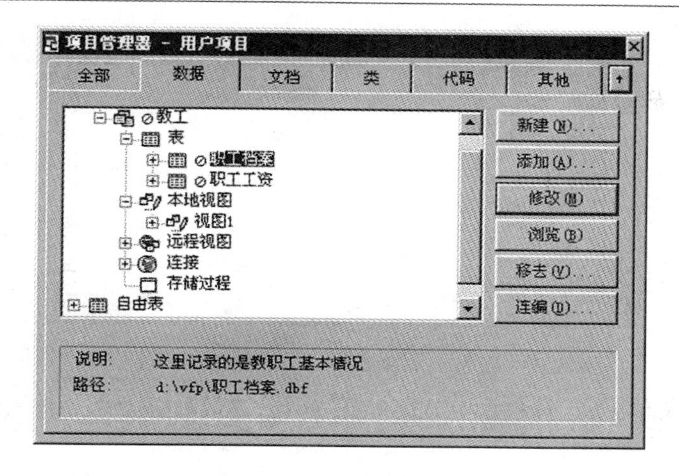

图 3.19　选择“职工档案”表

浏览表中的数据，也可以在“项目”菜单中，选择“浏览文件”命令，用户可以浏览数据表或修改数据表中的数据。

在浏览状态下，浏览窗口中的每一列表示数据库中的一个字段，每一行表示一条记录，用浏览窗口中的滚动条可以滚动数据，用上、下、左、右箭头可以实现光标在各编辑框中的移动。浏览窗口有“浏览”、“编辑”和“追加”3 种状态，在主菜单的“显示”菜单中可以实现这 3 种状态的切换。3 种状态的意义如下：

① 浏览。在浏览窗口中，显示表中的数据，此时允许用户查看和修改表或视图中的数据。这种状态对浏览、编辑、追加方式比较有效。它的窗口如图 3.20 所示。

职工档案

编号	姓名	性别	年龄	职称	工作时间	婚否	简历	照片
1	张黎黎	女	26	助教	05/24/18	T	memo	Gen
2	李　艳	女	30	助教	09/24/18	T	memo	Gen
3	刘　强	男	28	讲师	12/24/15	T	memo	Gen
4	王秋燕	女	30	讲师	10/09/15	T	memo	Gen
5	姜丽萍	女	30	讲师	10/09/15	T	memo	Gen
6	陈丽丽	女	32	讲师	09/27/15	T	memo	Gen
7	刘　刚	男	38	副教授	06/28/13	T	memo	Gen
8	王　良	男	30	讲师	08/09/15	T	memo	Gen

图 3.20　浏览窗口的浏览状态

② 编辑。显示编辑所选的表或视图，有 3 种方式：浏览、编辑和追加。它的窗口如图3.21 所示。

③ 追加。当选择此项时，自动在当前编辑的表或视图的末尾添加一条空记录，用户可以在浏览或编辑两种方式下追加数据。

2. 定位记录

在编辑、浏览、删除等操作中，经常针对当前记录或某一条记录。用户可以用滚动条、箭头键或 Tab 键实现数据的移动。

① 在“表”菜单中，选择“转到记录”命令，打开下一级子菜单，如图 3.22 所示。

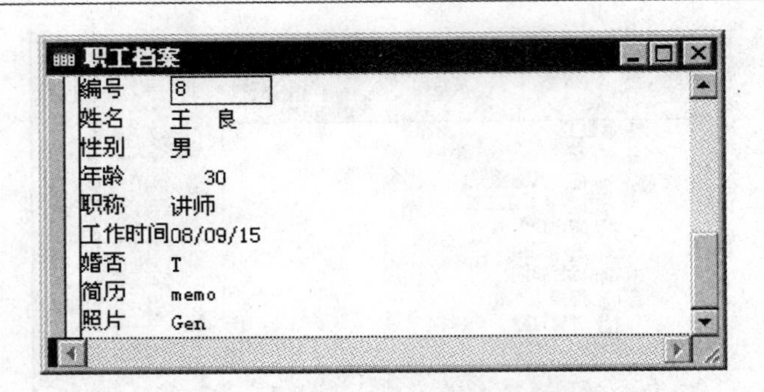

图 3.21 浏览窗口的编辑状态

② 在下一级子菜单中,选择移动方式,如“第一个”、“最后一个”、“下一个”、“上一个”、“记录号”、“定位”等。

如果选择“记录号”命令,系统就会打开“转到记录”对话框,如图 3.23 所示,用户可以输入记录号,然后单击“确定”按钮即可。

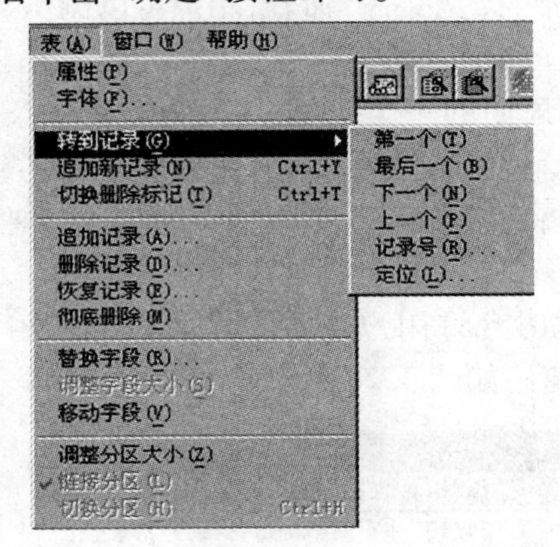

图 3.22 “表”菜单

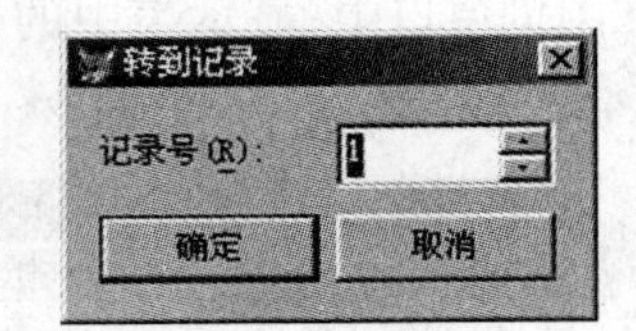

图 3.23 “转到记录”对话框

3.4.2 编辑、修改记录中的字段

如果记录中某些字段数据输入错误或缺少数据时,就需要进行插入、编辑和修改。具体操作步骤如下:

① 在浏览或编辑窗口中,打开要编辑的表。

② 按上下箭头或左右箭头键,把光标定位到所要编辑的字段上,然后进行插入或替换操作。

③ 当输入新的数据时,这时系统就把新输入的值插入到插入点或替换已选定的数据。

在编辑任一字段中的数据之后,如果将光标移出该字段,VFP 将自动保存对该字段所做的任何更改。因此,在将光标移出该字段之前,可以单击工具栏中的“撤销”按钮来撤销对该字段的修改。

3.4.3 删除和还原记录

在有些情况下,需要删除表中的记录,如某条记录的信息已经过时,或某条记录发生某种错误致使不需要在表中继续保留它。删除记录是表操作中常见的操作之一,使用删除记录操作可以维护表,以保证表中数据的有效性。

在浏览窗口中,每条记录的小方块就是记录的删除标记条,删除记录包括对删除标记条的操作。

当 VFP 把已删除记录的删除标记条变黑时，系统就不能对这些记录进行常见的操作，但这些记录仍然保存在数据表中。对于已做删除标记的记录，用户既可以将其彻底删除，也可以将其恢复。

1. 删除表中记录

要从表中删除记录有两种办法：一种是直接从表中删除记录；另一种是利用“删除”对话框进行条件删除。对于第一种方法，只要把记录的删除标记条变黑即可，方法是用鼠标单击浏览记录窗口中所要删除的记录左面的空白处，就可以做出黑色的删除标记，如图 3.24 所示。这种方法只适用于少量记录的删除。如果要删除多条记录，这种方法就很难将多条记录一一标记，而且更重要的是，如果要删除的记录无法预先指定，只有通过逻辑表达式才能计算出来，这时就不能使用这种方法，必须使用“删除”对话框进行条件删除。下面重点介绍用“删除”对话框进行删除满足条件的记录的操作方法。

职工档案

编号	姓名	性别	年龄	职称	工作时间	婚否	简历	照片
1	张黎黎	女	26	助教	05/24/18	T	memo	Gen
2	李　艳	女	30	助教	09/24/18	T	memo	Gen
3	刘　强	男	28	讲师	12/24/15	T	memo	Gen
4	王秋燕	女	30	讲师	10/09/15	T	memo	Gen
5	姜丽萍	女	30	讲师	10/09/15	T	memo	Gen
6	陈丽丽	女	32	讲师	09/27/15	T	memo	Gen
7	刘　刚	男	38	副教授	06/28/13	T	memo	Gen
8	王　良	男	30	讲师	08/09/15	T	memo	Gen

图 3.24　为记录作删除标记

① 选择要删除记录的表，单击“浏览”按钮，打开浏览表窗口。

② 在“表”菜单中，选择“删除记录”命令，打开“删除”对话框，如图 3.25 所示。

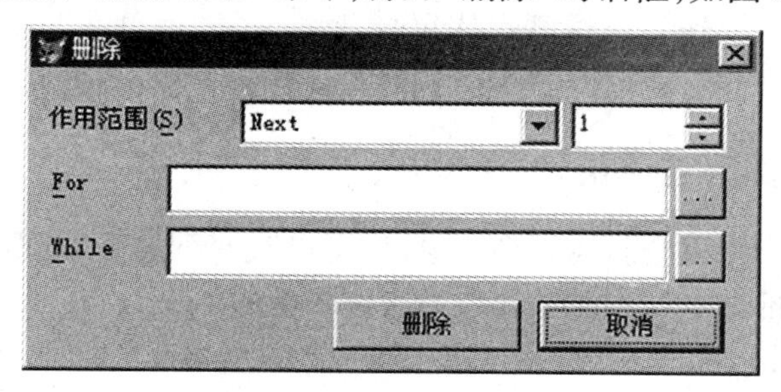

图 3.25　“删除”对话框

③ 在“删除”对话框中，设置需要删除的记录。在“作用范围”下拉列表框中，可以选择“All”(全部)、“Next”(下一个)、“Record”(记录)和“Rest”(其余)几个删除范围。在“For”文本框中，可以输入逻辑表达式，或使用右边的“...”按钮激活“表达式生成器”对话框来生成逻辑表达式，以确定被删除的记录必须满足的条件。例如，可选定年龄 30 岁以上的记录，表达式为“年龄 >30”，为它们加上删除标记。在“While”文本框中，输入一个逻辑表达式，确定何时删除符合删除条件的记录。

④ 单击“删除”按钮，这时系统根据“作用范围”文本框、“For”文本框或“While”文本框中指定的值或表达式来删除符合条件的记录。

由此可见,通过在“删除”对话框中设置条件,可以有选择地删除一组记录。这种删除方法只是将满足条件的记录加上删除标记,即删除标记条变为黑色。需要时,还可以将删除标记去掉。

2. 彻底删除记录

如要彻底删除表中的记录,操作步骤如下:

① 给要删除的记录加上删除标记。单击要删除记录的删除标记条,使其变为黑色。加了删除标记的记录还暂时保存在表中,还可以再取消这些记录的删除标记。表中加了删除标记的记录可以通过设置,使其在浏览窗口中可见或不可见。

② 彻底删除。加上删除标记的记录只有经过“彻底删除”的操作,才能真正从表中移去。在“表”菜单中,选择“彻底删除”命令,系统将要求确认是否从表中移去已删除记录,如图3.26所示。

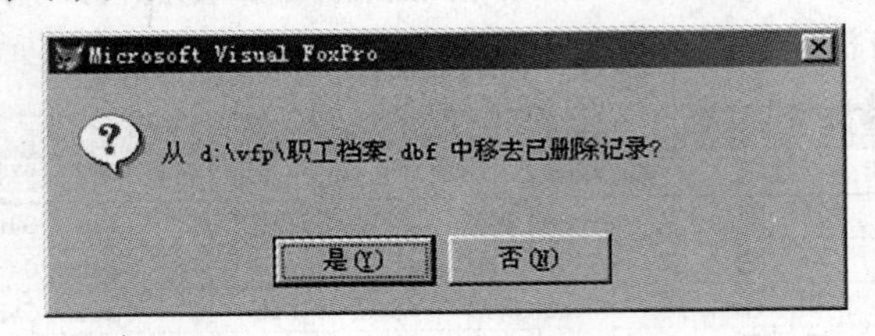

图3.26　是否彻底删除记录消息框

③ 如果单击“是”按钮,确认将彻底删除表中已经加上了删除标记的记录。这个确认一定要慎重,因为只加上删除标记的记录才可恢复,一旦彻底删除将不可恢复。执行彻底删除操作后,将自动关闭浏览窗口,删除所有标记过的记录,并重新构造表中余下的记录。若要继续浏览表中的记录,则需要重新打开浏览窗口。

3. 还原记录

在VFP中,由于标有删除标记的记录并没有真正地从表中删除,因此撤销记录前面的删除标记可以恢复表中已删除的记录。这既可用鼠标逐一恢复,也可在“表”菜单中,选择“恢复记录”命令来恢复一组记录。具体操作与“删除记录”命令相似。

3.4.4　定制浏览数据窗口

用户按照自己的要求可以重新定制浏览窗口,可以改变列的显示宽度,显示或隐藏表格线,也可以将窗口分割为两部分。定制浏览窗口的操作步骤如下:

1. 定制字段位置

改变字段位置有两种方法:一是用鼠标,二是用菜单。

首先打开“用户项目”,并将“职工档案”表设置为“浏览”方式。

① 鼠标方法。在“浏览”窗口最上面的标题栏上单击,把鼠标指针放在所要移动的标题的上面,按住鼠标左键,然后拖动此字段到需要的位置,完成字段位置的重新排列。

② 菜单方法。在“表”菜单中,选择“移动字段”命令,然后按左、右箭头键实现字段的移动。

2. 改变字段列的宽度

改变字段列的宽度有两种方法:一是用鼠标,二是用菜单。

① 鼠标方法。将鼠标指针移到浏览记录窗口最上面的标题栏的字段交界位置,当出现单竖线时,按住鼠标左键拖动,可以改变字段的列宽,如图3.27所示的性别字段被拉宽。

编号	姓名	性别	年龄	职称	工作时间	婚否	简历
1	张黎黎	女	26	助教	05/24/18	T	memo
2	李　艳	女	30	助教	09/24/18	T	memo
3	刘　强	男	28	讲师	12/24/15	T	memo
4	王秋燕	女	30	讲师	10/09/15	T	memo
5	姜丽萍	女	30	讲师	10/09/15	T	memo
6	陈丽丽	女	32	讲师	09/27/15	T	memo
7	刘　刚	男	38	副教授	06/28/13	T	memo
8	王　良	男	30	讲师	08/09/15	T	memo

图 3.27　改变列的宽度

② 菜单方法。在“表”菜单中，选择“调整字段大小”命令，然后按左、右箭头键实现字段宽度的变化，按 Enter 键完成字段宽度的设置。

浏览窗口中列宽度的变化并不是物理数据库中字段的宽度真的变了，而只是一种显示上的变化，要真正实现表中字段宽度的变化需要在“表设计器”中修改表的结构。

3. 显示可隐藏表格线

在“显示”菜单中，选择“网格线”命令，可以显示或隐藏浏览窗口中的网格。

3.5　筛选表记录

如果用户只需查看满足某一条件的记录，那么可以通过设置过滤器，对“浏览”窗口中显示的记录进行限制。在某些情况下，筛选就显得非常有用。

3.5.1　用过滤器限制记录

在表中建立过滤器的操作步骤如下：

① 把“表”调到“浏览”窗口中。在“表”菜单中，选择“属性”命令，打开“工作区属性”对话框，如图 3.28 所示。

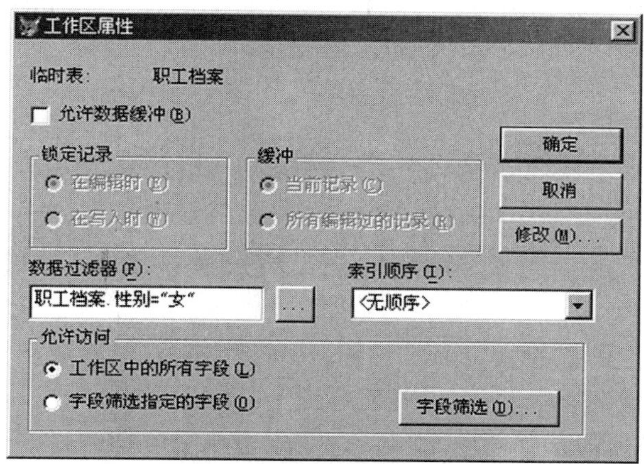

图 3.28　“工作区属性”对话框

② 在“数据过滤器”文本框中,输入筛选表达式,或者单击“数据过滤器”文本框后面的“...”按钮,打开“表达式生成器”对话框,用户可以创建一个表达式,来选择要查看的记录,然后单击“确定”按钮。这样只显示经过筛选的记录。

例如,在“数据过滤器”对话框中,输入表达式“职工档案.性别 = "女"”,则只显示所有女职工记录,结果如图 3.29 所示。经过过滤设置后,只能浏览到女职工的情况。

职工档案

编号	姓名	性别	年龄	职称	工作时间	婚否	简历	照片
1	张黎黎	女	26	助教	05/24/18	T	memo	Gen
2	李　艳	女	30	助教	09/24/18	T	memo	Gen
4	王秋燕	女	30	讲师	10/09/15	T	memo	Gen
5	姜丽萍	女	30	讲师	10/09/15	T	memo	Gen
6	陈丽丽	女	32	讲师	09/27/15	T	memo	Gen

图 3.29　经过筛选设置后的数据表

3.5.2　用过滤器限制字段

在表单中浏览或使用表时,只要求显示某些用户所关心的字段,可以设置字段筛选来限制对某些字段的访问。选出要显示的字段后,剩下的字段就不可访问了。建立字段筛选的步骤如下:

① 把“职工档案”表调到浏览窗口中,在“表”菜单中选择“属性”命令,打开“工作区属性”对话框。

② 在“允许访问”选项区域中,选中“字段筛选指定的字段”单选按钮,然后单击“字段筛选...”按钮,打开“字段选择器”对话框,如图 3.30 所示。

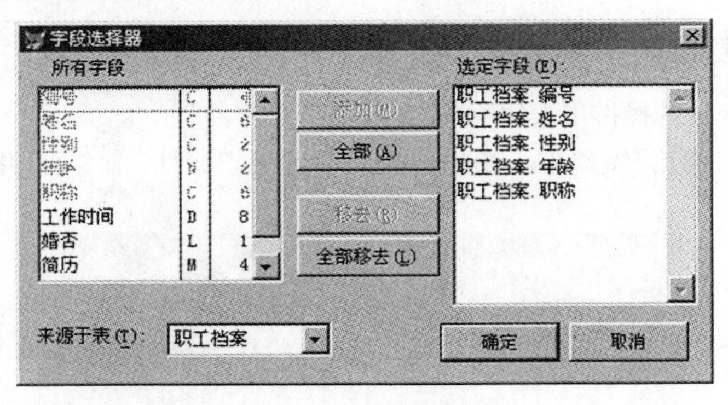

图 3.30　“字段选择器”对话框

③ 在“所有字段”列表框中,选择需要显示的字段,单击“添加”按钮,将所选择的字段添加到“选定字段”列表框中。

④ 在选定了所需字段后,单击“确定”按钮,将关闭“字段选择器”对话框,系统返回“工作区属性”对话框,单击“确定”按钮,关闭“工作区属性”对话框。

浏览表时,只有在“字段选择器”中选定的字段才能被显示出来,如图 3.31 所示。

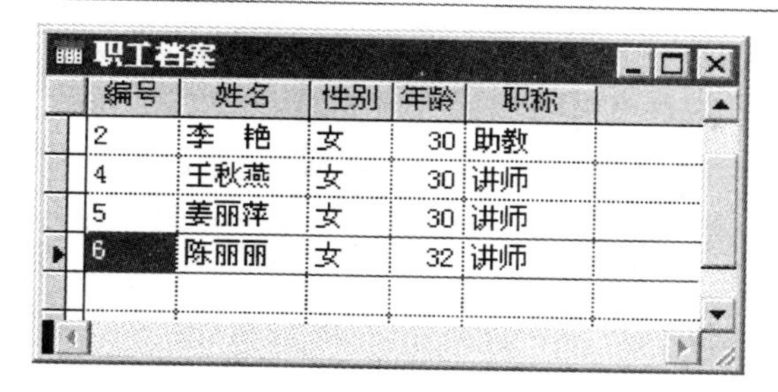

图 3.31 经字段过滤后的数据表

3.6 建立索引

3.6.1 索引的概念

数据库表记录一般是按照其输入的顺序进行显示的。在处理表记录的过程中,通常是按照表中记录的存储顺序进行的。当数据库表中的记录数据很多时,按照这种方法显示就不便于用户查找自己需要的信息。特别是当需要按照另外的顺序处理时,可以使用索引来改变记录的顺序。为了使用户能够在数据库表中快速准确地查找特定的信息,就必须根据数据库表中某些字段的值,为数据表建立一个具有逻辑顺序的索引文件,然后根据索引文件重新排列数据库表中显示的记录。可以按一个字段索引,也可以指定一个索引表达式。一个表可以创建多个索引,以便在需要时使用不同的顺序来访问表。索引存储在扩展名为.CDX 的索引文件中,索引文件中存储着记录号和索引字段的索引值,它将随着表的打开而被自动打开。不同类型的索引对索引字段的要求不同,适用的情况也不同。

由于索引文件中存储的是按照某一字段的值排列的一组记录号,每个记录号指向一个待处理的记录,所以,实际上索引可以理解为根据某一字段的值进行逻辑排序的一组指针。在按照索引重新排列数据库表中显示的记录时,VFP 将按照指针排列的顺序分别读取每一条记录,而这些记录在数据库中的实际存储位置并未改变。

1. 索引的结构

VFP 中有 3 种索引:结构复合索引(.CDX)、非结构复合索引(.CDX)和独立索引(.IDX)。其中结构复合索引是所有索引中最重要的索引,本书中的索引大多是结构复合索引。它的特点是:

① 在表打开时自动打开。

② 在同一个索引文件中可以有多种排序方式,具有多个索引关键字。

③ 在对表进行添加、更改、删除时,索引文件自动维护。

2. 索引的类型

在数据库中,把用来确定索引顺序的字段称为关键字字段。在 VFP 中,可以根据关键字字段建立下列 4 种类型的索引:主索引、候选索引、普通索引和唯一索引。

① 主索引:可以确保字段中输入值的唯一性并决定了处理记录的顺序。在创建数据表时,除了数据表以外,一般应根据主关键字字段给每一个表建立主索引。但不能给自由表建立主索引。

② 候选索引:同主索引一样也能确保字段值的唯一性,并能根据候选索引决定处理记录的顺序。与主索引不同的是,自由表可以建立候选索引。在数据表中,主索引只能有一个,但候选索引可以有多个。在创建数据库时,应根据主关键字字段以外的其他字段建立候选索引。

③ 普通索引:也可以决定记录的处理顺序,但是其最大的特点是允许字段中的值可以重复。在创建数据库时,应在位于一对多关系的多端的表中建立一个普通索引。这样,在根据普通索引排序或查询记录时,系统将列出所有符合条件的记录。在一个表中可以加入多个普通索引。

④ 唯一索引:为了保证与以前版本的兼容性,VFP 中可以使用唯一索引。唯一索引允许出现重复,但唯一索引只存储索引文件中重复值第一次出现的记录。"唯一"指索引文件对每一个特定的关键字只存储一次,而忽略了重复值第二次及以后出现的记录。

3.6.2 索引的建立

索引的建立十分简单,但不要对每个字段都建立索引,否则会降低程序的运行效率。对一些很少用的索引可以考虑用其他索引文件的格式,这在以后会加以叙述。

对于表,可以对一个字段或一个表达式建立索引。为了使索引更为有效,对于那些经常用于对表、视图或报表建立过滤器的字段最好建立索引。建立索引的操作步骤如下:

① 在"项目管理器"对话框中,选择想要加入字段的表,单击"修改"按钮。

② 在打开的"表设计器"对话框中,选择"索引"选项卡,如图 3.32 所示。

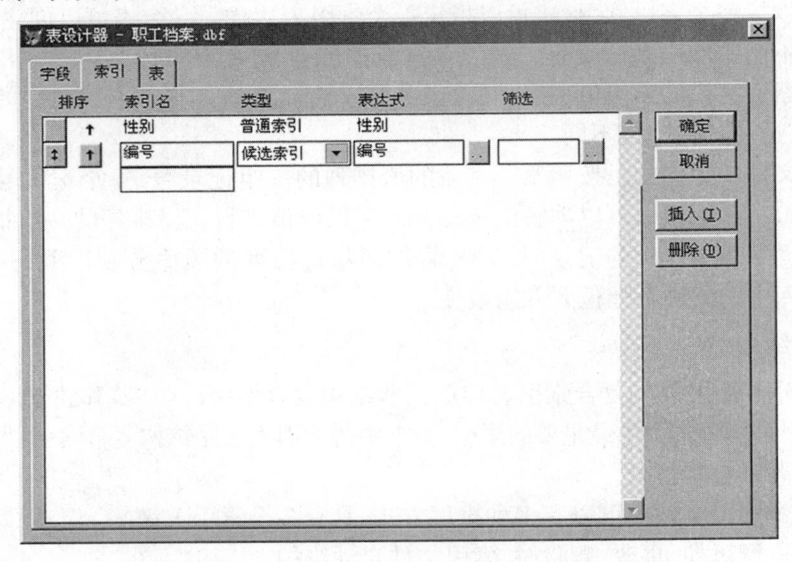

图 3.32 "表设计器"的"索引"选项卡

③ 在"索引名"栏中,输入索引名。

④ 在"类型"栏中,选择索引类型。

⑤ 在"表达式"栏中,输入"索引表达式",或单击右侧的"..."按钮,打开"表达式生成器"对话框,可以定义表达式。

⑥ 如果想要选择记录,可以在"筛选"栏右侧单击"..."按钮,打开"表达式生成器"对话框,

建立过滤器。

⑦ 单击“确定”按钮，完成索引的创建。

如果在表中建立一个主索引或候选索引，在输入记录时，系统还可以自动验证输入的记录是否有重复。如果出现重复值，系统将警告输入的数据违背了唯一性规定。这时需要对出现的重复记录进行修改，或者还原记录的原有内容。

虽然利用索引可以对数据进行排序，保证数据的查找速度，但如果建立很多不常使用的索引，不但不能提高程序的执行速度，相反只能起到负面作用。

3.6.3 用索引给表排序

一旦建立了索引，用户就可以用它为记录进行排序。用索引给表排序的操作步骤如下：

① 在“项目管理器”中，选择已经建立索引的“职工档案”表，单击“浏览”按钮。

② 在“表”菜单中，选择“属性”命令，打开“工作区属性”对话框。

③ 在“索引顺序”下拉列表框中，选择“职工档案:性别”为索引字段，如图 3.33 所示。

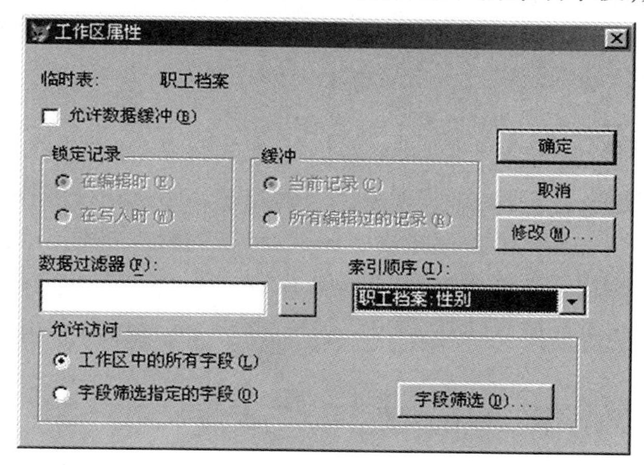

图 3.33 选择一个索引

④ 单击“确定”按钮，系统显示索引后的“职工档案”表，如图 3.34 所示。

职工档案

编号	姓名	性别	年龄	职称	工作时间	婚否	简历	照片
3	刘 强	男	28	讲师	12/24/15	T	memo	Gen
7	刘 刚	男	38	副教授	06/28/13	T	memo	Gen
8	王 良	男	30	讲师	08/09/15	T	memo	Gen
1	张黎黎	女	26	助教	05/24/18	T	memo	Gen
2	李 艳	女	30	助教	09/24/18	T	memo	Gen
4	王秋燕	女	30	讲师	10/09/15	T	memo	Gen
5	姜丽萍	女	30	讲师	10/09/15	T	memo	Gen
6	陈丽丽	女	32	讲师	09/27/15	T	memo	Gen

图 3.34 经索引排序后的浏览表

3.6.4 索引应遵循的原则

按照工作性质的不同，用户可以应用不同的索引，索引的使用最好遵循以下原则：

① 为了提高显示、查询、打印的速度，可以使用普通索引、候选索引或主索引。

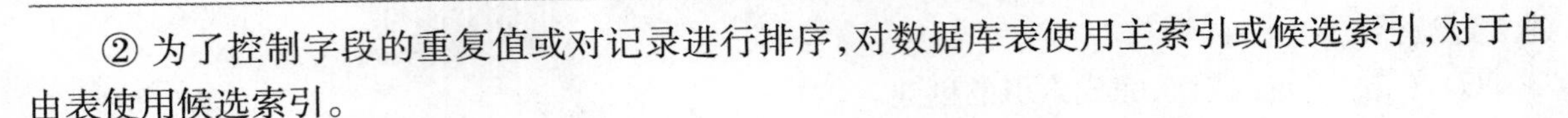

② 为了控制字段的重复值或对记录进行排序，对数据库表使用主索引或候选索引，对于自由表使用候选索引。

3.6.5 对多个字段排序

为了提高对多个字段建立过滤器的查询或视图的运行效率，可以在索引表达式中对多个字段建立索引，实现对记录的排序工作。这种索引的排序是按照表达式的值进行的，而不是按照字段。为多个字段建立索引的操作步骤如下：

① 在“项目管理器”中，选择已经建立索引的表，单击“修改”按钮。

② 在“表设计器”对话框中，选择“索引”选项卡，输入索引的名称。

③ 在“索引名”栏中，输入索引名称。

④ 在“表达式”栏中，输入用户想要的多个索引的表达式。如果对不同数据类型的字段建立索引，必须在表达式中使用函数，使其表达式转换为同一类型。一般情况下，转换成字符型表达式。例如，按“性别”与“年龄”进行索引，其表达式应为：

性别 + STR(年龄,2) && STR()是将数值表达式转换为字符表达式函数

⑤ 单击“确定”按钮，可以完成对多个字段索引的建立。

3.6.6 筛选记录

通过为索引建立筛选表达式，可以实现对记录的控制。筛选记录的操作步骤如下：

① 在“项目管理器”中，选择已经建立索引的表，单击“修改”按钮。

② 在“表设计器”对话框中，选择“索引”选项卡，选择已建立的索引或建立新的索引。

③ 在“筛选”栏中，输入过滤表达式，单击“确定”按钮，完成筛选表达式的建立。

习 题

一、选择题

1. 扩展名为.DBC的文件是(　　)，扩展名为.FPT的文件是(　　)。

A) 表单文件　B) 数据库表文件　C) 数据库文件　D) 数据表的备注文件

2. 下面有关索引的描述中正确的是(　　)。

A) 建立索引以后，原来的数据库表文件中记录的物理顺序将被改变

B) 索引与数据库表存储在一个文件中

C) 创建索引文件是创建一个指向数据库表文件记录的指针构成的文件

D) 使用索引并不能加快对表的查询操作

3. 若所建立索引的字段值不允许重复，并且一个表中只能创建一个，它应该是(　　)。

A) 主索引　B) 唯一索引　C) 候选索引　D) 普通索引

二、填空题

1. 同一个表的多个索引可以创建在一个索引文件中，索引文件的扩展名与相关的表名同名，索引文件的扩展名是________，这种索引为________。

2. 数据库表之间的一对多联系通过主表的________索引和子表的________索引实现。

实　训

【实训目的】

1. 掌握在项目管理器中建立数据库、数据表与自由表的操作方法。

2. 掌握数据表结构的修改、记录的浏览、添加、删除等操作的方法。

3. 掌握在数据表中建立索引文件的方法。

【实训内容】

1. 建立一个"职工档案"表,并复制为"zgda. dbf"表,参考本章例题。建立一个"职工工资"表,表的内容自己定。

2. 建立一个"学生成绩"表,表的内容自己定。

3. 修改表文件的结构。

(1) 打开"项目管理器"对话框,在"数据"选项卡中选中"zgda. dbf"表。

(2) 单击"修改"按钮打开"表设计器"对话框,即可对表的结构进行修改(可增加、插入、删除字段,改变字段的位置)。

4. 将"职工档案"表先添加几个记录,再进行修改和删除操作。

(1) 用"浏览"按钮或"编辑"按钮进行表的修改操作。

(2) 给前3个记录做删除标记,然后再恢复操作。

(3) 将"职称"是"助教"的记录做删除标记,然后再彻底删除。

(4) 练习在表文件中备注字段和通用字段内容的输入方法。

5. 浏览表的内容(记录)。

(1) 在"项目管理器"中选中"zgda. dbf"表。

(2) 单击"浏览"按钮打开浏览窗口,即可对表的记录进行修改。

6. 移去一个(表)文件。

(1) 在"项目管理器"中选中要移去的表,如"zgda. dbf"表。

(2) 单击"移去"按钮,仅仅是将表从"项目管理器"中移去,不删除该表文件;单击"删除"按钮,是将表从"项目管理器"中移去,同时删除该表文件。

注:如果是数据库表,移去后该表变为自由表。

7. 在项目中添加已有的表文件。

(1) 在"项目管理器"中选中要添加的文件类型,如选中"自由表"类别。

(2) 单击"添加"按钮,选择要添加的表文件,如刚刚移去的"zgda. dbf"表。

(3) 单击"确定"按钮,即可添加到项目中。

8. 用过滤器筛选记录。

在"职工档案"表中,进行如下操作:

(1) 浏览前4个记录,只列出"姓名"、"性别"和"工资"3个字段的内容。

(2) 浏览"性别"是"男"的全部记录的内容。

(3) 浏览"职称"是"讲师",并且"性别"是"男"的记录的内容。

9. 在"职工档案"表中,按下列要求建立索引文件:

(1) 按"职称"建立索引文件。

(2) 按“年龄”建立索引文件。

10. 建立一个学生数据库,要求如下:

(1) 数据库名为“学生”。

(2) 建立如下3个表:

学生表(学号 C7,姓名 C8,年龄 N2)

课程表(课程号 C6,课程名 C14)

成绩表(学号 C7,课程号 C6,成绩 N4)

(3) 建立如下索引:

在学生表(学号)、课程表(课程号)上建立主索引。

在成绩表(课程号)和成绩表(学号)上建立普通索引。

(4) 建立学生和成绩之间的联系及课程和成绩之间的联系。

第4章 数据库的管理

创建一个数据库的过程，其实是向数据库中添加数据表的过程。单独地使用表，可以方便地存储、浏览数据。可是，只有将这些表加入到数据库中，VFP 的强大功能才能发挥出来。把表放进数据库能减少数据的冗余，提高数据的完整性。数据库提供了一系列的管理数据库表的机制，特别是数据字典中所记录的有效性规则、存储过程和触发器等。

本章主要介绍数据库的设计、数据库中表的操作、管理数据库表的机制及给数据库表创建关系等。

4.1 数据库的设计

4.1.1 数据库的设计过程

数据库是一种工作环境，它存储了一个表的集合，在表之间可以建立关系，对数据字段可以设置属性和触发规则，从而保证表之间数据的完整性。一个数据库文件具有. DBC 的后缀。

一个设计理想的数据库可以使信息的访问变得十分方便，并不具有数据冗余。对 VFP 来说，不同主题内容的信息保存在不同的表中，为了使数据库的设计更为合理，数据库的设计可以采用如下步骤：

① 确立数据库的功能。确定收集信息的范围，并仔细收集这些信息。

② 确定表的种类。根据信息确定不同的信息的范畴，提取公共信息组成公共信息表，并按照不同的主题确定表的个数和每个表包含的信息。

③ 确定表的结构。根据每个表的信息，确定表中的字段，将字段作为表中的一列。

④ 确定表之间的关系。对所创建的表加以分析，确定各个字段之间的关系，要明确为一对一或一对多关系，对于多对多关系最好对相关的表加以分解，添加新表或字段，从而转化为一对一或一对多关系。

⑤ 将所设计的数据库结构加以审核，检查是否满足数据的独立性和完整性，必要时改进设计。

数据库设计是整个应用系统建立的基石，一个设计良好的数据库可以使应用系统的建立变得更为简单，反之，很可能使应用系统开发了一半再重新改进数据库，造成巨大的损失。

在建立数据库的过程中,对于表的建立,用户很可能在自由表还是数据库表之间犹豫,两者的区别为:

第一,自由表之间没有必要的关联,如果只存储相对独立的信息,没有依靠其他表的信息或被其他表所引用,可以使用自由表。

第二,数据库表有更为强大的功能,它可以使用长表名和长字段名,表中的字段可以有标题和注释,表中的字段可以设置为默认值,能设置字段级和记录级规则,对于插入、删除、修改等数据库操作可以设置触发器,它还可以实现同远程数据源的连接,创建本地视图和远程视图。

4.1.2 数据库的简单操作

对数据库的管理可以通过项目管理器、表设计器和数据库设计器等工具加以实现。

1. 数据库的打开

打开数据库的操作步骤如下:

① 在“项目管理器”中,选择想要打开的数据库。

② 单击“修改”按钮,可以打开“数据库设计器”窗口。

当一个数据库被打开后,在数据库设计器中将显示数据库所包含的表和关系。使用数据库设计器工具栏可以实现对数据库各种功能的快速访问。“数据库”菜单可以帮助用户实现数据库的命令。在数据库设计器上,单击鼠标右键可以访问快捷菜单。

数据库设计器大小可以改变,可以展开和折叠数据字段和索引,从而可使数据库设计器中只显示表的名称。当用户的数据库设计器中包含了大量数据表时,这些设置十分有用。

2. 数据库设计器的操作

数据库设计器操作步骤如下:

① 打开“项目管理器”对话框,选择“用户项目”选项,再选择“数据库”为“教工”。单击“修改”按钮,打开“数据库设计器”窗口,如图4.1所示。

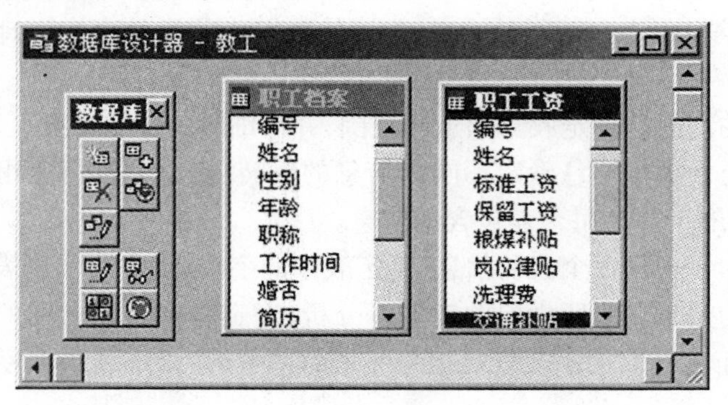

图4.1 “数据库设计器”窗口

② 在“数据库设计器”中,单击鼠标右键,在弹出的快捷菜单中选择“全部折叠”命令,此时的“数据库设计器”如图4.2所示。

③ 在“数据库设计器”中,单击鼠标右键,在弹出的快捷菜单中选择“全部展开”命令。

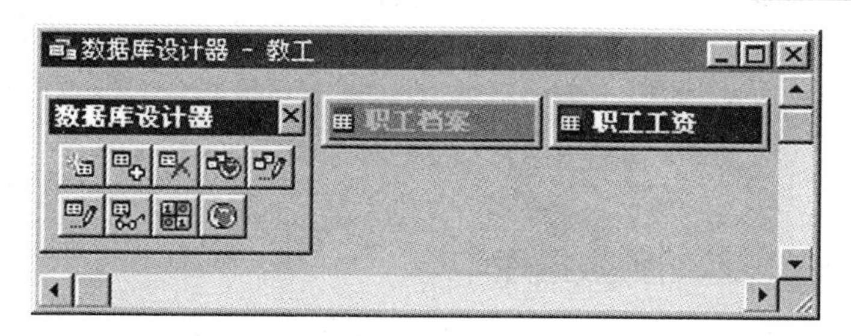

图 4.2　折叠后的数据库设计器

④ 在“数据库设计器”中，将鼠标指针置于“表”上，单击鼠标右键，在弹出的快捷菜单中，选择“折叠”命令，或者在快捷菜单中选择“展开”命令，可以折叠或展开选定的表。

⑤ 在“数据库”菜单中，选择“重排”命令，打开“重排表和视图”对话框，如图 4.3 所示，选择“重排”方式，然后单击“确定”按钮。

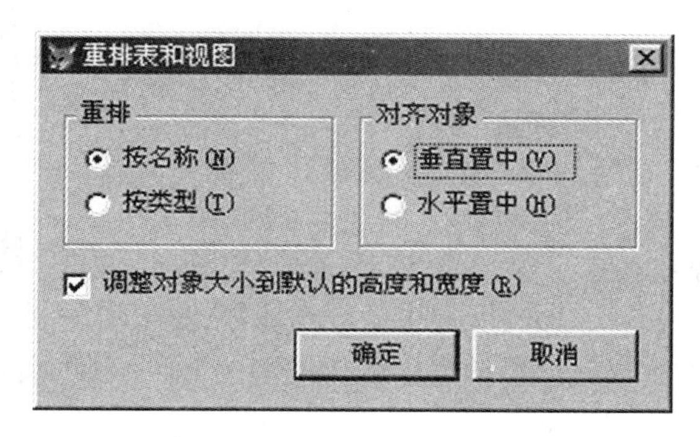

图 4.3　“重排表和视图”对话框

⑥ 在“数据库设计器”中，单击鼠标右键，在弹出的快捷菜单中，选择“属性”命令，打开“数据库属性”对话框，如图 4.4 所示，在“显示”选项区域中，可以选择在“数据库设计器”中显示的表的类型和关系，在“注释”文本框中，可以输入表的注释内容。

图 4.4　“数据库属性”对话框

⑦ 单击“确定”按钮，关闭“数据库属性”对话框，系统返回“数据库设计器”窗口，单击“关闭”按钮。

4.2 数据库中表的操作

4.2.1 把自由表添加到数据库中

实际的数据系统并不是单凭一张表就能描述清楚的，往往需要多张相互联系的表才能客观地反映真实数据全貌。把关联的自由表添加到数据库中去，自由表就将获得数据库表的所有属性和操作方法。下面介绍把自由表添加到数据库中的操作方法：

① 在“文件”菜单中，选择“打开”命令，打开要在其中添加自由表的数据库的项目，这里选择的项目是“用户项目”，选择的数据库是“教工”。

② 在“项目管理器”中，单击“修改”按钮，打开“数据库设计器”窗口，在“数据库”菜单中，选择“添加表”命令，如图4.5所示。或在“项目管理器”中，选择“表”选项，单击“添加”按钮。

③ 在“打开”对话框中，选择所要加入的表名，如“职工工资.dbf”，然后单击“确定”按钮。

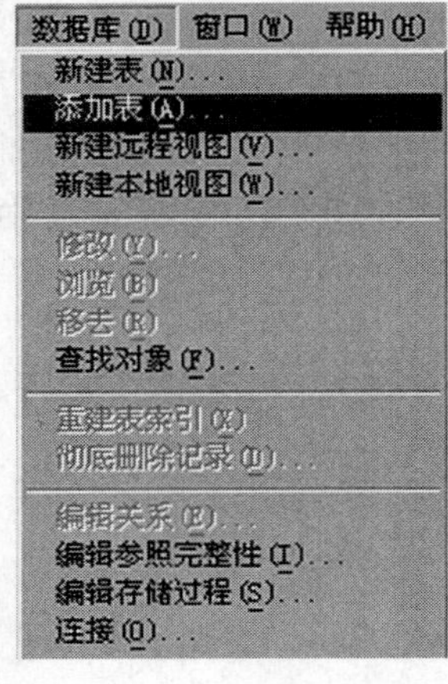

图4.5 “数据库”菜单

如果所选择的是自由表，就添加到所选中的数据库中，如果所选择的表是数据库表，系统就弹出一个提示信息框，如图4.6所示，说明此表已经是数据库表，不能添加。

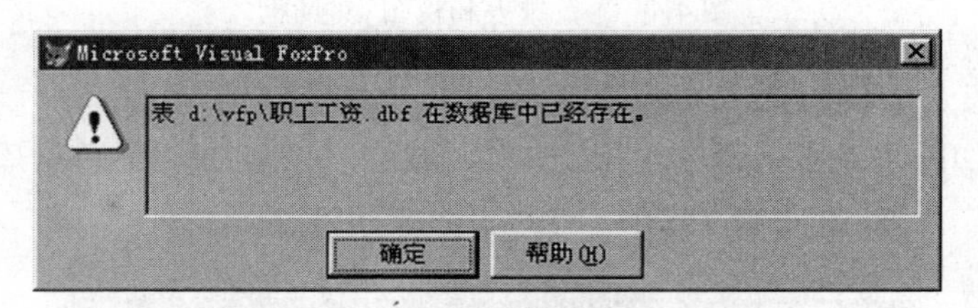

图4.6 提示信息框

4.2.2 删除数据库中的表

把数据库中的表删除或移去，与把自由表添加到数据库中的操作方法相同，因此也有两种方法：

① 在“文件”菜单中，选择“打开”命令，打开要在其中删除或移去表的数据库的项目，这里选中的项目是“用户项目”，选中的数据库是“教工”。

② 在“项目管理器”中，选择要删除或移去的“表”，单击“移去”按钮，或单击“修改”按钮，打开“数据库设计器”窗口，在“数据库”菜单中，选择“移去”命令，打开会有“移去”或“删除”按钮的提示对话框，如图4.7所示。

③ 如果不想删除此表，单击“移去”按钮，如果要想删除此表，单击“删除”按钮。

用户向数据库中添加的表只能是自由表，这个表不能属于其他数据库，因为表在同一时间内

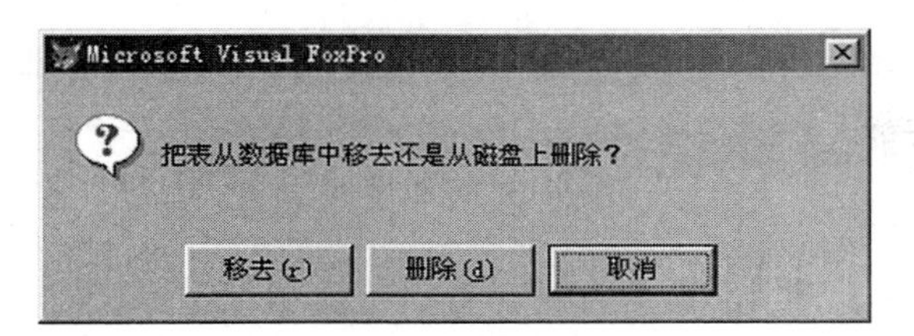

图4.7 含有“移去”和“删除”按钮的提示对话框

只能属于一个数据库。如果想要把属于其他数据库的表加入一个新的数据库中,用户首先必须把表从原来的数据库中移出。

4.2.3 在数据库中查找表

在数据库中可能有大量的表和视图,如果想很快地找到一个特定的表,可以使用查找命令。在数据库中查找表的操作步骤如下:

① 在“文件”菜单中,选择“打开”命令,打开要查找表的数据库的项目,这里选中的项目是“用户项目”,选中的数据库是“教工”。

② 在“项目管理器”中,单击“修改”按钮,打开“数据库设计器”窗口。

③ 在“数据库”菜单中,选择“查找对象”命令,打开“查找表或视图”对话框,如图4.8所示。

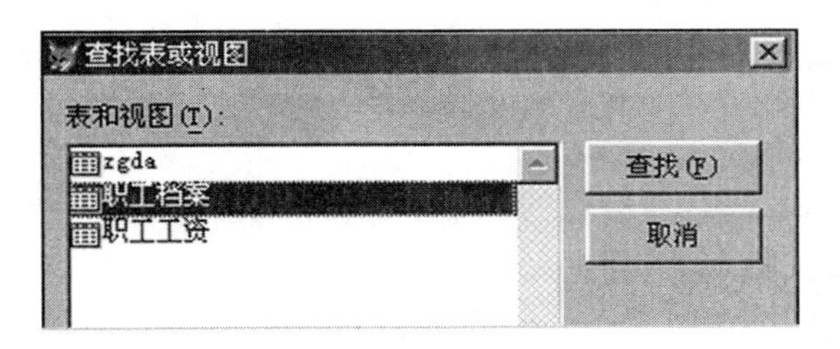

图4.8 “查找表或视图”对话框

④ 在“表和视图”列表框中,选择所要查找的表或视图,如选择“职工档案”数据库表,单击“查找”按钮,界面上就显示所查找的数据库表内容。

⑤ 如果只想显示表或视图,可以在“数据库”菜单中,选择“属性”命令,打开“数据库属性”对话框,在“显示”选项区域中,选择所显示的类型,如选择“表”或“本地视图”复选框。

4.3 字段与记录属性的设置

建立数据库表时,不仅可以输入字段的名称、数据类型、字段宽度等信息,而且可以给字段定义字段的显示属性(如标题、注释等)、对字段进行验证、输入默认值及设置有效性规则等信息。过去这些信息只在大型数据库系统中才有,而现在VFP也有了,这样可以大大增强中、小型数据库的功能。

数据库提供了一系列的管理数据库表的机制,特别是数据库字典中所记录的有效性规则和触发器等。下面介绍常用的几个重要概念。

4.3.1 字段与记录属性的常用概念

1. 触发器

在数据库表进行一个插入、更新、删除操作之后,运行记录事件级代码。不同的事件激发不同的动作,触发器在有效规则之后运行,它们常用于检查已建立永久关系的数据库表之间的数据完整性。触发器只存在于数据库表中,自由表中不存在触发器。触发器是数据库的一部分,受数据库的管理。

2. 有效性规则

有效性规则是检查输入数据是否满足某些条件的过程。

3. 记录级规则

记录级规则是一种与记录有关的有效性规则,当插入或修改字段值时被激活,多用于数据输入的正确性检查。记录被删除时不使用有效性规则,记录级规则在字段级规则之后和触发器之前被激活,在缓冲更新时工作。

4. 字段级规则

字段级规则是一种与字段有关的有效性规则,当插入或修改字段值时被激活,多用于数据输入的正确性检查。字段级规则在记录级规则和触发器之前被激活,在缓冲更新时工作。

5. 数据字典

数据字典是包含数据库所有表信息的一个表,存储在数据字典中的信息称为元数据,如长表名、长字段名、有效性规则、触发器、数据库表间的永久关系及数据库有关对象的定义(如视图和命名连接)。数据字典使得对数据库的设计和修改更加灵活。使用数据字典可以设置字段级和记录级的有效性规则,保证主关键字字段内容的唯一性。如果不使用数据字典,这些功能就都必须由用户自己编程实现。

4.3.2 设置字段的显示属性

字段的显示属性包括显示格式、掩码及标题3个方面。

1. 设置字段的标题

在定义数据库字段名称时,用户有时使用英文名称,并以缩写为多,这样定义使人难以真正理解字段的含义,因此 VFP 提供了“标题”属性,可以利用此“标题”属性,给字段添加一个说明性标题。在浏览窗口中,这些说明性标题显示在字段的列标题中,这样可以增强字段的可读性。下面以“职工档案”表中的“姓名”字段为例,介绍添加“职工姓名”标题的操作。

① 在“项目管理器”中,选定要设置字段标题的表,这里选定“职工档案”表。单击右侧的“修改”按钮,打开“表设计器”对话框,如图4.9所示。

② 选择“字段”选项卡,选定需要添加标题的字段,这里选中的是“姓名”字段。

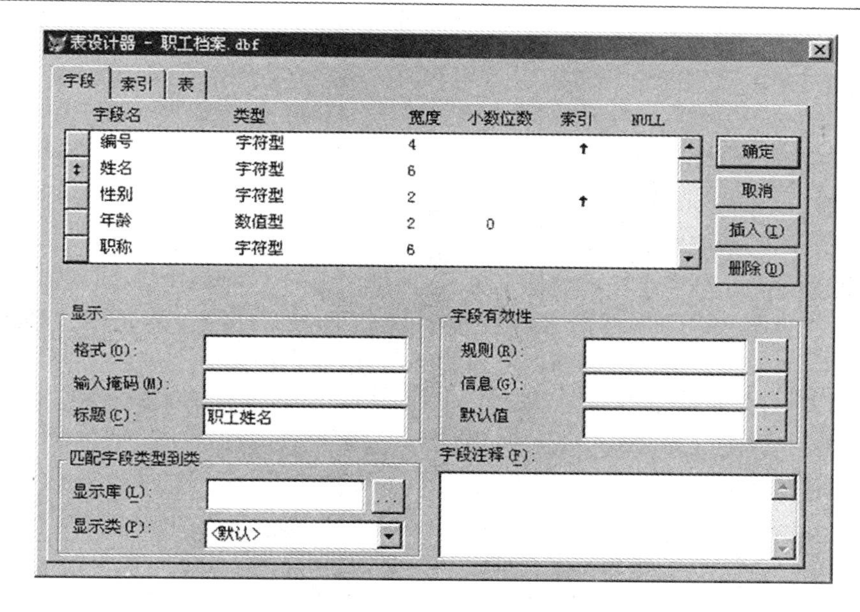

图 4.9 “表设计器”对话框

③ 在“标题”文本框中,给“姓名”字段输入说明性标题为“职工姓名”。可用同样的方法给其他字段添加标题。当标题添加完后,单击“确定”按钮,打开提示信息对话框,如图 4.10 所示。

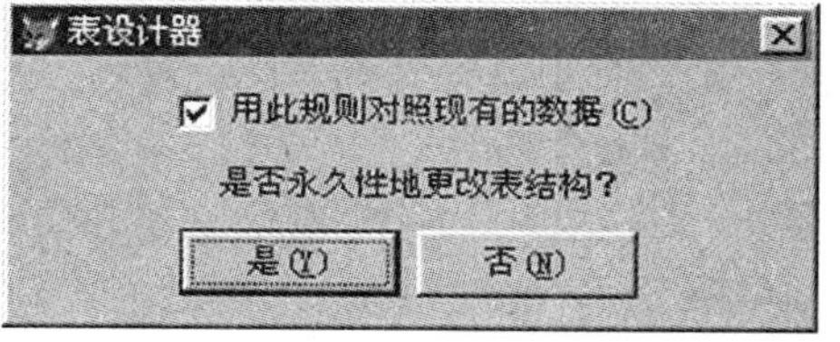

图 4.10 提示信息对话框

④ 在提示信息对话框中,单击“是”按钮,关闭“表设计器”对话框,并把设置的标题永久性地保存到表结构中。

在“项目管理器”中,选中“职工档案”表,然后单击“浏览”按钮,就可看到原来的浏览窗口中显示的“姓名”字段名,现在显示为“职工姓名”。由于可以用自己命名的标题来取代原来的字段名,这就为显示的表提供了很大的灵活性。

2. 设置字段的显示格式

格式确定一个字段在表单、浏览窗口或报表中的显示格式,可以在这个文本框中输入所需的格式码。格式实际上是字段的输出掩码,下面为常用的格式码:

A 表示只允许输出文字字符(禁止数字、空格或标点符号)。

D 表示使用当前系统设置的日期格式。

L 表示在数值前显示填充的前导零,而不是用空格字符。

T 表示禁止输入字段的前导空格字符和结尾空格字符。

! 表示把输入的小写字母转换为大写字母。

3. 设置字段的掩码

输入掩码可以确定字段输入的格式。使用输入掩码可屏蔽非法输入,减少人为的数据输入错误,提高输入工作效率,保证输入的字段的数据格式统一、有效。下面为常用的输入掩码:

X 表示可输入任何字符。

9 表示可输入数字和正负符号。

#表示可输入数字、空格和正负符号。

$表示在固定位置上显示当前货币符号。

$ $表示显示当前货币符号。

*表示在值的左侧显示星号。

.表示用点分隔符指定数值的小数点位置。

,表示用逗号分隔小数点左边的整数部分,一般用来分隔千分位。

如指定“职工档案”表中的“年龄”字段的输入掩码为“99”,再把“姓名”和“性别”两个字段的显示格式指定为“AT”。在这个表的浏览窗口中,当增加新记录时,“年龄”字段只能接受数字输入,而不能输入空格字符、字母等。“姓名”和“性别”两个字段只能接受字母或汉字输入,而不能输入空格字符、数字等。设置格式和输入掩码,一个作用是限制显示输出,另一个作用是限制输入,它们是相辅相成的。

4.3.3 输入字段的注释

在定义数据库字段名称时,除了给字段设置标题外,还可以给字段输入一些注释,使字段意义更加明确。打开“表设计器”对话框,在“字段注释”文本框中,输入描述信息,就可以对字段进行注释,其方法如下:

① 在“项目管理器”中,选定要设置字段注释的表,这里选定“职工档案”表。单击右侧的“修改”按钮,打开“表设计器”对话框,如图4.11所示。

② 选择“字段”选项卡,选定需要添加标题的字段,这里选中“姓名”字段。

③ 在“字段注释”文本框中,给“姓名”字段输入说明性文字为“这里记载着教职工的姓名”,用同样的方法可以给其他字段添加注释,如图4.11所示。把注释添加完后,单击“确定”按钮,打开提示信息对话框,如图4.10所示。

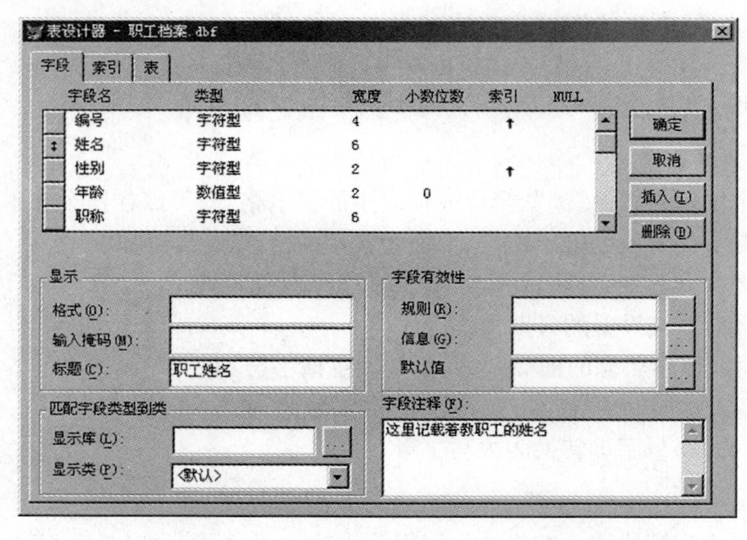

图4.11 “表设计器”对话框

④ 在提示信息对话框中,单击“是”按钮,关闭“表设计器”对话框,并把设置的注释永久性地保存到表结构中。

如果在“项目管理器”中，选中“职工档案”表，然后单击左边的“ + ”号，使其变成“ - ”号，就可看到“职工档案”表的所有字段。选中“姓名”字段，就会在“项目管理器”底部的信息文本框中显示该字段的注释：“这里记载着教职工的姓名”，如图 4.12 所示。

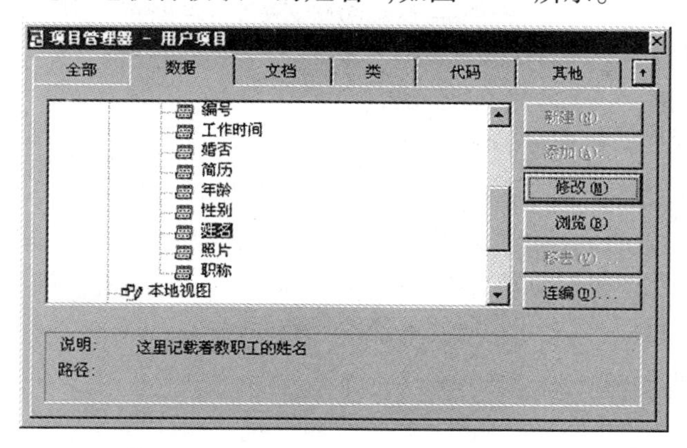

图 4.12　“项目管理器”对话框

由于后面的内容很多地方都要用到“表达式生成器”，所以在这里先给予介绍。对于某些对话框中的“...”按钮，在以前的学习中有一些接触，有的“...”按钮激活的就是“表达式生成器”。

表达式是用运算符把内存变量、字段变量、常数和函数连接起来的式子。表达式通常用于简单的计算和描述一个操作条件。VFP 在处理表达式后将根据处理结果返回一个值，这个值可以是数值型、字符型、日期型和逻辑型。“表达式生成器”是 VFP 提供的用于创建并编辑表达式的工具，使用它可以方便快捷地生成表达式。

4.3.4　表达式生成器

“表达式生成器”对话框，如图 4.13 所示，按其功能可分为 5 个部分，即表达式文本编辑框、“函数”选项区域、“变量”列表框、“字段”列表框及控制按钮。

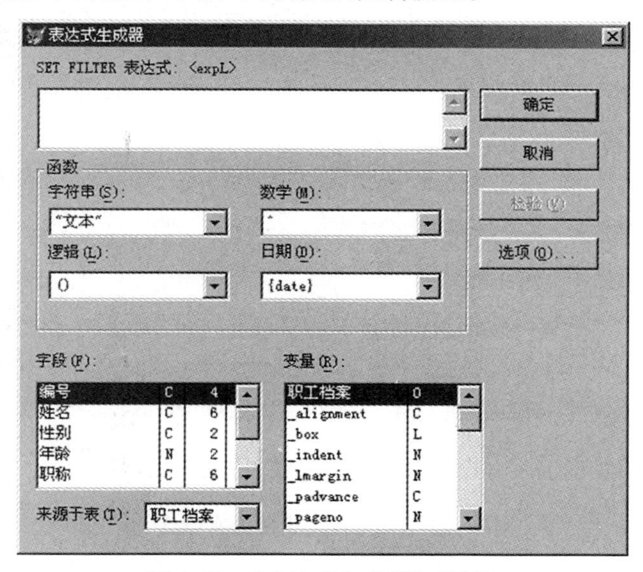

图 4.13　“表达式生成器”对话框

1. 表达式文本编辑框

表达式文本编辑框用于编辑表达式。从表达式生成器的列表框中选择出来的选项将显示在这里,也可以直接在这里输入和编辑表达式。利用表达式生成器,可以输入各种各样的操作条件,如可以输入字段级有效性规则、记录级有效性规则和参照完整性规则等。

2. “函数”选项区域

从“函数”选项区域中,可以选择表达式所需的函数,这些函数按其用途分为字符串函数、数学函数、逻辑函数和日期函数4个下拉列表框。在字符串函数下拉列表框中有用于处理字符和字符串的函数及字符运算符;在数学函数下拉列表框中,有用于数学运算的函数和运算符;在逻辑函数下拉列表框中,有逻辑运算符、逻辑常数及逻辑函数;在日期函数下拉列表框中有用于日期和日期时间数据的函数。

3. “变量”列表框

在“变量”列表框中,列出了可用的内存变量和系统变量。在“变量”列表框中,可以选择表达式所需的变量。

4. “字段”列表框

在“字段”列表框中,可以选择当前打开的表或视图中的字段。

5. 控制按钮

在“表达式生成器”对话框中有4个命令按钮,分别具有“确定”、“取消”、“检验”和“选项”的功能。单击“选项”按钮,打开“表达式生成器选项”对话框,如图4.14所示,在该对话框中,可以设置生成器的参数。单击“确定”按钮,系统返回“表达式生成器”对话框。单击“检验”按钮,可检验生成的表达式是否有效。单击“取消”按钮,可以取消表达式的设置。单击“确定”按钮,完成表达式生成并退出“表达式生成器选项”对话框。

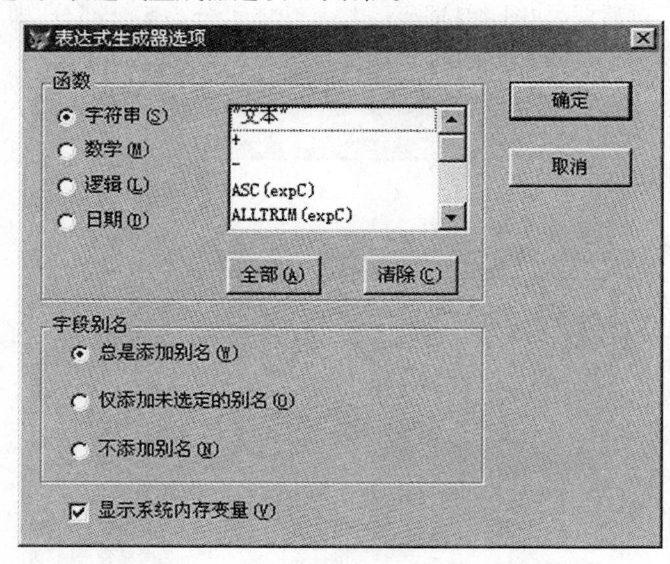

图4.14 “表达式生成器选项”对话框

4.3.5 字段有效性

向数据库中输入数据时,有些数据是合法的、符合逻辑的,而有些数据却不一定合法,这些不合法的数据不能进入数据库。为了防止这些非法数据的录入,VFP 有多种防范措施,如通过显示属性来控制,通过字段验证方式来控制等。

所谓通过显示属性来控制,就是在数据库的表设计器中,通过设置每个字段的显示格式和输入掩码来防止非法数据的输入。但这只是码级的限制,如果输入了合法的字符,这些字符组合在一起是否合法、是否符合逻辑就无法在此进一步限制了。解决这个问题的方法是使用字段验证,这也是数据库表的字段属性之一。当一个字段通过了字段显示格式和输入掩码的限制输入了数据以后,这个数据还要通过字段验证才可以存储到字段中去。

在数据库表的表设计器中,在“字段有效性”的框线内有 3 个表达式文本框:“规则”、“信息”和“默认值”。下面分别介绍。

1. 设置字段的默认值

在字段“默认值”文本框中,是新记录输入时所默认的字段值。指定一个字段的默认值可以简化操作,提示输入格式,减少输入错误,提高输入速度。

在定义数据库字段名称时,除了给字段设置标题、增加注释外,还可以给字段输入一些默认值,为数据库输入提供了很大方便。打开“表设计器”对话框,在“默认值”属性文本框中,输入默认值,其方法如下:

① 在“项目管理器”中,选定要设置字段注释的表,这里选定的是“职工档案”表。单击“修改”按钮,打开“表设计器”对话框,如图 4.15 所示。

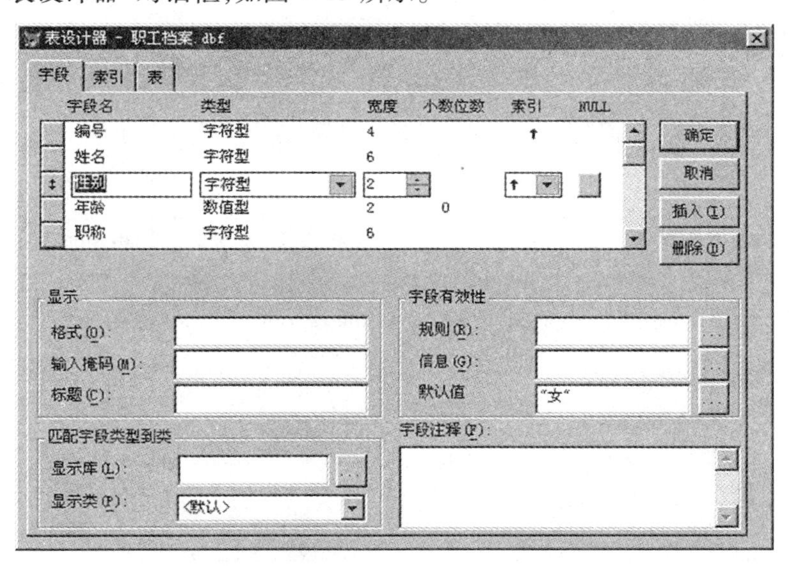

图 4.15 “表设计器”对话框

② 选择“字段”选项卡,选定需要添加标题的字段,这里选中“性别”字段。

③ 在“默认值”文本框中,给“性别”字段输入默认值“"女"”。注意,不要忘了引号的输入。用同样的方法可以给其他字段添加默认值。当默认值添加完后,单击“确定”按钮,打开提示信

息对话框,如图 4.10 所示。

④ 在提示信息对话框中,单击“是”按钮,关闭“表设计器”对话框,并把设置的默认值永久性地保存到表结构中。

如果在“项目管理器”中,选中“职工档案”表,然后单击“浏览”按钮,就可以看到“职工档案”表。如果要添加记录,在“性别”字段中,就会默认显示“女”。

2. 设置字段有效性规则

在创建数据库时,必须考虑到用户把数据输入数据库时,能有一个规则判断输入的数据是否符合字段的要求。

在“规则”文本框中,可以输入字段验证的规则,或启动表达式生成器来生成规则表达式。它是一个逻辑表达式,当字段输入完成后,计算这个表达式的值,如果表达式的值为真,则认为字段的输入可以通过字段规则的验证,否则就不允许输入的值存储到字段中去。例如,在输入教工年龄时,数据必须大于 0,如果年龄小于 0,则说明输入的数据是无效的。

当在数据库中设置了有效性规则时,如果输入无效数据,VFP 会产生警告信息,要求用户重新输入。根据有效性规则激活方式的不同,有效性规则分为两种:字段级有效规则和记录级有效性规则。字段级有效性检查字段中单个信息输入的数据是否有效;记录级有效性规则只有在整条记录输入完毕后才开始检查数据的有效性。

下面介绍如何设置字段级有效性规则。

在定义数据库字段时,除了给字段设置标题、增加注释等外,还可以给字段定义数据输入的规则。利用字段级有效性规则可以控制输入该字段的数据类型。设置字段及有效性规则的操作步骤如下:

① 在“项目管理器”中,选定要设置字段级有效性规则的表,这里选定“职工档案”表。单击“修改”按钮,打开“表设计器”对话框,如图 4.16 所示。

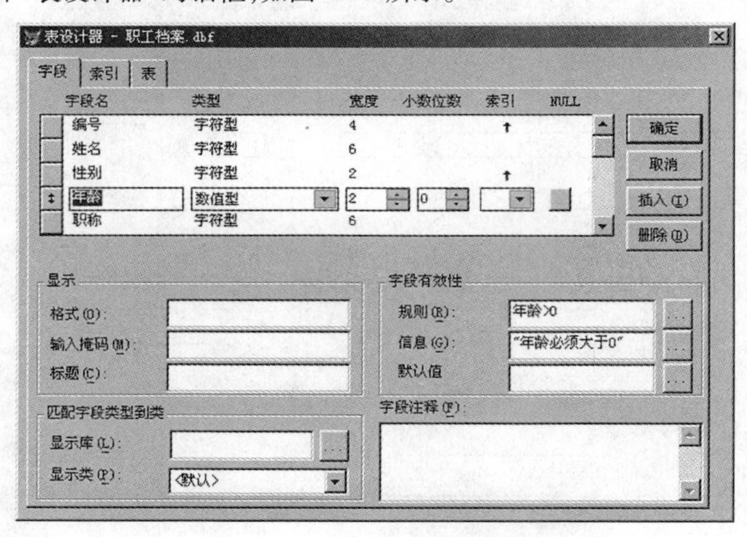

图 4.16 “表设计器”对话框

② 选择“字段”选项卡,在“字段名”栏中,选定需要建立有效性规则的字段,这里选中的是“年龄”字段,如图 4.16 所示。

③ 在“规则”文本框中,给“年龄”字段输入有效性规则表达式,这里输入的是“年龄 >0”,再

在“信息”文本框中，输入违背有效性规则时要显示的信息，这里输入“"年龄必须大于0"”，该信息必须用引号括起来，如图4.16所示。把有效性规则输入完后，单击“确定”按钮，打开提示信息对话框，如图4.10所示。

④ 在提示信息对话框中，单击“是”按钮，关闭“表设计器”对话框，并把设置的有效性规则永久性地保存到表结构中。

当“年龄”字段中输入的信息不能满足字段的有效性规则时，系统就显示提示信息对话框，如图4.17所示，把“信息”文本框中的内容显示出来。

图4.17　提示信息对话框

4.3.6　记录有效性

1. 设置记录级有效性规则

记录级有效性规则属于表的有效性规则，使用记录级有效性规则，可以控制用户输入到记录中的信息类型。记录级有效性规则检查不同字段在同一记录中的限制，从而保证不违反数据库的相应规则。在“表设计器”对话框中，单击“表”选项卡，在“规则”文本框中，输入一个规则表达式，这样就可以设置记录级有效性规则。记录级有效性规则设置的操作步骤如下：

① 在“项目管理器”中，选定要设置字段级有效性规则的表，这里选定“职工档案”表，单击右侧的“修改”按钮，打开“表设计器”对话框，如图4.15所示。

② 在“表设计器”对话框中，选择“表”选项卡，如图4.18所示。

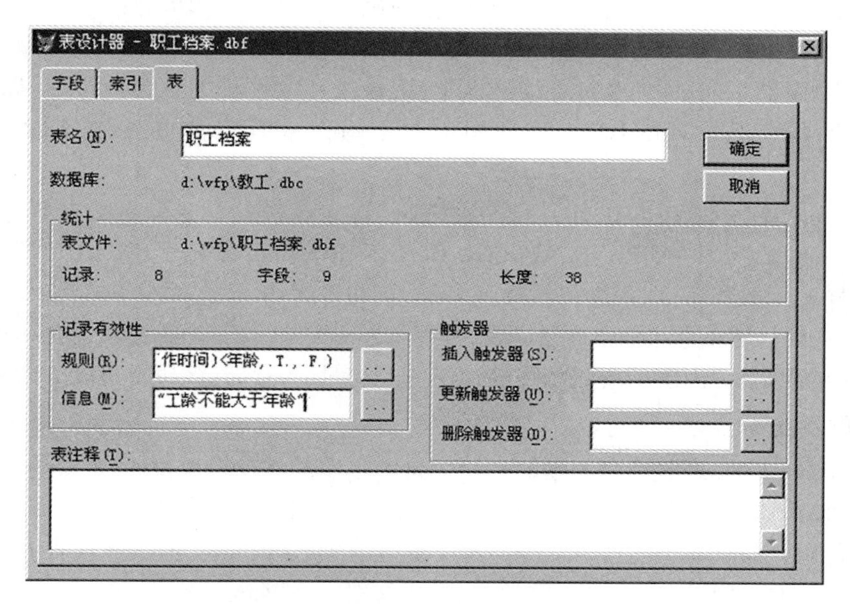

图4.18　“表设计器”的“表”选项卡

③ 在“规则”文本框中，输入有效性规则表达式，这里输入的是“IIF(YEAR(DATE()) - YEAR(工作时间)，<年龄，.T.，.F.)”；也可单击“规则”文本框右边的“...”按钮，打开“表达式生成器”对话框，在“规则”文本框中，输入有效性表达式。如果结果为真，IIF 函数就返回.T.，表示输入记录违反了记录级有效性原则，否则返回.F.。再在“信息”文本框中，输入违背有效性规则时要显示的信息，这里输入“"工龄不能大于年龄"”，该信息必须用引号括起来，如图4.18所示。在输入记录时，如果记录级有效性规则没有满足，则提示用户重新输入记录。

把有效性规则输入完后，单击“确定”按钮，打开提示信息对话框，如图4.19所示。

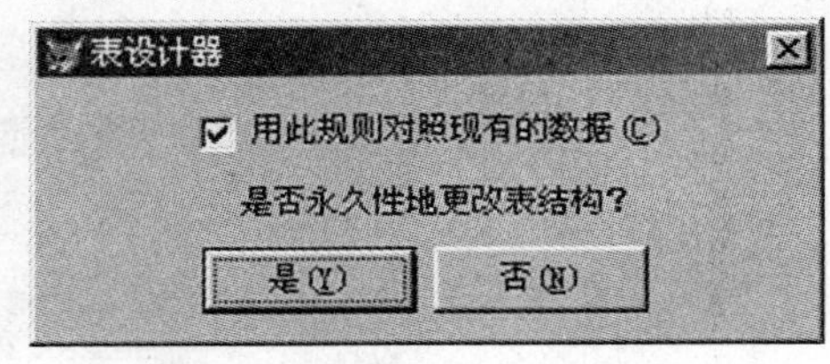

图4.19 提示信息对话框

④ 在提示信息对话框中，单击“是”按钮，关闭“表设计器”对话框，并把设置的记录级有效性规则永久性地保存在表结构中。

通过上述设置以后，每当用户输入一条新记录时，系统就会激活记录级有效性规则，判断是否满足“YEAR(DATE() - YEAR(工作时间)) <年龄”的记录。如果不满足这样的记录，系统就显示提示信息对话框，如图4.20所示，把“信息”文本框中的内容显示出来。

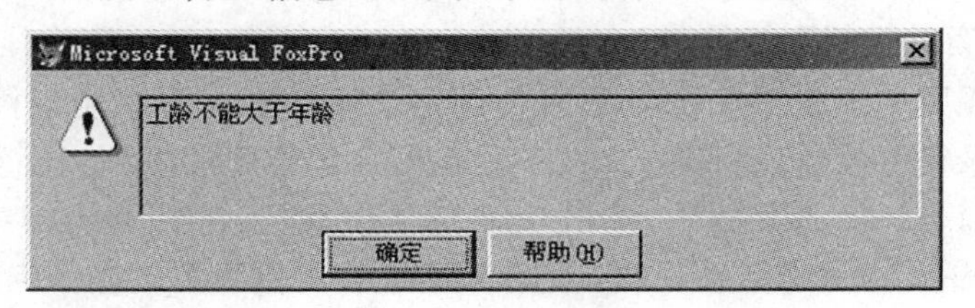

图4.20 提示信息对话框

记录级有效性规则当记录值发生改变时被激活，当记录指针离开记录时，VFP 检查记录级有效性规则，如果记录值没有改变，记录级有效性规则不被触发。如果修改了记录，并没有移动记录指针，此时关闭浏览窗口，记录级有效性规则仍被检查，并对错误的发生提出警告，然后关闭浏览窗口。与触发器不同，即使数据在缓冲区中，记录级有效性规则也会被激活，如果发现违反了规则，就需要有错误处理的代码，直到用户改正错误或者取消更改，用户才能进入下一个操作。

在有效性规则中，不要包含在当前工作区中移动记录指针的命令和函数。如果规则中包含了像 SEEK、LOCATE、SKIP、APPEND、APPEND BLANK、INSERT、AVERAGE、COUNT、BROWSE 和 REPLACE 这样的函数和命令，规则将被循环触发，从而产生错误。

如果从数据库中删除、移去一个数据库表，所有与它相关的规则将同时从数据库中删除。然而，由被移去、删除的规则所引用的存储过程将继续存在。这是因为存储过程可以被多个规则引用。

2. 设置触发器

触发器是针对表的表达式，当表中的任何记录被指定的操作命令修改时，触发器被激活。触发器能执行数据库应用程序要求的其他操作。触发器可以执行对数据库记录的修改，进行参照完整性的检查。

触发器是作为表的特定属性来存储的，如果从数据库中删除一个表，相关的触发器也将被删除。当进行了其他有效性检查后，触发器被激活，触发器不对缓冲区数据起作用。

设置触发器的操作步骤如下：

① 在“项目管理器”中，选择数据表，这里选择“职工档案”表，单击“修改”按钮，打开“表设计器”对话框。

② 选择“表”选项卡，其“触发器”选项区域，如图 4.21 所示。

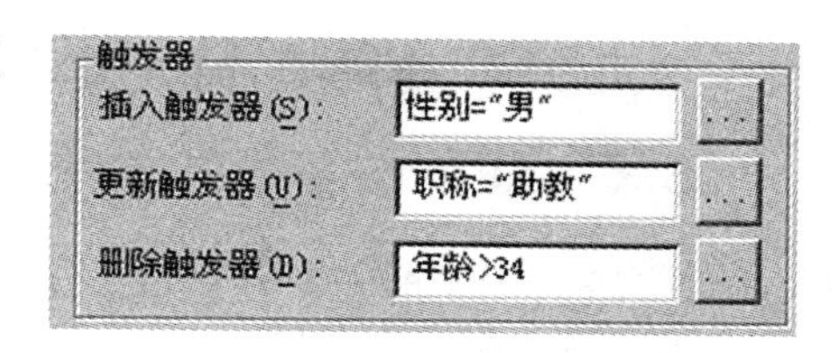

图 4.21　设置触发器规则

③ 在“插入触发器”文本框中，输入“性别 ="男"”，在“更新触发器”文本框中，输入“职称 ="助教"”，在“删除触发器”文本框中，输入“年龄 >34”，必要时可以单击“...”按钮，打开“表达式生成器”对话框，完成触发器表达式的设置。

④ 单击“确定”按钮，完成触发器的输入。

4.3.7　使用长表名与注释

在“表设计器”对话框中，可以使用长表名和表的注释。

在 VFP 数据库中有一个数据字典，从而使数据库的设计和修改变得更为方便、灵活。这个数据字典是数据库所特有的，正是因为有了数据字典，数据库表的功能才大大高于自由表，数据字典为用户提供了以下内容：

在 VFP 中，表名可以由字母、数字、下画线或汉字组成，但表名的第一个字符必须是字母、下画线或汉字。数据库表和自由表的存储具有默认的表名及.DBF 扩展名。对于一个数据库表，可以建立一个长表名。长表名最多可以包含 128 个字符，并且可以代替短表名来标识数据库表。如果定义了长表名，表在界面（如数据库设计器、查询设计器、视图设计器）中，将显示长表名。表的注释可以使表的功能易于理解，尤其对于一个大的应用项目来说，注释会给用户带来极大的方便。

使用长表名和注释的操作步骤如下：

① 在“项目管理器”中，选择数据表，这里选择“职工档案”表，单击“修改”按钮，打开“表设计器”对话框。

② 在“表设计器”中，选择“表”选项卡，如图 4.22 所示。

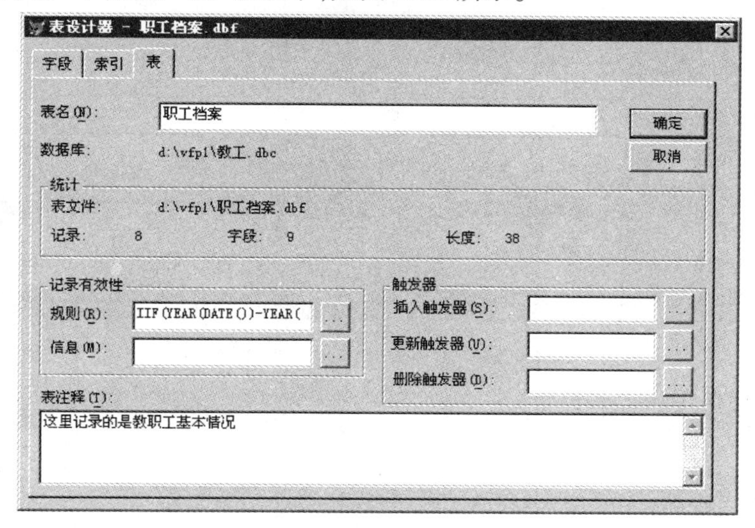

图 4.22　“表”选项卡

③ 在“表名”文本框中，输入长表名，在“表注释”文本框中，输入该表的注释。

④ 单击“确定”按钮，完成长表名与注释内容的输入。

4.3.8 使用长字段名、标题与注释

与长表名一样，字段也可以有长字段名、标题与注释，它们都可以在“表设计器”对话框中设置。

在创建新表时应指定字段名，自由表的字段名最多可包含10个字符，数据库字段名最多可以包含128个字符。如果从数据库中移去一个表，那么此表的长字段名将被截短为10个字符。如果长字段名的前10个字符在表中不唯一，VFP将取长字段名的前几个字符，然后在后面追加顺序号，共同形成10个字符长的字段名。因此应该尽量用前5个汉字将字段区分开。当一个表和数据库相关联时，必须使用长字段名来引用该表中的字段。如果从数据库中移去具有长字段名的表，长字段名就会丢失。

数据库中建立表以后，能为每个字段添加字段的说明，使表更容易被理解。在“项目管理器”中，选择字段以后，系统便会显示该字段的注释文本。

数据库表中的每个字段可以有一个标题，系统在浏览窗口中的字段标题将显示为用户输入的标题文字。

使用长字段名、标题和注释的操作步骤如下：

① 在“项目管理器”中，选择数据表，单击“修改”按钮，打开“表设计器”对话框。

② 在“表设计器”中，选择“字段”选项卡，如图4.23所示。

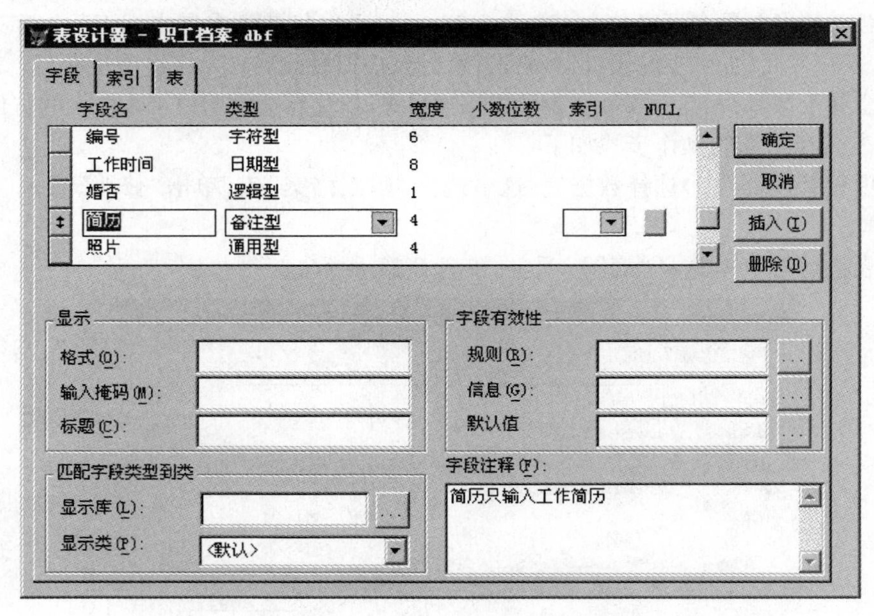

图4.23 为长字段设置标题、注释

③ 在“字段名”栏中，选择字段名，如选择“简历”字段，在“字段注释”文本框中，输入“简历只输入工作简历”。

④ 单击“确定”按钮，完成输入操作。

4.4 创建和编辑关系

VFP 数据库是一个关系型数据库,其特点是所有的表通过关系联系在一起,用户可以通过关系查找自己需要的信息。

如果在一个数据库中有两个以上的表,它们之间通常存在某些相互关系。数据库表之间存在着永久关系和临时关系两种关系。永久关系一旦创建就保存在数据库文件中,它是相对临时关系而言的,临时关系是在使用时临时创建的,而永久关系则不需要临时重新创建,在打开数据库时随即被打开,并在数据库设计器和数据环境中显示为表索引间的连接线。它应用在查询设计器和视图设计器中,是自动作为默认连接条件的数据库表间关系。在永久关系的基础上,可设置表间的参照完整性规则,用以保证数据库各表相关数据的一致性。临时关系只是在使用时才创建,关闭其中一个表时,关系即被自动关闭。表间的临时关系通常用于通过主表记录指针的移动来控制子表记录指针的移动。这是临时关系和永久关系的不同特征,因此它具有和永久关系不同的用途。在一对多关系表间,建立表间的临时关系以后,在关系的"一"方表中,选择一条记录时,会按关系字段的值自动访问到"多"方表中的相关记录。

索引可以对数据库表进行排序,也可以用其建立关系。在数据库设计器中,通过连接不同表的索引可以很方便地建立表之间的关系。因为在数据库中建立的关系被存储在数据库文件中,所以将这种关系称为永久关系。

当把关系作为永久关系存储在数据库文件中以后,系统自动将永久关系作为查询、视图、表单和报表的默认关系。此外,利用永久关系还可以存储参照完整性信息。

4.4.1 建立、编辑永久关系

在创建表间关系之前,对所要关联的表需要有一些公共字段和索引,这样的字段称为主关键字字段和外部关键字字段。主关键字字段用于标识主表中的某一特定记录,外部关键字字段用于标识相关表中的相关记录。此外,还需根据主关键字字段建立一个主索引,根据外部关键字字段建立一个普通索引。但是,在创建关系之前首先应当搞清楚"在哪个表中建立主索引,在哪个表中建立普通索引"这个问题,而且应明白,在相关的两个表之间,哪个表包含主记录,哪个表包含相关记录。对于包含主记录的表,可以根据主关键字字段建立一个主索引,如果表中没有主关键字字段,还要添加一个主关键字字段。对于带有相关记录的表,应根据外部关键字字段建立一个普通索引,并且普通索引和主索引必须带有相同的表达式。如果相关表中没有外部关键字字段,同样也要先添加一个外部关键字字段,外部关键字字段必须以相同的数据类型匹配主关键字字段,一般可用相同的名称。

要建立两个表之间的关系,可以把其中一个表的主关键字添加到另一个表中,使两个表都具有该字段。在表与表(如表 A 与表 B)之间可以有 3 种关系:一对一、一对多和多对多。

1. 一对一关系

一对一关系是在表 A 中的一条记录,在表 B 中只能有一条记录与之对应,对表 B 中的每一条记录也在表 A 中只能有一条记录与之对应,这种关系并不经常使用。

2. 一对多关系

一对多关系是一种最为普通的关系。在一对多关系中,表A中的一条记录在表B中有多条记录与它对应,而表B中的一条记录,在表A中只有一条与之对应。在一对多关系中,相同的字段在“一”方要建立主关键字或候选关键字,“多”方要使用普通索引。

3. 多对多关系

多对多关系是表A的一条记录在表B中可以有多条记录与之对应,反之亦然。此时,要使数据库正常工作,必须改变数据库的设计,从而转化为一对一或一对多关系。

为了使建立的关系更为合理,可以按以下方法建立关系:

① 确定哪个表是“一”方,哪个表是“多”方。

② 对于“一”方的表,添加一个字段,并使这个字段成为主索引。

③ 对于“多”方的表,添加和“一”方表主索引相同的字段,并对这个字段建立普通索引。

两个表的索引表达式应该是相同的,即“一”方表的索引表达式如果包含了一个函数,在“多”方表中的表达式也应该使用相同的函数。

建立、编辑永久关系的操作步骤如下:

① 如果需要建立关系的表的索引还没有建立,可先用表设计器为相应的表建立关系,并打开“数据库设计器”。

② 在“数据库设计器”中,将鼠标指针移到“一”方表的主索引上,按住鼠标左键将该主索引拖动到“多”方表的与其对应的普通索引上,此时在两索引之间建立一条一对多的连线,如图4.24所示。

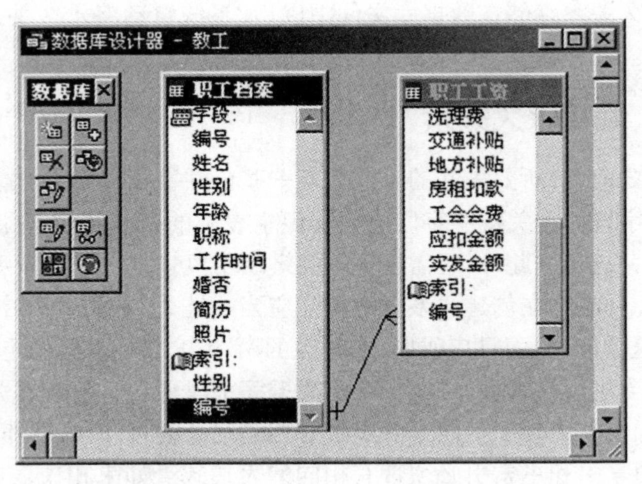

图4.24 建立关系

③ 在“数据库设计器”窗口中,将鼠标指针移到“一对多”的连线上,单击使其变粗表示选择,然后单击鼠标右键,弹出如图4.25所示的快捷菜单,选择“编辑关系”命令。

④ 打开“编辑关系”对话框,如图4.26所示。在“表”和“相关表”下拉列表框中,选择输入关系的条件,如图4.26所示。

⑤ 单击“确定”按钮,完成关系的编辑。

建立的关系的类型是由子表的索引类型决定的,当子表为主索引或候选索引时,建立的关系

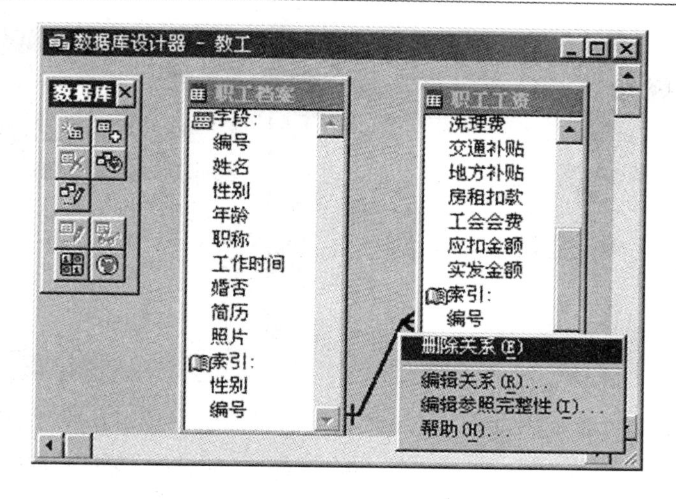

图 4.25　快捷菜单

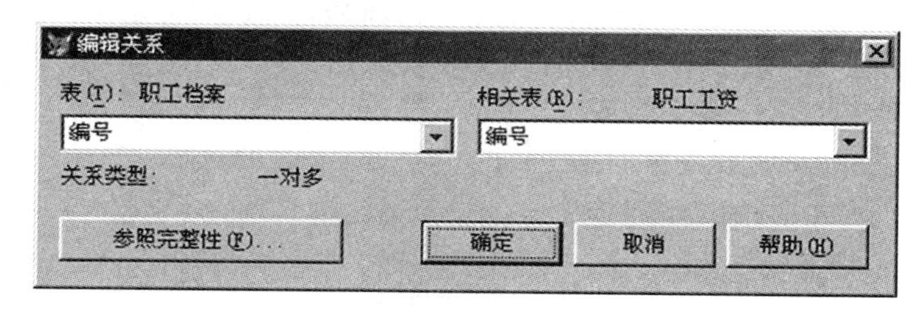

图 4.26　“编辑关系”对话框

为一对一关系;当子表的索引为普通索引或唯一索引时,建立的关系是一对多关系。

数据库表之间的关系分为“永久性关系”和“临时关系”。永久性关系是存于数据库文件中的数据库表间的关系,它有以下特点:在“查询设计器”和“视图设计器”中,自动作为默认连接条件;在数据库设计器中,显示为联系表索引之间的连线。作为表单和报表之间的连线,在“数据库设计器”中显示,它的功能是实现表参照的完整性。

4.4.2　建立、编辑临时关系

永久关系并不控制表内记录指针间的关系,因而还需要建立临时关系。临时关系会引起一个表(子表)的记录指针自动随另一表(父表)的记录指针移动。这样便允许当关系中的“一”方(父表)选择一个记录时,会自动地在“多”方(子表)定位于与之相关的记录。

设置表间的临时关系有两种方法:一种方法是使用“数据工作期”对话框;另一种方法是使用 SET RELATION 命令。在此只介绍第一种方法,第二种方法将在 6.7.2 小节中介绍。

利用“数据工作期”对话框,创建表间的临时关系的具体操作步骤如下:

① 在“窗口”菜单中,选择“数据工作期”命令,打开“数据工作期”对话框,如图 4.27 所示。在“当前工作期”文本框中,输入自定义的名称,也可以应用系统默认的名称。

② 单击“打开”按钮,打开“打开”对话框,如图 4.28 所示。

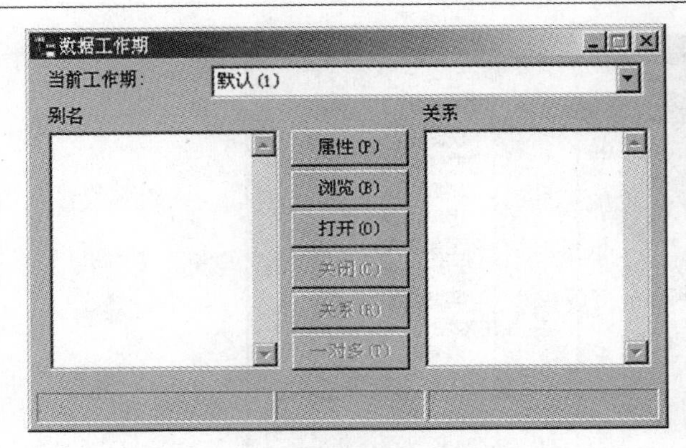

图4.27 “数据工作期”对话框

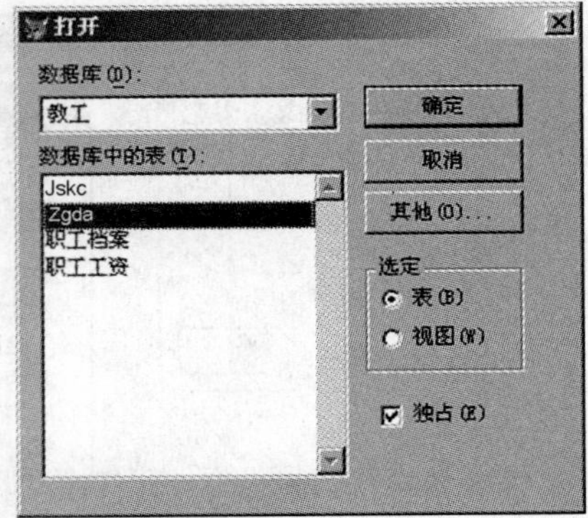

图4.28 “打开”对话框

③ 在“数据库”下拉列表框中,选择要打开的数据库,如选择“教工”数据库,在“数据库中的表”列表框中,列出该数据库中包含的表,这里选择“Zgda”表,单击“确定”按钮,再选择“Jskc”表,单击“确定”按钮,分别将两个表添加到“数据工作期”对话框中,如图4.29所示。

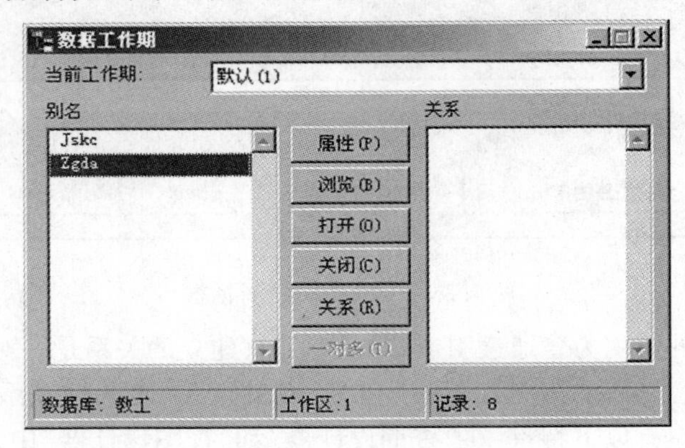

图4.29 将表添加到“数据工作期”对话框中

④ 选择要关联的父表,如选择“Zgda”表,单击“关系”按钮。

⑤ 选择要关联的子表,如选择“Jskc”表,打开“设置索引顺序”对话框,选择索引(如“Jskc.编号”),单击“确定”按钮,系统又返回“数据工作期”对话框,这时已建立两个表间的关系,同时在“关系”列表框中会显示出两表的关系,如图4.30所示。

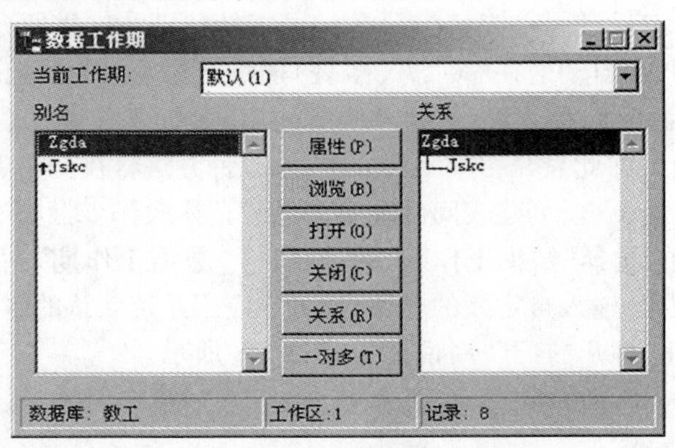

图4.30 建立两表间的关系

⑥ 选择父表“Zgda”,单击“浏览”按钮,再选择子表“Jskc”,单击“浏览”按钮,当移动父表的记录指针时,在子表中会显示与父表编号相同的所有记录,如图 4.31 和图 4.32 所示。

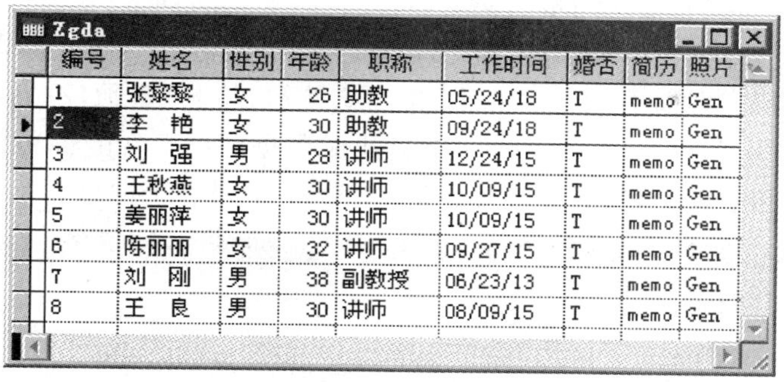

Zgda

编号	姓名	性别	年龄	职称	工作时间	婚否	简历	照片
1	张黎黎	女	26	助教	05/24/18	T	memo	Gen
2	李　艳	女	30	助教	09/24/18	T	memo	Gen
3	刘　强	男	28	讲师	12/24/15	T	memo	Gen
4	王秋燕	女	30	讲师	10/09/15	T	memo	Gen
5	姜丽萍	女	30	讲师	10/09/15	T	memo	Gen
6	陈丽丽	女	32	讲师	09/27/15	T	memo	Gen
7	刘　刚	男	38	副教授	06/23/13	T	memo	Gen
8	王　良	男	30	讲师	08/09/15	T	memo	Gen

图 4.31 “Zgda”表(父表)

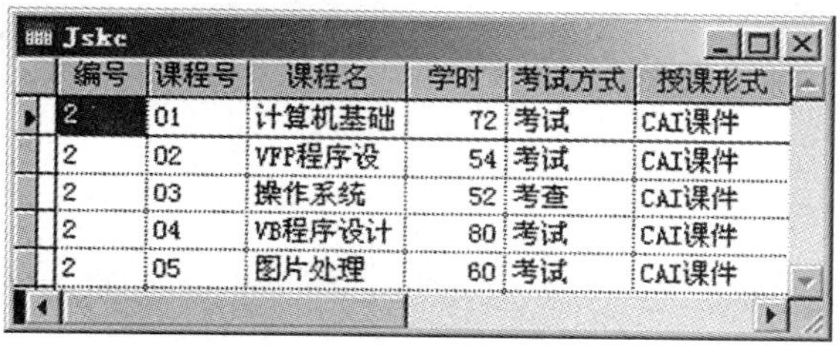

Jskc

编号	课程号	课程名	学时	考试方式	授课形式
2	01	计算机基础	72	考试	CAI课件
2	02	VFP程序设	54	考试	CAI课件
2	03	操作系统	52	考查	CAI课件
2	04	VB程序设计	80	考试	CAI课件
2	05	图片处理	60	考试	CAI课件

图 4.32 “Jskc”表(子表)

一般情况下,建立临时关系的两个表会在不同的区域工作,VFP 会自动寻找两个表共有的索引关键字字段,并自动将主索引关键字字段的表设置为父表,将普通索引关键字字段的表设置为子表。

4.5 建立参照完整性

VFP 数据库是一个关系型数据库。在关系型数据库中,由于所有表之间彼此相关,所以当修改任一数据表中的数据时,它们之间的关系就可能会发生变化。例如,当删除父表中某一记录时,相关表中的记录就找不到与之对应的父记录,这样就破坏了表之间的原有关系。为了防止这种情况发生,VFP 允许用户在创建关系时建立参照完整性。顾名思义,就是利用相关表间的制约关系,互相参照,控制相关表数据的完整性。

使用参照完整性生成器,可以帮助建立参照完整性规则。参照完整性规则分为 3 种,即更新规则、删除规则和插入规则,控制在相关表中插入、更改或删除记录。如果实施参照完整性规则,VFP 可以确保数据的一致性。例如,通过参照完整性规则对相关的表做以下限制:

① 当父表中没有相关的记录时,记录不得追加到相关子表中。

② 当父表中某条记录在相关子表中有相关记录时,这条父表记录不允许删除。

③ 当父表的关系字段值改变将导致相关子表中出现无关记录时,在父表中不允许做这

种改变。

由此可见，在创建数据库时，如果建立参照完整性，那么在用户输入或删除记录时就能保证数据的一致性。建立参照完整性的步骤如下：

① 在“数据库设计器”窗口中，双击表之间的关系线可以打开“编辑关系”对话框。

② 在“编辑关系”对话框中，单击“参照完整性”按钮，打开“参照完整性生成器”对话框，如图4.33所示。“参照完整性生成器”用列表框列出了数据库已存在的各种关系。对于每一种关系，还列出了其父表和子表的名称，连接父表和子表的父记号和子记号。

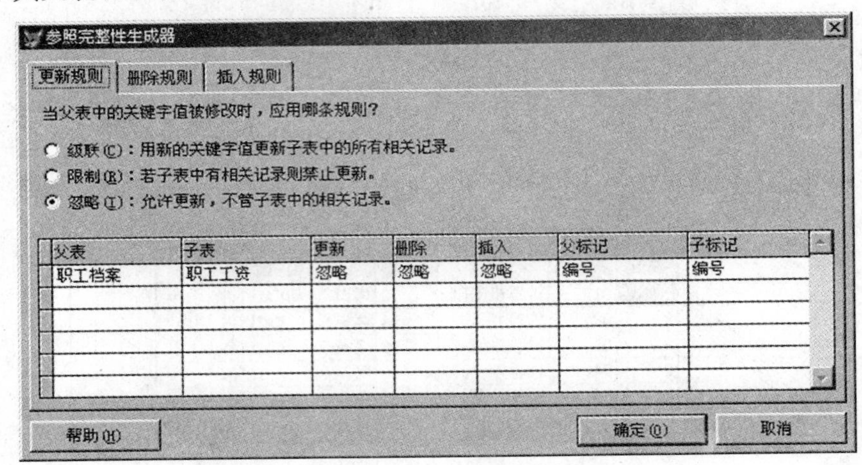

图4.33 “参照完整性生成器”对话框

在“参照完整性生成器”中，有3个选项卡和与选项卡对应的3个表格。这3个选项卡分别为“更新规则”、“删除规则”和“插入规则”选项卡。

③ 在“参照完整性生成器”对话框中，单击要实施参照完整性的行，然后进行下列操作：

“选择“更新规则”选项卡，有“级联”、“限制”和“忽略”3个选项，选择任一选项来设置更新规则。更新规则是限制主表更新关系字段的规则。

“级联”表示当更新父表关系字段时，同时自动更新子表中的相关记录的关系字段值。“限制”表示当子表中有相关记录时，禁止更新父表相应记录的关系字段值。“忽略”则表示忽略父、子表间的关系，不限制主表关系字段的更新。

选择“删除规则”选项卡，有“级联”、“限制”和“忽略”3个选项，选择任一选项来设置删除规则。删除规则是限制父表删除记录的规则。“级联”表示当删除父表记录时，同时自动删除子表中的相关记录。“限制”表示当子表中有相关记录时，禁止删除父表的记录。“忽略”表示忽略父、子表间的关系，不限制删除父表记录。

选择“插入规则”选项卡，有“限制”和“忽略”两个选项，选择任一选项来设置插入规则。插入规则是限制在子表中插入记录和修改关系字段值的规则。“限制”表示当父表中没有匹配的关系字段值时，禁止在子表中插入新记录。“忽略”表示忽略父、子表间的关系，不限制在子表中插入记录。在插入规则中没有“级联”方式。

④ 在设置完参照完整性规则以后，单击“确定”按钮，这时VFP保存对参照完整性规则的设置，生成参照完整性代码，最后关闭“参照完整性生成器”对话框。

在设置参照完整性规则时，需要分别设置更新规则、删除规则和插入规则。在实施参照完整性时，这3种规则的功能是不一样的。更新规则规定在子表中有相关记录时是否允许更新父表中的关键字值；删除规则规定在子表中存在相关记录时是否允许删除父表中的记录；插入规则规定当父表中没有与之匹配的关键字值时是否允许在子表中插入一条新记录或更新一条已有的记录。

在VFP中，可以使用"级联"、"限制"和"忽略"这3个选项来分别设置更新规则、删除规则和插入规则。在改变父表中关键字值时，如果希望子表中相关字段的值也随着父表变化，或者在删除父表中关键字值的同时也删除子表中的相关记录，这时应将更新规则或删除规则的值设置成"级联"。插入规则没有"级联"。

如果在子表中存在相关记录时，禁止更改父表中的关键字值或者删除父表中的记录，那么应将更新规则和删除规则的值设置成"限制"。如果在父表中没有与之匹配的关键字值时，不允许在子表中插入一条新记录或更新一条已有的记录，那么将插入规则的值也要设置成"限制"。如果对更新、删除或插入操作不做任何限制，那么应将更新规则、删除规则或插入规则的值设置成"忽略"。

总之，在VFP中利用参照完整性规则可以保持数据的一致性，便于对数据库进行正确的维护和管理。

4.6 使用多个数据库

同时使用多个数据库有两种方法：其一是同时打开多个数据库，另一种方法是不打开数据库而引用其中的表。

数据库被打开以后，表之间的关系由数据库中的信息来控制。当打开一个数据库以后，如果不关闭其他数据库，原来打开的数据库将仍保持打开状态。此时可以选择当前的数据库，并使用当前数据库中的表。使用多个数据库的操作步骤如下：

① 在"项目管理器"中，打开"用户项目"，新建一个"人事"数据库。

② 选择"人事"数据库，单击"修改"按钮，打开"人事"数据库。

③ 选择"教工"数据库，单击"修改"按钮，打开"教工"数据库。

④ 在打开的"数据库设计器"中，选择"人事"或者"教工"数据库，然后用鼠标选取表，使其成为当前表，可以进行表的相关操作。

习　题

一、选择题

1. VFP参照完整性规则不包括(　　)。

　A) 更新规则　　B) 删除规则　　C) 查询规则　　D) 插入规则

2. VFP数据库文件是(　　)。

　A) 存放用户数据的文件　　B) 管理数据库对象的系统文件

　C) 存放用户数据和系统数据的文件　　D) 前3种说法都对

3. 设置参照完整性的目的是(　　)。

　A) 定义表的临时关系　　B) 定义表的永久关系

　C) 定义表的外部关系　　D) 在插入、更新、删除记录时，确保已定义的表间关系

4. 参照完整性规则中不包括的是(　　)。

A) 索引规则　　B) 更新规则　　C) 删除规则　　D) 插入规则

5. 在"数据工作期"窗口中,"一对多"按钮的作用是进行(　　)。

A) 一个表与多个表建立关联

B) 父表中一条记录与子表中的多条记录建立关联

C) 父表中的一条记录与子表中的一条记录建立关联

D) 多个表与当前表建立关联

6. 通过关键字建立临时关系时,要求(　　)。

A) 父表必须建立索引并打开

B) 子表必须建立索引并打开

C) 父表和子表必须同时建立索引并在不同的工作区打开

D) 两表无须建立索引

7. 可以随着数据库文件的打开而自动打开的索引文件是(　　)。

A) 单索引文件(.IDX)　　B) 复合索引文件(.CDX)

C) 结构复合索引文件(.CDX)　　D) 非结构复合索引文件(.CDX)

二、填空题

1. 实现表之间的临时关系的命令是________。

2. 在定义字段级有效性规则时,在"规则"框中输入的表达式类型是________。

3. 在 VFP 中,最多允许同时打开________个数据库表和自由表。

4. VFP 的主索引和候选索引可以保证数据的________完整性。

5. 在"参照完整性生成器"对话框的"删除规则"选项卡中,当删除父表中的记录时自动删除子表中的记录,应设置________选项。

6. 建立索引时不允许字段有重复值,在一个数据表中只能建立一个索引的是________索引。

7. 在建立一对多关系时,对"多"方表建立的索引应是________。

8. 设置字段级有效性规则在"表设计器"对话框的________选项卡中进行,而设置记录有效性规则则在"表设计器"对话框的________选项卡中进行。

9. 在一个数据表中只允许建立一个索引的是________。

10. 在 VFP 中表间的关系有________、________和________。

实　训

【实训目的】

1. 掌握触发器的功能并掌握其设置方法与字段有效性及记录有效性的设置过程。

2. 掌握一对多永久关系的建立方法。

【实训内容】

1. 为"zgda.dbf"表设置"触发器"规则,如图 4.34 示。要求如下:

(1) 只能插入女职工记录,即"插入触发器"规则设置为"性别 = "女""。

(2) 只能更新(修改)职称的信息,即"更新触发器"规则设置为"职称 = "副教授""。

(3) 只能逻辑删除年龄大于 55 的职工信息,即"删除触发器"规则设置为"年龄 >55"。

2. 为"zgda.dbf"表的"年龄"的"字段有效性"的"规则"设置为"年龄 >0","信息"规则设置为错误提示是"年龄必须大于0","年龄"的"默认值"规则设置为 35,如图 4.35 所示。

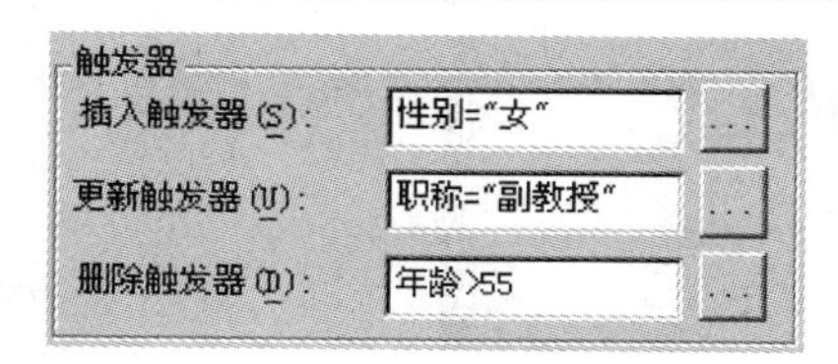

图 4.34 触发器规则

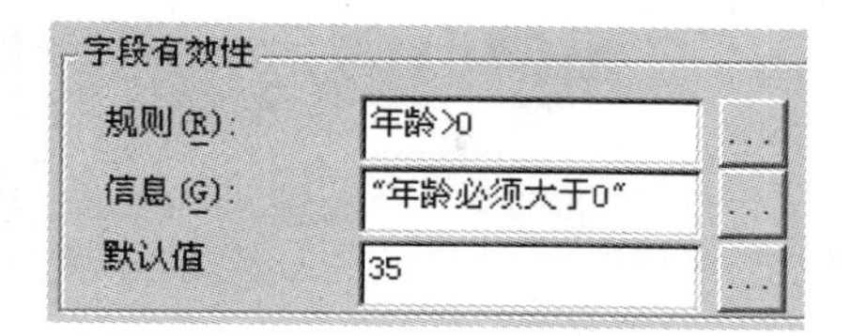

图 4.35 年龄字段有效性设置

3. 为"zgda.dbf"表与"jskc.dbf"表建立一对多永久关系,如图 4.36 所示。

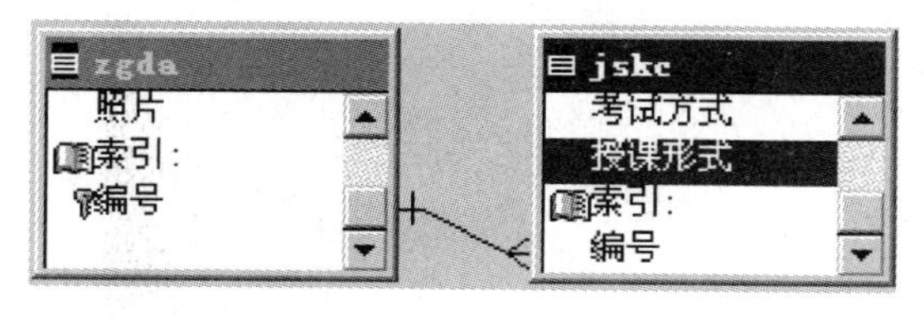

图 4.36 一对多永久关系

第5章 查询与视图

在数据库的应用中，查询是数据处理中不可缺少的和最常用的。VFP提供了两种较好的方法，这就是查询和视图。使用查询设计器，能方便地生成一个查询，从而获得用户所需要的数据；视图能帮助用户从本地或远程数据源中获取相关数据，而且还可以对这些数据进行修改并更新，VFP将自动完成对源表的更新。

本章主要介绍查询与视图的建立以及使用视图浏览、更新数据等。

5.1 查询与视图的概念

1. 查询

查询可以使用户从数据表中获取所需要的结果。执行查询就是设定一些过滤条件，并把这些条件存为查询文件，在每次查询数据时，调用该文件并加以执行。查询出来的结果可以加以排序、分类，并存储成多种输出格式，如图形、报表、标签等形式。

2. 视图

视图能够从本地或远程表中提取一组记录。使用视图可以处理或更新检索到的记录。执行视图文件，包含一些条件设定，可从几个数据表文件中过滤出所要求的数据，其结果存储成实际的记录数据，它可以当做实际的数据表文件来使用，并且当视图中的数据记录更改后，原数据表中的记录也要随之修改。

3. 查询与视图的区别

查询与视图是性质相近的文件，它们都可以进行数据表的检索，但是它们之间也存在差异：

① 查询文件的执行结果可以存储成多种数据格式，如图表、报表等，而视图的查询结果同一般的数据表文件一样，可以当做数据表文件来使用。

② 查询的数据仅供输出查看，不能回存，而视图则可以修改并且回存到数据表中。也就是说，查询文件的结果不属于数据库，而视图文件存在于数据库中。

③ 视图文件的数据来源分别是数据表文件、视图、服务器上的数据表文件、远程数据表文件。

5.2 结构化查询语言(SQL)简介

VFP提供的可视化工具所构造的查询条件既简单又快捷。而对于复杂的查询,当这些可视化工具不能满足要求时,查询条件可以自行设定。不管是简单的查询条件还是复杂的查询条件,都可以使用结构化查询语言(SQL)建立,下面简单介绍SQL。

5.2.1 SQL简介

结构化查询语言(Structure Query Language, SQL)是目前美国国家标准学会ANSI的标准数据库语言。现在已经有100多个数据库管理产品支持SQL,它已在微型、小型乃至大型等各种计算机机型上运行。VFP是其中一种软件产品。

SQL是一种非过程化的语言。它与传统的C、FORTRAN等过程化语言不同,用SQL编写的程序,用户只需要指出"干什么",而不需要知道"怎么干",即存取路径的选择和SQL操作的过程由系统自动完成。SQL在结构上接近英语口语,非常便于用户学习和掌握。

5.2.2 SQL的格式

在SQL中,查询操作是用SELECT语句来完成的。它是SQL中最重要、最核心的一条语句。同时它也是SQL语句中最复杂并且最难掌握的一条语句。SELECT语句的完整格式请参阅VFP的帮助信息。

SELECT语句的基本格式如下:

SELECT〈列名表〉
FROM〈表名〉
WHERE〈条件表达式〉
ORDER BY〈排序项目〉[ASC/DESC][,[ASC/DESC]]...

说明:

① SELECT子句的〈列名表〉指出要显示的列的字段名,可以选择一个或多个字段,字段与字段之间用逗号分开,"*"可以用来表示某一个数据表中的所有字段。

② FROM子句的〈表名〉,指出在查找过程中所涉及的表,可以是单个表,也可以是多个表,若为多个表,表与表之间应用逗号分开。

③ WHERE子句的〈条件表达式〉,指出所需数据应满足的条件。条件表达式中必须用到比较运算符或逻辑运算符。

④ ORDER BY子句,可以控制查询所得到的记录的排列顺序。〈排序项目〉指出按哪一列的值进行排序,它可以是字段名或表达式,ASC表示按升序,DESC表示按降序,默认时按升序排列。当有多个排序条件时,它们之间应该用逗号分开。在排序时,先按第一列的值排序,对第一列值相同的记录,再按第二列的值排序,以此类推。

1. 比较运算符

=	等于
LIKE	模式匹配

<>,!=,#　　不等于
>　　大于
>=　　大于等于
<　　小于
<=　　小于等于

2. 逻辑运算符

AND　　与
OR　　或
NOT　　非

5.2.3 SQL 命令使用举例

1. 单表查询

所谓单表查询,即所有查询信息均出自一个表,在 SELECT 语句中表现为 FROM 子句中只有一个表名。

① 无条件查询。如果要获取表中所有的记录,则无须指定任何条件。无条件查询仅涉及 SELECT 子句和 FROM 子句,可以通过 SELECT 子句指定获取部分列或全部列的信息。

例如,查询显示已建立的"教工"数据库中"职工档案"数据表中的所有信息,并按职称排序:

```
SELECT * FROM 职工档案 ORDER BY 职称
```

例如,查询显示"职工档案"数据表中职工姓名及年龄信息:

```
SELECT 姓名,年龄 FROM 职工档案
```

② 条件查询。无条件查询是选取表中的所有记录,而在实际应用中,用得更多的是条件查询,即选取表中满足一定条件的记录。在 SELECT 语句中,条件由 WHERE 子句指出。WHERE 子句后的条件表达式的值可以为真或假,系统在执行 SELECT 语句时,把条件表达式的值为真的记录反馈回来,而对使条件表达式的值为假的那些记录,则什么也不执行。

WHERE 子句的格式如下:

WHERE 列名 比较运算符 常量(或者列名)

在 WHERE 子句中,当需要将几个简单条件组合在一起形成多重条件时,应使用逻辑运算符来连接几个简单条件。对于字符型常量应加引号。

例如,查询显示"职工档案"数据表中年龄大于 35 的职工信息:

```
SELECT * FROM 职工档案 WHERE 年龄>35
```

例如,查询显示"职工档案"数据表中职称是讲师并且性别是"女"的职工姓名:

```
SELECT 姓名 FROM 职工档案 WHERE 职称="讲师" AND 性别="女"
```

LIKE 运算符可以用来进行模糊查询。

例如,查询显示"职工档案"数据表中姓氏为"刘"的职工信息:

```
SELECT * FROM 职工档案 WHERE 姓名 LIKE "刘%"
```

上例"刘%"的含义是以"刘"打头的任意长度的字符串。对长度已知的匹配串,可用"_"确定。

2. 多表查询

数据库是由多个相互关联的数据表组成的。在实际应用中,经常需要同时从多个数据表中

提取信息。关系数据库管理系统允许用户将两个或多个表的记录通过相关字段(连接字段)结合在一起,这种运算称为连接运算。连接运算是关系运算中的重要功能,它也是区别关系与非关系系统的重要标志。例如,在“教工”数据库的“职工档案”数据表中的“姓名”列和“职工工资”数据表中的“姓名”列相对应,两个表可以通过“职工姓名”这一公共字段进行连接运算。

例如,查询显示所有职工的姓名、职称及实发工资:

```
SELECT 职工工资.姓名,职工档案.职称,职工工资.实发工资
FROM 职工档案,职工工资
WHERE 职工档案.姓名 = 职工工资.姓名
```

系统在执行查询时,首先从“职工档案”表中读出一条记录,然后依次到“职工工资”表中读取每一条记录,与“职工档案”表中数据拼接成一条新的记录,并判别其中的两个“姓名”字段值是否相等,若相等,取 SELECT 语句中相应的列作为结果输出。如此循环,即求出了连接的所有元组。

5.2.4 SQL 语句在 VFP 中的使用方法

SELECT 是 SQL 命令,它和其他 VFP 命令一样可以使用。当需要使用一个 SELECT 查询时,其使用方法有:

① 在命令窗口中使用。将 SQL 命令作为一条独立的 VFP 命令在命令窗口中使用,但在执行 SQL 命令前先要打开要查询的数据库。

② 在 VFP 程序中使用。

③ 在查询设计器中使用。

5.3 查询数据

使用 SQL 可以构造复杂的查询条件。如果需要快速获取结果,应采用 VFP 的查询设计器,根据它提供的交互式应用界面,不用编写代码,即可检索存储在表和视图中的信息。查询设计器能够搜索那些满足指定条件的记录,也可以根据需要对记录进行排序和分组以及基于查询结果创建报表、标签、表和图形。

5.3.1 建立查询

1. 查询文件的建立

当确定了需要查找的信息以及这些信息存储在哪些表和视图后,可以通过以下几个步骤来建立查询:

① 使用查询向导或查询设计器开始建立查询。

② 选择出现在查询结果中的字段。

③ 设置选择条件来查找所需要的记录。

④ 设置排序或分组选项来组织查询结果。

⑤ 选择查询结果的输出类型:表、报表、标签、浏览窗口等。

⑥ 查询可以用文件加以保存,文件后缀为.QPR。

⑦ 运行查询。

2. 使用“查询设计器”建立查询

使用查询设计器建立查询的操作步骤如下：

① 在“文件”菜单中，选择“打开”命令，打开要进行查询的数据库所在的项目，这里选择的项目是“用户项目”，选择的数据库是“教工”。单击“确定”按钮。

② 在“项目管理器”中，选择“数据”选项卡，再选择“查询”，单击“新建”按钮，打开“新建查询”对话框，如图 5.1 所示。

③ 单击“新建查询”按钮，打开“添加表或视图”对话框，如图 5.2 所示。在“数据库”下拉列表框中，选择当前使用的数据库，这里选择的是“教工”。在“数据库中的表”列表框中，选择“职工档案”表，单击“添加”按钮。如果选择使用不属于数据库中的表，可以单击“其他”按钮。

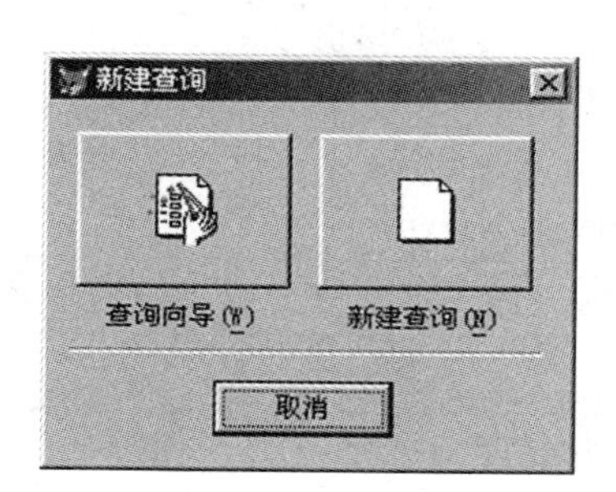

图 5.1 “新建查询”对话框

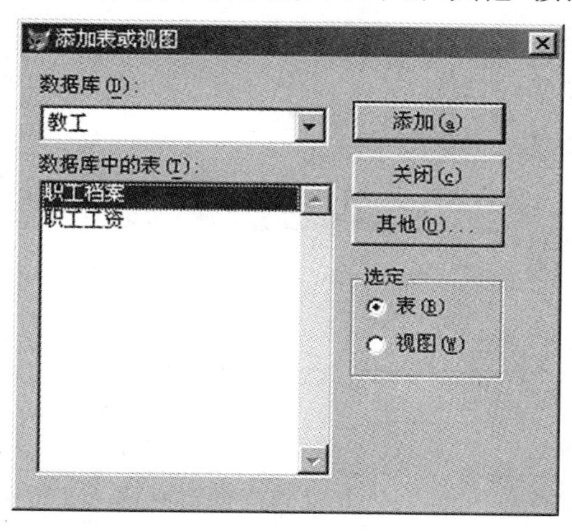

图 5.2 “添加表或视图”对话框

④ 单击“关闭”按钮，打开“查询设计器”对话框，如图 5.3 所示。选择“字段”选项卡，该选项卡是用来选择需要包含在查询结果中的字段。

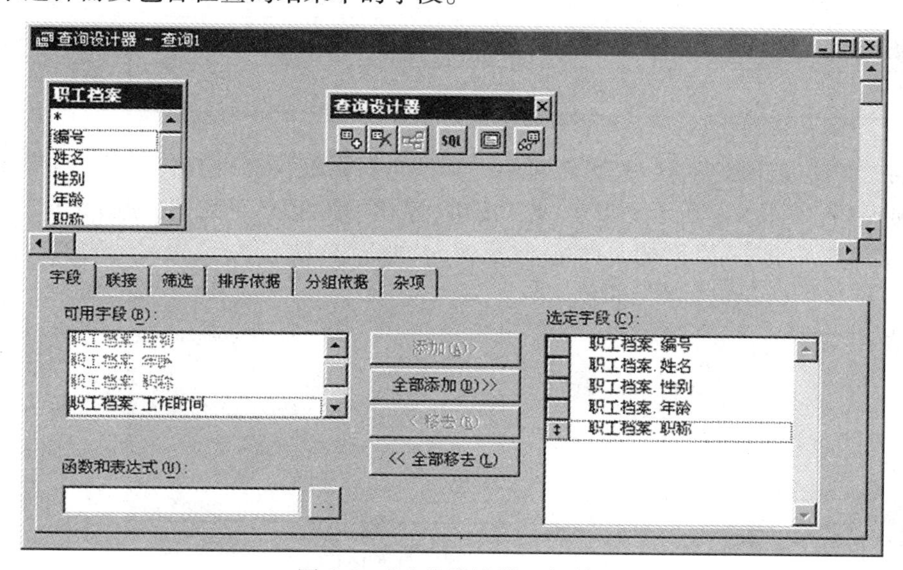

图 5.3 “查询设计器”对话框

⑤ 在“可用字段”列表框中，选择一个字段后，单击“添加”按钮，或单击“全部添加”按钮，在“选定字段”列表框中，会显示查询输出的字段。

⑥ 当输入完所选择的字段后，在“查询设计器”工具栏中，单击“查询去向”按钮，打开“查询去向”对话框，如图5.4所示。输出去向共有7种，表5.1列出7种去向的功能。本例选择输出去向为“浏览”窗口，单击“确定”按钮，系统返回“查询设计器”对话框。

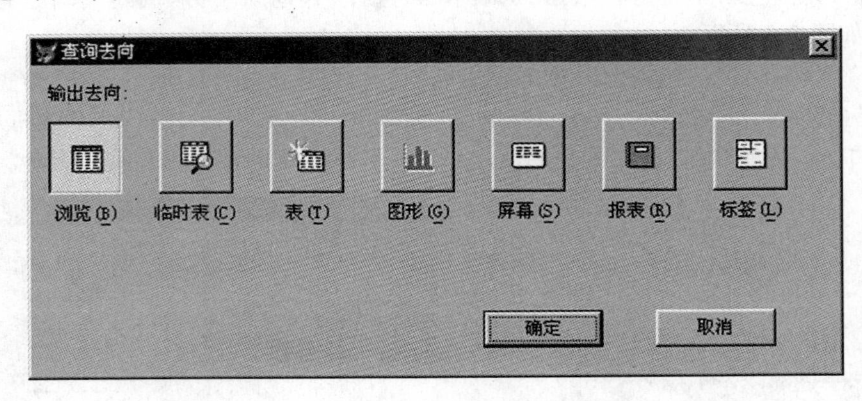

图5.4　“查询去向”对话框

表5.1　查询结果输出去向

输出去向	实现功能
浏览	将查询结果在浏览窗口中显示出来
临时表	将用户的查询结果存于用户命名的只读的临时表中
表	将查询结果存于用户命名的表中
图形	将查询结果与 Microsoft Graph 一起应用
屏幕	将查询结果显示于 VFP 的主窗口中或当前活动输出窗口中
报表	输出到报表文件(.FRX)中
标签	输出到标签文件(.LBX)中

⑦ 关闭“查询设计器”对话框，系统显示提示信息对话框，提示信息为：“要将所做更改保存到查询1中吗?”，如图5.5所示。单击“是”按钮，打开“另存为”对话框，如图5.6所示。在“保存文档为”文本框中，输入查询的文件名，这里输入“职工查询”，单击“保存”按钮。

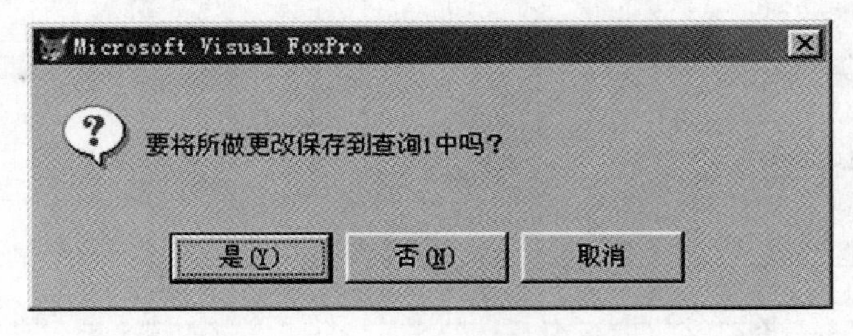

图5.5　提示信息对话框

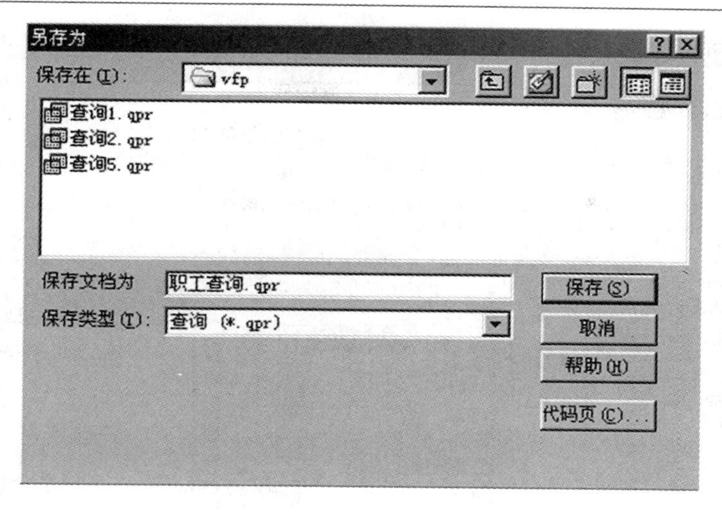

图 5.6 “另存为”对话框

⑧ 系统又返回“项目管理器”对话框。在“项目管理器”中,选择“职工查询”选项,然后单击“运行”按钮,在屏幕上可以看到查询结果,如图 5.7 所示。

在上述的查询操作中,在“职工档案”表中筛选出部分字段,而记录的个数并没有发生变化。

3. 使用“查询向导”建立查询

① 在“文件”菜单中,选择“打开”命令,打开要进行查询的数据库所在的项目,这里选中的项目是:“用户项目”,选中的数据库是:“教工”。

② 在“项目管理器”中,选择“查询”,单击“新建”按钮,打开“新建查询”对话框,单击“查询向导”按钮,打开“向导选取”对话框,如图 5.8 所示。

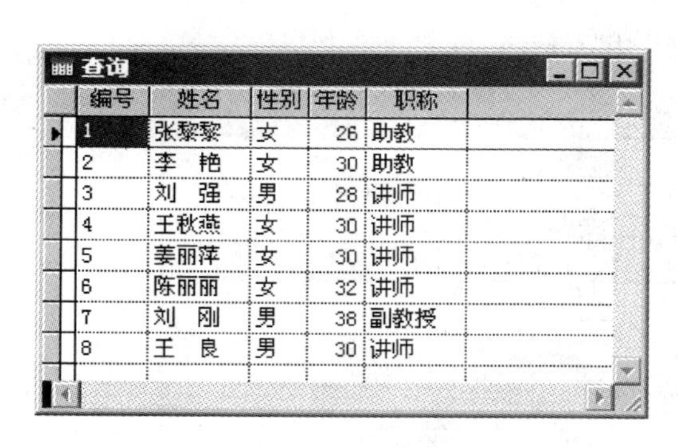

查询

编号	姓名	性别	年龄	职称
1	张黎黎	女	26	助教
2	李 艳	女	30	助教
3	刘 强	男	28	讲师
4	王秋燕	女	30	讲师
5	姜丽萍	女	30	讲师
6	陈丽丽	女	32	讲师
7	刘 刚	男	38	副教授
8	王 良	男	30	讲师

图 5.7 查询结果

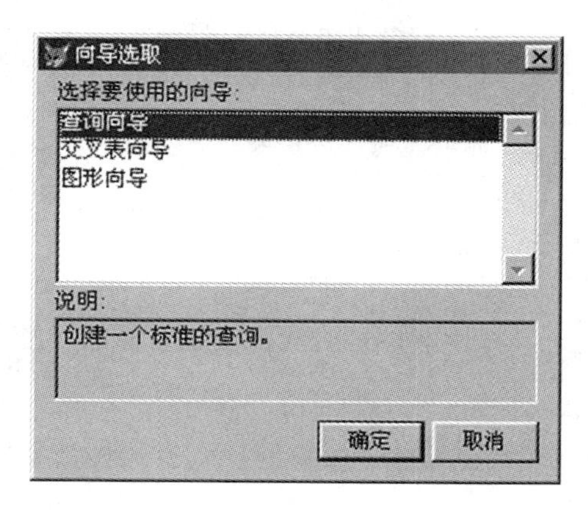

图 5.8 “向导选取”对话框

③ 在“选择要使用的向导”列表框中,选择“查询向导”选项,单击“确定”按钮。

④ 打开“查询向导”对话框,如图 5.9 所示,即为“步骤 1 – 字段选取”,在“可用字段”列表框中,选择查询时所用的字段,这里选择“编号”、“姓名”、“性别”、“年龄”和“职称”,选择完后,单击“下一步”按钮。

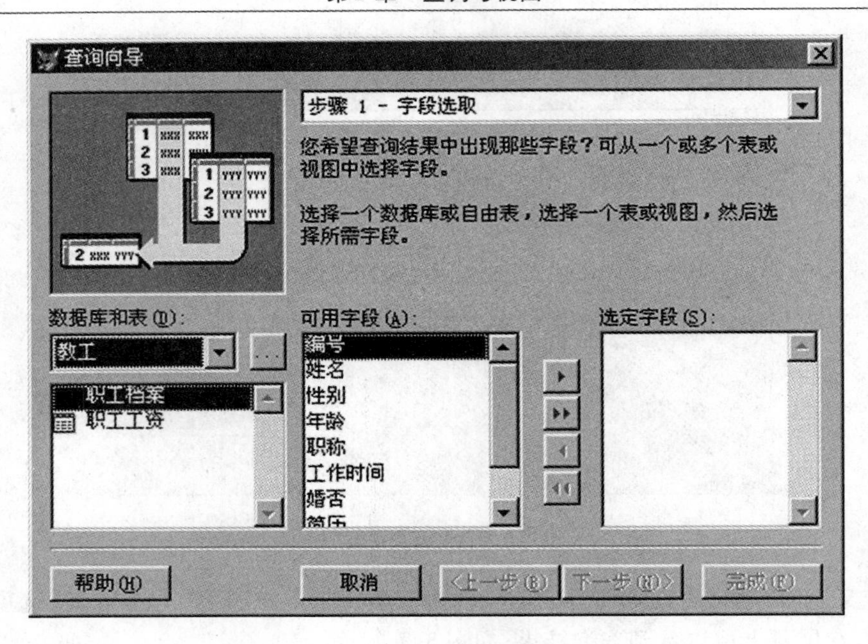

图5.9 步骤1－字段选取

⑤ 打开“查询向导”对话框的“步骤3－筛选记录”，如图5.10所示。如果“筛选记录”，可根据自己选取的条件“筛选记录”，单击“下一步”按钮。

⑥ 打开“查询向导”对话框的“步骤4－排序记录”，如果不“排序记录”，单击“完成”按钮。

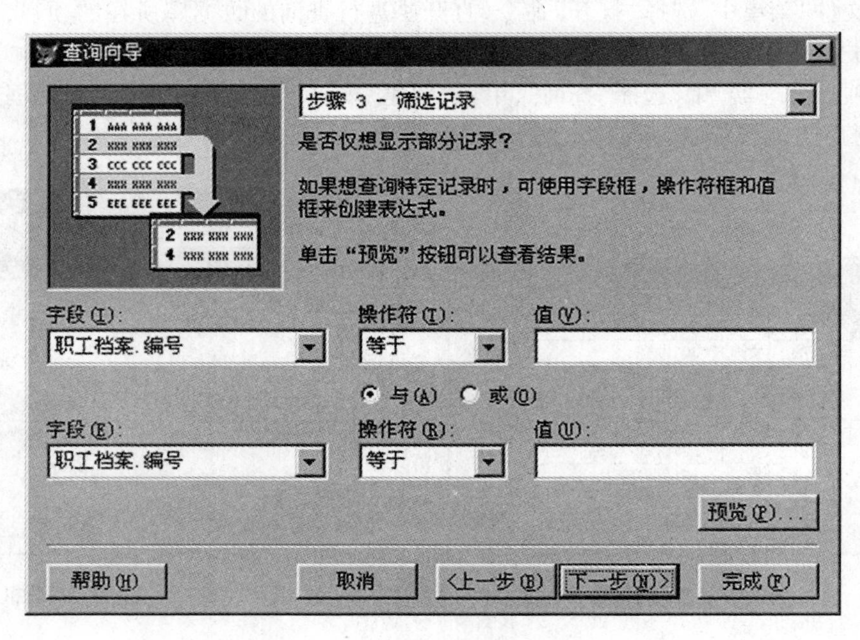

图5.10 步骤3－筛选记录

⑦ 打开“查询向导”对话框的“步骤5－完成”，如图5.11所示，选择“保存查询”单选按钮，单击“完成”按钮。打开“另存为”对话框，在“文件名”文本框中，输入“查询1”，单击“保存”按钮。

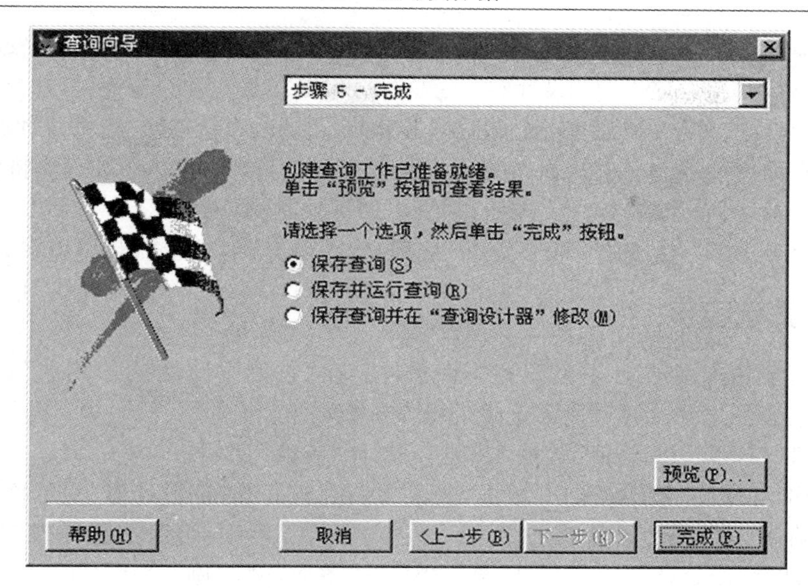

图 5.11　步骤 5 – 完成

5.3.2　为查询结果排序

排序决定了查询输出结果中记录或输出行的先后次序。为查询结果排序的操作步骤如下：

① 在“项目管理器”中，选择“数据”选项卡，选择“查询”选项，再选择“职工查询”（也可以查询重新建立的查询文件），然后单击“修改”按钮。

② 在“查询设计器”中，选择“排序依据”选项卡，如图 5.12 所示。

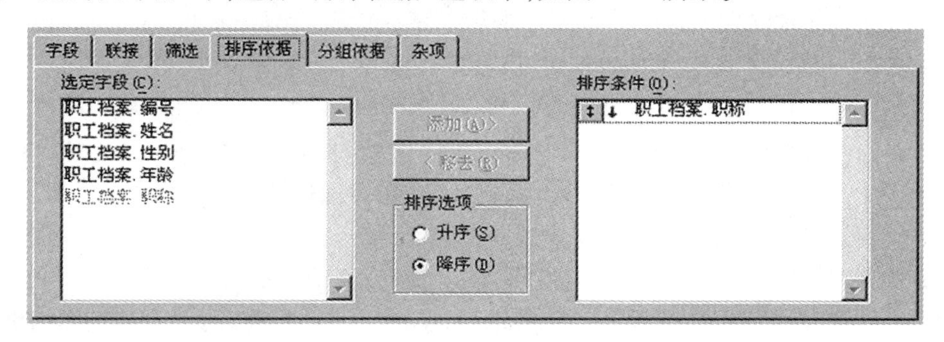

图 5.12　“排序依据”选项卡

③ 在“选定字段”列表框中，选择排序字段，单击“添加”按钮，将字段加入“排序条件”列表框中。在“排序条件”列表框中，选择字段，单击“移去”按钮，可将选中的字段再送回“选定字段”列表框中。

④ 选择排序条件中的字段左侧按钮上下拖曳，可以设置排序顺序。

在“排序条件”列表框中，字段的排序顺序决定了该字段排序的重要性，第一个字段是主排序次序。为了调整排序字段的重要性，可以在“排序条件”列表框中，将左侧的按钮拖曳到相应位置上，在“排序选项”选项区域中，可以选择“升序”或“降序”，在“排序条件”列表框中的字段的左侧，有上下箭头表示排序的升降顺序。各个字段可以有不同的排序顺序。

⑤ 选择“排序依据”选项卡,在“选定字段”列表框中,选择“职称”。在“排序选项”选项区域中,选择“降序”单选按钮。在“查询设计器”工具栏中,单击“查询去向”按钮,打开“查询去向”对话框。在“输出去向”中,单击“浏览”按钮,然后单击“确定”按钮,系统返回“查询设计器”中。

⑥ 关闭“查询设计器”对话框,系统显示提示信息对话框,提示信息为:“要将所做的更改保存到职工查询. qpr 中吗?”,单击“是”按钮,系统返回“项目管理器”中。

⑦ 在“项目管理器”中,选择“职工查询”选项,然后单击“运行”按钮,可以看到查询结果。

5.3.3 筛选查询结果

为了得到想要的查询结果,必须设置查询条件。在“查询设计器”的“筛选”选项卡中,可以用来生成想要检索的记录。筛选所需记录的操作步骤如下:

① 在“项目管理器”中,选择“数据”选项卡,选择“查询”选项。

② 选择查询文件为“职工查询”,单击“修改”按钮,打开“查询设计器”对话框。

③ 选择“筛选”选项卡,如图 5.13 所示。在“字段名”栏中,可以选择筛选字段,在“否”和“条件”栏中,可以构造运算符。对“字段名”、“否”、“条件”、“实例”、“大小写”和“逻辑”进行设置,构造出筛选表达式,如图 5.13 所示。

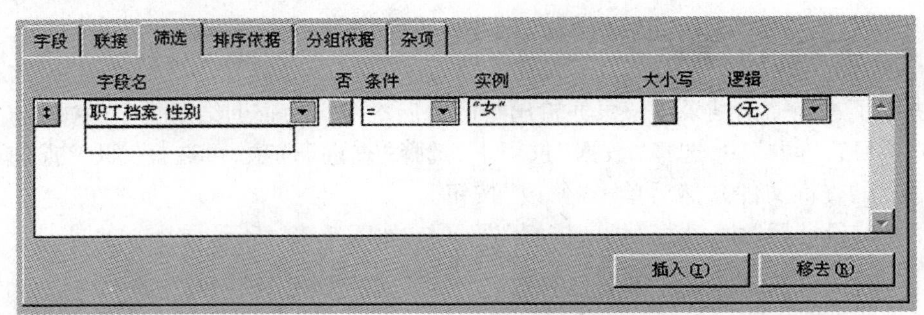

图 5.13 构造筛选表达式

④ 在“查询设计器”工具栏中,单击“查询去向”按钮,打开“查询去向”对话框,在“输出去向”中,单击“浏览”按钮,再单击“确定”按钮,系统返回“查询设计器”中。

⑤ 关闭“查询设计器”,系统显示提示信息对话框,提示信息为:“要将所做的更改保存到职工查询. qpr 中吗?”,单击“是”按钮,系统返回“项目管理器”中。

⑥ 在“项目管理器”中,选择“职工查询”选项,单击“运行”按钮,可以看到查询结果为“职工档案”表中全部“女”职工的记录,如图 5.14 所示。

查询

编号	姓名	性别	年龄	职称
1	张黎黎	女	26	助教
2	李　艳	女	30	助教
4	王秋燕	女	30	讲师
5	姜丽萍	女	30	讲师
6	陈丽丽	女	32	讲师

图 5.14 查询结果

5.3.4　查询结果的分组

分组就是为了把类似的记录压缩为一个结果记录,从而完成基于一组记录的计算。在“查询设计器”中,是通过“分组依据”选项卡来实现对记录的分组操作的。应当使用分组函数:SUM、COUNT、AVG 等。使用分组的操作步骤如下:

① 在“项目管理器”中,选择“数据”选项卡,选择“查询”选项。

② 选择查询文件为“职工查询”,单击“修改”按钮,打开“查询设计器”对话框。

③ 选择“字段”选项卡,单击“全部移去”按钮,再添加分组计算的表达式字段,在“函数和表达式”文本框中,输入“SUM(年龄)”,单击“添加”按钮;或单击“...”按钮,打开“表达式生成器”对话框,在“数学”下拉列表框中,选择“SUM(expN)”;在“可用字段”列表框中,选择“年龄”,构造后的表达式为 SUM(年龄),单击“确定”按钮,在“查询设计器”中,单击“添加”按钮。

④ 选择“分组依据”选项卡,如图 5.15 所示。在“可用字段”列表框中,选择“性别”字段,单击“添加”按钮。

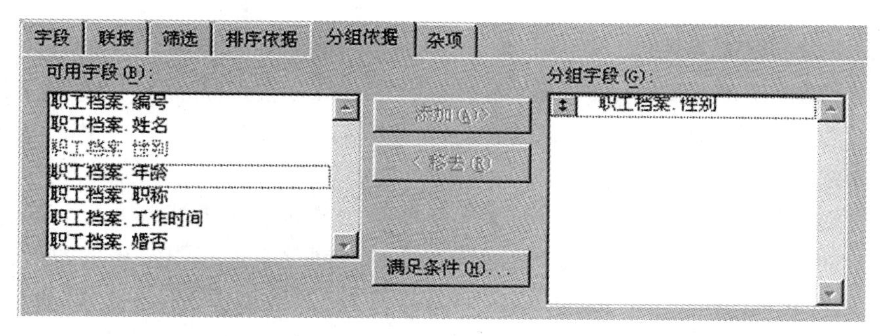

图 5.15　“分组依据”选项卡

⑤ 关闭“查询设计器”。

用同样的方法,还可以按性别分组,计算平均年龄:AVG(年龄),计算记录的个数:COUNT(性别)等。

⑥ 在“查询设计器”工具栏中,单击“查询去向”按钮,打开“查询去向”对话框,在“输出去向”中,单击“浏览”按钮,单击“确定”按钮,系统返回“查询设计器”对话框。

⑦ 关闭“查询设计器”对话框,系统显示提示信息对话框,提示信息为“要将所做的更改保存到查询 1.qpr 中吗?”,单击“是”按钮,系统返回“项目管理器”中。

⑧ 在“项目管理器”中,选择“查询 1”,单击“运行”按钮,可以看到查询结果为“职工档案”,表中按“性别”分组,并且形成两条记录,计算年龄总和、计算平均年龄、计算记录个数,如图 5.16 所示。

查询

编号	姓名	性别	Sum_年龄	Avg_年龄	Cnt_性别
8	王　良	男	96	32.00	3
6	陈丽丽	女	148	29.60	5

图 5.16　查询结果

5.4 视图查询

“视图”是一组记录，它的来源可以是本地表、其他视图、存于服务器上的表或者远程数据源，如通过 ODBC 和在服务器上的 SQL Server 相连。当用户对视图加以修改和更新时，这种修改和更新可以反映到数据源中。

创建视图和创建查询的过程相类似，主要的差别在于视图是可更新的，而查询则不可更新。查询可以获得一组只读类型的结果并可将查询保存在一个.QPR 文件中；如果想从本地或远程表中提取一组数据，并且想更新这组数据，就需要使用视图。视图文件的建立方法与查询文件的建立方法相类似，操作步骤也相类似。

5.4.1 视图文件的建立

1. 用视图设计器建立本地视图

使用“本地视图”选项，创建本地视图，如果需要在 ODBC 数据源的表上建立可更新的视图，则选择“远程视图”选项。若要创建本地表的视图，请使用“视图设计器”。本地表包括本地的 VFP 表、使用.DBF 格式的表和存储在本地服务器上的表。

若要使用“视图设计器”，则应先创建或打开一个数据库。当展开“项目管理器”中“数据库”名称旁边的加号时，将显示“数据库”中的所有组件。创建本地视图的步骤如下：

① 在“项目管理器”中，选择“数据”选项卡，选择“教工”数据库。

② 单击“数据库”旁边的加号，选择“本地视图”，如图 5.17 所示。单击“新建”按钮，打开“新建本地视图”对话框，如图 5.18 所示。

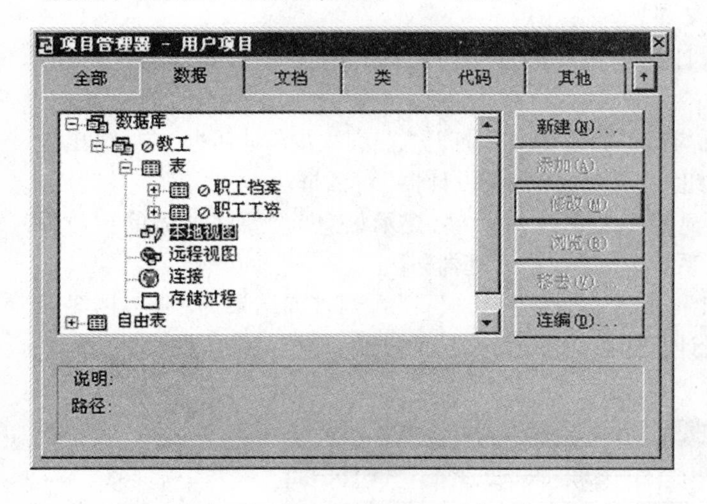

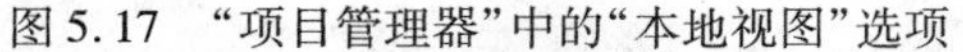
图 5.17 “项目管理器”中的“本地视图”选项

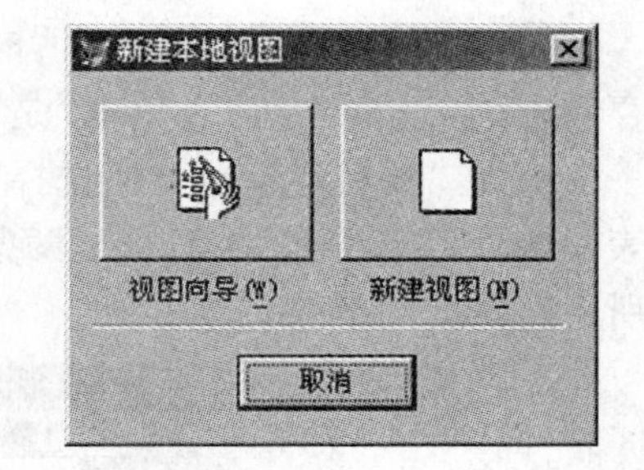

图 5.18 “新建本地视图”对话框

③ 单击“新建视图”按钮，打开“添加表或视图”对话框，如图 5.19 所示。打开“视图设计器”对话框，如图 5.20 所示，选定想要使用的表或视图。这里选择“职工档案”表，单击“添加”按钮，再单击“关闭”按钮，关闭“添加表或视图”对话框。

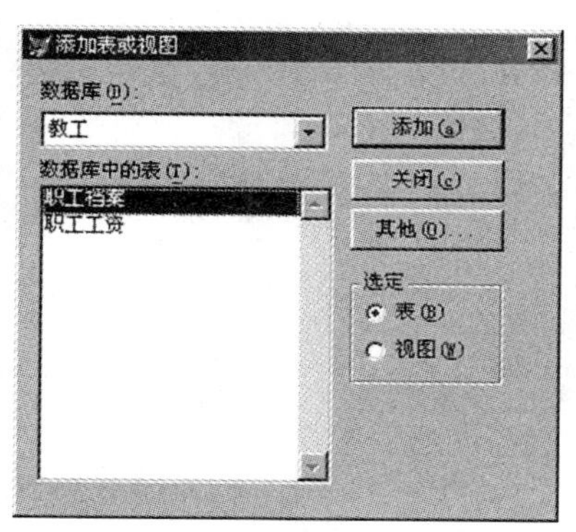

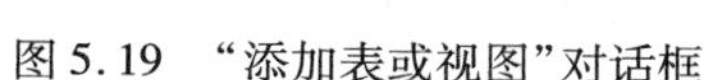
图 5.19 “添加表或视图”对话框

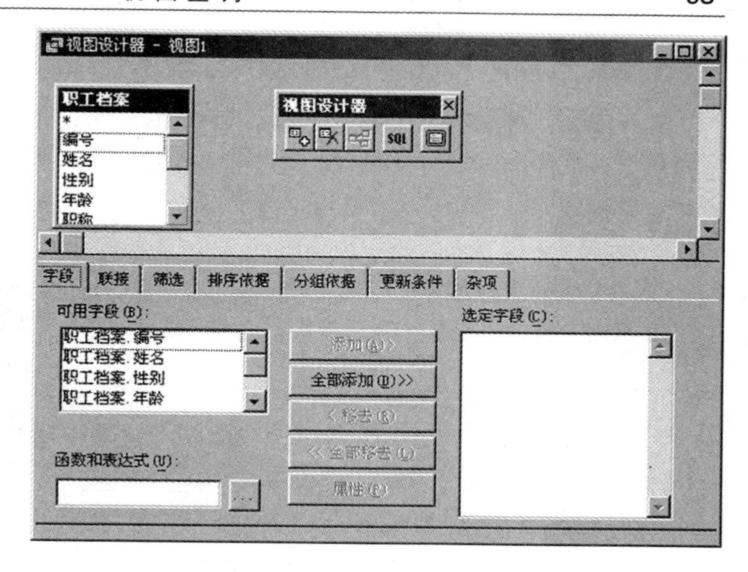

图 5.20 “视图设计器”对话框

④ 在“视图设计器”中,同时显示出选定的表。

可以看到,“视图设计器”与“查询设计器”基本上一样,但“视图设计器”多了一个“更新条件”选项卡,用它可以控制数据的更新。“字段”、“连接”、“筛选”、“排序依据”等选项卡的操作方法与“查询设计器”也基本相同,在此不再重复。

⑤ 在“项目管理器”中,选择“本地视图”选项下已建立的视图文件,单击“浏览”按钮,可以浏览已经建立的视图文件内容,如图 5.21 所示。

视图1

编号	姓名	性别	年龄	职称	工作时间	婚否	简历	照片
1	张黎黎	女	26	助教	05/24/18	T	memo	Gen
2	李　艳	女	30	助教	09/24/18	T	memo	Gen
3	刘　强	男	28	讲师	12/24/15	T	memo	Gen
4	王秋燕	女	30	讲师	10/09/15	T	memo	Gen
5	姜丽萍	女	30	讲师	10/09/15	T	memo	Gen
6	陈丽丽	女	32	讲师	09/27/15	T	memo	Gen
7	刘　刚	男	38	副教授	06/28/13	T	memo	Gen
8	王　良	男	30	讲师	08/09/15	T	memo	Gen

图 5.21 视图文件内容

2. 用视图向导建立视图

用视图向导建立视图的操作步骤如下:

① 在“项目管理器”中,选择“数据库”,这里选中的数据库是“教工”,然后选择“本地视图”选项。

② 单击“新建”按钮,在打开的“新建本地视图”对话框中,单击“视图向导”按钮。

③ 打开“本地视图向导”对话框。

④ 按照向导要求,一步一步地建立视图。

5.4.2 控制视图字段的显示与输入

在视图中可以包含表达式、设置输入的提示，也可以设置如何与服务器进行数据通信。因为视图属于数据库的一部分，因而可以使用数据库的一些特性，如可以给字段添加标题、添加注释、设置触发规则。

控制视图字段显示的操作步骤如下：

① 在“项目管理器”中，选择“数据库”，然后选择一个视图。

② 单击“修改”按钮，打开“视图设计器”对话框，选择“字段”选项卡，如图5.22所示。

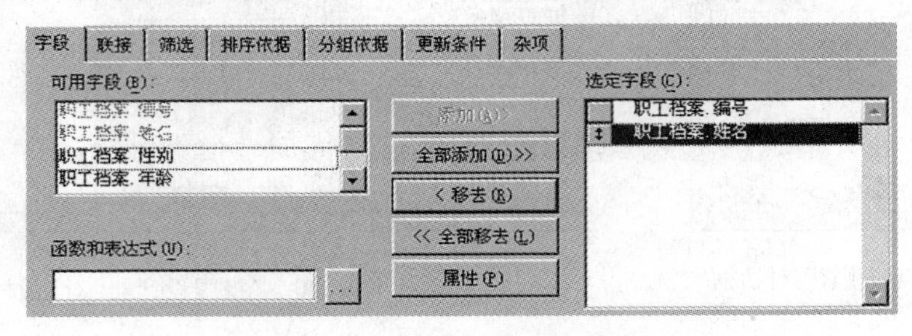

图5.22 设置视图的字段

③ 在“选定字段”列表框中，选择一个字段，单击“属性”按钮，打开“视图字段属性”对话框，如图5.23所示，可以输入“显示”、“字段有效性”等属性。

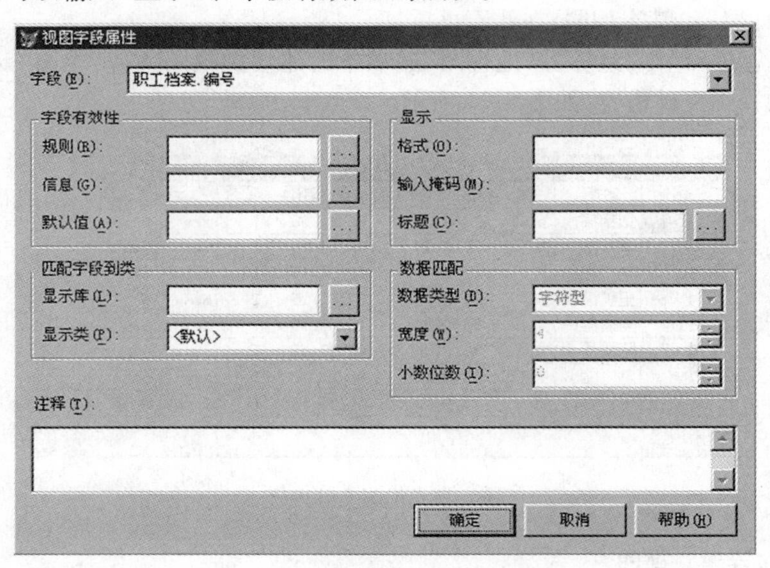

图5.23 “视图字段属性”对话框

④ 单击“确定”按钮，完成属性的设置。

5.4.3 为视图添加筛选表达式

视图和查询一样，也可以加入表达式和函数来实现筛选条件。给视图添加表达式的操作步骤如下：

① 在“项目管理器”中，选择“数据库”，然后选择一个视图文件。

② 单击“修改”按钮,打开“视图设计器”对话框,选择“筛选”选项卡,如图5.24所示。

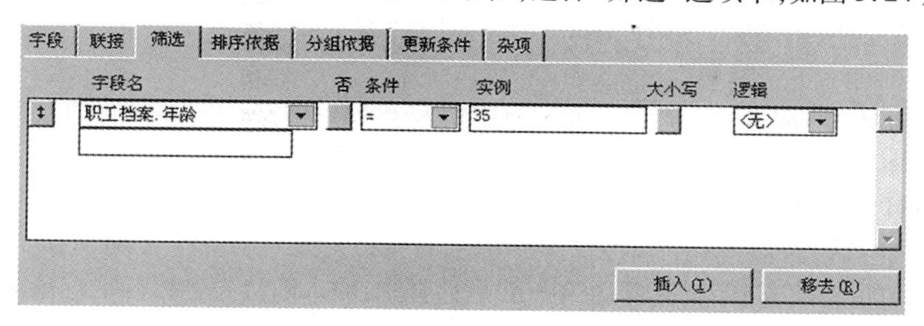

图5.24　为视图添加筛选表达式

③ 在“筛选”选项卡中,仿照“查询”筛选表达式的设计,构造出筛选表达式。

④ 关闭“视图设计器”对话框,完成设置。

如果视图是基于远程数据源,在“表达式生成器”中的函数为支持服务器上数据库的函数。VFP并不对用户的表达式进行语法分析,而只是将它传递给远程服务器。因此需要仔细阅读关于服务器数据库上的文档,看它支持哪些函数。

5.4.4 建立远程数据连接

通过远程视图,用户可以从ODBC服务器上提取一部分数据,而不用将所有的数据都载入本地计算机上。在本地对所选择的记录进行更改或者添加后,其结果可以返回远程的数据源上。

有两种方式可以实现和远程数据的连接:直接通过注册在用户计算机上的ODBC数据源或者用“连接设计器”自行连接。ODBC驱动必须已经安装到了用户的计算机上,并已经注册了VFP数据源。

建立远程数据连接的操作步骤如下:

① 在“项目管理器”中,选择“数据库”选项,然后选择“连接”选项。

② 单击“新建”按钮,打开“连接设计器”对话框,如图5.25所示。

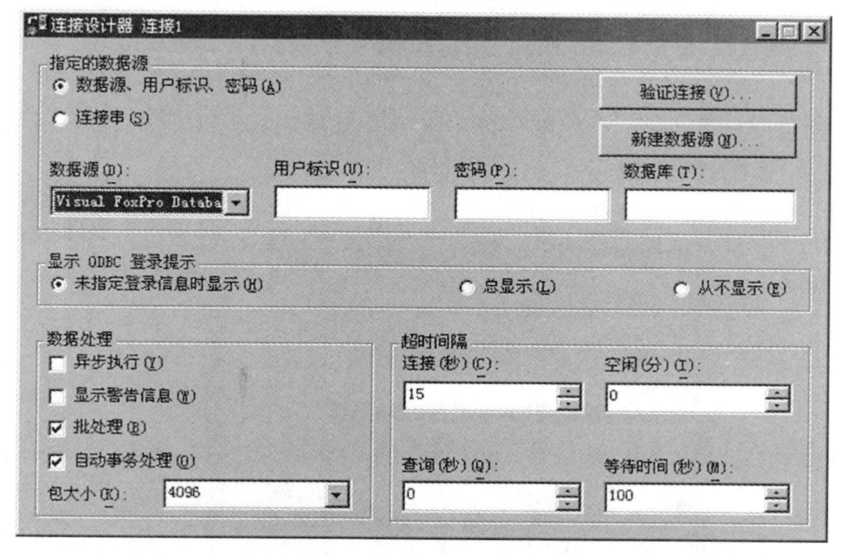

图5.25　“连接设计器”对话框

③ 在“数据源”下拉列表框中,选择数据源。

④ 如果有必要,可以输入“用户标识”、“密码”或“数据库”项。

说明:

在“连接设计器”的“数据源”中,如果没有用户需要的数据源,可以单击“新建数据源”按钮,进入ODBC数据源管理器设置数据源,也可以单击“验证连接”按钮,来验证用户的连接是否能执行。

用户也可以在“文件”菜单中,选择“新建”命令,选择“连接”选项,来建立一个新的连接。

⑤ 关闭“连接设计器”对话框,系统显示提示对话框,提示信息为“要将所做更改保存到连接1中吗?”,单击“是”按钮,在打开的“保存”对话框中,输入连接的名称,如“连接1”。

5.4.5　建立远程视图

建立远程视图,可以通过已经建立的连接或新建立一个“连接”来实现。

建立远程视图的操作步骤如下:

① 在“项目管理器”中,选择“数据库”,然后选择“远程视图”选项。

② 单击“新建”按钮,打开“选择连接或数据源”对话框,如图5.26所示。

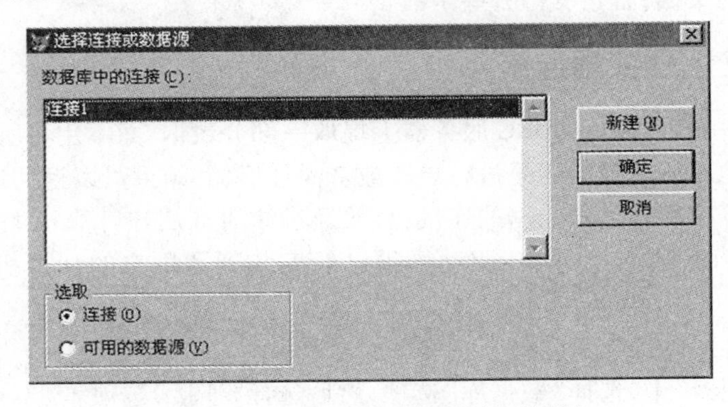

图5.26　“选择连接或数据源”对话框

③ 在“选取”选项区域中,选择“连接”单选按钮,在“数据库中的连接”列表框中,显示用户当前建立的连接;选择“可用的数据源”单选按钮,可以列出用户计算机上的可用的ODBC数据源,选择一个“连接”或“数据源”,单击“确定”按钮。打开“打开”对话框,如图5.27所示,选择相应的数据表,单击“添加”按钮。

④ 在打开的“视图设计器”中,设计用户的视图。

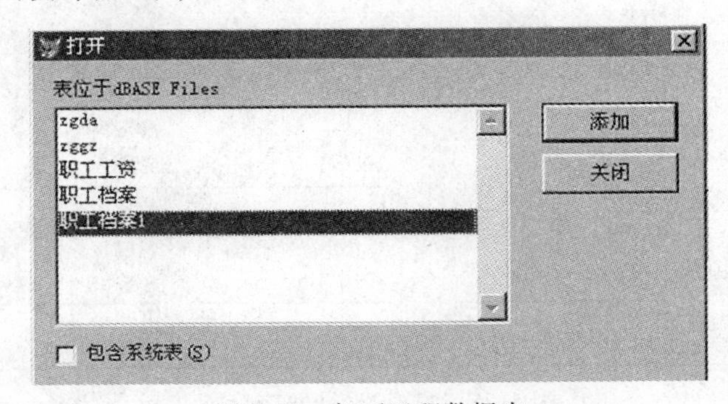

图5.27　打开远程数据表

5.4.6 用视图更新数据

视图中数据的更新与表中数据的更新类似,但用视图可以实现对数据源的更新。

"数据库设计器"中的"更新条件"选项卡,可以控制对数据的修改,修改可以反映到数据源中,也可以打开和关闭对表中指定字段的更新,并设置合适的SQL语句来完成更新。在"视图设计器"中的视图,其默认设置通常允许视图被更新。

更新视图的操作步骤如下:

① 在"项目管理器"中,选择"数据库",然后选择一个视图。

② 单击"修改"按钮,打开"视图设计器"对话框,选择"更新条件"选项卡,如图5.28所示。

③ 选择"发送SQL更新"复选框,使表变为可更新。

如果需要将在视图上的修改返回到数据源中,必须至少设置一个关键字段,才能使用这个选项。当在"视图设计器"中,首次打开一个表时,"更新条件"选项卡会自动显示哪些字段被定义为关键字段。

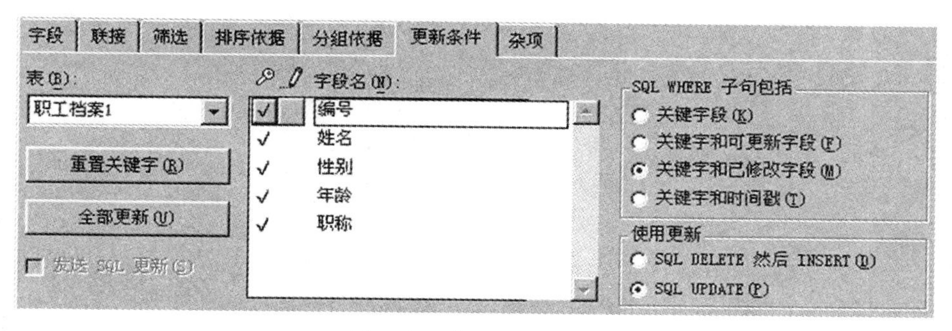

图5.28 设置更新条件

④ 如果要设置关键字段,在"更新字段"选项卡中,单击字段名旁边的"钥匙"开关列;如果想将设置恢复到源表的初始设置,单击"重置关键字"按钮即可。

⑤ 如果要使字段可更新,在"更新字段"选项卡中,单击字段名旁边的"笔"开关列,如果想将所有字段都更新,单击"全部更新"按钮,此时表中必须有已经定义的关键字段。

在表中可以设置只允许某些字段可以更新,如果使表中的任何字段可更新,在表中必须有已经定义的关键字段。如果某一个字段没有标注为可更新,用户在表单中或者浏览窗口中,修改这个字段,那么修改的结果不会反映到数据源中。

5.4.7 控制更新数据的条件

如果用户工作于多用户环境下,与多个用户共同访问在服务器上的数据库,有可能出现多个用户同时改变在远程服务器上的数据的情况。在VFP中可以用"更新条件"选项卡来设置更新的条件。

"SQL WHERE子句包括"选项区域,如图5.29所示,可以设置当多个用户获得同一数据时的更新原则。在更新操作被允许之前,VFP检查在远程数据源中的表,看它们从被提取时算起是否已经改动。如果在数据源中的数据已经改动,更新不被允许。

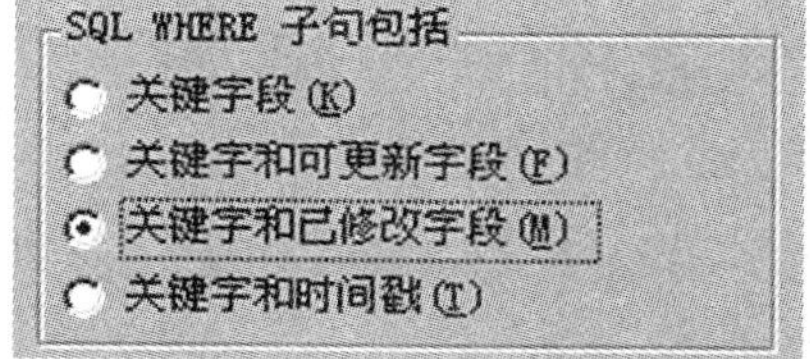

图5.29 设置远程更新条件

“SQL WHERE 子句包括”选项区域中的选项决定了在 UPDATE 和 DELETE 语句中 WHERE 子句包含的字段，当在视图中对数据进行修改时，VFP 向远程数据源或表发送什么样的更新指令，WHERE 子句用来判断用户的视图从数据库中提取数据到发送更新指令期间，这些记录被其他用户进行的操作。

“SQL WHERE 子句包括”选项区域中各选项的含义如下：

- 关键字段：如果在“源”表中的主关键字段被修改，则更新失败。
- 关键字和可更新字段：如果在远程数据表中的可更新字段被修改，则更新失败。
- 关键字和已修改字段：如果用户在本地修改的字段在“源”表中被变更，则更新失败。
- 关键字和时间戳：如果从第一次提取数据开始，字段的时间戳（timestamp）发生改变，则更新失败。

5.4.8 控制视图更新的方法

为控制视图关键字段在视图中的更新，可以使用“视图设计器”中“更新条件”选项卡的“使用更新”选项区域，如图 5.30 所示。这组选项决定当关键字段更新时，发往服务器或“源”表的更新语句使用的 SQL 语句命令。

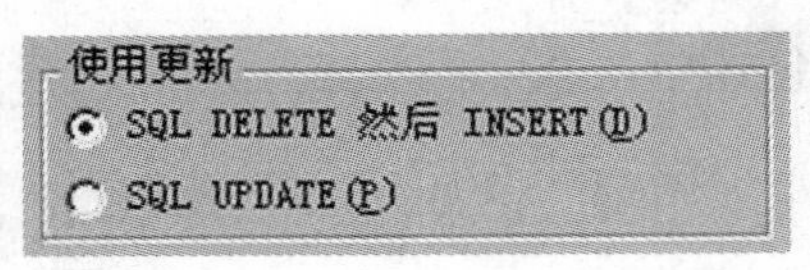

图 5.30 “使用更新”选项区域

更新的方式有两种：可以先把旧的记录删除，然后用在视图中输入的值代替（SQL DELETE 然后 INSERT）；也可以直接用服务器上的 UPDATE 函数来实现服务器上记录的更新（SQL UPDATE）。

5.4.9 为视图传递参数

在建立视图时，可以为它传递一个参数，从而完成一个特定的查询。例如，用户想查看“职工档案”表中性别是“女”的记录，可以为“性别”字段定义一个参数，参数名可以是字母、数字或下画线。给视图传递参数的操作步骤如下：

① 在“项目管理器”中，选择“数据库”，然后选择一个视图。

② 单击“修改”按钮，打开“视图设计器”对话框，选择“筛选”选项卡，如图 5.31 所示。

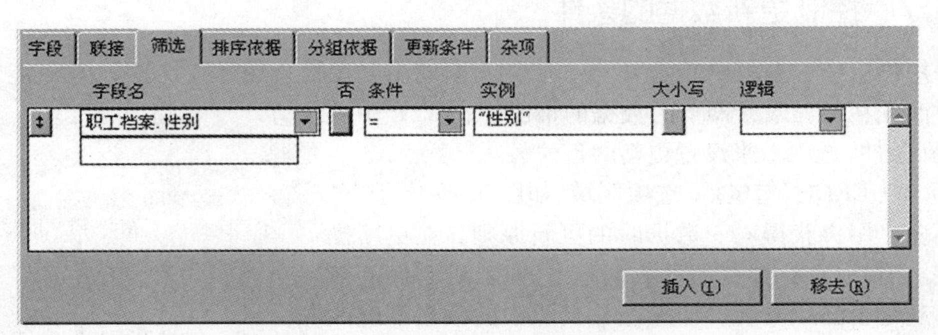

图 5.31 “视图设计器”的“筛选”选项卡

③ 在“实例”栏中,用“性别”代表参数名来构造表达式,关闭“视图设计器”对话框。

④ 打开“保存”对话框,如图 5.32 所示,输入视图名称为“视图 1”,单击“确定”按钮。

⑤ 在“项目管理器”中,选择“视图 1”,再单击“浏览”按钮,打开“视图参数”对话框,如图 5.33所示。在“为‘性别’输入值”文本框中,输入“女”,单击“确定”按钮,系统显示“视图 1”的内容,如图 5.34 所示。

图 5.32 “保存”对话框

图 5.33 “视图参数”对话框

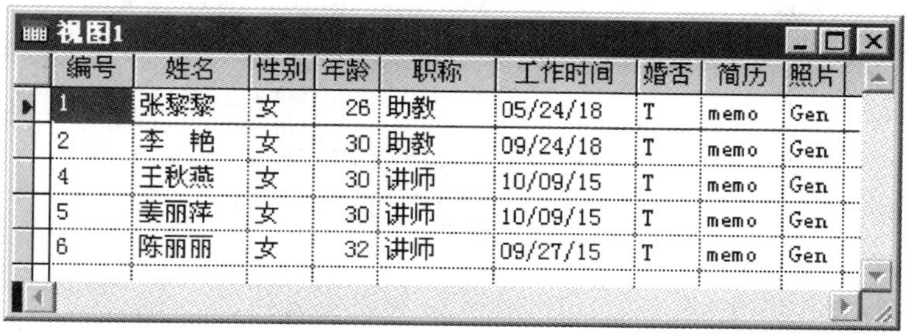

视图1

编号	姓名	性别	年龄	职称	工作时间	婚否	简历	照片
1	张黎黎	女	26	助教	05/24/18	T	memo	Gen
2	李 艳	女	30	助教	09/24/18	T	memo	Gen
4	王秋燕	女	30	讲师	10/09/15	T	memo	Gen
5	姜丽萍	女	30	讲师	10/09/15	T	memo	Gen
6	陈丽丽	女	32	讲师	09/27/15	T	memo	Gen

图 5.34 视图内容

习 题

一、选择题

1. 以下关于查询的描述正确的是(　　)

   A) 不能根据自由表建立查询　　B) 只能根据自由表建立查询

   C) 只能根据数据库表建立查询　　D) 可以根据数据库表和自由表建立查询

2. 以下关于视图的描述正确的是(　　)。

   A) 可以根据自由表建立视图　　B) 可以根据查询建立视图

   C) 可以根据数据库表建立视图　　D) 可以根据数据库表和自由表建立视图

3. 查询设计器中包括的选项卡有(　　)。

A）字段、筛选、排序依据　　B）字段、条件、分组依据
C）条件、排序依据、分组依据　　D）条件、筛选、杂项

二、填空题

1. 查询设计器________生成所有的SQL查询语句。
2. 查询设计器的“筛选”选项卡用来指定查询的________。
3. 通过VFP的视图，不仅可以查询数据库表，还可以________数据库表。
4. 建立远程视图必须首先建立与远程数据库的________。

实　训

【实训目的】

1. 理解查询与视图的概念及二者的区别。
2. 熟练掌握用“查询设计器”和“查询向导”建立查询的操作方法。
3. 熟练掌握用“视图设计器”建立本地视图的基本操作方法。

【实训内容】

1. 建立查询。

(1) 单表查询。为数据表“ZGDA. DBF”建立一个查询文件“ZGXB. QPR”，查询“年龄”大于“28”、“性别”为“女”职工的全部信息，并按照“年龄”降序来显示查询结果。

(2) 单表分组统计查询。为数据表“ZGDA. DBF”建立一个查询文件“ZGXBF. QPR”，按照“性别”分组，并求分组平均年龄、分组人数，查询结果按照分组人数“降序”显示。

(3) 一对多数据表查询。为职工档案表“ZGDA. DBF”(一方表)和教师任课表“LESSON. DBF”(多方表)建立一个查询文件“ZGD. QPR”，即查询“编号”为2的职工的“姓名”、“职称”、“出生日期”及该教师所讲授的“课程名称”、“学时”信息。

2. 创建本地视图操作。

(1) 单表视图：为数据表“ZGDA. DBF”建立一个视图文件，其文件名称为“View1”。

(2) 视图显示“年龄”大于“28”、“性别”为“女”的职工的全部信息，并按照“年龄”降序来显示视图记录。

第6章　VFP应用程序设计结构

VFP应用程序使用的方式有3种：向导方式、菜单方式和命令方式。向导方式、菜单方式在前面已介绍过，其操作简单、方便。命令方式是在VFP主界面的命令窗口中，对数据库进行的简单操作以及使用VFP命令进行程序设计。

本章将介绍命令文件的建立与运行以及程序设计的4种基本逻辑结构，即顺序结构、条件分支结构、循环结构和过程的有关语句。

6.1　数据及其运算

数据是计算机程序处理的对象，也是运算产生的结果，因此，需要掌握各种形式的数据表示方法。可以从不同的角度对数据进行分类：从数据的类型来分，数据可分为数值型数据、字符型数据、逻辑型数据等；从数据的存储方式来分，数据可分为常量和变量；从数据的处理层次来分，数据又可分为常量、变量、函数和表达式。常量和变量是数据处理的基本对象，而表达式和函数则体现了计算机语言对数据处理的能力。

常量、变量、函数、表达式等内容，是理解和使用数据库的基础。

6.1.1　常量

在程序的运行过程中，把需要处理的数据存放在内存储器中，把始终保持不变的数据称为"常量"，把存放可变数据的存储器单元称为"变量"，其中的数据称为变量的值。

常量是一个具体的数据项，在整个操作过程中其值保持不变。VFP定义了数值型、字符型、逻辑型、货币型、日期型和日期时间型6种常量。

1. 数值型常量

数值型常量即常数，用来表示一个数量的大小，如5.234。数值型常量可以表示为定点形式，也可表示为浮点形式，定点形式如25、3.145 9、-0.26。浮点形式如7.45E2、-5.23E-2分别表示7.45×10^2和-5.23×10^{-2}，其中E(E为半角字符，以后不特别说明时均表示要求使用半角符号，全角符号值只允许出现在字符数据中)不区分大小写。

2. 字符型常量

字符型常量即字符串，凡是使用VFP允许的定界符(单引号、双引号或方括号)引导的符号均可视为字符串。定界符必须成对出现，字符中已包含某一定界符时，可采用其他定界符引导，定界符仅仅起到说明数据类型的作用，不是数据的一部分。如果定界符之间不出现任何字符，则称为“空串”，如""。

3. 逻辑型常量

逻辑型常量只有“逻辑真”和“逻辑假”两个值，凡是表示两种状况的数据均可采用逻辑型常量来表示，如已婚与未婚、党员与非党员等。

逻辑型常量使用“.”作为定界符，用.T.、.t.、.Y.、.y.表示逻辑真，用.F.、.f.、.N.、.n.表示逻辑假。

4. 货币型常量

货币型常量的书写格式与数值型常量类似，但要加上一个前置 $，如 $ 123.456。

5. 日期型常量

日期型常量必须用一对花括号“{”和“}”作为定界符。花括号中包含以分隔符“/”分隔的年、月、日三部分内容，其格式分为严格格式和传统格式两种：

① 传统格式为{mm/dd/yy}，系统默认的格式为美国日期格式“月/日/年”，其中月、日、年各为两位数字。

传统格式的日期型常量要受到命令语句 SET DATE TO 和 SET CENTURY 设置的影响。即对不同的设置，VFP 会对同一个日期型常量做出不同的解释，如{18/09/18}可以被解释为2018年9月18日。

② 严格格式为{^yyyy-mm-dd}，其中，花括号中第一个字符必须是脱字符“^”，年份必须是4位，年、月、日的顺序不能颠倒或默认。

用严格格式书写的日期常量可以表示一个确切的日期，不受命令语句 SET DATE TO 和 SET CENTURY 设置的影响。

6. 日期时间型常量

日期时间型常量包括日期和时间两部分内容：{〈日期〉,〈时间〉}。〈日期〉部分与日期型常量相似，也有传统和严格两种格式。〈时间〉部分的格式为[hh[:mm[:ss]][a | p]]。其中 hh、mm 和 ss 分别代表时、分和秒，默认值分别为12、0和0；a 和 p 分别代表上午和下午，默认值为 a。如果指定的时间大于等于12，则自然为下午的时间。时间也可以使用24小时制。

日期时间型常量也有传统与严格两种格式。如严格格式的日期时间型常量{^2018-10-01 10:00:00am}，其中 am 表示上午。空的日期时间型常量表示为{:}。

日期格式的设置命令有以下几种。

本书介绍命令时，采用如下约定：方括号中的内容表示可选，用竖杠分割的内容表示任选其一，尖括号中的内容由用户提供。

(1) SET MARK TO [日期分隔符]命令

命令格式：SET MARK TO [日期分隔符]

命令功能：用于指定日期分隔符，如“-”、“.”等。如果执行 SET MARK TO 没有指定任何分隔符，则表示恢复系统默认的斜杠分隔符。

(2) SET DATE TO 命令

命令格式：SET DATE [TO] AMERICAN | ANSI | BRITISH | FRENCH | GERMAN | ITALIAN | JAPAN | USA | MDY | DMY | YMD

命令功能：设置日期显示的格式。

命令中各个短语所定义的日期格式如表6.1所示。

表6.1 常用日期格式

短语	格式	短语	格式
AMERICAN	mm/dd/yy	ANSI	yy.mm.dd
BRITISH/FRENCH	dd/mm/yy	GERMAN	dd.mm.yy
ITALIAN	dd-mm-yy	JAPAN	yy/mm/dd
USA	mm-dd-yy	MDY	mm/dd/yy
DMY	dd/mm/yy	YMD	yy/mm/dd

(3) SET CENTURY ON /OFF 命令

命令格式:SET CENTURY ON /OFF

命令功能:用于设置年份的位数。

说明:ON 设置年份用4位数字表示;OFF 设置年份用2位数字表示。

(4) SET STRICTDATE TO 命令

命令格式:SET STRICTDATE TO [0|1|2]

命令功能:用于设置是否对日期格式进行检查。

说明:

- 0 表示不进行严格的日期格式检查,目的是与早期 Visual FoxPro 兼容。
- 1 表示进行严格的日期格式检查,它是系统默认的设置。
- 2 表示进行严格的日期格式检查,并且对 CTOD()和 CTOT()函数的格式也有效。

例如:设置不同的日期格式。

在命令窗口输入如下4条命令,并分别按回车键执行:

```
SET CENTURY ON          && 设置4位数字年份
SET MARK TO             && 恢复系统默认的斜杠日期分隔符
SET DATE TO YMD         && 设置年月日格式
? {^2018-09-20}
```

主界面显示:

```
2018/09/20
```

在命令窗口输入如下4条命令,并分别按回车键执行:

```
SET CENTURY OFF         && 设置2位数字年份
SET MARK TO "."         && 设置日期分隔符为西文句号
SET DATE TO MDY         && 设置月日年格式
? {^2018-09-20}
```

主界面显示:

```
09.20.18
```

在命令窗口输入如下2条命令,并分别按回车键执行:

```
SET STRICTDATE TO 0     && 不进行严格的日期格式检查
? {^2018-09-20}
```

主界面显示:

```
09.20.18
```

在命令窗口输入如下2条命令,并分别按回车键执行:

```
SET MARK TO ";"          && 设置日期分隔符为分号
? {^2018-09-20}
```

主界面显示:

```
09;20;18
```

6.1.2 变量

VFP有3种形式的变量:内存变量、数组变量和字段变量。内存变量是存放单个数据的内存单元,数组变量是存放多个数据的内存单元组,而字段变量则是存放在数据表中的数据项。在此讨论的变量仅指内存变量。

1. 变量的命名

每个变量都有一个名称,叫做变量名,VFP通过相应的变量名来使用变量。变量名的命名规则是:

① 由字母、数字或下画线组成,中文VFP可以使用汉字作为变量名。

② 以字母或下画线开始,中文VFP可以以汉字开始。

③ 长度为1~128个字符,每个汉字占2个字符。

④ 不能使用VFP的保留字作为变量名。

如果当前数据表中有与内存变量同名的字段变量,则访问内存变量时,必须在变量名前加上前缀"M."或"M ->"(减号、大于号),否则系统将访问同名的字段变量。

2. 变量的赋值

在VFP中,变量必须先定义以后才能被使用,但是给内存变量赋值无须事先定义,变量的定义和赋值将同时完成。赋值命令的格式有如下两种。

命令格式1:〈内存变量名〉=〈表达式〉

命令格式2:STORE〈表达式〉TO〈内存变量表〉

命令功能:把〈表达式〉的运算结果送到内存变量中。

说明:

① 首先计算〈表达式〉的值,然后将值赋给内存变量。

②〈内存变量表〉表示用逗号分隔的多个内存变量。格式1一次仅给一个变量赋值,格式2一次可以给多个变量赋值。

例如,给内存变量x,y,z赋值。

```
x = {^2018-12-31}        && x的值为2018年12月31日,类型为D
STORE 20*5 TO y,z        && y、z的值都为100,类型为N
```

3. 变量的类型

变量的类型是指其存放的数据类型。在VFP中,有6种类型的内存变量。

(1) 数值型变量(N)

数值型变量存放数值型数据,当数值的位数大于或等于数值型数据的最大宽度20位时,则用浮点形式表示。如12 345 678 901 234 567 890表示为1.234 567 890 123 4E+19。

(2) 字符型变量(C)

字符型变量又称为字符串变量,用于存放字符型数据。

(3) 逻辑型变量(L)

逻辑型变量用于存放逻辑型数据,只能存放真(.T.、.t.、.Y.、.y.)或假(.F.、.f.、.N.、.n.)两种逻辑值。

(4) 日期型变量(D)

日期型变量用于存放日期。

(5) 日期时间型变量(T)

日期时间型变量同时存放日期和时间。

(6) 货币型变量(Y)

货币型用于存放货币型数据。

4. 人机交互命令

VFP 提供 3 条人机交互赋值命令:ACCEPT、WAIT 和 INPUT。用户可以从键盘上将数据赋给内存变量。

命令格式:

WAIT [〈提示信息〉][TO〈内存变量〉]

ACCEPT [〈提示信息〉]TO〈内存变量〉

INPUT [〈提示信息〉]TO〈内存变量〉

命令功能:该命令暂停 VFP 的执行,显示〈提示信息〉,把输入的数据存入内存变量中,按回车键终止数据的输入,继续执行 VFP 的命令。

说明:

① 命令格式中的〈提示信息〉可以为字符型常量、变量或表达式。

② WAIT 命令中的内存变量为字符型变量。该命令只能输入一个字符。如果省略了可选项,程序执行到此命令,界面上显示“按任意键继续”的提示。

③ ACCEPT 命令中的内存变量为字符型变量。该命令可以输入多个字符,最多能输入 254 个字符,按回车键时表示数据输入结束。

④ INPUT 命令中,可以输入任意类型的数据,表达式的类型决定了生成变量的类型。如果输入的是字符型数据,必须加定界符。

例如,显示内存变量的值。

```
WAIT "继续打印吗? (Y/N)" TO A
继续打印吗? (Y/N)Y                && 输入 Y 到内存变量 A 中
? A                              && 显示内存变量 A 的值
Y
```

例如,提示用户输入姓名,显示变量的值。

```
ACCEPT "请输入姓名:" TO XM
请输入姓名:安笛                    && 输入安笛到内存变量 XM 中
? XM                             && 显示内存变量 XM 的内容
安笛
```

例如,输入数值型数据。

```
INPUT "请输入工资:" TO GZ
请输入工资:3000.00                  && 输入 3000.00 到内存变量 GZ 中
? GZ                              && 显示内存变量 GZ 的内容
3000.00
? TYPE('GZ')                      && 显示内存变量 GZ 的数据类型
N                                 && 数值型
```

5. 变量的作用域

在命令窗口中定义的变量,在本次 VFP 运行期间都可以使用,直到使用 CLEAR MEMORY 命令或 RELEASE 命令将其清除。但如果是在程序中定义的变量,情况就有所不同。一般来说,变量的作用域包括定义它的程序以及该程序所调用的子程序范围。也就是说,在某个过程代码中定义的变量只能在该过程以及该过程所调用的过程中使用。

在 VFP 中,可以使用 LOCAL、PRIVATE 和 PUBLIC 命令强制规定变量的作用范围。

① 用 LOCAL 创建的变量只能在创建它们的过程中使用和修改,不能被更高层或更低层的过程访问,因此被称为局部变量。

② PRIVATE 创建的变量称为私有变量。它用于定义当前过程中的变量,并将以前过程中定义的同名变量保存起来,在当前过程中使用私有变量而不影响这些同名变量的原始值。系统默认定义的都属于私有变量,私有变量可以被当前过程及所调用的过程使用。

③ PUBLIC 用于定义全局变量。在本次 VFP 运行期间,所有过程及程序都可以使用这些全局变量。在命令窗口中定义的变量都属于全局变量。

6. 变量的释放

当程序结束,或在程序的剩余部分不再使用某些变量时,可以将这些变量从内存中释放掉。

命令格式:RELEASE〈内存变量表〉

命令功能:从内存中删除或释放变量。

说明:〈内存变量表〉中的各个变量用逗号分隔。

还可以使用 CLEAR MEMORY 命令清除所有的内存变量。

7. 变量的显示

命令格式:LIST/DISPLAY MEMORY [LIKE〈通配符〉][TO PRINTER]
[PROMPT]|[TO FILE〈文件名〉]

命令功能:显示内存变量。

说明:

① LIKE 选项可以筛选出需要的变量,缺省该选项,系统默认为全体变量。

② 通配符包括“*”和“?”。*代表多个字符,?代表一个字符,如*、A*、?、?B? 分别代表所有变量、变量名以 A 开头的变量、变量名是 1 个字符的变量、变量名是 3 个字符且中间为 B 的变量。

③ TO PRINTER 选项是将显示的变量内容输出到打印机,PROMPT 显示打印提示窗口。

④ TO FILE〈文件名〉选项是将显示的变量内容保存到文本文件(扩展名为.TXT)中。

6.1.3 数组

VFP 和其他高级语言一样也具有数组功能。在 VFP 中,把名字相同、用下标区分的内存变量称为数组。数组的引入,不仅可以大大提高运算速度,而且使许多复杂的编程问题变得非常简单。VFP 中的数组用起来比较方便灵活,其主要有以下特点:

① 同一数组内的各个元素可以具有不同的类型,每个元素的具体类型,按所赋值而定。

② 数组变量可以不带下标使用,这时它在赋值语句的左边和右边的定义不同。如果它在赋值语句的右边,表示该数组第一个元素;如果它在赋值语句的左边,表示该数组所有元素。VFP 数组功能的这一特性,对整个数组赋值或初始化操作都十分方便。

③ 数组和数据表之间可相互转换,即数据表中的数据可以转换为数组数据。反过来,数组数据也可以转换为数据表中的数据。

1. 定义数组

使用数组之前要先定义。为了避免混淆,内存变量的数组名应与一般内存变量名区别开来。例如,已定义了数组 A 和 B,就不能再用它们作为一般的变量名使用。

数组名的命名方法和一般变量名的命名方法相同。定义数组使用 DIMENSION 命令。

命令格式:DIMENSION〈数组名〉(〈数值表达式 1〉[,〈数值表达式 2〉])

　　　　[,〈数组名〉(〈数值表达式 1〉[,〈数值表达式 2〉])]…

命令功能:定义一个或多个内存变量数组。

说明:

① 使用 DIMENSION 命令可以定义一维或二维数组,并规定每维数组中最多可有 3 600 个元素,当然必须有足够的内存空间来存放这些数组。不管数组定义多少个可使用的内存变量,一组内存变量在显示内存时只算一个。

② 数组占用空间是这样计算的,每个数组元素占 18 个字节,外加存储数组描述符的空间。例如,A(2,3)的数组至少需要占 108($2\times3\times18=108$)个字节。

③ 数组的下标起始值是 1。数组元素缺省初始值是“假”。

④ 当数组被定义为二维下标时,它也能以一维下标方式被存取。这是由于在内存中,二维数组元素是按行次序排列的。在这种访问过程中,要注意数组元素的存储顺序。

⑤ 数组一经定义,它的每个元素都可作为一个独立的内存变量使用,它具有与内存变量相同的性质。它可以是数值型、字符型、逻辑型和日期型。它也有公用和专用之分。如果在命令窗口下建立数组,则数组为公用。如果在程序中使用数组说明命令 DIMENSION ,则数组为专用。若想在程序中建立公用数组,则可以使用 PUBLIC 命令。

命令格式:PUBLIC〈数组名〉(〈数值型表达式 1〉[,〈数值型表达式 2〉])

命令功能:定义一个公用数组。

例如,DIMENSION A(4),B(2,3)。

建立一维数组 A 和二维数组 B。一维数组 A 有 4 个元素,分别为 A(1)、A(2)、A(3)和 A(4),二维数组有 6 个元素,分别为 B(1,1)、B(1,2)、B(1,3)、B(2,1)、B(2,2)和 B(2,3)。

2. 数组的赋值

命令格式:STORE〈表达式〉TO〈数组名〉

　　　　〈数组名〉=〈表达式〉

命令功能:将〈表达式〉的值赋给数组变量。上述两个命令是完全等价的。给数组赋值还可用 ACCEPT、INPUT、WAIT 语句等。

3. 数组变量的显示

命令格式:LIST/DISPLAY MEMORY

命令功能:显示数组变量的内容。连同内存变量一起显示。

可以用 RELEASE 和 CLEAR MEMORY 命令删除掉已定义的数组(整个数组)。

可以用 SAVE 命令把内存变量一起保存到磁盘文件(.MEM)中,需要时用 RESTORE 命令把内存变量一起从磁盘文件中恢复。

6.1.4 函数

函数用来实现某些特定的运算。VFP 提供了很多种函数,本节只介绍常用的函数,如表 6.2 所示。

表6.2 常用函数

函数名	格式	功能
INT	INT(〈数值表达式〉)	取整数
EXP	EXP(〈数值表达式〉)	求指数
SQRT	SQRT(〈数值表达式〉)	求平方根
LOG	LOG(〈数值表达式〉)	求自然对数
&	&(〈内存变量〉)	替换内存变量的值
SPACE	SPACE(〈数值表达式〉)	显示指定的空格数
TRIM	TRIM(〈字符串表达式〉)	去掉字符串尾部的空格
STR	STR(〈数值表达式〉 [,〈长度〉][,小数长度])	将数值表达式转换成字符表达式
VAL	VAL(〈字符表达式〉)	将字符表达式转换成数值
DTOC	DTOC(〈日期表达式〉)	将日期转换成字符表达式
CTOD	CTOD(〈字符表达式〉)	将字符串表达式转换成日期
UPPER	UPPER(〈字符表达式〉)	将表达式中的小写字母变为大写字母
LOWER	LOWER(〈字符表达式〉)	将表达式中的大写字母变为小写字母
EOF	EOF()	记录指针指到文件尾时逻辑值为真(.T.),否则为假(.F.)
BOF	BOF()	记录指针指到文件头时逻辑值为真(.T.),否则为假(.F.)
RECNO	RECNO()	返回指定工作区中的当前记录的记录号
IIF()	IIF(〈逻辑表达式〉, 〈表达式1〉,〈表达式2〉)	IIF()先测试〈逻辑表达式〉的值,如果该值为真,则返回〈表达式1〉的值,否则,返回〈表达式2〉的值

6.1.5 表达式

表达式是由常数、变量、函数和运算符等组成的一个有意义的式子。因此常数、变量和函数是表达式的组成部分。

一个表达式无论有多长,经过各种运算,最后总能得到一定的运算结果。也就是说任何一个表达式像函数一样都能给出一个回送值,所以表达式也是一种数据。根据表达式运算结果得到的数据类型的不同,表达式也可以分为数值表达式、字符表达式、关系表达式和逻辑表达式。表达式的输出命令如下。

命令格式:? [[?]〈表达式〉,[〈表达式〉]]

命令功能:计算表达式的值,并在界面或打印机上输出。

例如:

```
? 4 * 6 + 10
34
```

1. 数值表达式

数值表达式是由算术运算符和数值型常数、变量、函数组成。数值表达式的运算结果为数值型数据。算术运算符为:+、-、*、/、^、()。

算术运算的优先次序是括号、函数、乘方、乘除和加减,同级运算从左到右依次进行。如下面各例均是数值表达式:

```
3 + 6/2 - EXP(8)          LOG(20)          2^5
```

2. 字符表达式

字符表达式是由字符运算符和字符型常数(即用定界符括起来的字符串)、变量、函数组成,其运算结果是字符型数据。在 VFP 中有 3 种字符串运算。

(1) 完全连接运算

格式:"〈字符串 1〉" + "〈字符串 2〉"

功能:将两个字符串连接为一个字符串。

例如:

```
? "THIS IS" + "A PEN"
THIS IS A PEN
```

完全连接是指两个字符串合并,即包括空格在内的字符串中所有字符相加。

(2) 不完全连接运算

格式:"〈字符串 1〉" - "〈字符串 2〉"

功能:也是将两个字符串连接为一个字符串,但是删去〈字符串 1〉尾部的空格符。

例如:

```
? "首都:      " - "北京"
首都:北京
```

由上例可知,〈字符串 1〉尾部的空格有时必须保留,有时可以删去,因此系统提供两种连接运算,以满足不同的需要。

(3) 包含运算

格式:"〈字符串 1〉" $ "〈字符串 2〉"

功能:如果〈字符串 1〉确实包含在〈字符串 2〉中,则表达式的值为真,否则为假。

例如:

```
"AB" $ "ACBTE"          && 结果为假(.F.)
"AB" $ "ABCDE"          && 结果为真(.T.)
```

尽管其所包含的运算是字符串的关系运算,但其运算结果不是字符串而是逻辑值。

3. 关系表达式

关系表达式是由关系运算符与字符表达式或数值表达式组成,其运算结果是一个逻辑值,因

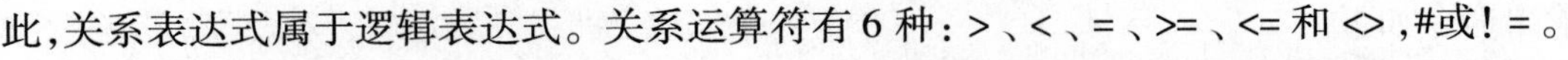

此，关系表达式属于逻辑表达式。关系运算符有6种：>、<、=、>=、<=和<>，#或!=。

在比较过程中，>=、<=、<>的两个字符之间不允许有空格，否则将产生语法错误。

关系运算符两边的数据类型要一致，只有同类型的数据才能进行比较。

字符的比较是根据ASCII码值的大小进行的，汉字字符是按机内码值比较的。对于表达式，应先计算表达式的值，再进行关系比较，当关系成立时，结果取真(.T.)，当关系不成立时，结果取假(.F.)。

例如：

```
? SQRT(5^2 -4 * 1 * 5) > =0
.T.                              && 一元二次方程判别式>=0，成立
? "CHINA" < = "CANADA"
.F.                              && "CHINA"的ASCII码值不小于"CANADA"的ASCII码值
```

4. 逻辑表达式

逻辑表达式是由逻辑常数、变量和函数用逻辑运算符连接而成的。逻辑表达式是一种条件判断，满足条件，结果为真(.T.)，否则，结果为假(.F.)。逻辑运算符有3种：

AND　　　逻辑与

OR　　　逻辑或

NOT 或!　　逻辑非

逻辑运算符的优先级别为：NOT、AND、OR。

逻辑表达式的一般形式为：

〈关系表达式〉〈逻辑运算符〉〈关系表达式〉

此时应先处理关系表达式，然后进行逻辑运算，运算结果仍是一个逻辑值。

例如：

```
NOT EOF()
性别 = "男" AND 职称 = "副教授"
爱好 = "文艺" OR 性别 = "女"
```

5. 日期时间表达式

日期型表达式由算术运算符("+"、"-")、算术表达式、日期型常量、日期型变量和函数组成。日期型数据是一种特殊的数值型数据，它们之间只能进行加(+)、减(-)运算。

日期时间表达式的格式有一定限制，不能任意组合，例如，不能用运算符"+"将两个〈日期〉连接起来。合法的日期时间表达式格式如表6.3所示，其中的〈天数〉和〈秒数〉都是数值表达式。

表6.3　日期时间表达式的格式

格　式	类　型	结果及类型
〈日期〉-〈日期〉	数值型	两个指定日期相差的天数
〈日期〉+〈天数〉	日期型	指定日期若干天后的日期
〈日期〉-〈天数〉	日期型	指定日期若干天前的日期
〈日期时间〉+〈秒数〉	日期时间型	指定日期时间若干秒后的日期时间
〈日期时间〉-〈秒数〉	日期时间型	指定日期时间若干秒前的日期时间
〈日期时间〉-〈日期时间〉	数值型	两个指定日期时间相差的秒数

例如,以下为日期时间运算示例。

(1) 两个日期型数据相减

两个日期型数据可以相减,结果是一个数值型数据(两个日期相差的天数)。

```
? {^2018/12/19} - {^2018/11/16}
33                                  && 结果为数值型数据,33 天
```

(2) 日期型数据加数值型数据

一个表示天数的数值型数据可加到日期型数据中,其结果仍然为一个日期型数据(向后推算的日期)。

```
? {^2018/11/17} +32
{^2018/12/19}                       && 结果为日期型数据
```

(3) 日期型数据减数值型数据

一个表示天数的数值型数据可从日期型数据中减掉它,其结果仍然为一个日期型数据(向前推算的日期)。

```
? {^2018/12/19} -33
{^2018/11/16}                       && 结果为日期型数据
```

(4) 两个日期时间型数据相减

```
? {^2018-09-29 11:10:10am} - {^2018-09-29 10:10:10am}
3600                                && 结果为数值型数据,3 600 s
```

(5) 日期时间型数据加数值型数据

```
? {^2018-09-19 10:10:10am} +10
09/29/18 10:10:20am                 && 结果为日期时间型数据,时间增加 10 s
```

6.1.6 命令格式

VFP 的命令又称为语句,它是充分地吸收多种高级语言的优点而逐步发展形成的。命令的书写都遵循着标准化格式的要求。正确理解命令的格式,是正确书写和使用命令的前提。命令通常由两部分组成,前面是命令动词,表示执行的操作,后面是若干个短语,对操作提供某些限制性说明。一般格式如下:

命令动词　　短语

例如,CREATE DATABASE〈数据库文件名〉。

在 VFP 命令中,有许多与表记录操作有关的命令,基本格式如下:

命令动词:[〈范围〉][FOR〈条件〉][FIELDS〈字段名表〉]

命令中的 FOR、FIELDS 是关键字,用户不得随意更改。

格式中符号的约定:

- [ ]表示可选项,如果不选则使用系统的默认值。
- 〈〉表示必选项。由用户根据问题的需要输入具体参数。缺少必选参数时会出现语法错误。
- 〈范围〉表示对表筛选的范围,操作命令仅对范围内的记录起作用。可选值是:

ALL　　表示全体记录。缺省〈范围〉项一般表示全体记录。

NEXT N　　表示筛选出当前记录及其后续的共计 N 个记录。

RECORD N　　特指第 N 号记录。

REST　　　对从当前记录开始到表结尾的记录进行操作。

- FOR〈条件〉表示筛选出满足条件表达式的记录,以便实施操作。
- 〈字段名表〉表示操作后仅列出字段名表中所指定的字段名变量的值。

综上所述,范围和条件是横向地筛选记录,字段名表是纵向地筛选字段。

6.1.7 命令书写的规则

① 任何命令必须以命令动词开头,如果有多个动词短语,通常与顺序无关。

② 用空格来分隔各单词短语。

③ 一条命令的最大长度是254个字符。一行写不下时用分行符(;)分行,并在下行继续书写。

④ 命令动词和关键字可以缩写为前4个字符。如修改表结构命令中的MODIFY STRUCTURE可缩写为MODI STRU,不影响命令的执行,但最好能完整写出,以免引起拼写错误。

⑤ 命令中的字符大小写可以混合使用。

⑥ 用户在选择变量名、字段名和文件名时,应避免与命令动词和关键字同名,以免运行时发生混乱。

6.2 数据库的操作命令

VFP 6.0的命令提供了与以前版本的兼容性,同时增添了一些新的命令。下面将介绍一些常用的有关表、数据库和记录的操作命令。熟练地掌握这些命令并结合适当的程序控制命令,用户就可以设计出最基本的VFP程序了。

在本章中,有些命令还含有一些不常用的参数,为了使问题简化,本书省略了这些参数。

6.2.1 数据库操作命令

数据库操作命令是VFP中最常用的操作命令,它主要包括数据库的建立、打开、设置、关闭及删除等。下面将介绍一些VFP中最常用的数据库操作命令。

1. 创建数据库

使用CREATE DATABASE命令,可以创建一个新的数据库。

命令格式:CREATE DATABASE [〈数据库名〉|?]

命令功能:用于创建一个数据库。

说明:

① 如果用户指定的数据库名已经存在,则系统将弹出一个警告对话框,以提示用户为数据库指定新的路径或文件名。

② 选择"?"选项或不添加任何选项,VFP将弹出一个"创建"对话框,用户可以在该对话框中,指定新建的数据库文件的位置及名称。

③ 数据库创建后,VFP自动将其保存在指定目录,并以.DBC为其扩展名。如果数据库表中有备注型字段,VFP将以.DCT为扩展名单独保存并与数据库文件同名,该数据库对应的索引文件则以.DCX为扩展名。

④ CREATE DATABASE 命令以独占方式创建并打开一个数据库。因此,当一个数据库被创建后,不必再用 OPEN DATABASE 命令打开即可使用。

2. 显示数据库

使用 LIST/DISPLAY DATABASE 命令,可以显示数据库信息。

命令格式:LIST/DISPLAY DATABASE

命令功能:显示一个数据库。

例如,在当前目录下,创建一个名为 t1.dbc 的数据库,显示有关数据库的信息。

```
CREATE DATABASE t1          && 创建数据库 t1
CLEAR                       && 清除界面
LIST DATABASE               && 显示数据库 t1 信息
```

3. 打开数据库

对于已经存在的数据库,可以使用 OPEN DATABASE 命令打开。

命令格式:OPEN DATABASE [〈数据库名〉|?]

命令功能:打开一个指定的数据库。

说明:

①〈数据库名〉可以不用带扩展名,VFP 将自动为其设置.DBC 的扩展名。

② 如果没有指定文件名,系统将会弹出“打开”对话框,用户可以从中选择打开的数据库位置及名称。使用“?”选项可以达到同样的效果。

③ 当一个数据库被打开时,所有包含在其中的表都是可以使用的,用户可以用 USE 命令打开它们。

4. 关闭数据库

使用 CLOSE DATABASE 命令,可以关闭一个或多个数据库。

命令格式:CLOSE DATABASE [ALL]

命令功能:关闭当前数据库或者所有数据库。

说明:指定 ALL 选项用于关闭所有打开的数据库,如果没有指定此选项,则将关闭当前数据库。

例如,用来打开一个数据库,在此之前,关闭所有已打开的数据库。

```
CLOSE DATABASE ALL          && 关闭所有数据库
OPEN DATABASE t1            && 打开数据库 t1
DISPLAY DATABASE            && 显示数据库 t1 的信息
```

5. 设置当前数据库

用户可以同时打开多个数据库,但同时只能指定一个数据库为当前数据库。设置当前数据库,可以使用 SET DATABASE TO 命令。

命令格式:SET DATABASE TO [〈数据库名〉]

命令功能:设置当前数据库。

说明:

①〈数据库名〉指定一个打开的数据库名称,使它成为当前数据库。

② 如果省略数据库名称,则没有设置当前数据库,此时,如果使用 DISPLAY DATABASE 命

令,系统将会弹出一个“显示数据库”对话框,要求用户设置当前数据库。

例如,下面的例子打开了两个数据库,并通过 SET DATABASE TO 命令来改变当前数据库,并通过 DISPLAY DATABASE 命令来显示数据库信息。

```
CLEAR                    && 清除界面
OPEN DATABASE t1         && 打开数据库 t1. dbc
OPEN DATABASE t2         && 打开数据库 t2. dbc
DISPLAY DATABASE         && 显示当前数据库 t2. dbc 的信息
SET DATABASE TO t1       && 设置 t1. dbc 为当前数据库
DISPLAY DATABASE         && 显示当前数据库 t1. dbc 的信息
SET DATABASE TO t2       && 设置 t2. dbc 为当前数据库
DISPLAY DATABASE         && 显示当前数据库 t2. dbc 的信息
```

6. 删除数据库

使用 DELETE DATABASE 命令,可以删除数据库。

命令格式:DELETE DATABASE〈数据库名〉|? [DELETE TABLES][RECYCLE]

命令功能:删除数据库。

说明:

①〈数据库名〉用于指定需要删除的数据库名称,该名称可以是包含数据库文件存储路径的全文件名。同时,该文件必须保证处于非使用状态。

② 使用“?”选项可以弹出一个“删除”对话框,用户可在其中确定需要删除的数据库文件位置及名称。

③ DELETE TABLES 用于指定从磁盘中删除数据库中包含的表和包含这些表的数据库。

④ RECYCLE 指定将删除的数据库文件放入 Windows 的回收站中。如果需要的话,用户可以从回收站中恢复删除的文件。

⑤ 在进行删除操作时,如果 SET SAFETY 的值为 ON ,则 VFP 在删除文件前会提示用户,是否确定删除该文件;如果 SET SAFETY 设置为 OFF,VFP 将不做任何提示,而直接删除选定的数据库文件。

6.2.2 表的操作命令

在 VFP 中,表的操作一般包括创建表、打开一个存在的表、将一个自由表加入数据库中、从数据库中移去表、显示表中信息、关闭及删除表等操作。

1. 创建表

使用 CREATE 命令,可以创建一个新表。

命令格式:CREATE〈表名〉

命令功能:创建数据库表或自由表,其扩展名为. DBF。

例如,新建一个表 a1,将它包含到数据库 t1 中。

```
OPEN DATABASE t1         && 打开数据库 t1
CREATE a1                && 创建表 a1. dbf ,将其包含到数据库 t1 中
```

2. 将表加入到数据库中

一个表既可以包含在数据库中作为数据库表,也可以不属于任何数据库而作为自由表。通

过 ADD TABLE 命令，用户可以将一个已存在的自由表加入到指定数据库中去。

命令格式：ADD TABLE〈自由表名〉|？

命令功能：将自由表添加到指定数据库中去。

说明：

① 〈自由表名〉用于指定要加入到一个已打开的数据库中的自由表的名称。

② 用户也可以不指定名称或输入“？”选项，此时，VFP 将弹出一个“添加”对话框，用户可以从中选定需添加表的位置及名称。

③ 用 REMOVE TABLE 命令，可以将该表从数据库中移出，使之成为新的自由表。

④ 对于要加入到数据库中的表，VFP 有一些规定：必须是一个有效的. DBF 文件；不能与数据库中已存在的表重名，除非为该表分配一个唯一的长表名；一旦一个表属于一个数据库，该表就不能再成为其他数据库中的表。

3. 将表从数据库中移出

当用户希望将数据库中的表移出，并使之成为自由表或删除该表时，可以使用 REMOVE TABLE 命令。

命令格式：REMOVE TABLE〈数据库表名〉|？［DELETE］［RECYCLE］

命令功能：从当前数据库中移去一个表。

说明：

① 〈数据库表名〉用于指定需要从数据库中移去或删除的表。使用“？”选项或忽略数据库表名时，VFP 将自动弹出“移去”对话框，要求用户指定需从数据库中移去的表。

② DELETE 选项用于指定将表从数据库和磁盘中删除。使用该子句删除后的表将无法再恢复，甚至在使用 SET SAFETY ON 命令情况下，将表从数据库中删除也不会出现任何提示的警告信息。指定 RECYCLE 选项，可以将欲删除的表置于 Windows 的回收站中，而不是立即删除，一般情况下，用户可以从回收站中恢复该文件。

③ 当执行了 REMOVE TABLE 命令后，所有与表相连的主索引、默认值及有效性规则将被删除。如果设置了 SET SAFETY ON，同时没有指定 DELETE 选项，VFP 在执行移去命令前将弹出一个提示信息，询问用户是否希望从数据库中移去该表。

④ 当一个表从数据库中移出时，它将变成一个自由表，从而能够通过 ADD TABLE 命令，将其加入到其他数据库中。

例如，建立两个表并将其加入到指定的数据库 t1 中，最后执行删除命令。

```
OPEN DATABASE t1          && 打开数据库
CREATE c1                 && 创建表 c1. dbf
CREATE c2                 && 创建表 c2. dbf
CLEAR                     && 清屏幕
DISPLAY DATABASE          && 显示当前数据库信息
REMOVE TABLE c2           && 移去数据库表 c2. dbf
CLEAR                     && 清屏幕
DISPLAY DATABASE          && 显示当前数据库信息
ADD TABLE c2              && 将表 c2 添加到当前数据库中
CLOSE DATABASE            && 关闭当前数据库 t1
```

```
DELETE DATABASE t1          && 删除数据库 t1
```

4. 显示表的结构

使用 LIST STRUCTURE 命令,可以显示表的结构。

命令格式:LIST STRUCTURE [TO PRINTER]|[TO FILE〈文件名〉]

命令功能:显示表的结构。

说明:

① 有[TO PRINTER]选项时,将界面显示的信息输出到打印机。

② 有[TO FILE〈文件名〉]选项时,将界面显示的信息输出到指定的文本文件。

5. 修改表的结构

使用 MODIFY STRUCTURE 命令,可以修改表的结构。

命令格式:MODIFY STRUCTURE

命令功能:修改表的结构。

说明:此命令还有其他选项,因为不常用,为了使问题简化,在此省略了。

6. 输入记录

当表的结构建立之后,并没有数据,是一个空表,因此可以输入记录。在建立表结构时就可以输入记录。

命令格式:APPEND [BLANK]

命令功能:从表的末尾追加记录,如果有可选项[BLANK],只在表末尾追加一条空记录,不出现 APPEND 输入记录窗口。

例如,建立 Zgda 数据表,内容输入完成后,显示如下:

```
USE Zgda
LIST
```

记录号	编号	姓名	性别	年龄	职称	工作时间	婚否	简历	照片
1	1	张黎黎	女	26	助教	05/24/18	.T.	memo	Gen
2	2	李 艳	女	30	助教	09/24/18	.T.	memo	Gen
3	3	刘 强	男	28	讲师	12/24/15	.T.	memo	Gen
4	4	王秋燕	女	30	讲师	10/09/15	.T.	memo	Gen
5	5	姜丽萍	女	30	讲师	10/09/15	.T.	memo	Gen
6	6	陈丽丽	女	32	讲师	09/27/15	.T.	memo	Gen
7	7	刘 刚	男	38	副教授	06/28/13	.T.	memo	Gen
8	8	王 良	男	30	讲师	08/09/15	.T.	memo	Gen

7. 打开表

命令格式:USE [〈数据库名〉!]〈表名〉|〈SQL 视图名称〉

命令功能:打开一个和多个已经存在的表。

说明:

① [〈数据库名〉!]〈表名〉选项用于指定需要打开表的名称,如果打开的表是数据库,不在当前的数据库中,则必须在表名前加上数据库的名称,中间用叹号分隔。如果打开的是自由表或是当前数据库中的数据表,则可省去可选项[〈数据库名〉!]。

②〈 SQL 视图名〉选项用于指定一个需要打开的 SQL 视图名称。该视图可以通过 CREATE

SQL VIEW 命令创建。

8. 关闭表

命令格式:USE

CLOSE TABLES [ALL]

命令功能:USE 关闭已打开的表。CLOSE TABLES ALL 命令可以同时关闭多个表。

说明:表操作结束时,应当及时关闭。关闭操作通俗解释是从内存上卸下表,使磁盘上的表与内存断开,防止操作不当,导致表中的数据丢失或破坏。初学者要养成及时关闭表的习惯。

6.2.3 记录指针定位

表的某些重要操作(如删除、插入和修改等操作),有时是针对当前记录实施的。当需要顺序地、逐个地处理表的记录时,应当顺序地移动记录指针,当需要对指定的记录操作时,应当将指针定位到该记录上。用 RECNO()函数可测试当前记录指针。

1. 记录指针定位

命令格式:

GO [TO]TOP

GO [TO]BOTTOM

GO [TO]RECORD N

GO [TO]〈数值表达式〉

GO [TO]N

命令功能:使记录指针指向表中的指定记录。

说明:

GO TOP 表示把记录指针定位到表的第一个记录。

GO BOTTOM 表示把记录指针定位到表的最后一个记录。

GO RECORD N 表示把记录指针定位到表的 N 号记录。

GO〈数值表达式〉表示把记录指针定位到表达式的值取整后的指定记录。

GO N 表示把记录指针定位到表的 N 号记录。

当选用 N 选项时,GO、TO 均可省略不写。

2. 记录指针转移

命令格式:SKIP [+/-〈数值表达式〉]

命令功能:指针从当前位置按表达式的值移动若干个记录。表达式的值为正时,指针向后移,若为负值时,指针向前移,缺省选择项时指针向后移一个记录。

说明:GO TO 是绝对定位命令,无论指针在什么位置,执行 GO TO 命令后,都定位到指定的记录。SKIP 是相对定位命令,以当前记录为中心,按给定的表达式的值相对地上下移动若干个记录。

6.2.4 记录的显示

命令格式:

LIST/DISPLAY [〈范围〉][FIELDS〈字段名表〉][FOR〈条件〉]

[TO PRINTER][OFF][TO FILE〈文件名〉]

命令功能:显示当前表的内容。

说明:

① 用 LIST 或 DISPLAY ALL 命令时,将显示当前工作区上表的全部记录。

② 有[OFF]短语时,显示的记录不显示记录号。

③ 有 FOR〈条件〉短语时,只显示出满足条件表达式的记录。

④ 指定[FIELDS〈字段名表〉]短语时,只显示出指定字段的内容。

⑤ 有[〈范围〉]短语时,显示指定范围内的记录。

⑥ 有[TO PRINTER]短语时,将把显示的结果送到打印机输出。

⑦ 有[TO FILE〈文件名〉]短语时,将把显示的结果输出到文本文件(.TXT)中。

LIST 与 DISPLAY 命令的差别有两点:第一,LIST 缺省[〈范围〉]时是显示全体记录,DISPLAY 缺省[〈范围〉]时仅显示当前记录;第二,LIST 具有连续显示特点,而 DISPLAY 具有分页显示功能,当显示满一页就停止,并提示按任一键继续显示下页内容。

【例 6.1】 将 Zgda 表中职称是讲师的、年龄在 32 岁以下的记录显示出来,并且只列出姓名、性别、年龄、职称 4 个字段。

```
USE Zgda
LIST FIELDS 姓名,性别,年龄,职称 FOR 职称="讲师" .AND. 年龄<32
```

记录号	姓名	性别	年龄	职称
3	刘　强	男	28	讲师
4	王秋燕	女	30	讲师
5	姜丽萍	女	30	讲师
8	王　良	男	30	讲师

【例 6.2】 将 Zgda 表的后 4 个记录显示出来,并且将第 1 和第 5 个记录分别显示出来。

```
USE Zgda
GO 5
LIST NEXT 4(或 LIST REST)
```

记录号	编号	姓名	性别	年龄	职称	工作时间	婚否	简历	照片
5	5	姜丽萍	女	30	讲师	10/09/15	.T.	Memo	Gen
6	6	陈丽丽	女	32	讲师	09/27/15	.T.	Memo	Gen
7	7	刘　刚	男	38	副教授	06/23/13	.T.	Memo	Gen
8	8	王　良	男	30	讲师	08/09/15	.T.	Memo	Gen

```
GO 1
DISPLAY
```

记录号	编号	姓名	性别	年龄	职称	工作时间	婚否	简历	照片
1	1	张黎黎	女	26	助教	05/24/18	.T.	Memo	Gen

```
GO 5
DISPLAY
```

记录号	编号	姓名	性别	年龄	职称	工作时间	婚否	简历	照片
5	5	姜丽萍	女	30	讲师	10/09/15	.T.	Memo	Gen

【例 6.3】 将 Zgda 表中 2015 年 1 月 1 日以前参加工作的记录显示出来。

```
LIST FOR 工作时间<{^2015/01/01} && 或 LIST FOR 工作时间<CTOD("01/01/15")
```

记录号	编号	姓名	性别	年龄	职称	工作时间	婚否	简历	照片
7	7	刘　刚	男	38	副教授	06/23/13	.T.	Memo	Gen

【例 6.4】 将 Zgda 表的后 4 个记录中性别是“女”的记录显示出来，然后将姓“刘”的记录显示出来。

```
USE Zgda
GO 5
LIST NEXT 4 FOR 性别 = "女"
```

记录号	编号	姓名	性别	年龄	职称	工作时间	婚否	简历	照片
5	5	姜丽萍	女	30	讲师	10/09/15	.T.	Memo	Gen
6	6	陈丽丽	女	32	讲师	09/27/15	.T.	Memo	Gen

```
GO 1
LIST FOR 姓名 = "刘"
```

记录号	编号	姓名	性别	年龄	职称	工作时间	婚否	简历	照片
3	3	刘　强	男	28	讲师	12/24/15	.T.	Memo	Gen
7	7	刘　刚	男	38	副教授	06/23/13	.T.	Memo	Gen

【例 6.5】 将 Zgda 表中职称是讲师、性别是“女”的记录显示出来。

```
USE Zgda
LIST FOR 性别 = "女" AND 职称 = "讲师"
```

记录号	编号	姓名	性别	年龄	职称	工作时间	婚否	简历	照片
4	4	王秋燕	女	30	讲师	10/09/15	.T.	Memo	Gen
5	5	姜丽萍	女	30	讲师	10/09/15	.T.	Memo	Gen
6	6	陈丽丽	女	32	讲师	09/27/15	.T.	Memo	Gen

&& 显示未婚的记录，表中无未婚记录

6.3 文件操作

文件操作包括文件复制、显示文件目录、文件改名和删除等。

6.3.1 文件复制

(1) 对已打开的表进行复制

命令格式：COPY TO〈新文件名〉[〈范围〉][FIELDS〈字段名表〉][FOR〈条件〉]

命令功能：按照给定的范围、字段名表和条件，将当前表的相应内容复制到新表中。

说明：如果省略所有可选项，新表的内容与当前表完全一样。

【例 6.6】 将 Zgda.dbf 表中前 6 个记录复制到 Da.dbf 表中，新表的结构是由编号、姓名、性别、年龄、职称 5 个字段组成。在 Da.dbf 表中修改其结构，添加一个工资字段，显示其内容。

```
USE Zgda
COPY TO Da NEXT 6 FIELDS 编号,姓名,性别,年龄,职称
USE Da
```

```
MODI STRU      && 添加工资字段,并填入工资数据
LIST
```

记录号	编号	姓名	性别	年龄	职称	工资
1	1	张黎黎	女	26	助教	2500.00
2	2	李　艳	女	30	助教	2500.00
3	3	刘　强	男	28	讲师	3500.00
4	4	王秋燕	女	30	讲师	3500.00
5	5	姜丽萍	女	30	讲师	3800.00
6	6	陈丽丽	女	32	讲师	3800.00

【例6.7】 将表Da.dbf中工资小于3 500.00元的记录复制到表Aa.dbf中去,新表的结构是由姓名、性别、职称和工资4个字段组成。

```
USE Da
COPY TO Aa FIELDS 姓名,性别,职称,工资 FOR 工资<3500.00
USE Aa
LIST
```

记录号	姓名	性别	职称	工资
1	张黎黎	女	助教	2500.00
2	李　艳	女	助教	2500.00

(2) 表结构的复制

命令格式:COPY STRUCTURE TO 〈新文件名〉[FIELDS〈字段名表〉]

命令功能:将已打开的表的结构复制到目标文件中去,但不复制任何记录。

说明:命令中的新文件名即为目标文件名。省略选择项,则复制全部字段。

【例6.8】 将表Zgda.dbf的部分结构(姓名、性别和工资)复制到表S1.dbf中。

```
USE Zgda
COPY STRUCTURE TO S1 FIELDS 姓名,性别,工资
USE S1
LIST STRUCTURE
```

(3) 磁盘文件的复制

命令格式:COPY FILE〈源文件名〉TO〈目标文件名〉

命令功能:将未打开的磁盘文件复制为另一个磁盘文件。

说明:若源文件是表且含有备注型字段时,其相应的备注文件(.FPT)不能自动地被复制。因而,产生的目标文件将不能被打开,为此必须再次使用这个命令产生相应的备注文件才行。

【例6.9】 将表Da.dbf的全部内容复制到表Da1.dbf中去。

```
COPY FILE Da.dbf TO Da1.dbf
USE Da1
LIST
```

6.3.2 显示文件目录

在计算机的实际操作中,需经常检查磁盘上的文件情况及磁盘尚有多少可供用户使用的空

间,以便正确地进行操作。为此,VFP 提供了显示磁盘文件目录的命令。

命令格式:DIR [〈盘符:〉][〈路径〉][〈文件名〉]

命令功能:显示磁盘文件目录。

【例 6.10】 显示 D 盘上的全部数据库表文件目录。

```
DIR D:
```

【例 6.11】 显示当前盘上符合通配项条件的文件目录。

```
DIR Z*.DB?
```

【例 6.12】 显示 D 盘上 VFP 子目录中以 B 打头的文件目录。

```
DIR D:\VFP\B*.*
```

6.3.3 文件改名

命令格式:RENAME〈原文件名〉TO〈新文件名〉

命令功能:改变磁盘文件的名字,由原文件名改为新文件名。

说明:对已打开的文件不能改名。若原文件是表并且含有备注型字段,则其备注文件也必须相应进行改名操作,使其与新文件同名。否则,表将打不开。

【例 6.13】 将表 Aa.dbf 改名为 Cd.dbf。

```
RENAME Aa.dbf TO Cd.dbf
```

6.3.4 删除文件

命令格式:ERASE〈文件名〉

　　　　　DELETE FILE〈文件名〉

命令功能:从磁盘上删除用户指定的任何一种文件。两个命令功能相同。

说明:该命令不能删除已打开的文件。

【例 6.14】 将表 Cd.dbf 从磁盘中删除。

```
ERASE Cd.dbf
```

6.3.5 表之间的数据传送

将一个表的数据输送到另外一个表中,从而形成一个新的表。

命令格式:APPEND FROM〈表名〉[FIELDS〈字段名表〉][FOR〈条件〉]

命令功能:将指定的表的数据追加到当前的表中。

【例 6.15】 将表 Aa1.dbf 中的数据追加到表 Da.dbf 中。

```
USE Da
USE Aa1
LIST
```

记录号	编号	姓名	性别	工资
1	1	苏琳琳	女	4000.00
2	2	范　天	男	3500.00
3	3	王　涛	女	4200.00

```
USE Da
```

```
APPEND FROM Aa1
LIST
```

记录号	编号	姓名	性别	年龄	职称	工资
1	1	张黎黎	女	26	助教	2500.00
2	2	李　艳	女	30	助教	2500.00
3	3	刘　强	男	28	讲师	3500.00
4	4	王秋燕	女	30	讲师	3500.00
5	5	姜丽萍	女	30	讲师	3800.00
6	6	陈丽丽	女	32	讲师	3800.00
7	1	苏琳琳	女			4000.00
8	2	范　天	男			3500.00
9	3	王　涛	女			4200.00

6.4 表的修改与维护

建立表以后,一项很重要的工作就是对已建立的表进行编辑和维护。维护包括:更换文件的名字、复制文件、删除文件等。VFP提供了许多命令,可以很方便地对表进行编辑和维护。

6.4.1 记录的修改

1. EDIT 和 CHANGE 命令

命令格式:EDIT[〈范围〉][FIELDS〈字段名表〉][FOR〈条件〉]

　　　　　CHANGE [〈范围〉][FIELDS〈字段名表〉][FOR〈条件〉]

命令功能:两个命令功能相同。使系统进入全界面编辑方式,对当前打开的表的记录进行修改。

说明:

① 若缺省所有选择项,则从当前记录开始进行修改。

② 若指定了选择项[FIELDS〈字段名表〉],则只对〈字段名表〉中所列出的字段进行修改。

③ 若指定了选择项[〈范围〉]和[FOR〈条件〉],则对给定范围内满足条件的记录进行修改,若缺省了[〈范围〉],则是指全部记录。

2. BROWSE 命令

使用EDIT命令和CHANGE命令时,一行只显示一个字段。如果使用的表的记录和字段比较多时,可以看成一张相当大的二维表格,界面作为一个窗口,只能看到局部的内容。VFP系统提供了窗口显示与修改命令BROWSE。

命令格式:BROWSE [FIELDS〈字段名表〉]

命令功能:该命令以窗口方式显示当前表的内容,并可以对窗口内的数据按需要进行修改。

说明:实际上BROWSE命令提供了很多可选项,用户一般不常用,因此在此略去。

3. REPLACE 命令

命令格式:

REPLACE [〈范围〉]〈字段 1〉WITH〈表达式 1〉[ADDITIVE][,〈字段 2〉WITH〈表达式 2〉[ADDITIVE]…][FOR〈条件〉]

命令功能:该命令可以成批地、快速地修改满足给定条件的一批记录。修改的方法是用 WITH 后面表达式的值替换 WITH 前面的字段内容。

说明:

① 执行此命令时,系统不进入全界面编辑方式。

② 若指定了选择项[〈范围〉]和[FOR〈条件〉],则替换修改指定范围内满足条件的所有记录。如果缺省了选择项[〈范围〉],则只替换修改当前记录对应字段的内容。

③ REPLACE 命令可以对备注字段的数据进行替换,备注字段的替换可以使用关键字[ADDITIVE]。如果选择此关键字时,则表达式的内容加到备注字段中的文本内容的尾部而不覆盖原有内容,否则表达式的内容覆盖备注字段中的原有内容。

④〈字段名〉和〈表达式〉的数据类型必须相同。对于数值字段,当〈表达式〉的值大于字段宽度时,REPLACE 命令将按下列规则进行替换:截取小数点部分,并对小数部分作四舍五入运算,如果结果仍放不下,则采取科学计数法,或将该字段的内容用 * 号替换。

【例 6.16】 在表 Da.dbf 中,对工资小于 3 000 元的职工各增加 100 元。

```
USE Da
REPLACE ALL 工资 WITH 工资 +100 FOR 工资 <3000
USE
```

6.4.2　记录的插入与删除

1. 记录的插入

APPEND 命令是在表的末尾增加一个或多个新记录,有时在某些情况下,用户希望将一个记录插入已存在的任意两个记录之间,这时可以使用 INSERT 命令。

命令格式:INSERT [BLANK][BEFORE]

命令功能:在当前表中的当前记录之前或之后插入记录。

说明:

① 如果没有选择项,是在当前记录之后插入一个记录。

② 如果有[BEFORE]选择项,是在当前记录之前插入一个记录。

③ 如果有[BLANK]选择项,是在当前记录之后插入一个空白记录。省略了[BLANK]时,系统则进入浏览窗口,用户可以输入记录,方法同前。

2. 记录的删除

在 VFP 中,删除记录分两步进行。第一步是对欲删除的记录打删除标记(*),称为逻辑删除记录。需要时,还可以恢复,即把 * 号去掉。第二步是把带有删除标记的记录真正删除,称为永久性删除记录或称物理删除记录。

(1) 逻辑删除记录命令 DELETE

命令格式:DELETE [〈范围〉][FOR〈条件〉]

命令功能:该命令将当前表在指定范围内满足条件的那些记录加上删除标记(*)。

说明:若省略两个选择项,则给当前记录打删除标记(*)。当使用命令 SET DELETED ON

显示或进行有关操作时,做了删除标记的记录就不起作用,如同真正删除这些记录一样。

【例6.17】 将表Da.dbf的4号记录打上删除标记。

```
USE Da
DELETE RECORD 4
LIST
```

记录号	编号	姓名	性别	年龄	职称	工资
1	1	张黎黎	女	26	助教	2500.00
2	2	李 艳	女	30	助教	2500.00
3	3	刘 强	男	28	讲师	3500.00
4	*4	王秋燕	女	30	讲师	3500.00
5	5	姜丽萍	女	30	讲师	3800.00
6	6	陈丽丽	女	32	讲师	3800.00

(2) 恢复删除记录命令 RECALL

命令格式:RECALL [〈范围〉][FOR〈条件〉]

命令功能:将指定范围内的、符合条件的、已做了删除标记的记录恢复。即把删除标记(*)去掉。

(3) 永久性删除记录命令 PACK

命令格式:PACK

命令功能:将带有删除标记的记录从当前表中删除,并重新调整表的记录号。

说明:执行PACK命令后,删除的记录在表中不再存在,并且不能被恢复,称为永久性删除记录。

(4) 删除表的全部记录命令 ZAP

命令格式:ZAP

命令功能:将已打开的表中的全部记录一次性删除。

说明:

① 执行此命令,只是删除全部记录,而表的结构仍然保留。

② 该命令等效于执行了DELETE ALL命令后再执行PACK命令。

6.5 表的排序与索引

VFP有两种方法用于重新组织表,它们是排序和索引,用命令方式的SORT命令和INDEX命令或菜单方式来实现。

6.5.1 表的排序

表的排序是指按一定的条件在已有的表之外产生一个新的有序表,从而实现数据的重新组织。

命令格式:

SORT TO〈 文件名〉ON〈字段名1〉[/A][/C][/D]
　　[,〈字段名2〉[/A][/C][/D]…][ASCENDING | DESCENDING]
　　[〈范围〉][FOR〈条件〉][FIELDS〈字段名表〉]

命令功能:在当前表中对指定范围内满足条件的记录,根据指定的关键字段按字符顺序、数值大小或时间顺序进行重新排列，生成一个新的表。

说明：

① 〈文件名〉为新生成的表。扩展名为. DBF。

② 若不选择[〈范围〉]和[FOR〈条件〉]时，则对表中全部记录进行排序。

③ 若有选择项[FIELDS〈字段名表〉]，新表的结构由〈字段名表〉的字段组成。

④ 若命令中出现多个字段名时（各字段名之间用逗号），表示多重排序，即先按〈字段名 1〉排序，对于记录相同的记录，再按〈字段名 2〉排序，以此类推。

⑤ /A 和/D 分别表示升序和降序，升序符号可以省略不写。/C 使排序时不区分大小写字母。/C 可以和/A 或/D 连用。两种选择可以只用一条斜线，如/AC 或/DC。

⑥ ASCENDING 和 DESCENDING 仅对那些没有指定/A 和/D 的关键字段起作用。/A 和/D 只与它前面的一个关键字段起作用。如果没有指定/D 和 DESCENDING，则关键字段默认按升序/A 排序。

【例 6.18】 将表 Da. dbf 按职称排序，排序后的表名为 Zc. dbf。

```
USE Da
SORT ON 职称 TO Zc
USE Zc
LIST
```

记录号	编号	姓名	性别	年龄	职称	工资
1	3	刘　强	男	28	讲师	3500.00
2	4	王秋燕	女	30	讲师	3500.00
3	5	姜丽萍	女	30	讲师	3800.00
4	6	陈丽丽	女	32	讲师	3800.00
5	1	张黎黎	女	26	助教	2500.00
6	2	李　艳	女	30	助教	2500.00

6.5.2 索引文件

表排序的方法除分类方法外，还有一种方法就是索引的方法。

在信息查询中，索引是一种行之有效的使用方法，就像一本书的目录索引，可使读者快速找到所需的内容一样。在表中使用索引查询也能加快查询速度。

1. 索引文件

VFP 提供两种索引文件类型，一种为单入口索引文件，其扩展名为. IDX 索引文件，另一种为结构复合压缩索引文件，其扩展名为. CDX 索引文件。

创建表的第一个索引关键字时，VFP 将自动创建一个基本名与表文件名相同、扩展名为. CDX 的索引文件。. CDX 文件称为结构复合压缩索引文件，它是在 VFP 数据中最普通、也是最重要的一种索引文件。结构一词是指 VFP 把该文件作为表的固定部分来处理。处理复合压缩索引文件具有以下特点：

① 在打开表时自动打开。

② 在同一索引文件中包含多个排序方案或索引关键字。

③ 在添加、更改或删除记录时自动维护。

一个VFP表若有与之相关联的索引文件,则它通常是一个结构复合压缩索引文件。

VFP还提供另外两种类型的索引文件,即非结构的.CDX文件和单关键字的.IDX文件。一般只使用结构复合压缩索引,而另外两种非结构索引多半是为了与以前版本兼容,在新的应用中不再使用。如果是临时使用,不希望系统自动维护索引,或是使用后就删除索引文件,则可以使用后两种非结构索引。

2. 建立索引文件

在VFP中,一般情况下可以在表设计器中建立索引,特别是主索引和候选索引是在设计数据库时确定好的。但有时需要在程序中临时建立一些普通索引或唯一索引,所以仍然需要使用命令方式建立索引。

命令格式:

```
INDEX ON〈索引表达式〉{TO〈IDX文件名〉|TAG〈索引名〉
    [OF〈CDX文件名〉]}[FOR〈表达式〉]
    [ASCENDING|DESCENDING]
    [UNIQUE |CANDIDATE][ADDITIVE]
```

命令功能:建立索引文件。

说明:

① TO〈IDX文件名〉选项表示建立一个单关键字的.IDX文件,该项是为了与以前版本兼容,一般只是在建立一些临时索引时才使用。

② OF〈CDX文件名〉选项表示可以建立一个包含多个索引的复合索引文件,扩展名是.CDX。

③ FOR〈表达式〉选项会给出索引过滤条件,指索引满足条件的记录,该选项一般不使用。

④ ASCENDING |DESCENDING选项,可选择建立升序或降序索引,默认升序。

⑤ UNIQUE |CANDIDATE选项,表示可选择建立唯一索引或候选索引。

⑥ ADDITIVE选项与建立索引本身无关,说明现在建立索引时,是否关闭以前的索引,默认是关闭已经使用的索引,使新建立的索引成为当前索引。

【例6.19】 将A1.dbf表按工资建立单关键字的索引文件(.IDX文件),其文件名为Gz.idx。

```
USE A1
INDEX ON 工资 TO Gz
SET INDEX TO Gz
LIST
```

【例6.20】 将Da.dbf表按职称建立表结构复合压缩索引文件(.CDX文件),其文件名为"职称.CDX"。

```
USE Da
INDEX ON 职称 TAG 职称
```

3. 打开索引文件

尽管结构索引在打开表时都能够自动打开,但需要使用某个特定索引项进行查询或需要记录按某个特定索引项的顺序显示时,还必须设置当前索引。

命令格式:

```
SET ORDER TO [TAG]〈索引名〉[OF〈CDX文件名〉]
    [ASCENDING |DESCENDING]]
```

命令功能:指定 CDX 索引文件中的一个索引作为主控索引。

说明:

①〈索引名〉为按照某个索引表达式建立的索引的标识名。

②[ASCENDING |DESCENDING]选项,不管索引是按升序还是按降序建立的,在使用时都可以用 ASCENDING 选项指定升序或用 DESCENDING 选项指定降序。

③ 打开单关键字的.IDX 索引文件的命令格式为 SET INDEX TO〈IDX 索引名〉格式。

4. 关闭索引文件

命令格式:SET ORDER TO |SET INDEX TO

命令功能:前者关闭结构复合压缩索引文件.CDX,后者关闭单关键字的.IDX 索引文件。

5. 删除索引

如果某个索引不再使用,可以删除它,删除索引的方法是在表设计器中,使用"索引"选项卡,选中需要删除的索引,单击"删除"命令按钮,即可删除,也可以使用命令方式删除。

命令格式:

DELETE TAG〈索引名 1〉[OF〈文件名 1〉][,〈索引名 2〉[OF〈CDX 文件名 2〉]]…

或

DELETE TAG ALL[OF〈CDX 文件名〉]

命令功能:前者可以删除索引文件中指定的索引,后者则可以删除全部索引。

【例 6.21】 将 Da.dbf 表,按年龄降序排序,即建立表结构复合压缩索引文件(.CDX 文件),其文件名为"年龄.cdx"。

```
USE Da
INDEX ON 年龄 TAG 年龄
SET ORDER TO 年龄 DESC
LIST
```

记录号	编号	姓名	性别	年龄	职称	工资
6	6	陈丽丽	女	32	讲师	3800.00
5	5	姜丽萍	女	30	讲师	3800.00
4	4	王秋燕	女	30	讲师	3500.00
2	2	李　艳	女	30	助教	2500.00
3	3	刘　强	男	28	讲师	3500.00
1	1	张黎黎	女	26	助教	2500.00

6.5.3 数据检索

VFP 提供了 4 条用于数据检索的命令:FIND、SEEK、LOCATE、CONTINUE 命令,前两条命令用于索引检索,也称快速检索。后两条命令用于顺序检索。

1. 查找命令 FIND

命令格式:FIND〈字符串〉/〈数字〉

命令功能:从表的索引文件中查找指定字符串或与数字相匹配的记录,如果找到,将记录指针指向此记录,函数 FOUND()返回逻辑真值。如果未查找到,函数 FOUND()返回逻辑假值。

说明：

① 检索值可以是字符串或数字，但不能是表达式。字符串不用定界符，如果字符串以空格开始，必须用定界符。

② 若使用字符型内存变量检索时，必须使用宏代换函数&，以内存变量的内容检索。

【例6.22】 查找字符型数据。

```
USE Da
INDEX ON 姓名 TAG XM
FIND 李 艳
DISPLAY
```

记录号	编号	姓名	性别	年龄	职称	工资
2	2	李 艳	女	30	助教	2500.00

```
FIND 王
DISPLAY
```

记录号	编号	姓名	性别	年龄	职称	工资
4	4	王秋燕	女	30	讲师	3500.00

2. 检索命令SEEK

命令格式：SEEK〈表达式〉

命令功能：在主控索引文件中将记录指针定位在索引关键字内容与命令中指定的表达式相匹配的第一个记录。SEEK能实现快速查找信息。

说明：

① 当表达式为字符型数据时，必须用单引号、双引号或方括号括起来，如果是内存变量或数值型表达式，则不用定界符。

② SEEK扩大了FIND的查找功能，FIND不能查找日期型数据，而SEEK可以直接查找日期索引关键字的内容。含有内存变量时可直接用SEEK检索，不用加宏代换函数&。

【例6.23】 查找字符型数据。

```
USE Da
SET INDEX TO XM
SEEK "姜丽萍"
DISPLAY
```

记录号	编号	姓名	性别	年龄	职称	工资
5	5	姜丽萍	女	30	讲师	3800.00

SEEK命令可以在当前表中按当前主控索引文件的关键字查询与索引表达式相匹配的第一个记录，若表达式为字符型，则必须用引号（单引号或双引号）或中括号（[ ]）括起来。

6.5.4 顺序查找命令（LOCATE与CONTINUE）

LOCATE和CONTINUE提供对表记录的直接查找命令。

命令格式：LOCATE［〈范围〉］FOR〈条件〉

命令格式：CONTINUE

命令功能：对当前表中的记录进行顺序查找，查找指定范围内满足条件的第一个记录，若有满足条件的记录，将记录指针定位在满足条件的第一个记录。

说明：

① 用 LOCATE 命令查询时，不用对表进行排序或建立索引文件。

② 若 LOCATE 与 CONTINUE 联合使用，可以实现查询每一个满足条件的记录。

【例 6.24】 查找工资等于 3500.00 元的记录。

```
USE Da
LOCATE ALL FOR 工资 =3500.00
DISPLAY
记录号    编号    姓名    性别    年龄    职称    工资
     3    3       刘 强   男        28    讲师    3500.00
CONTINUE
DISPLAY
记录号    编号    姓名    性别    年龄    职称    工资
     4    4       王秋燕  女        30    讲师    3500.00
CONTINUE
```

6.5.5 过滤器命令(SET FILTER TO)

命令格式：SET FILTER TO [〈条件〉]

命令功能：指定表记录操作时的过滤器。

说明：如果没有〈条件〉选择项，则撤销对表记录操作的过滤器。

【例 6.25】 显示性别是“女”且职称是“讲师”的记录。

```
USE Da
SET FILTER TO 性别 = "女" AND 职称 = "讲师"
LIST
记录号    编号    姓名    性别    年龄    职称    工资
     4    4       王秋燕  女        30    讲师    3500.00
     5    5       姜丽萍  女        30    讲师    3800.00
     6    6       陈丽丽  女        32    讲师    3800.00
```

6.6 统计命令

在实际应用中，常常需要对表中的某些信息进行统计，并给出各种综合统计报表，本节介绍完成这方面功能的一些命令。

6.6.1 求和命令(SUM)

命令格式：SUM [〈范围〉][〈字段名表〉][TO〈内存变量表〉|〈数组名〉][FOR〈条件〉]

命令功能：对当前表指定的数值型字段进行列向求和。

【例 6.26】 在 B1.dbf 表中，进行下面的统计操作。

① 对所有数值型字段求和。

② 对性别是“女”的记录求和。

```
USE B1
LIST
记录号  姓名    性别  年龄  基本工资   补贴
     1  田丽丽  女    24    2000.00    200.00
     2  王 天   男    30    2000.00    200.00
     3  李晓艳  女    28    3000.00    300.00
     4  谷 通   男    32    3000.00    300.00
     5  付春辉  女    21    2000.00    200.00
SUM
  年龄     基本工资    补贴
135.00     12000.00   1200.00
SUM TO A1,A2,A3 FOR 性别="女"
  年龄     基本工资    补贴
73.00       7000.00    700.00
? A1,A2,A3
73.00       7000.00    700.00
```

6.6.2 求平均值命令(AVERAGE)

命令格式:

AVERAGE [〈范围〉][〈字段名表〉][TO〈内存变量表〉|〈数组名〉][FOR〈条件〉]

命令功能:对当前表指定的数值型字段列向求算术平均值。

【例6.27】 在B1.dbf表中,按基本工资和年龄字段求算术平均值,并把结果存入对应的内存变量中。

```
USE B1
AVERAGE 基本工资,年龄 TO C1,C2
基本工资    年龄
2400.00     27.00
? C1,C2
2400.00     27.00
```

6.6.3 计数命令(COUNT)

有时需要知道表中满足某一条件的记录个数,这就要用到统计表记录个数。

命令格式:COUNT [〈范围〉][FOR〈条件〉][TO〈内存变量〉|〈数组名〉]

命令功能:统计当前表中记录的个数。

【例6.28】 在B1.dbf表中,对性别是“男”的记录进行统计,并把结果存入内存变量中。

```
USE B1
COUNT FOR 性别="男" TO XB
? XB
2
```

6.6.4 求统计量命令(CALCULATE)

CALCULATE 是计算统计量的命令,是根据当前表中的字段或包含的字段数值表达式进行计算的。

命令格式:CALCULATE〈数值表达式〉[〈范围〉][FOR〈条件表达式〉]
[TO〈内存变量名表〉|TO〈数组名〉]

命令功能:该命令根据当前表中的各数值型字段组成的数值表达式进行计算。

【例 6.29】 在 B1.dbf 表中,分别统计记录个数、平均年龄、最小年龄,将统计结果存入内存变量 A1,A2,A3 中,并显示变量的值。

```
USE B1
CALCULATE COUNT(),AVG(年龄),MIN(年龄) TO A1,A2,A3
CNT()     AVG(年龄)    MIN(年龄)
    5         27.00           21
? A1,A2,A3
    5         27.00           21
```

6.6.5 分类汇总命令

在数据库管理中,仅有统计命令是不够的,还要分类汇总,对表分类汇总就是将表中关键字相同的一些记录的数值数据汇总合并为一个记录,并产生一个新的表。

命令格式:TOTAL ON〈关键字段〉TO〈目标文件名〉
[〈范围〉][FIELDS〈字段名表〉][FOR〈条件〉]

命令功能:对已排序或已索引过的表,按指定关键字段相同的那些记录进行分组,且对数值型字段列向求和,并将处理结果存入目标文件名指明的表中,其结构与有序文件结构相同。

说明:

① 如果没有任何选择项,将按关键字段分组,并对所有数值型字段求和生成一个新的表。

② 有[〈范围〉]短语时,将按指定范围内的记录进行分组求和。

③ 有[FIELDS〈字段名表〉]短语时,将按指定的数值型字段分组求和。

④ 有[FOR〈条件〉]短语时,将对满足条件的那些记录的数值型字段分组求和。

【例 6.30】 将 B1.dbf 表按性别分组,求工资总和。

① 显示 B1.dbf 表的内容。

```
USE B1
LIST
```

记录号	姓名	性别	年龄	基本工资	补贴
1	田丽丽	女	24	2000.00	200.00
2	王　天	男	30	2000.00	200.00
3	李晓艳	女	28	3000.00	300.00
4	谷　通	男	32	3000.00	300.00
5	付春辉	女	21	2000.00	200.00

② 建立索引文件,关键字段为性别。

```
INDEX ON 性别 TO B1x
LIST
```

记录号	姓名	性别	年龄	基本工资	补贴
2	王 天	男	30	2000.00	200.00
4	谷 通	男	32	3000.00	300.00
1	田丽丽	女	24	2000.00	200.00
3	李晓艳	女	28	3000.00	300.00
5	付春辉	女	21	2000.00	200.00

③ 计算工资总和,形成一个新的表Hb.dbf,其结构与B1表中的结构相同。

```
TOTAL ON 性别 TO Hb
USE Hb
LIST
```

记录号	姓名	性别	年龄	基本工资	补贴
1	王 天	男	62	5000.00	500.00
2	田丽丽	女	73	7000.00	700.00

Hb.dbf表的记录对于非数值型字段是无意义的,可以根据需要进一步整理。

6.7 使用多个表

前面总是强调对当前表进行操作,似乎默认了同一时刻只能使用一个表、只能对一个表操作,实际不是这样,VFP允许在应用程序中同时打开多个表。

6.7.1 工作区

若要使用多个表,就要使用多个工作区。一个工作区是一个编号区域,用它来标识一个已打开的表,每个工作区只能打开一个表。VFP可以在32 767个工作区中打开和操作表。

工作区除了可以用它的编号来标识外,还可以用在工作区中打开的表的名称、别名来标识。表别名是一个名称,它可以引用在工作区中打开的表。

1. 指定工作区

如果没有指定工作区,系统默认总是在第1个工作区中工作,在第1个工作区中打开和关闭表。

命令格式:SELECT 〈工作区号〉|〈表别名〉

命令功能:该命令可以将指定的工作区设为当前工作区。

说明:

①〈工作区号〉的取值范围为0~32 767。如果取值为0,则激活尚未使用的工作区中编号最小的一个。

②〈表别名〉是打开表的别名,用来指定包含打开的工作区。也可以用从A到J中的一个字母作为〈表别名〉,来激活前10个工作区中的一个,工作区11到32 767中指定的别名是W11到W32 767。

例如,在教职工数据库中,分别在第1、2、3工作区中,打开Zgda表、Zggz表和Jskc表3个表,并选择当前工作区。

```
OPEN DATABASE 教职工      && 打开教职工数据库
SELECT 1                  && 选择第 1 个工作区
USE Zgda                  && 在第 1 个工作区中打开 Zgda 表
SELECT 2                  && 选择第 2 个工作区
USE Zggz                  && 在第 2 个工作区中打开 Zggz 表
SELECT 3                  && 选择第 3 个工作区
USE Jskc                  && 在第 3 个工作区中打开 Jskc 表
SELECT Zgda               && 或 SELECT1 在第 1 个工作区操作 Zgda 表,两个命令是等价的
```

2. 在不同的工作区中打开和关闭表

可以使用 USE 命令,在不同的工作区中打开或关闭表。

(1) 在当前工作区中打开和关闭表

当执行不带表名的 USE 命令,并且在当前所选工作区中存在打开的表文件时,则关闭该表。例如,可以使用以下命令打开 Da 表,显示浏览窗口,然后关闭此表。

```
USE Da
BROWSE
USE
```

(2) 在其他工作区中打开表

命令格式:USE 〈表名〉IN 〈工作区号〉|〈表别名〉

命令功能:在一个工作区中使用另外一个工作区中的表。

说明:在一个工作区中,不能同时打开多个表。此命令不能改变当前工作区。

例如,如果工作区 1 到 10 中都有打开的表,要在工作区 11 中打开 Da 表。

```
USE Da IN 11
```

例如,在 USE 命令中直接指定在哪个工作区中打开表。

```
OPEN DATABASE 教职工      && 打开教职工数据库
USE Zgda IN 1             && 在第 1 个工作区中打开 Zgda 表
USE Zggz IN 2             && 在第 2 个工作区中打开 Zggz 表
USE Jskc IN 3             && 在第 3 个工作区中打开 Jskc 表
```

每个表打开后都有两个默认的别名,一个是表名自身,另一个是在工作区中所对应的别名。

(3) 在指定工作区中关闭表

命令格式:USE IN 〈表别名〉

命令功能:在指定工作区中关闭表。

说明:当在同一工作区中打开其他表,或者发出有 IN 子句的 USE 命令,并指定在当前工作区时,可以自动关闭已打开的表。

例如,用 Da 表别名关闭 Da 表。

```
USE Da
BROWSE
USE IN Da          && 用别名关闭表
```

(4) 关闭所有工作区中打开的表

命令格式:CLOSE ALL

命令功能:关闭所有工作区中打开的表,并将 1 号工作区设置为当前工作区。

例如,在教职工数据库中,关闭所有工作区中打开的表。

```
CLOSE ALL
```

3. 使用表别名

表别名是VFP用来指定在一个工作区中打开的表的名称。

(1) 默认表别名

打开一个表时,VFP自动使用表名作为默认表别名。

例如,如果用下面的命令在0号工作区中,打开Da表,则自动为表指定默认别名Da。

```
SELECT 0
USE Da
```

在以后的操作中,可以使用别名Da在命令或函数中标识该表。

(2) 自定义别名

命令格式:USE〈表名〉ALIAS〈别名〉

命令功能:在打开表时,可以为它指定用户自定义的表别名。

说明:别名最多可以包括254个字母、数字或下画线,但首字符必须是汉字、字母或下画线。如果用户所提供的别名包含不支持的字符,则VFP会自动创建一个别名。

例如,在0号工作区打开Da表,并为它指定一个别名"档案"。

```
SELECT 0
USE Da ALIAS 档案
```

在以后的操作中,可以使用别名档案引用打开的表。

(3) 使用VFP指定的别名

在前10个工作区中指定的默认别名是工作区字母A到J,在工作区11到32 767中,指定的别名是W11到W32767。可以像使用任何默认别名或用户自定义别名那样,使用这些VFP指定的别名来引用在一个工作区中打开的表。

4. 引用其他工作中打开的表

除了可以用SELECT命令切换工作区使用不同的表以外,VFP也允许在一个工作区中使用另外一个工作区中的表。

(1) 使用IN命令

命令格式:IN〈工作区号〉|〈表别名〉

命令功能:在一个工作区中使用另外一个工作区中的表。

(2) 直接利用表名或表的别名引用另一个表中的数据

命令格式:〈表别名〉- >〈字段名〉|〈表别名〉.〈字段名〉

命令功能:在〈表别名〉后加上点号分隔符"."或操作符"- >",可以引用其他工作区中的字段。

说明:可以在一个表所在的工作区之外,使用表名或表别名来明确该表。

例如,在一个工作区中访问其他工作区中打开的Da表的"年龄"字段。

```
Da.年龄
```

例如,如果Da表是使用别名"档案"打开的,则可以引用表中的"职称"字段。

```
档案.职称
```

5. 使用数据工作期

“数据工作期”对话框是 VFP 提供的一个管理工作区的工具。使用“数据工作期”对话框，可以查看在一个 VFP 工作期中，已打开表的列表，还可以在工作区中打开、关闭表。操作步骤如下：

① 打开“数据工作期”对话框。在“窗口”菜单中，选择“数据工作期”命令，或者在“常用”工具栏中，单击“数据工作期”窗口按钮，或者使用 SET 命令。当在命令窗口中，输入“SET”时，系统打开“数据工作期”对话框，如图 6.1 所示。

② 在工作区中打开表。在“数据工作期”对话框中，单击“打开”按钮，打开“打开”对话框，如图 6.2 所示。在“数据库”下拉列表框中，选择要打开表的数据库，在“数据库中的表”列表框中，选择要打开的表，单击“确定”按钮，返回“数据工作期”对话框，选择的表显示在“别名”列表框中。在状态栏中，显示选择的表所在的数据库名、工作区号以及表的记录的个数。

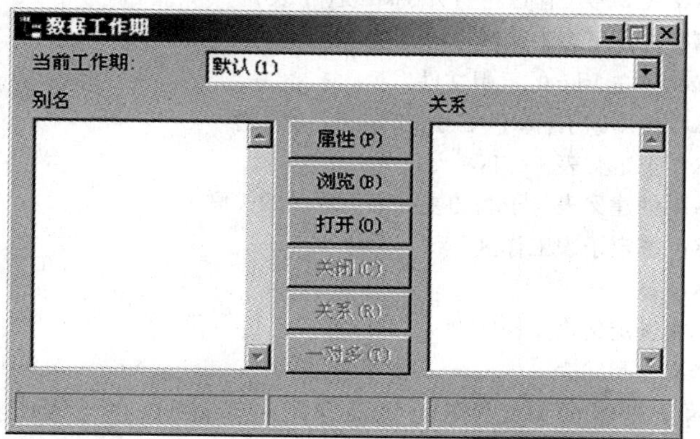

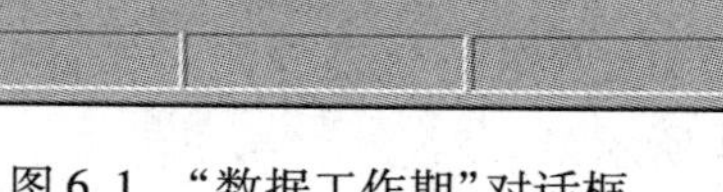

图 6.1 “数据工作期”对话框

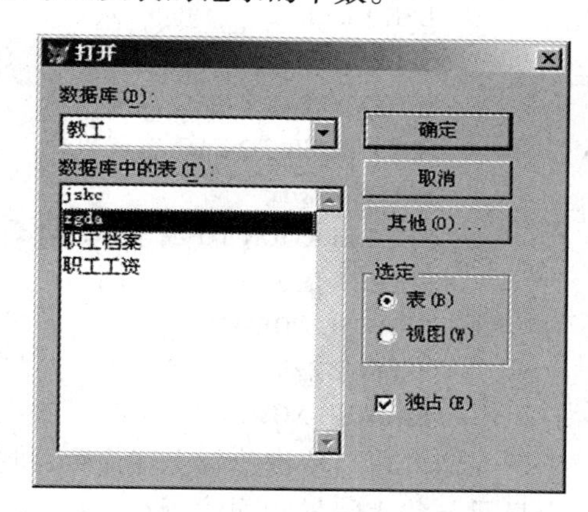

图 6.2 “打开”对话框

③ 在工作区中关闭表。在“数据工作期”对话框中，选定要关闭的表别名，然后单击“关闭”按钮，表就不在“数据工作期”对话框中了。

④ 单击“关闭”按钮，关闭“数据工作期”对话框。

6.7.2 设置表间的临时关系

在建立表间的临时关系（关联）后，会使得一个表（子表）的记录指针自动随另一个表（父表）的记录指针移动。这样，便允许当在关系中“一”方（或父表）选择一个记录时，会自动去访问表关系中“多”方（或子表）的相关记录。

设置表间的临时关系有两种方法：一种方法是使用“数据工作期”对话框，在 4.4.2 节中已经介绍了，在此只介绍另一种方法，即使用 SET RELATION 命令设置表间的临时关系。

永久关系在数据库设计器中显示为表索引间的连接线。虽然永久关系在每次使用表时不需要重新建立，但永久关系不能控制不同工作区中记录指针的联动。所以在开发 VFP 应用程序时，不仅需要永久关系，有时也需要使用能够控制表间指针关系的临时关系，这种临时关系称为关联。使用 SET RELATION 命令，可以建立两表之间的临时关系，其中一个在当前选定工作区中打开的表，而另一个则是在其他工作区中打开的表。通常这两个表具有相同字段，而且用来建立关系的表达式常常就是子表主控索引的索引表达式。

命令格式:SET RELATION TO〈索引关键字〉INTO〈工作区号〉|〈表的别名〉

命令功能:建立表之间的临时关系。

说明:

①〈索引关键字〉一般应该是父表的主索引、子表的普通索引。

②〈工作区号〉或〈表的别名〉选项,说明临时关系是由当前工作区的表到另一个工作区的哪个表的。

【例6.31】 在Zgda表和Jskc表中,建立临时关系。

如果在两个表共同拥有的字段之间创建关系,就能很容易地看到任何一个教师的所有授课记录。下面的代码中,在创建Zgda表中的编号字段和Jskc表中的编号索引标识之间的关联时,使用了两个表都有的字段编号。

```
USE Zgda IN 1                        && 在1号工作区中打开Zgda表(父表)
USE Jskc IN 2                        && 在2号工作区中打开Jskc表(子表)
SELECT Jskc                          && 选定子表工作区
INDEX ON 编号 TAG 编号               && 建立Jskc的索引文件
SET ORDER TO TAG 编号                && 使用索引标识"编号"指定子表的顺序
SELCET Zgda                          && 选定父表工作区
SET RELATION TO 编号 INTO Jskc       && 创建父表与子表的主控索引之间的关联
SELECT Jskc                          && 选定子表工作区
BROWSE NOWAIT                        && 显示子表
SELECT Zgda                          && 选定父表工作区
BROWSE NOWAIT                        && 显示父表
```

在命令窗口依次执行上述命令,将打开两个浏览窗口,当移动父表的记录指针时,在子表中会显示与父表编号相同的所有记录,如图6.3和图6.4所示。

Zgda

编号	姓名	性别	年龄	职称	工作时间	婚否	简历	照片
1	张黎黎	女	26	助教	05/24/18	T	memo	Gen
2	李 艳	女	30	助教	09/24/18	T	memo	Gen
3	刘 强	男	28	讲师	12/24/15	T	memo	Gen
4	王秋燕	女	30	讲师	10/09/15	T	memo	Gen
5	姜丽萍	女	30	讲师	10/09/15	T	memo	Gen
6	陈丽丽	女	32	讲师	09/27/15	T	memo	Gen
7	刘 刚	男	38	副教授	06/23/13	T	memo	Gen
8	王 良	男	30	讲师	08/09/15	T	memo	Gen

图6.3 Zgda表(父表)

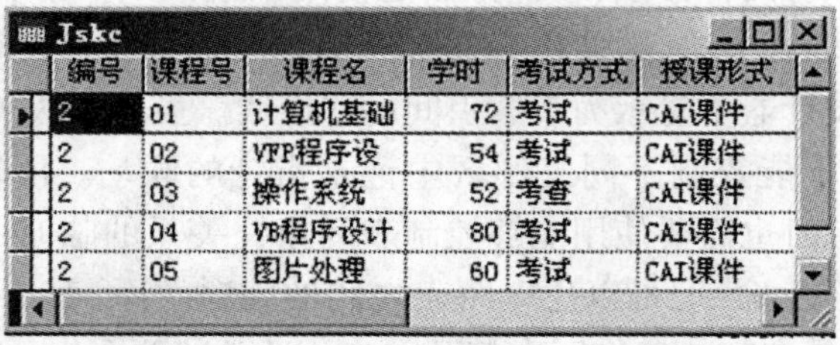

Jskc

编号	课程号	课程名	学时	考试方式	授课形式
2	01	计算机基础	72	考试	CAI课件
2	02	VFP程序设	54	考试	CAI课件
2	03	操作系统	52	考查	CAI课件
2	04	VB程序设计	80	考试	CAI课件
2	05	图片处理	60	考试	CAI课件

图6.4 Jskc表(子表)

6.8　命令文件的建立与运行

6.8.1　命令文件的建立

命令文件是由一系列 VFP 命令组成的程序。这些程序一般以某种方式建立并存入磁盘中，使用时再调出来执行。

命令格式：MODIFY COMMAND 〈文件名〉

命令功能：生成和编辑命令文件。

说明：

① 系统打开一个程序编辑窗口。

② 〈文件名〉中若未指定扩展名，系统认定为.PRG 文件。

【例 6.32】 在当前盘 D 盘上的默认目录 VFP1 下，建立一个查看 Da1 表结构和内容的命令文件。

```
MODIFY COMMAND W1
CLEAR
USE Da1
LIST STRUCTURE
LIST
USE
```

输入完后存盘，按 Ctrl + W 组合键或单击程序编辑窗口中的"关闭"按钮，这时，在 D 盘的默认目录 VFP1 下就建立了一个 W1.prg 的命令文件。

6.8.2　命令文件的运行

命令文件建立以后，将在磁盘上产生一个 *.prg 文件，要运行这个程序，使用 DO 命令运行命令文件。

命令格式：DO 〈命令文件名〉[WITH 〈发送参数表〉]

命令功能：运行已建立的命令文件。

说明：

① 执行 DO 命令，首先将指定的文件读到内存中，然后逐条地执行该文件中的命令。

② [WITH] 可选项的用法将在 6.12.3 节中介绍。

【例 6.33】 运行已建立的命令文件 W1.prg。

```
DO W1.prg
表的结构：          D:\VFP\Da1.dbf
数据记录数：        6
最新更新的时间：    05/26/01
代码页：            0
字段   字段名   类型      宽度   小数位   索引   排序   Nulls
   1   姓名     字符型       6                            否
```

```
   2   性别   字符型   6            否
   3   年龄   数值型   2            否
   4   职称   字符型   6            否
   5   工资   数值型   6     2      否
  ** 总计 **          27
```

记录号	姓名	性别	年龄	职称	工资
1	张黎黎	女	26	助教	2500.00
2	李　艳	女	30	助教	2500.00
3	刘　强	男	28	讲师	3500.00
4	王秋燕	女	30	讲师	3500.00
5	姜丽萍	女	30	讲师	3800.00
6	陈丽丽	女	32	讲师	3800.00

6.8.3 调试命令与辅助命令

一个新的命令文件常常会有这样或那样的错误,特别有一些逻辑上的错误是不容易发现的,可以在命令文件的关键部分插入一些提示信息来检查,VFP系统提供了这样一些调试命令。

1. 命令执行结果输出命令

命令格式:SET TALK ON /OFF

命令功能:选择ON状态时,命令的操作结果显示或打印,选择OFF状态则命令结果不显示。缺省时为ON状态。

2. 命令行输出命令

命令格式:SET ECHO ON /OFF

命令功能:选择ON状态时,将在界面或打印机上输出命令行及运行结果,选择OFF状态只输出运行结果,不输出命令本身,缺省为OFF状态。

命令格式:SET PRINT ON /OFF

命令功能:选择ON状态时,接通打印机,选择OFF状态时,则断开打印机,缺省值为OFF状态。

3. 数据的输出语句

命令格式:SET DEVICE TO PRINT/SCREEN

命令功能:将@…SAY命令的结果送到打印机或界面。

说明:

① 如果选用PRINT项,系统的输出便发往打印机,但执行该语句后并没有启动打印机。必须通过按Ctrl+P或输入SET PRINT ON命令方可使打印机启动。

② 若选用SCREEN选择项,则输出转向界面。

4. ASCII码文本输出命令(TYPE)

命令格式:TYPE〈文件名〉[TO PRINT]

命令功能:在界面上或打印机上输出ASCII码的非结构文件(文本文件)。

5. 命令文件终止命令(CANCEL)

命令格式:CANCEL [〈任意字符〉]

命令功能:本命令终止命令文件的执行,并关闭所有打开的文件。〈任意字符〉可用于书写注释。

6.9 顺序结构程序设计

顺序结构的程序会始终按照语句排列的先后顺序,一条接一条地依次执行,顺序结构是程序中最基本的常用的结构。

【例 6.34】 编写一个顺序结构的程序,求 1 +2 +3 +4 的结果。

```
SET TALK OFF
X =0
X =X +1
X =X +2
X =X +3
X =X +4
? X
CANCEL
```

运行这一程序时,系统逐条执行各语句,求 1 +2 +3 +4 之和,最后显示和为 10。

【例 6.35】 编一个程序,将华氏温度 F =68 ℉,变换成摄氏温度℃,并将结果显示出来。

计算公式为:$C = 5 \times (F - 32) \div 9$

程序如下:

```
SET TALK OFF
F =68
C =5 * (F -32)/9
?"摄氏:" +STR(C,4) +"度" +"," +"华氏:" +STR(F,4) +"度"
CANCEL
```

运行结果:

```
摄氏:20 度,华氏:68 度
```

6.10 分支结构程序设计

顺序结构是任何从简单到复杂的程序都离不开的主体基本结构。但是,计算机最重要的特点之一就是具有逻辑判断能力,它可以根据给定的不同逻辑条件,转向执行不同的程序分支,进行相应的处理,这些不同的转向就构成了分支结构。

6.10.1 简单分支语句(IF –ENDIF)

语句格式:

```
IF〈条件表达式〉
  〈语句组〉
ENDIF
```

语句功能：当条件为真时，执行IF和ENDIF之间的语句组；当条件为假时，执行ENDIF后面的语句。其流程图如图6.5所示。

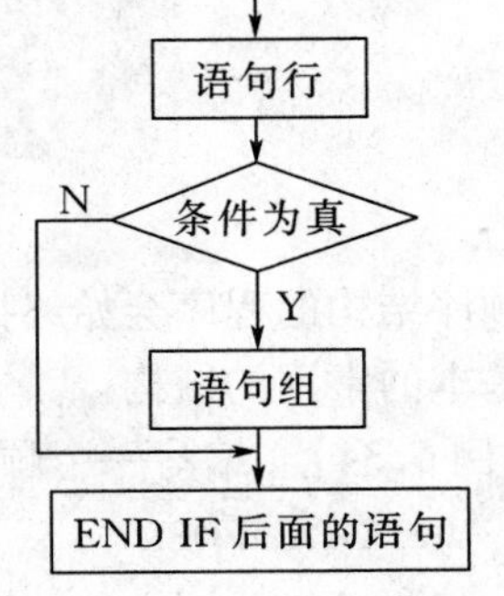

图6.5 简单分支流程图

【例6.36】 检查Da.dbf中有无工资低于3000元的记录，如果有，则显示该记录的信息，然后显示全部记录。程序如下：

```
USE Da
LOCATE FOR 工资<3000.00
IF  NOT EOF()
  DISPLAY
ENDIF
LIST
```

6.10.2 选择分支语句(IF-ELSE-ENDIF)

语句格式：

```
IF〈条件表达式〉
  〈语句组1〉
ELSE
  〈语句组2〉
ENDIF
```

语句功能：当条件为真时，先执行〈语句组1〉，然后再去执行ENDIF后面的语句；当条件为假时，先执行〈语句组2〉，然后再转去执行ENDIF后面的语句。其流程图如图6.6所示。

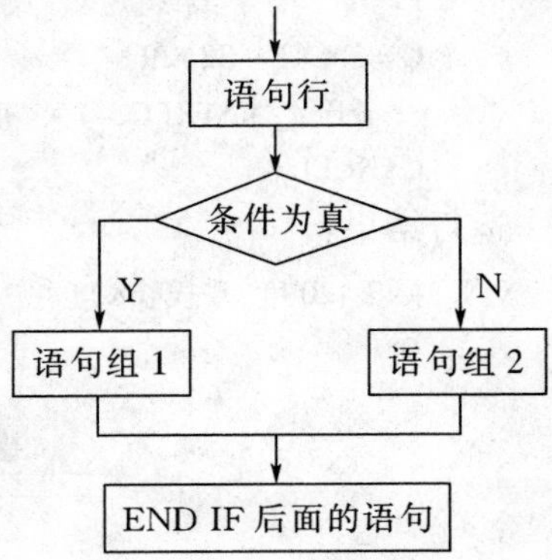

【例6.37】 铁路托运行李，假设每张车票可按每公斤0.5元托运50公斤以内的行李，如果超过50公斤时，超过的部分每公斤加价0.8元。计算公式和程序如下：

$$\begin{cases} X=0.5\times W & \text{当 } W\leqslant 50 \text{ 公斤} \\ X=0.5\times 50+0.8\times(W-50) & \text{当 } W>50 \text{ 公斤} \end{cases}$$

```
SET TALK OFF
INPUT"请输入行李的重量为:"TO W
IF W<=50
   X=0.5*W
ELSE
   X=0.5*50+0.8*(W-50)
ENDIF
?"行李的重量为"+STR(W,6,2)+"公斤,其运费为:"+STR(X,6,2)+"元"
CANCEL
```

图6.6 选择分支流程图

6.10.3 IF条件语句的嵌套

语句格式：

```
IF〈条件表达式1〉
  〈语句组1〉
```

```
ELSE
  IF〈条件表达式 2〉
    〈语句组 2〉
  ELSE
    IF〈条件表达式 3〉
      〈语句组 3〉
    ELSE
    ENDIF
  ENDIF
ENDIF
```

语句功能:此种嵌套语句可以对复杂情况进行各种判断。

说明:在这种嵌套形式中,要求每一层的 IF 和 ELSE 及 ENDIF 必须一一对应。IF - ELSE - ENDIF 每个命令各占一行,不能在同一行出现。

6.10.4 结构分支语句(DO - CASE - ENDCASE)

虽然用 IF 语句嵌套的方式可以解决在多种方案中选择一种的问题。但是,当供选择的方案较多时,编程序的过程既复杂又容易出错,使用起来很不方便,为此,VFP 系统提供了一种简单明了、功能更强的结构分支语句 DO - CASE - ENDCASE 语句。

语句格式:

```
DO  CASE
    CASE〈条件表达式 1〉
        〈语句组 1〉
    CASE〈条件表达式 2〉
        〈语句组 2〉

    [OTHERWISE]
        [〈语句组〉]
ENDCASE
```

语句功能:执行此命令时,系统从头依次查看每一个 CASE 的条件表达式,只要某一个条件表达式的值为真,就执行该条件下的语句组,其他条件下的语句组都跳过去,接下来执行 ENDCASE 后面的语句。OTHERWISE 是一个可选项,若所有的条件都不成立,则执行 OTHERWISE 后面的语句;如果没有可选项 OTHERWISE ,则所有的条件都不成立,接着执行 ENDCASE 后面的语句。

说明:

① 如果有两个或两个以上的条件为真,则只执行第一个条件表达式值为真的 CASE 后的语句组,执行完后,即转去执行 ENDCASE 之后的语句,而不会再去判断下一个 CASE 中的条件。

② DO CASE 中的 CASE〈条件表达式〉个数不限,每个 CASE〈条件表达式〉之间是独立的。DO CASE 和 CASE〈条件表达式 1〉之间不允许出现任何语句。DO CASE 和 ENDCASE 必须成对出现。

6.11 循环结构程序设计

循环是指按照给定的条件去重复执行一段具有特定功能的程序。

6.11.1 DO WHILE - ENDDO 循环

语句格式:

```
DO WHILE〈条件表达式〉
  〈语句组〉
ENDDO
```

语句功能:当条件表达式的值为真时,执行语句组,否则执行 ENDDO 后面的语句。

说明:

① DO WHILE〈条件表达式〉是循环说明语句,它指出了循环的条件。

② DO WHILE 和 ENDDO 之间的语句称为循环体。循环体可以是一个语句或一组语句,也可以是一个 VFP 子程序。

③ ENDDO 是循环终止语句,表示循环以此语句为终点。

④ 循环语句本身不会修改执行的条件,这一点与 VB 语言的 FOR - NEXT 语句不同,所以,一定要在循环体内设置修改循环条件的语句,如果忘记这一点或者设置不正确,就会出现死循环。循环语句的流程图如图 6.7 所示。

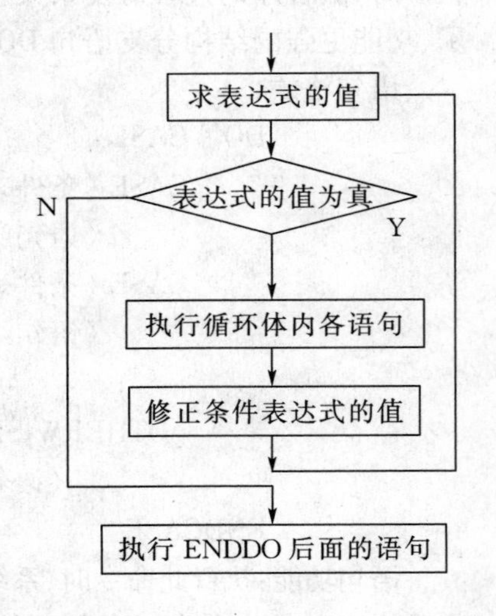

图 6.7 循环语句的流程图

【例 6.38】 以显示方式输出 1 到 10 的数字。

```
SET TALK OFF
CLEAR
I =1
DO WHILE I <=10
  ? I
  I =I +1
ENDDO
```

语句 I =I +1 就是用来修改循环条件的,如果没有这一句,I 的值永远等于 1,上述循环就成为一个死循环。

【例 6.39】 统计职工表 Zgda.dbf 中,职称是"讲师"和"副教授",年龄为 35 岁以下的教师人数。

```
SET TALK OFF
 STORE 0 TO C,W
 USE Zgda
 DO WHILE NOT EOF()
    DO CASE
      CASE (年龄 <35) AND 职称 =" 讲师"
       W = W +1
```

```
            CASE (年龄<35) AND 职称="副教授"
             C=C+1
        ENDCASE
        SKIP
    ENDDO
    ?"讲师35岁以下的人数为:",W
    ?"副教授35岁以下的人数为:",C
    SET TALK ON
    CANCEL
```

这是一个典型的循环程序,打开Zgda表后,便重复进行查找统计工作。它从Zgda表的第一个记录开始查找,重复条件是文件未结束(即NOT EOF()=.T.)。每查找一次,如果是讲师或副教授,便在W或C中加1,否则不被计数。SKIP语句执行一次,记录指针下移一个记录,并在程序中起到了修改循环条件的作用。当指针指到文件末尾时,所有职工查询一遍,循环条件已不成立(即NOT EOF()=.F.),退出循环。然后分别打印出讲师和副教授35岁以下的人数。

1. 转跳语句(LOOP)

VFP系统没有提供无条件转向语句(GOTO),但在DO WHILE-ENDDO循环体内提供了一条短路语句,可以起到转跳作用。

语句格式:LOOP

语句功能:该语句中断本次循环体的执行,跳回到DO WHILE的开始处,重复对条件表达式的判断。

说明:LOOP语句一定要用在DO WHILE的循环体内才有意义,LOOP语句使它后面的语句在本次循环时不被执行,它可以出现在循环体内任何位置,多包含在分支语句中。必须注意的是,在具有多重DO WHILE-ENDDO嵌套的程序中,LOOP只返回与它本身所处的内层循环体相匹配的DO WHILE语句。

例如,在双重循环中,LOOP语句在内循环体中,当执行到LOOP语句时,它跳回到内循环的DO WHILE的开始处,重复对〈条件表达式2〉的判断。

```
DO WHILE〈条件表达式1〉
  …
  DO WHILE〈条件表达式2〉
     …
   LOOP
     …
  ENDDO
  …
ENDDO
```

【例6.40】 将Da1.dbf表中凡是工资小于4 000元的增加500元。

```
SET TALK OFF
USE Da2
```

```
DO WHILE NOT EOF( )
    IF 工资 > =4000
        SKIP
        LOOP
    ENDIF
    REPLACE 工资 WITH 工资 +500
    SKIP
ENDDO
CANCEL
```

这个程序运行后,Da1.dbf 凡是工资小于4 000 元的将能加上500 元。IF 语句用来判断工资是否大于等于4 000 元,若是,则跳过这条记录,记录指针下移一个记录,并用 LOOP 语句转回到 DO WHILE 语句重新判断循环条件。

【例6.41】 求0～100之间奇数之和。

```
SET TALK OFF
X =0
Y  =0
DO WHILE X <100
    X =X +1
    IF INT(X/2) =X/2
        LOOP
    ELSE
        Y  =Y  +X
    ENDIF
ENDDO
?"0～100之间的奇数之和为:",Y
SET TALK ON
CANCEL
```

此程序中,对于每一个 X,用 INT(X/2)是否等于 X/2 判断 X 是否为偶数,若是偶数,则执行 LOOP 语句,返回 DO WHILE。如果 INT(X/2)不等于 X/2,则说明 X 的值为奇数,则执行 Y = Y +X语句,将奇数累加。

2. 出口语句(EXIT)

如果在循环的中途,需要结束循环而转到本层循环的后继命令去执行,可以使用出口命令。

语句格式:EXIT

语句功能:终止 DO WHILE - ENDDO 的正常循环,无条件地转到 ENDDO 的后继命令去执行。

【例6.42】 计算1 +2 +3 +… +100 的和。

```
SET TALK OFF
N  =1
S =0
```

```
DO WHILE. T.
    IFN  >100
       EXIT
    ENDIF
    S = S + N
    N  = N  + 1
ENDDO
?"1 + 2 + 3 + … + 100 = ",S
CANCEL
```

运行结果为:

```
1 + 2 + 3 + … + 100 = 5050
```

3. 多重循环中 LOOP 和 EXIT 的作用域

如果在一个循环程序的循环体内又包含着另一些循环,就构成了多层次(多重)循环,又叫循环的嵌套。LOOP 和 EXIT 语句放在哪一个层次,它就只能在那个层次中起作用,这个层次就是它的作用域,如图 6.8 所示。

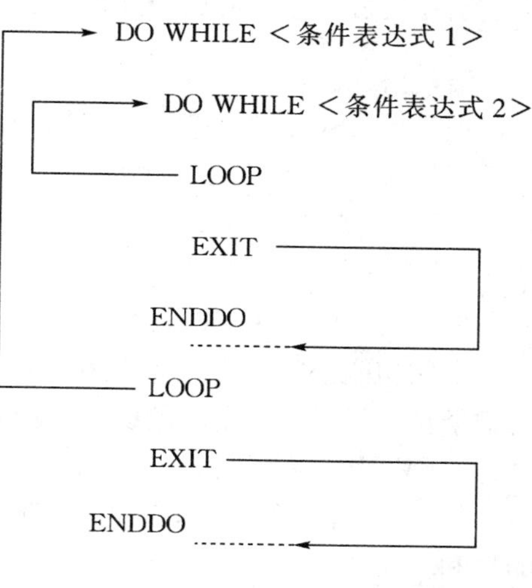

图 6.8 LOOP 和 EXIT 的作用域

6.11.2 FOR – ENDFOR 循环

语句格式:

```
FOR 循环变量 =〈初值〉TO〈终值〉[STEP〈步长〉]
    〈命令序列〉
    [LOOP]
    [EXIT]
ENDFOR
```

语句功能:循环过程是首先将初值赋予循环变量,每当执行一次循环,循环变量增加一个步长,直到循环变量值大于终值时结束循环。

LOOP 语句用于转到 FOR 语句继续执行循环;EXIT 用于跳出循环,转到 ENDFOR 后面的命令执行。

【例 6.43】 找出表中年龄最大的记录号。

```
SET TALK OFF
USE Zgda
MAX = 年龄
J = RECCOUNT( )                  && 函数的返回值是指表中所含的记录的总数
FOR I  = 1 TO J
    IF MAX < 年龄
       MAX = 年龄
       RSC = RECNO( )
    ENDIF
    SKIP
```

```
ENDFOR
USE
? RSC
```

6.11.3 SCAN－ENDSCAN循环

语句格式:

```
SCAN [〈范围〉][FOR〈条件表达式〉]
        〈命令序列〉
        [LOOP]
        [EXIT]
ENDSCAN
```

语句功能:SCAN的功能是在表中移动并重新执行命令序列。一般情况下,SCAN循环开始时记录指针指向满足条件的第一个记录,执行到ENDSCAN时,记录指针指向第二个满足条件记录,控制又回到SCAN循环的开始,直到所有记录处理完,循环也就结束了。

【例6.44】 在Da1.dbf表中,查找职称是"讲师"的记录,计算满足条件的记录个数和工资的总和。

```
SET TALK OFF
USE Da1
S=0
N =0
SCAN FOR 职称="讲师"
  DISPLAY
  S=S+工资
  N =N +1
ENDSCAN
USE
? "S=",S
? "N=",N
```

【例6.45】 用SCAN－ENDSCAN命令显示表的记录。

```
USE Da1
SCAN
  DISPLAY
ENDSCAN
```

【例6.46】 用FOR－ENDFOR命令显示表的记录。

```
USE Da1
FOR I =1 TO 5
  GO I
  DISPLAY
ENDFOR
```

6.12　过程及其调用

程序设计时,常常有些运算或处理程序是相同的,为了避免烦琐,可以将重复出现的或能单独使用的程序写成可供其他程序调用的独立程序段,这个程序段称为子程序,在 VFP 中也称为过程。

6.12.1　过程及过程调用的基本概念

在 VFP 中,过程享有与主程序相同的待遇,它可以用同样的方法建立、运行,以同样的文件形式存放在磁盘上,有相同的扩展名(.PRG),唯一不同的是,一个过程中至少应有一条返回语句。

语句格式:RETURN [TO MASTER]

语句功能:结束过程的运行,使执行返回到调用它的主程序或最高一级的主程序中。

说明:

① 选择项[TO MASTER]是在过程嵌套中使用。无此项时,执行回到调用它的原处;有此项时,执行回到最高一级的主程序。

② 在某一命令文件中安排一条 DO 语句来运行另一个命令文件,这就是过程调用。被调用的命令文件必须有 RETURN 语句,以返回调用它的主程序中。

6.12.2　过程文件

由于过程是作为一个文件独立存放在磁盘上的,所以每调用一次过程,都要打开一个磁盘文件,以致影响程序的运行速度。从减少磁盘访问时间出发,VFP 提供了过程文件,过程文件是一种包含有过程的命令文件。过程文件被打开后,VFP 系统就能找到该文件所容纳的各个过程所在位置,不需频繁地进行磁盘操作,从而大大提高了调用过程的速度。

1. 过程文件的建立

过程文件也是命令文件,建立方法与命令文件一样,扩展名也是.PRG。一个应用系统中可以有多个过程文件,但同一时间只能打开一个过程文件。一个过程文件最多可包括 128 个子过程。每个独立子过程的开始应该用 PROCEDURE〈过程名〉进行标识。

语句格式:PROCEDURE〈子过程名〉

　　　　　　〈语句组〉

　　　　　RETURN

2. 打开过程文件

VFP 规定,在调用过程文件之前,必须打开过程文件。

语句格式:SET PROCEDURE TO〈过程文件名 1〉[,〈过程文件名 2〉,…]

语句功能:打开一个或多个过程文件。

说明:调用过程文件仍使用 DO 语句。

3. 关闭过程文件

在主程序结束之前应使用下面语句关闭过程文件。

语句格式1:CLOSE PROCEDURE

语句格式2:SET PROCEDURE TO

语句功能:关闭已打开的过程文件。

说明:格式1关闭当前打开的过程文件,格式2关闭所有已打开的过程文件。

6.12.3 带参数的过程调用

过程调用时传递参数的另一种方法是:允许在调用命令和被调用过程中设置数量相同、类型一致的参数,按其排列顺序一一对应。调用命令将一系列参数的值传送给被调用程序中的对应参数,被调用程序运行结束时,再将相应参数的值(可能已被改变)返回。这种方法可用带参数传递语句来实现。

语句格式:DO〈文件名〉WITH〈发送参数表〉

语句功能:带参数调用一般过程和过程文件中的过程及应用程序。

说明:〈发送参数表〉中的参数可以是常量、变量和表达式。一个参数如果是变量或表达式,变量和表达式中所有变量应事先赋值,其值将成为被调用程序中对应参数的值。被调用的程序中第一个可执行的语句必须是参数语句。

语句格式:PARAMETERS〈接受参数表〉

语句功能:接受调用命令中相应参数的值,并在调用结束后返回对应参数的计算值。

说明:〈接受参数表〉中的参数表是一些变量,必须与调用命令中的参数相匹配。参数语句与带参数调用语句必须配合使用,成对出现。参数语句出现在过程中,带参数调用语句出现在主程序中。

6.12.4 过程调用的嵌套

执行一个过程时,可以调用第二个过程。执行第二个过程时,可以调用第三个过程。这样一个接一个调用下去,称为过程嵌套。图6.9为一个主程序与两个过程嵌套的情况。

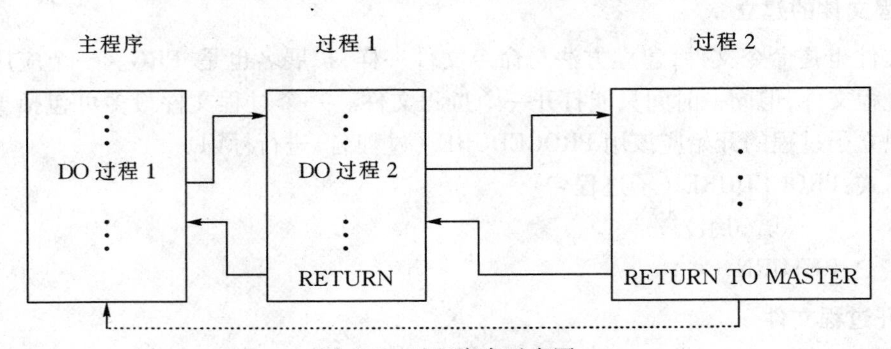

图6.9 过程嵌套示意图

若过程2中RETURN语句使用了可选项[TO MASTER],则此过程运行完毕便直接返回主程序,如虚线所示。VFP规定,在过程嵌套中,每执行一次DO命令,就打开了一个新文件。因此,及时使用关闭命令关闭过程文件,可增加嵌套层数。

习　题

一、选择题

1. 打开一个数据库的命令是(　　)。
   A）USE　B）USE DATABASE　C）OPEN　D）OPEN DATABASE
2. 要为当前表所有职工增加100元工资,应该使用命令(　　)。
   A）CHANGE 工资 WITH 工资+100　B）REPLACE 工资 WITH 工资+100
   C）CHANGE ALL 工资 WITH 工资+100　D）REPLACE ALL 工资 WITH 工资+100
3. 在 Visual FoxPro 中,用于建立或修改过程文件的命令是(　　)。
   A）MODIFY〈文件名〉　B）MODIFY COMMAND〈文件名〉
   C）MODIFY PROCEDURE〈文件名〉　D）上面B)和C)都对
4. 如果一个过程不包含 RETURN 语句,或者 RETURN 语句中没有指定表达式,那么该过程(　　)。
   A）没有返回值　B）返回0　C）返回.T.　D）返回.F.

二、填空题

1. 在 Visual FoxPro 中,最多同时允许打开________个数据库表和自由表。
2. 关闭所有文件的命令为:________。
3. 列出所有Z开头的文件目录的命令为:________。
4. 列出所有表文件目录的命令为:________。
5. 进入全界面状态,修改与浏览表的记录的命令为:________。
6. 物理删除有删除标记的记录的命令为:________。

实　训

【实训目的】

1. 熟练掌握数据表记录的插入、删除及表文件的建立、复制、删除等命令操作。
2. 会用命令方式来给表建立索引。
3. 熟练掌握3种程序结构:顺序结构、分支结构、循环结构的程序设计方法。

【实训内容】

6.1　建立表操作

1. 建立一个职工档案表 ZGDA.DBF,表的内容可以自己定义。思考备注型字段的内容如何查阅、修改。

2. 建立一个学生成绩表 CJ.DBF。

记录号	姓名	年龄	数学	哲学	政经	英语
1	刘　力	20	98	76	80	92
2	王小燕	21	87	63	74	86
3	张丽萍	21	80	65	69	82
4	陈　阳	22	67	72	87	70
5	李　刚	22	75	66	57	61

3. 建立一个工资表 GZ.DBF,表的内容自己定。

4. 将 ZGDA.DBF 表先添加一个"工资"字段,然后进行如下操作:

(1) 显示工资小于3800元的姓名、工资两个字段的内容;

(2) 显示性别为"男"的全部记录的内容;

(3) 显示性别为"女"的姓名、职称与工资的内容;

(4) 显示全部姓"王"的记录内容;

(5) 显示职称是"讲师"且年龄为32岁以下的记录;

(6) 显示年龄在35岁以下,工资在3500元以上记录的内容。

6.2 表维护

1. 将 ZGDA.DBF 表复制生成一个新表 Z1.DBF,并进行下面的修改操作:

(1) 用 EDIT 命令只修改第4号记录"王秋燕",将职称由"讲师"改为"副教授",工资由3500元改为4000元,显示修改后表的内容;

(2) 用 CHANGE 命令将工资小于3800元的增加400元,显示修改后表的内容;

(3) 用 BROWSE 命令只显示姓名、职称和工资3个字段,并做一些修改,显示修改后表的内容;

(4) 用 REPLACE 命令进行如下操作,并显示修改后表的内容。

① 将所有记录的年龄增加一岁;

② 将所有讲师的工资增加500元;

③ 将所有的"讲师"改成"副教授";

④ 将所有的"助教"改成"讲师"。

2. 用 ZGDA.DBF 表进行复制操作:

(1) 用 COPYFILE 命令,将 ZGDA. DBF 表复制生成新的表 A1.DBF,显示新表的内容;

(2) 用 COPY TO 命令,将 ZGDA.DBF 表复制生成新的表 A2.DBF,显示新表的内容;

(3) 将 ZGDA.DBF 表复制生成新的表 A3.DBF,A3.DBF 的结构由姓名、性别、年龄、职称4个字段组成,显示新表的内容;

(4) 将 ZGDA.DBF 表职称是讲师的记录复制出来生成新的表 A4.DBF,A4.DBF 的结构由姓名、年龄、职称和工作时间4个字段组成,显示新表的内容;

(5) 将 ZGDA.DBF 表年龄大于40岁的记录复制出来,生成新的表 A5.DBF,显示新表的内容。

3. 用 DELETE 命令和 PACK 命令删除 Z1.DBF 表中的记录:

(1) 真正删除第1号和第7号记录,真正删除第3号至第6号记录;

(2) 将第2号记录打删除标记,然后再恢复,真正删除 Z1.DBF 表的全部记录。

6.3 重新组织表

1. 有一个表 W1.DBF 内容如下,请分别按工资降序排列,再按职称升序排序。

记录号	姓名	性别	年龄	职称	工资
1	刘小黎	女	28	助教	2 500.00
2	王　阳	女	27	助教	2 500.00
3	李　志	男	30	讲师	3 000.00
4	秋　天	女	32	讲师	3 600.00
5	张丽萍	女	32	讲师	3 600.00

2. 将 W1. DBF 表分别按姓名、性别进行索引。

3. 用 FIND、SEEK 命令查找李志和秋天两个记录,并显示其内容。

4. 用 LOCATE 和 CONTINUE 命令查找所有职称是讲师的记录。

5. 将 ZGDA. DBF 表,按下列要求建立索引文件:

(1) 按姓名建立索引文件;

(2) 按工资建立索引文件;

(3) 按工作时间建立索引文件;

(4) 按职称和工资建立索引文件。

6. 将 ZGDA. DBF 表,按下列要求进行查询操作:

(1) 将 LOCATE 命令查询“李艳”的有关数据;

(2) 用 LOCATE 和 CONTINUE 命令查询性别是“男”的全部记录。

6.4　统计命令

1. 将学生成绩表 CJ. DBF,进行统计平均年龄、每科成绩的总分与平均分等操作。

2. 将 ZGDA. DBF 表进行下列统计操作:

(1) 统计女职工的平均工资,男职工的平均年龄;

(2) 分别统计男、女职工的人数;

(3) 统计年龄大于 30 岁的人数;

(4) 统计职称是“讲师”的人数;

(5) 统计 2015 年之后参加工作的人数。

6.5　程序设计

1. 写出下列程序的运行结果:

(1) 求 $S=1+2+3+\cdots+100$ 的值。

```
SET TALK OFF
S=0
P=1
DO WHILE P<=100
    S=S+P
    P=P+1
ENDDO
?"S=",S
CANCEL
```

(2) 求 $T=1\times2\times3\times\cdots\times5=5!$ 的值。

```
SET TALK OFF
T=1
N=1
DO WHILE N<=5
    T=T*N
    N=N+1
ENDDO
```

```
?"T = ",T
CANCEL
```

(3) 写出程序的运行结果。

```
SET TALK OFF
I = 1
DO WHILE I < = 3
  J = 5
  DO WHILE J < = 7
    ? I,J
    J = J + 1
  ENDDO
  I = I + 1
ENDDO
CANCEL
```

2. 编一个程序求1～100之间的偶数之和($S=2+4+6+\cdots+100$)。

3. 编写计算下列表达式值的程序(在同一个程序里完成)。

$S=1+2+3+\cdots+100$

$T=1^2+2^2+3^2+\cdots+100^2$

4. 编一个程序求$S=1+(1+2)+(1+2+3)+\cdots+(1+2+3+4+\cdots+10)$之和。

5. 某院校按学生选修的学分收费。学分在12分以下的收费4 000元,若超过12学分,则超过部分每学分加收200元。编一个程序计算收费。输入学号I及学分U,输出学生号及应缴学费T。

$T=4\,000 \qquad U\leqslant 12$

$T=4\,000+200(U-12) \qquad U>12$

第7章 报表和标签设计

为了更有效地实现对数据的管理，用户可能需要将结果显示或打印出来，VFP提供了报表和标签，从而能够方便地实现对表中的数据和查询结果进行显示或打印。报表包含两个基本部分：数据源和布局。数据源一般是表，也可以是视图、查询或自由表等，报表布局则定义了报表的打印格式。

本章主要介绍VFP报表文件和标签文件的建立与输出方法。

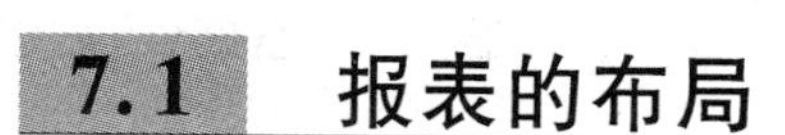

7.1 报表的布局

报表是数据输出的常用格式，如何打印出好的报表是程序设计的一个重要方面。用户可以使用“报表向导”、“报表设计器”或两者结合来设计报表。

7.1.1 创建报表的步骤

设计报表有以下5个主要步骤：选取字段、确定创建的报表样式、创建报表布局、修改和定制报表布局、预览和打印报表。报表文件具有.FRX文件扩展名，用于存储报表的详细说明。每个报表文件还有.FRT文件扩展名的相关文件。报表布局文件不是存储每个数据字段的值，而只是存储一个特定报表的位置和格式信息。如果报表中数据源字段值发生了变化，报表的值也会发生相应的变化。

7.1.2 报表样式

报表可能是一个简单的统计报表，也可能是一张复杂的清单，因此，创建报表之前，必须先确定报表样式。表7.1是常见的报表样式及说明。

表7.1 常见的报表样式

报表样式	说　明	例　子
列报表	每一行输出一个记录，记录字段的值按水平放置	学生登记表和统计报表
行报表	一列一个记录，每个记录的字段在一侧竖直放置	货物列表
一对多报表	一个记录对应的多条记录表	发票和财务报表
多栏报表	多栏式记录，每个记录的字段沿左边缘竖直放置	电话号码簿和名片
标签	多列记录，每个记录的字段沿左边缘竖直放置	邮件标签

7.1.3 报表布局

VFP 为用户提供了3种方法来创建报表布局:

① 使用“报表向导”创建简单的报表或者一对多报表。

② 使用“报表设计器”修改已有的报表或者创建用户自己的报表。

③ 使用“快速报表”从单表中创建一个简单报表。

使用上述任何一种方法,都可以创建一个可用“报表设计器”进行修改的报表布局文件。“报表向导”是创建报表最简单的方法,并且“报表向导”可以自动提供“报表设计器”许多固定的特征。“报表设计器”可以直接创建一个报表,但开始只显示一个空白布局。“快速报表”也是建立一个简单布局的最快方法。

7.2 报表文件的建立

本节介绍使用“报表向导”、“报表设计器”、“快速报表”创建报表的3种方法。

7.2.1 用“报表向导”创建报表

“报表向导”是创建报表的最简单的方法。下面介绍用“报表向导”将“ZGDA.DBF”表创建一个简单的报表,其操作步骤如下。

1.“报表向导”的打开

打开“报表向导”有两种方法:一是“项目管理器”,二是“工具”菜单。

方法1 在“项目管理器”中打开

① 在“项目管理器”中,选择“文档”选项卡,选择“报表”选项,如图7.1所示。

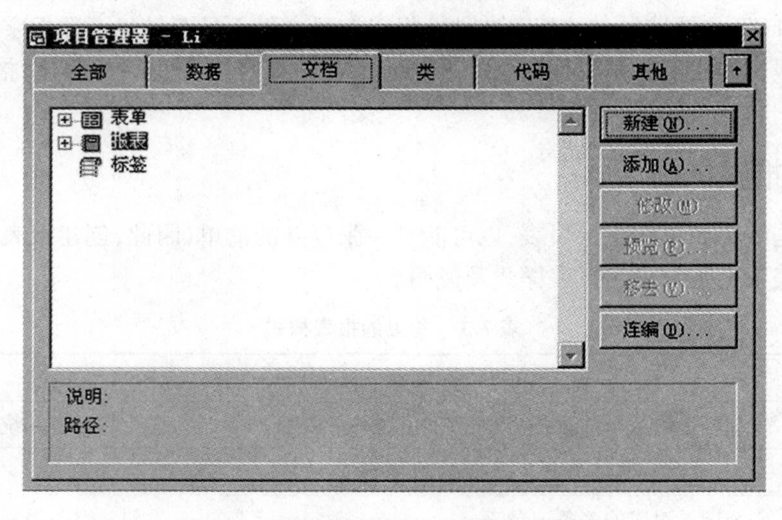

图7.1 “项目管理器”中的“文档”选项卡

② 单击“新建”按钮,打开“新建报表”对话框,如图7.2所示。

③ 单击“报表向导”按钮,打开“向导选取”对话框,如图7.3所示。

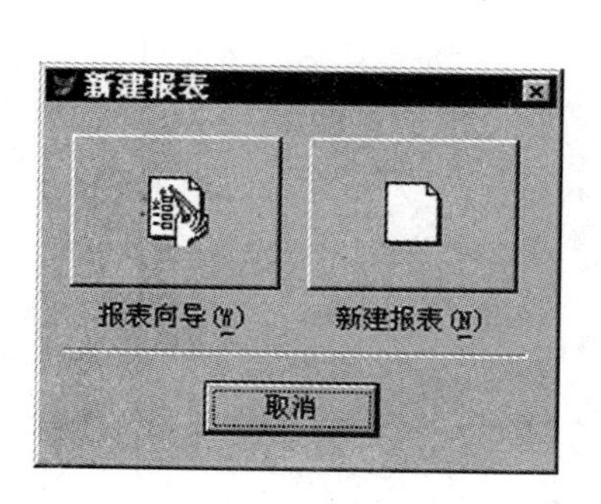

图 7.2　“新建报表”对话框

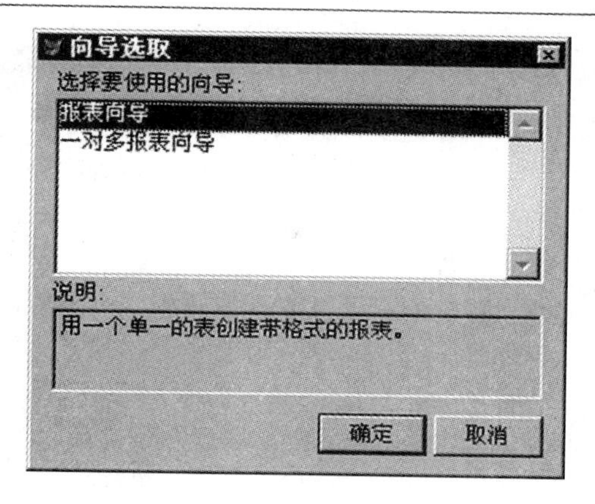

图 7.3　“向导选取”对话框

方法 2　在“工具”菜单中打开

① 在“工具”菜单中，选择“向导”→“报表”命令，打开“向导选取”对话框，如图 7.3 所示。

② 在“选择要使用的向导”列表框中，选择“报表向导”选项，单击“确定”按钮，打开“报表向导”对话框，如图 7.4 所示，显示“字段选取”设置界面。

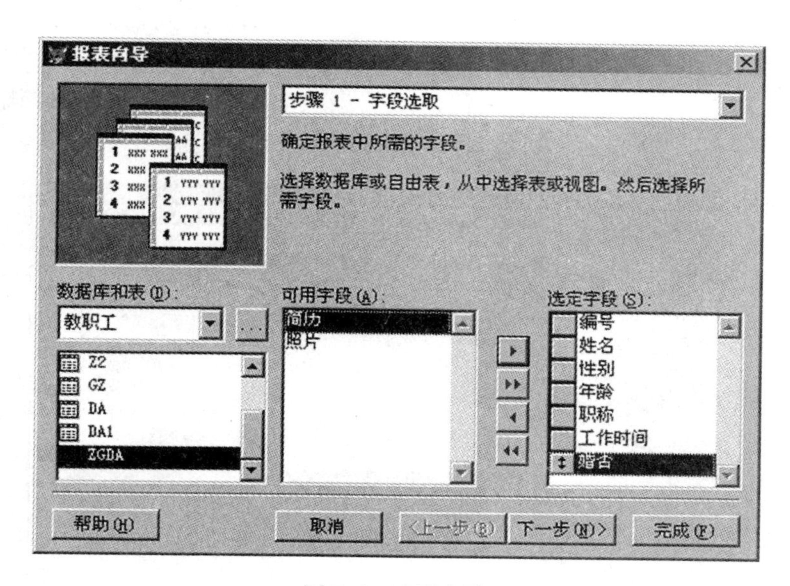

图 7.4　选择字段

2. “报表向导”的使用

① 字段选取。在“数据库和表”下拉列表框中，选择“教职工”数据库，然后选择“ZGDA.DBF”表。再在“可用字段”列表框中，将表的全部或部分字段移到“选定字段”列表框中，如图 7.4 所示。

② 分组记录。单击“下一步”按钮，打开“报表向导”的“分组记录”设置界面，如图 7.5 所示。确定记录的分组字段，如选择“性别”，这样便于读取数据。

从确定的记录中，用户最多可以建立三层分组层次。如果是数值型字段，单击“分组选项”

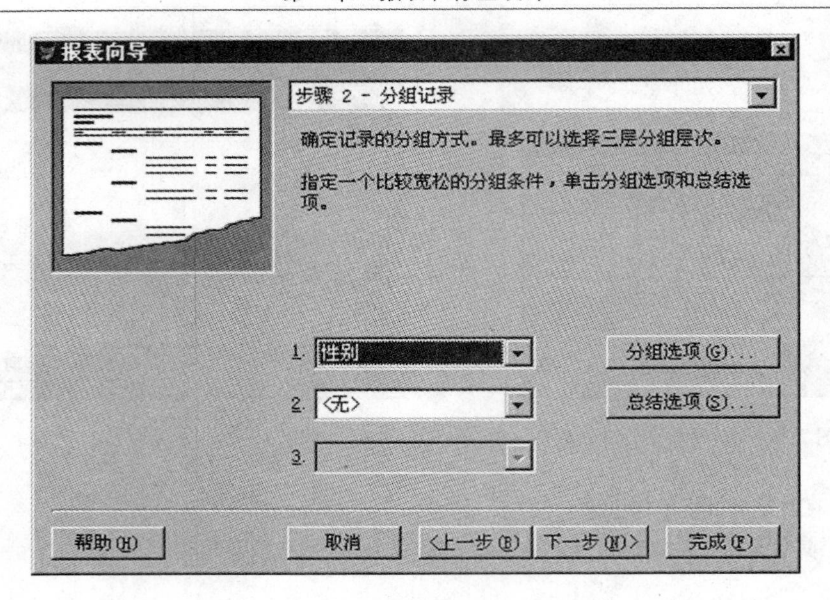

图7.5 确定记录的分组方式

按钮,打开"分组间隔"对话框,从中可以选择与用来分组的字段中所含的数据类型相关的筛选级别,并确定分组的位数。单击"总结选项"按钮,打开"总结选项"对话框,从中可以选择对基本字段取相应的特定值,如平均值、总计等,并添加到输出报表中。

③ 选择报表样式。单击"下一步"按钮,打开"报表向导"的"选择报表样式"设置界面,如图7.6所示。在"样式"列表框中,可以选择报表的样式,如选择"账务式"选项。

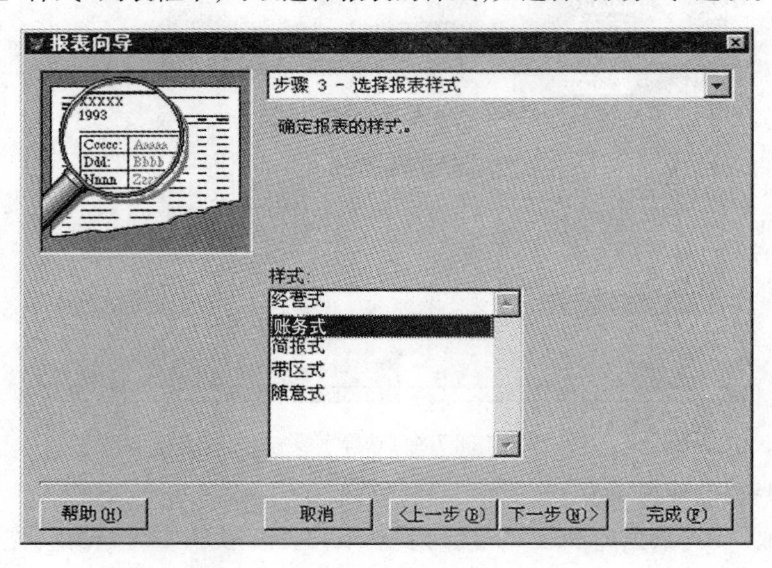

图7.6 选择报表样式

④ 定义报表布局。单击"下一步"按钮,打开"报表向导"的"定义报表布局"画面,如图7.7所示。在"方向"选项区域中,单击"列"选项按钮,表示报表为列报表(列报表为每个记录占一行)。

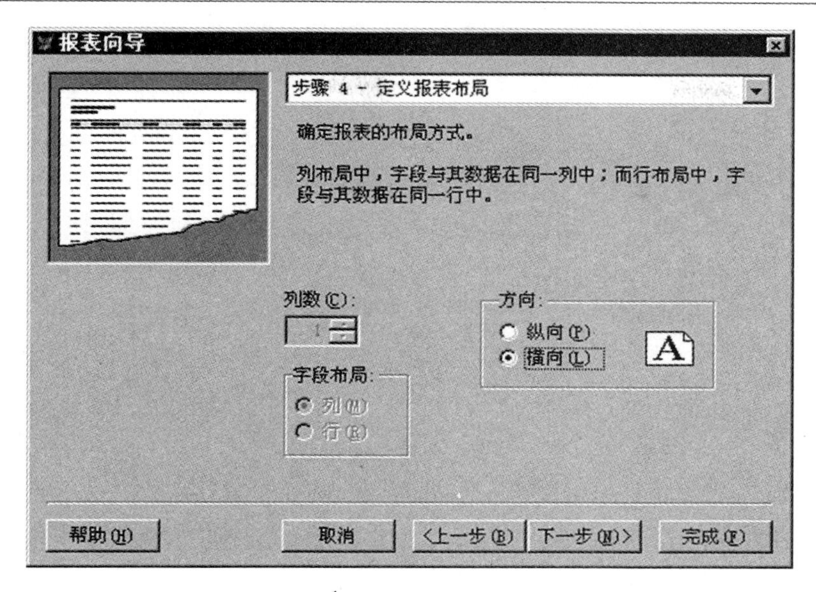

图 7.7 定义报表布局

⑤ 排序记录。单击“下一步”按钮,打开“报表向导”的“排序记录”设置界面,如图 7.8 所示。在“可用的字段或索引标识”列表框中,选择排序字段,单击“添加”按钮,将选定的排序字段添加到“选定字段”列表框中。例如,选择“编号”字段,将按编号次序排序。

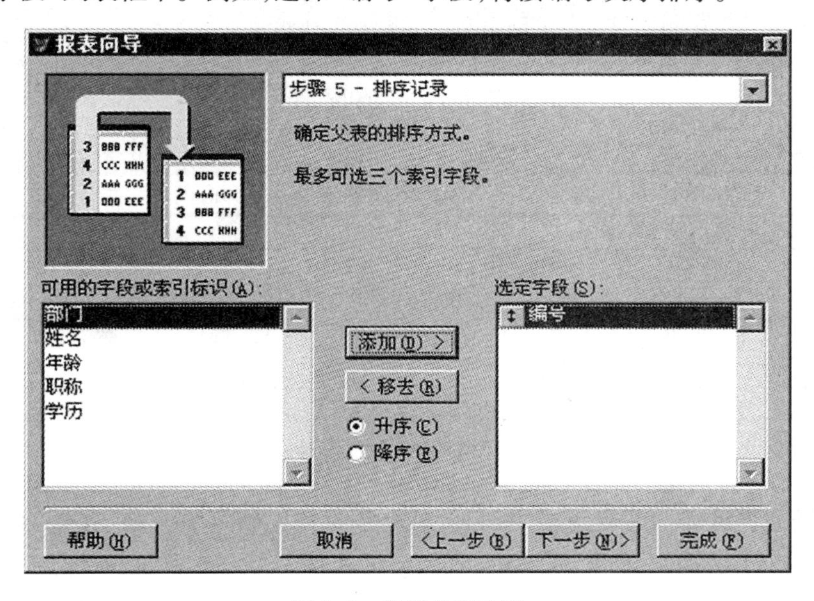

图 7.8 设置排序次序

⑥ 输入报表标题和确定保存方式。单击“下一步”按钮,打开“报表向导”的“完成”设置界面,如图 7.9 所示。在“报表标题”文本框中,输入报表标题,如输入“教职工基本情况表”,选择“保存报表并在‘报表设计器’中修改报表”单选按钮,表示保存后将打开“报表设计器”对话框。

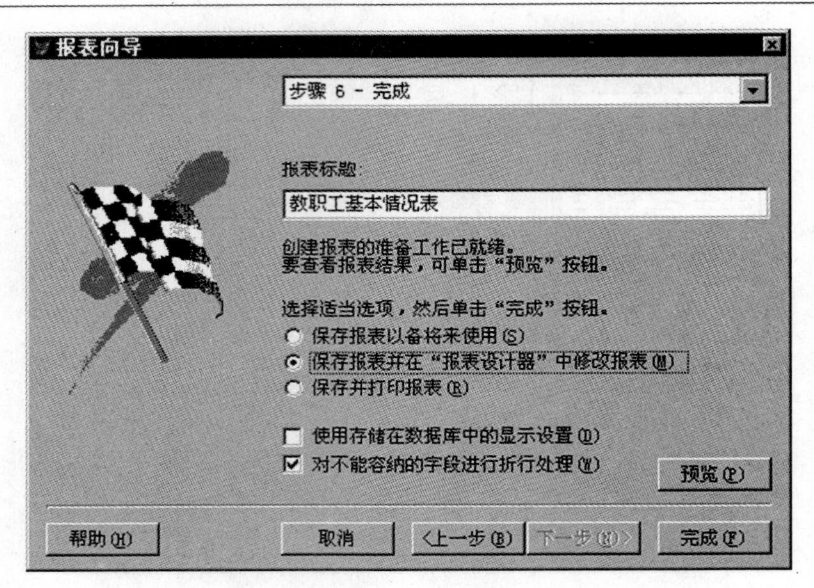

图7.9 设置报表标题和保存方式

⑦ 单击“完成”按钮,打开“另存为”对话框,默认的文件名为:报表1.FRX,单击“保存”按钮,生成新的报表并启动“报表设计器”来显示报表,如图7.10所示。

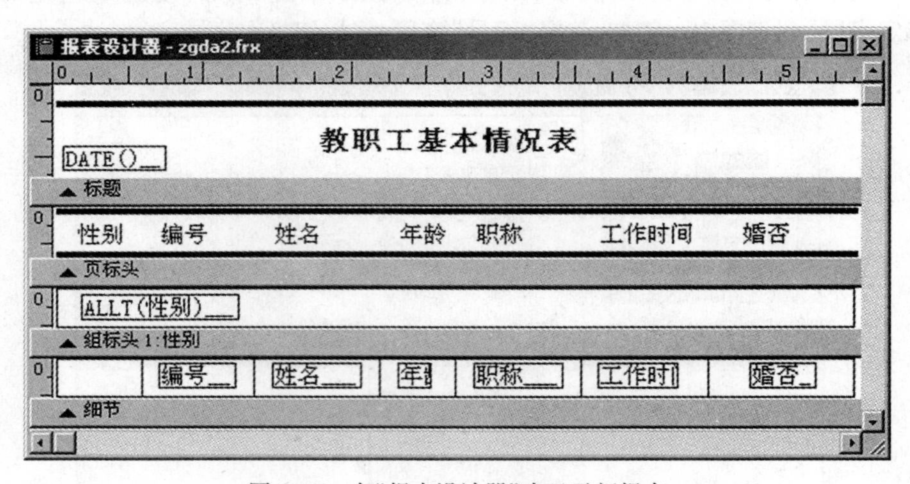

图7.10 在“报表设计器”中显示新报表

⑧ 关闭“报表设计器”,系统返回“项目管理器”,选择已创建的报表,单击“预览”按钮,可以预览报表,如图7.11所示。

⑨ 修改报表。如果不满意,选择要修改的报表,单击“修改”按钮,打开“报表设计器”窗口,可以进行修改,调整字段的宽度、表格线的长短和粗细,或删除那些可要可不要的字段。单击“预览”按钮,打开“打印预览”工具栏,可以改变显示比例。单击“关闭预览”按钮,或按Esc键,系统返回“项目管理器”中。

使用了“报表向导”之后,就可以使用“报表设计器”来添加控件和定制报表。

12/30/18 **教职工基本情况表**

性别	编号	姓名	年龄	职称	工作时间	婚否
男						
	3	刘 强	28	讲师	12/24/15	.T.
	7	刘 刚	38	副教授	06/23/13	.T.
	8	王 良	30	讲师	08/09/15	.T.
女						
	1	张黎黎	26	助教	05/24/18	.T.
	2	李 艳	30	助教	09/24/18	.T.
	4	王秋燕	30	讲师	10/09/15	.T.
	5	姜丽萍	30	讲师	10/09/15	.T.
	6	陈丽丽	32	讲师	09/27/15	.T.

图 7.11 预览报表

7.2.2 用“报表设计器”创建报表

如果不想使用“报表向导”或“快速报表”，那么可以使用“报表设计器”生成新的空白报表，然后根据需要添加控件。使用“报表设计器”，还可以对已生成的报表进行修改。下面是使用“报表设计器”创建空白报表的方法：

① 在“项目管理器”中，选择“文档”选项卡，选择“报表”选项。

② 单击“新建”按钮，打开“新建报表”对话框。

③ 在“新建报表”对话框中，单击“新建报表”按钮，打开“报表设计器”窗口，如图 7.12 所示。“报表设计器”将显示一个新的空白报表，可以向空白报表中添加控件并定制报表。

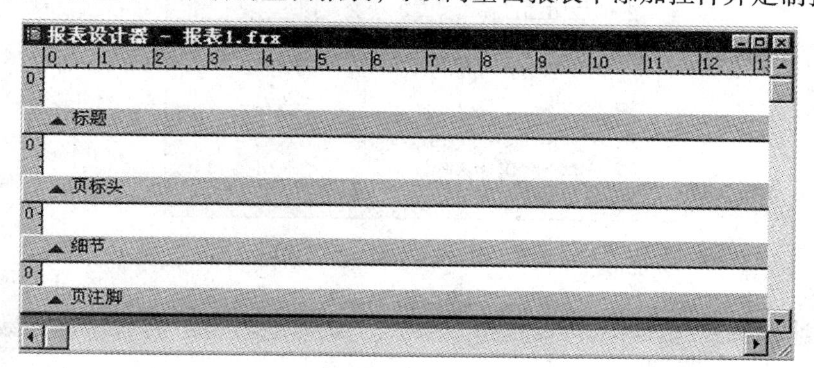

图 7.12 “报表设计器”窗口

7.2.3 用“快速报表”创建报表

“快速报表”是自动建立一个简单报表布局的快速工具。用户可以使用系统提供的“快速报表”功能，来初步生成报表，如果不满意，再利用“报表设计器”对该报表进行调整。当创建了一

个空白报表后,可以按以下步骤创建快速报表:

① 在“项目管理器”中,选择“文档”选项卡,选择“报表”选项。

② 单击“新建”按钮,打开“新建报表”对话框。

③ 在“新建报表”对话框中,单击“新建报表”按钮,打开“报表设计器”窗口,如图7.12所示。

④ 在“报表”菜单中,选择“快速报表”命令,打开“打开”对话框,如图7.13所示。

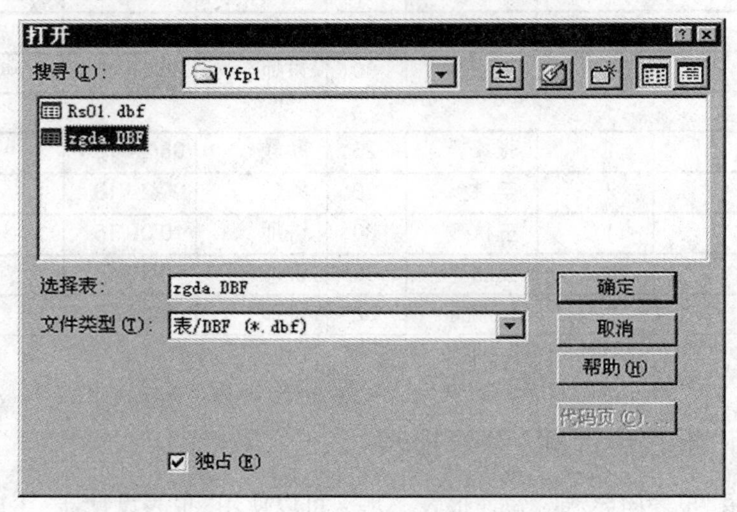

图7.13 “打开”对话框

⑤ 在“打开”对话框中,在表文件列表框中,选择要使用的表,如选择“zgda.DBF”表,单击“确定”按钮,打开“快速报表”对话框,如图7.14所示。

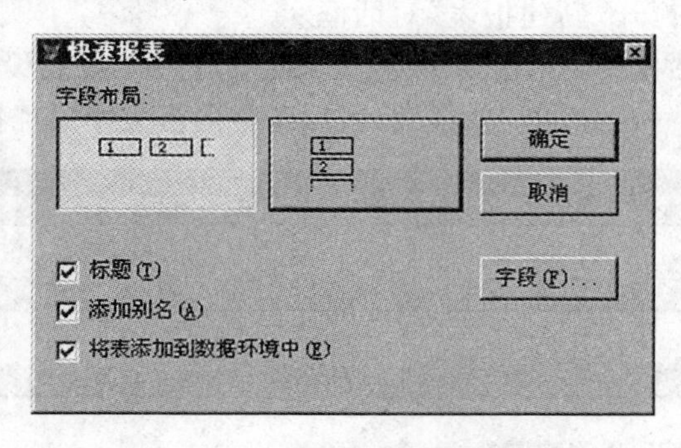

图7.14 “快速报表”对话框

⑥ 在“快速报表”对话框中,可以选择“标题”、“添加别名”及“将表添加到数据环境中”复选项。

⑦ 单击“字段”按钮,打开“字段选择器”对话框,如图7.15所示。

⑧ 在“所有字段”列表框中,可以选择所需要的字段,单击“添加”按钮或“全部”按钮,将部分字段或全部字段添加到“选定字段”列表框中,再单击“确定”按钮,系统返回“快速报表”对话框。

⑨ 单击“确定”按钮,打开“报表设计器”窗口,如图7.16所示。

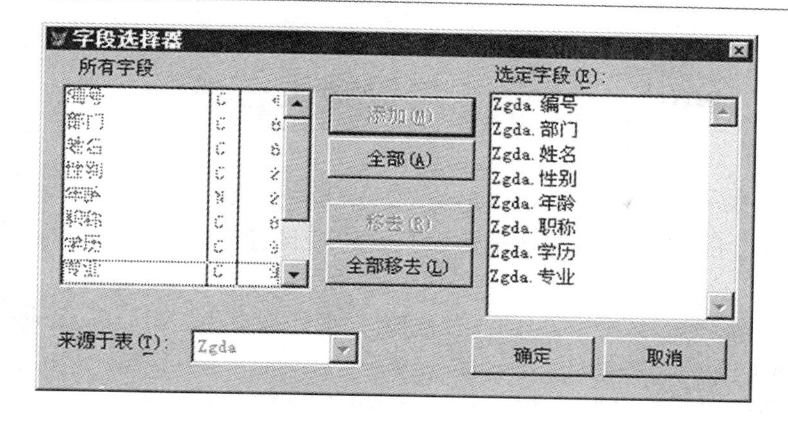

图 7.15 “字段选择器”对话框

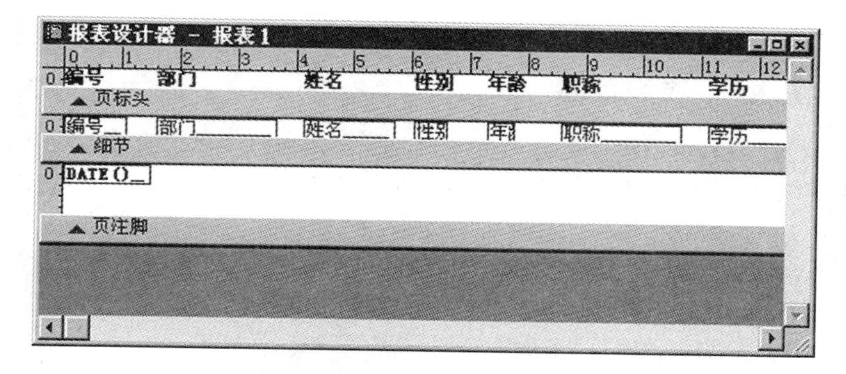

图 7.16 “报表设计器”窗口

⑩ 关闭“报表设计器”窗口，系统显示“要将所做更改保存到报表设计 - 报表 1 中吗?”提示对话框，单击“是”按钮，打开“另存为”对话框，在“保存报表为”文本框中，输入报表文件名后，单击“保存”按钮，可以保存报表文件。

⑪ 预览报表。在“项目管理器”中，选择刚刚设计的报表，单击“预览”按钮，可以预览刚才生成的报表，如图 7.17 所示。

报表设计器 - 报表1.frx - 页面 1

编号	部门	姓名	性别	年龄	职称	学历
1	外语系	张 阳	女	26	助教	本科生
2	外语系	王桂秀	女	25	助教	本科生
3	外语系	刘小伟	男	28	讲师	研究生
4	外语系	张立燕	女	27	讲师	本科生
5	外语系	姜丽华	女	26	讲师	研究生
6	外语系	陈小旭	女	38	副教授	本科生
7	外语系	王 天	男	39	副教授	本科生
8	外语系	赵成祥	男	39	讲师	研究生
9	外语系	刘大军	男	45	教授	本科生
10	外语系	李桂兰	女	42	教授	研究生

图 7.17 预览新建报表

7.3 修改报表布局

如果已经有了空白报表,或者用“报表向导”及“快速报表”生成的报表不符合要求,那么可以在“报表设计器”中进行修改。修改的方法是,在“项目管理器”中,选择“报表”选项,然后单击“修改”按钮。

在“报表设计器”的带区中,可以插入各种控件,如标签、直线、矩形以及圆角矩形等控件,也可以包含图片或OLE绑定型控件。

使用报表带区,可以决定报表的每页、分组及开始与结尾的样式。可以调整报表带区的大小。在报表的带区内,添加报表控件,然后可以移动、复制、调整大小、对齐以及调整它们,从而安排好报表中的文本。

7.3.1 使用“报表设计器”

使用“报表设计器”,可以设计更灵活更复杂的报表,当打开“报表设计器”窗口时,系统自动打开“报表控件”工具栏和“报表设计器”工具栏,如图7.18所示。

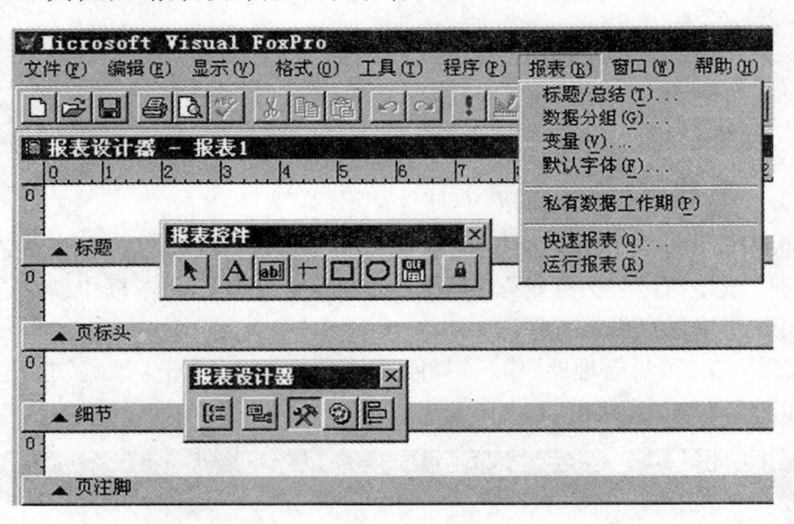

图7.18 “报表设计器”窗口

“报表设计器”一般为3个常用的数据带:页标头、细节和页注脚。当在“报表”菜单中,选择“标题/总结”命令,打开“标题/总结”对话框。在“报表标题”选项区域中,选择“标题带区”复选框,单击“确定”按钮,在“报表设计器”中将出现“标题”带区。

“报表控件”工具栏和“报表设计器”工具栏的功能如图7.19和图7.20所示。

1. 设置报表上对象的位置

① 在“报表设计器”工具栏中,单击“选定对象”按钮。

② 单击要移动位置的报表对象,则出现被选定的标志。

③ 用鼠标拖动被选中的对象到所需的位置,然后释放鼠标。

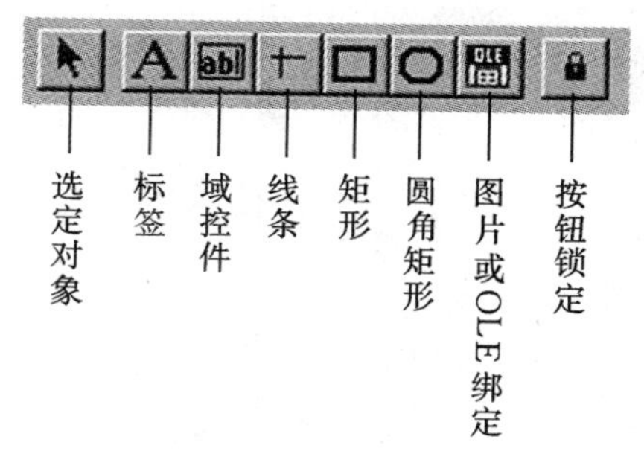

图7.19 “报表控件”工具栏

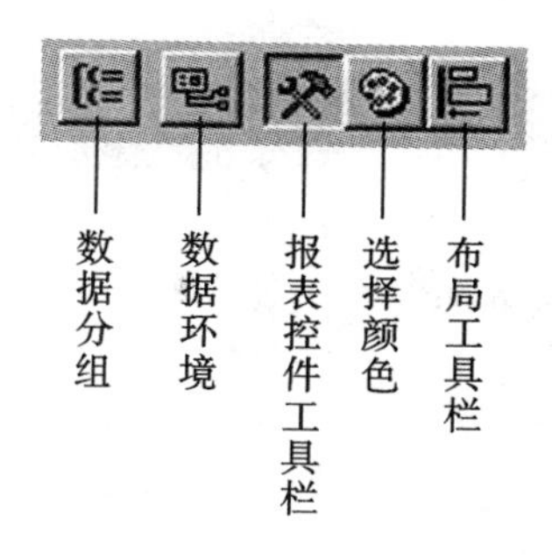

图7.20 “报表设计器”工具栏

2. 设置报表上字段的长度

① 在报表细节带区中，选定要设置的字段对象。

② 在对象上8个方向的控制黑点上，根据需要调整字段对象大小。

3. 设置报表上的表格线

① 在“报表控件”工具栏中，如果对象是直线，单击“线条”按钮；如果对象是矩形，单击“矩形”按钮；如果对象是圆形或圆角矩形，单击“圆角矩形”按钮。

② 在报表的适当位置按住鼠标左键，拖动鼠标，再释放，则出现所选线形。

4. 删除报表的对象

① 单击“选定对象”按钮，再单击要删除的对象。

② 按Del键。

5. 移动报表带

① 在要移动的报表带上按住鼠标左键。

② 上下拖动鼠标，到适当位置后，释放鼠标，则报表带被移动。

7.3.2 设置报表的数据源

报表数据源通常是数据库中的一些表，也可以是视图、查询或自由表等。在“数据环境设计器”中添加的表或视图，可以为一个表添加索引，从而使得数据的输出更为有序。向“数据环境设计器”中添加表或视图的操作步骤如下：

① 在“项目管理器”中，选择“文档”选项卡，再选择“报表”选项，并选择一个已建立的报表。

② 单击“修改”按钮，打开“报表设计器”窗口。

③ 在“显示”菜单中，选择“数据环境”命令，打开“数据环境设计器”窗口，如图7.21所示。

④ 在“数据环境设计器”窗口中，单击鼠标右键，在弹出的快捷菜单中，选择“添加”命令，打开“添加表或视图”对话框，如图7.22所示。

⑤ 在“数据库中的表”列表框中，选择需要加入的表或视图，单击“添加”按钮，然后单击“关闭”按钮，系统返回“数据环境设计器”窗口。

⑥ 设置表的索引字段。在“数据环境设计器”窗口中，单击鼠标右键，在弹出的快捷菜单中，选择“属性”命令，打开“属性－报表设计器”窗口，如图7.23所示。

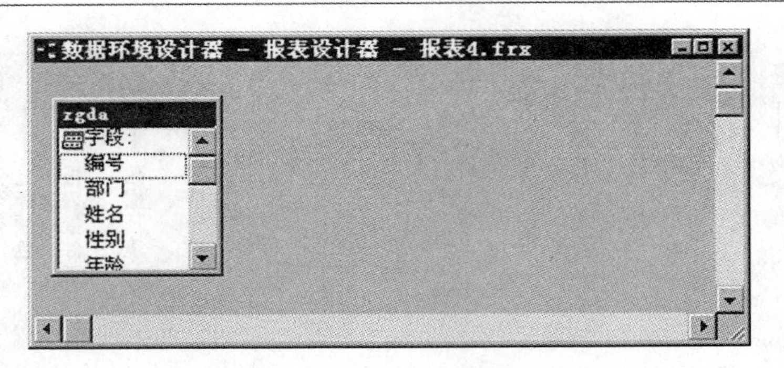

图 7.21 “数据环境设计器”窗口

⑦ 在该窗口中,在最上面的下拉列表框中,选择“Cursor1”对象。

⑧ 选择“数据”选项卡,并选择“Order”属性。

⑨ 在“Order”属性中,输入索引名称,也可以从“数据”选项卡的属性下拉列表框中进行选取。例如,选择“编号”选项,如图 7.23 所示。

⑩ 关闭“属性 - 报表设计器”窗口。

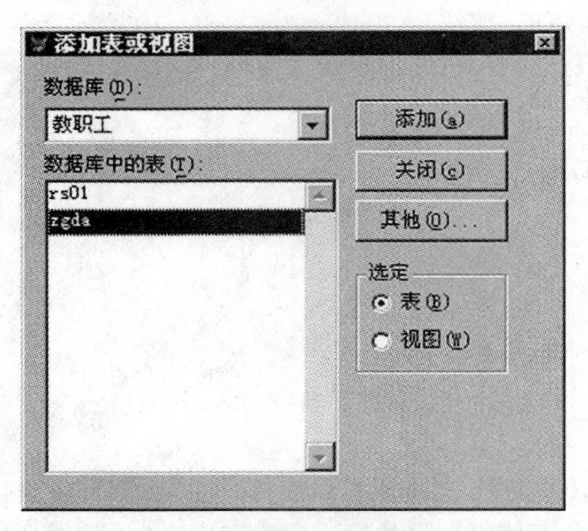

图 7.22 选择向数据环境中添加表或视图

图 7.23 “属性 - 报表设计器”窗口

7.3.3 调整报表带区

在“报表设计器”中,可以修改每个带区尺寸和特征。

报表带区可以决定报表的每页、分组及开始与结尾的样式,可以向不同带区添加各种报表控件以增加报表的美观。如果要调整带区大小,可以将带区栏拖动到适当的高度。这时可以使用左侧标尺作为指导。标尺量度仅指带区高度,不包含页边距。控件的高度一定要小于带区的大小,可以先对控件修改大小,然后再改变带区大小。

“报表设计器”一般包括 3 个带区:页标头、细节和页注脚,如图 7.18 所示。除这 3 个常用带区外,根据需要还可以建立若干个带区,如表 7.2 所示。各带区底部有一个灰色的分隔条。分隔条中有一个小的蓝色箭头,该箭头表明报表带区位于带区栏之上,而不是下面。

表 7.2 “报表设计器”带区

带 区	出现的范围	建立方法
标题	每报表一次	在“报表”菜单中,选择“标题/总结”命令
页标头	每页面一次	默认可用
列标头	每列一次	在“文件”菜单中,选择“页面设置”命令,设置“列数”>1
组标头	每组一次	在“报表”菜单中,选择“数据分组”命令
细节	每记录一次	默认可用
组注脚	每组一次	在“报表”菜单中,选择“数据分组”命令
列注脚	每列一次	在“文件”菜单中,选择“页面设置”命令,设置“列数”>1
页注脚	每页面一次	默认可用
总 结	每报表一次	在“报表”菜单中,选择“标题/总结”命令

“报表设计器”还自动显示垂直和水平标尺。通过标尺,可以使报表在各种带区内进行精确的定位。在“显示”菜单中,选择“显示位置”命令,即带有选中标记时,界面底部的状态栏会显示鼠标指针的水平和垂直位置。

7.3.4 报表控件的使用

在打开“报表设计器”时,“报表控件”工具栏会自动显示。如果没有显示,在“显示”菜单中,选择“报表控件工具栏”命令,打开“报表控件”工具栏,如图 7.19 所示。“报表控件”工具栏包括选定对象、标签、域控件、线条、矩形、圆角矩形、图片/Active X 绑定控件及按钮锁定等按钮。利用这些按钮可以在报表上添加各种类型的控件,选定对象后可以改变其大小和移动控件。

1. 添加“报表控件”

① 选定对象:在添加控件之前,要先选定对象。

② 标签:创建标签文件来显示文本。

③ 域控件:显示表字段、内存变量和其他表达式。

④ 线条:在报表上画各种线。

⑤ 矩形:在报表上画矩形。

⑥ 圆角矩形:在报表上画圆角矩形。

⑦ 图片/Active X 绑定控件:显示图片或通用性字段。

⑧ 按钮锁定:激活按钮锁定功能,这样可以同时添加多个相同类型的控件。

2. 选定多个控件

① 如果要选定多个控件,那么在控件周围拖动以画出选择框。

② 选择控件点将显示在每个控件的周围。当它们被选中后,可以作为一组内容来移动、复制或删除。

3. 组合控件

① 选择要作为一组处理的控件,那么在“格式”菜单中,选择“分组”命令。

② 选择控件移到整个组外。可以把该组控件作为一个单元来处理。

4. 取消定义的控件

① 如果对一组控件取消组定义，那么选择该组控件，在“格式”菜单中，选择“取消组”命令。

② 选定的控件点将显示在组内每一个控件周围。

5. 调整多个控件的大小

① 选择要使其具有同样大小的控件，那么在“格式”菜单中，选择“大小”命令。

② 选择适当选项来匹配宽度、高度或大小，控件将按照需要进行调整。

6. 移动控件

① 如果要移动控件，则选择要移动的控件，并把它拖动到“报表”带区中新的位置上。

② 控件在布局内移动的增量并不是连续的，增量取决于网格的设置。如果忽略了网格的作用，拖动控件时，应按住 Ctrl 键。

7. 复制控件

① 如果要复制控件，那么选择要复制的控件，在“编辑”菜单中，选择“复制”命令。

② 将光标移动到目标位置上，在“编辑”菜单中，选择“粘贴”命令，控件的副本将出现在原始控件下面，将控件副本拖动到布局的正确位置即可。

8. 删除控件

如果要删除控件，那么选择要删除的控件，在“编辑”菜单中，选择“剪切”命令或按 Del 键。

9. 对齐控件

对齐控件有如下几种方法：

① 选择要对齐的控件，在“格式”菜单中，选择“对齐”命令，再在子菜单中，选择对齐选项。

② 使用“布局”工具栏，可以使同距离所选一侧最远的控件对齐，只要在单击“对齐”按钮时按下 Ctrl 键即可。

③ 如果对齐所有的控件，选择对齐所有控件的边缘线时，应考虑到所有控件应彼此分开，而不应相互重叠。同一行上的控件如果沿它们右侧或左侧对齐，它们将彼此堆在一起。同样，同一竖线上的控件上、下对齐也会重叠。

④ 如果要居中对齐带区内的控件，那么选择要对齐的控件，在“格式”菜单中，选择“对齐”命令，再在子菜单中，选择“垂直居中对齐”命令或“水平居中对齐”命令，这样控件将移动到各自带区的垂直或水平中心。

10. 调整控件位置

使用状态条或表格控件，可以将控件放置在报表页面上的特定位置。默认情况下，控件根据网格对齐其位置。可以选择关掉对齐功能和显示或隐藏网格线。网格线可以帮助用户按所需布局放置控件。

① 如果要将控件放置在特定的位置，那么在“显示”菜单中，选择“显示位置”命令。选择一个控件，然后使用状态栏上的位置信息，将该控件移动到特定位置。

② 如果要人工对齐控件，那么在“格式”菜单中，选择“清除网格线”命令。

③ 如果要显示网格线，那么在“格式”菜单中，选择“网格线”命令，网格将在报表带区中显示。

④ 如果要更改网格的度量单位，那么在“格式”菜单中，选择“设置网格刻度”命令，打开“设

置网格刻度”对话框，在“水平”、“垂直”文本框中，分别输入代表网格每个方块水平宽度和垂直高度的像素数目。

下面以细节带区中“职工基本情况表”为例说明调整方法，如图7.24所示。

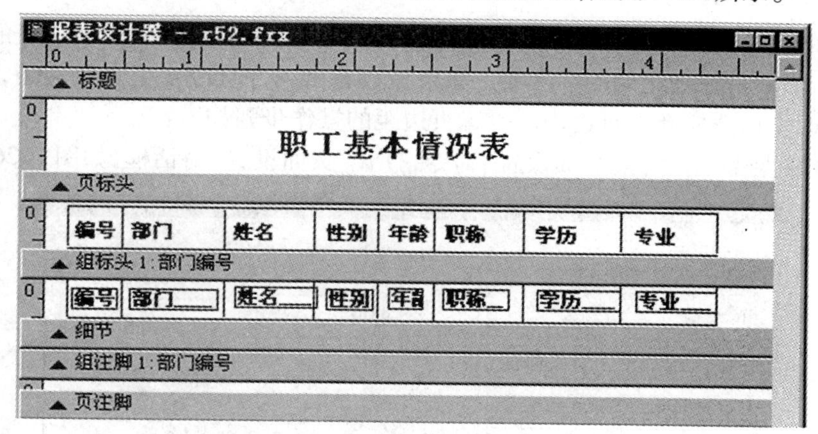

图7.24 在细节带区放置标签后的“报表设计器”窗口

① 在“报表控件”工具栏中，单击“域控件”按钮，在“报表设计器”窗口中单击，打开“报表表达式”对话框。

② 在“表达式”文本框右侧，单击“…”按钮，打开“表达式生成器”对话框。

③ 在“字段”列表框中，双击“姓名”字段，则该字段被加到“报表字段的表达式”编辑框中，单击“确定”按钮，系统返回“报表表达式”对话框，单击“确定”按钮，则该字段被加到“报表设计器”窗口中。

④ 用同样的方法可放置其他所需的字段。

在“报表控件”工具栏中，单击“锁定”按钮，可一次放置多个控件。新设计的报表如图7.25所示。

职工基本情况表

编号	部门	姓名	性别	年龄	职称	学历	专业
1	外语系	张　阳	女	26	助教	本科生	英语
2	外语系	王桂秀	女	25	助教	本科生	英语
3	外语系	刘小伟	男	28	讲师	研究生	日语
4	外语系	张立燕	女	27	讲师	本科生	英语
5	外语系	姜丽华	女	26	讲师	研究生	英语
6	外语系	陈小姐	女	38	副教授	本科生	法语
7	外语系	王　天	男	39	副教授	本科生	英语
8	外语系	赵成祥	男	39	讲师	研究生	德语

图7.25 新设计的报表

7.3.5 定义报表的页面

设计报表时，在“报表设计器”中，“数据环境”规划出当前报表的数据，“页面设置”定义了

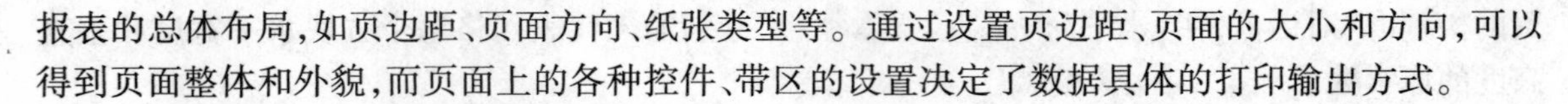

报表的总体布局，如页边距、页面方向、纸张类型等。通过设置页边距、页面的大小和方向，可以得到页面整体和外貌，而页面上的各种控件、带区的设置决定了数据具体的打印输出方式。

1. 设置页边距大小和方向

设置报表的左页边距、纸张大小和方向以及列宽和多列报表的列间隔。这里的列是指每行打印的记录数，而不是一个记录的字段数。如果报表有多列并且改变了左页边距，那么，每一列的列宽将自动改变以适应新的页边距。设置页边距的操作步骤如下：

① 在“文件”菜单中，选择“页面设置”命令，打开“页面设置”对话框，如图7.26所示。

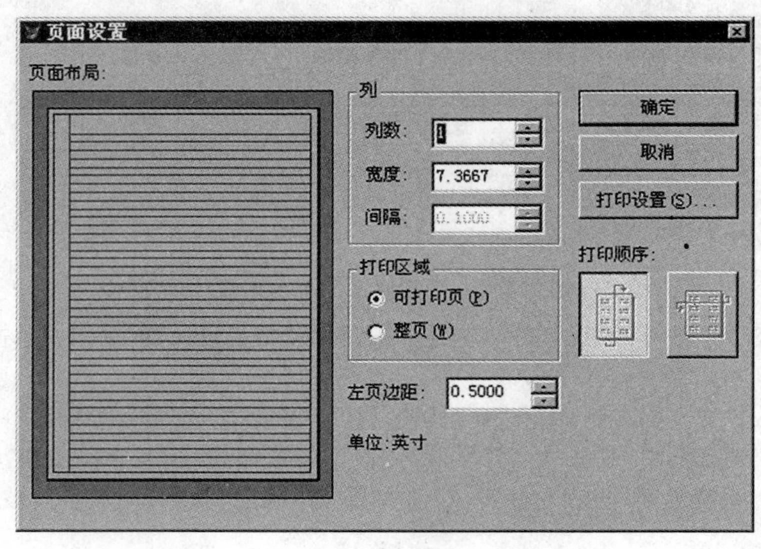

图7.26　“页面设置”对话框

② 在“左页边距”文本框中，输入边距数，页面布局将按新的页边距显示。

③ 如果要选择纸张大小，单击“打印设置”按钮，打开“打印设置”对话框，在“大小”下拉列表框中，选定纸张大小。

④ 如果要选择纸张方向，在“方向”选项区域中，选择“纵向”或“横向”选项，单击“确定”按钮，系统返回“页面设置”对话框。

⑤ 在“页面设置”对话框中，单击“确定”按钮。

2. 定义页面列数

如果要生成邮件标签或其他类型的列表，那么可以在一页中定义多个列。定义多列报表的操作步骤如下：

① 在“文件”菜单中，选择“页面设置”命令，打开“页面设置”对话框。

② 在“列数”文本框中，输入列数，这个数表示要在一行中打印的记录个数。

③ 在“宽度”文本框中，输入每列的宽度。

④ 在“间隔”文本框中，输入列间显示的空白数。

⑤ 单击“确定”按钮。

3. 添加标题或总结带区

标题带区包含的信息将在报表的开头打印一次，而总结带区包含的信息将在报表的末尾打印一次，标题和总结都可以自成一页。添加标题或总结带区的操作步骤如下：

① 在“报表”菜单中，选择“标题/总结”命令，打开“标题/总结”对话框，如图 7.27 所示。

② 如果要添加标题带区，则选中“标题带区”复选框；如果要添加总结带区，则选中“总结带区”复选框。

③ 如果标题或总结要自成一页，则选中相应的“新页”复选框。

④ 单击“确定”按钮，在“报表设计器”中，将显示一个新带区。

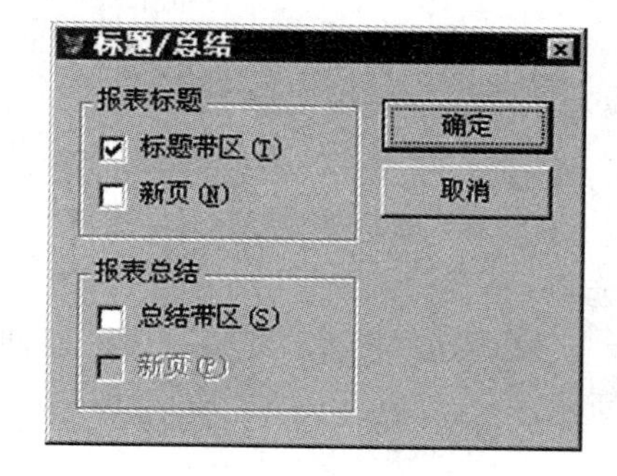

图 7.27　“标题/总结”对话框

4. 定义页标头和页注脚

页标头和页注脚带区中的控件，将在每个报表页中出现一次。在多页报表中，页标头和页注脚带区一般包括报表名字、页号、日期以及标签等。如果用“报表向导”创建报表，那么，系统会自动在页标头带区插入报表名字和日期，可在页注脚带区中插入页号；如果不是用“报表向导”创建报表，那么必须自己添加。如果想在报表中插入一个打印当前日期的字段控件，操作步骤如下：

① 在“报表控件”工具栏中，单击“域控件”按钮。

② 在“报表设计器”中，单击要插入日期的位置，在打开的“报表表达式”对话框中，在“表达式”文本框右侧，单击“…”按钮，打开“表达式生成器”对话框，在“日期”列表框中，选择 DATE( ) 函数。

③ 单击“确定”按钮，系统返回“报表表达式”对话框。

④ 单击“确定”按钮，系统返回“报表设计器”窗口。

5. 定义细节带区

设置在细节带区内的控件对每个记录打印一次。

6. 打印页号的字段控件

如果想在报表中插入一个打印页号的字段控件，操作步骤如下：

① 在“报表控件”工具栏中，单击“域控件”按钮。

② 在“报表设计器”中，单击要插入页号的位置，再打开“报表表达式”对话框。

③ 在“表达式”文本框右侧，单击“…”按钮，打开“表达式生成器”对话框，在“变量”列表框中，选择“_pageno”并双击。

④ 单击“确定”按钮，系统返回“报表表达式”对话框。

⑤ 单击“确定”按钮，系统返回“报表设计器”窗口。

7.4　标签文件的建立

标签是一种多列报表布局，为匹配特定的标签纸而具有特殊的设置。标签的建立与报表的建立方法类似，可以使用“标签向导”或者“标签设计器”来建立标签文件。

7.4.1 用“标签向导”创建标签

1.“标签向导”的打开

用“标签向导”创建标签的操作步骤如下。

① 在“项目管理器”中,选择“文档”选项卡,选择“标签”选项。

② 单击“新建”按钮,打开“新建标签”对话框,如图7.28所示。

③ 在“新建标签”对话框中,单击“标签向导”按钮,打开“标签向导”对话框,如图7.29所示。

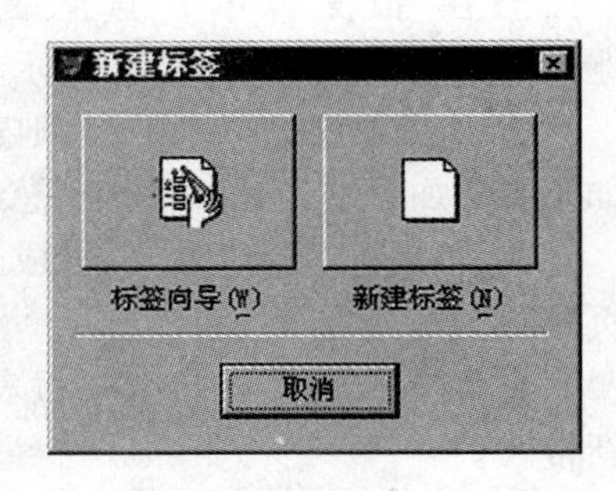

图7.28 “新建标签”对话框

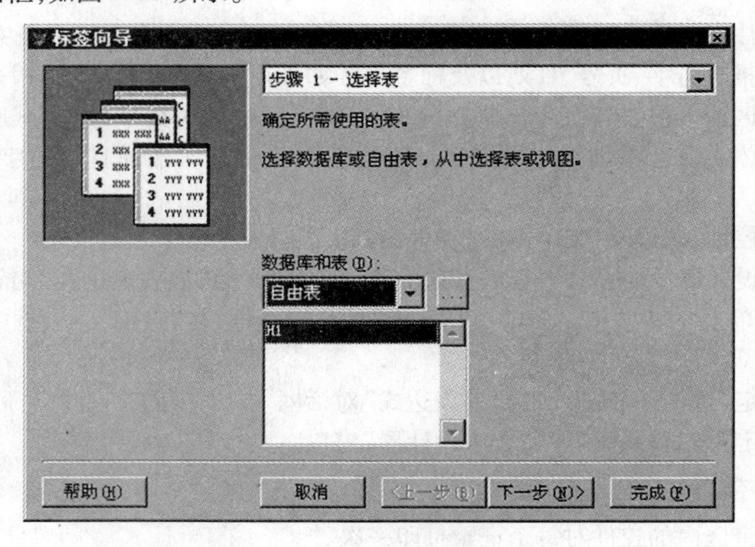

图7.29 “标签向导”对话框

2.“标签向导”的使用

① 选择表。选择需要建立标签的“表”,可以是数据库表、自由表或视图,如图7.29所示。

② 选择标签类型。单击“下一步”按钮,打开“选择标签类型”设置界面,如图7.30所示,用户可以确定所需的标签样式,选择一种标准标签类型。

③ 定义布局。单击“下一步”按钮,打开“定义布局”设置界面,如图7.31所示,选择标签的版面布局。用户可以按照在标签中出现的顺序添加字段,可以使用空格、标点符号、换行符等格式化标签,在“文本”文本框中,可以输入文本。

④ 排序记录。单击“下一步”按钮,打开“排序记录”设置界面,选择排序记录方式,确定标签中记录的排列顺序。

⑤ 完成。在“标签向导”中保存标签之后,可以原样使用标签布局,也可以按定制报表方法定制标签布局。

⑥ 单击“预览”按钮,可以查看标签设置的效果。单击“上一步”按钮,可以修改不合适的设置。当确认标签设置并输入标签文件后,保存标签,完成标签的创建。用户也可以打开“标签设计器”来更改标签设置。

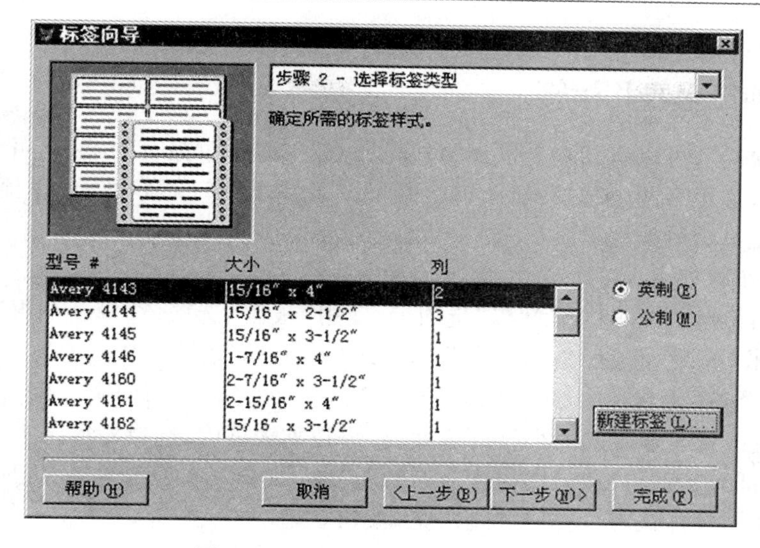

图 7.30 “选择标签类型”设置界面

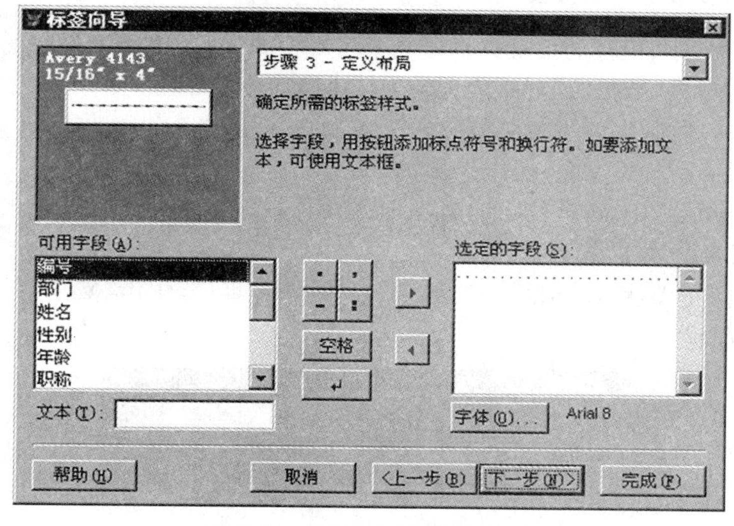

图 7.31 “定义布局”设置界面

7.4.2 用“标签设计器”创建标签

用户如果不想使用“标签向导”来建立标签，可以使用“标签设计器”来创建布局。“标签设计器”是“报表设计器”的一部分，它们使用相同的菜单和工具栏。两种设计器使用相同的默认页面和纸张。“报表设计器”使用整页标准纸张，“标签设计器”的默认页面和纸张与标准标签的纸张一致，在此不再重复。

7.5 预览和打印报表与标签

当用户完成报表和标签布局的定制后，可以浏览设计结果。如果报表及标签设计好了，就可以打印输出。

7.5.1　预览报表和标签

预览报表和标签,可以看到整个报表的外观和格式,通过对报表的缩放,可以发现设计的不足,并及时修正。这里有两个选择:显示整个页面或者缩小到一部分页面。“预览”窗口有它自己的工具栏,使用其中的按钮,可以一页一页地进行预览。

预览布局的步骤如下:

① 在“项目管理器”中,选择“文档”选项卡,使用“报表”选项,选择一个报表文件,单击“预览”按钮。或单击“修改”按钮,在“显示”菜单中,选择“预览”命令。

② 在“打印预览”工具栏中,单击“前一页”或“后一页”按钮,来切换页面。

③ 如果要更改报表显示的大小,可在“缩放”下拉列表框中,选择显示比例。

④ 如果要打印报表,单击“打印报表”按钮。

⑤ 如果要返回设计状态,单击“关闭预览”按钮。

7.5.2　打印报表和标签

在“报表设计器”中,设计的报表只是形成了一个格式文件,定义了报表的外观和数据的打印位置。打印时将根据“数据源”对报表记录进行排序和分组处理。如果在“数据环境”中,没有对数据进行分组、排序,数据就不会在布局中分组排序。

如果要打印报表或标签文件,操作步骤如下:

① 在“项目管理器”中,选择“文档”选项卡,使用“报表”选项,选择一个报表文件,单击“修改”按钮,打开“报表设计器”窗口。

② 在“文件”菜单中,选择“打印”命令,在“打印”对话框中,单击“选项”按钮,打开“打印选项”对话框,如图7.32所示。

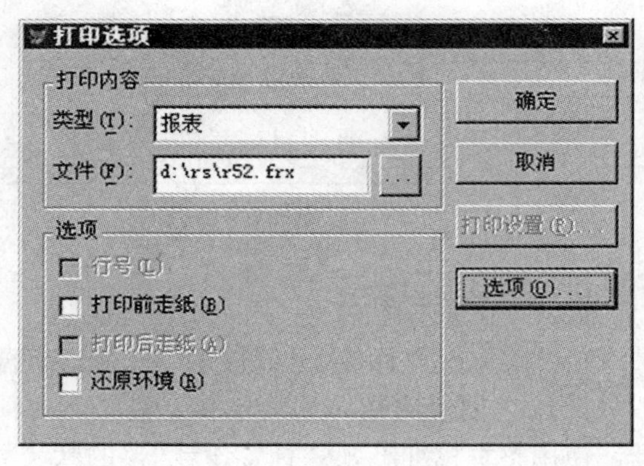

图7.32　“打印选项”对话框

③ 在“类型”下拉列表框中,选择“报表”或“标签”选项,如选择“报表”选项,并在“文件”文本框中,输入或选择相应的报表或标签文件名,用户也可以通过单击右侧的“…”按钮,打开“打印文件”对话框,选择需要打印输出的报表文件名称及位置,单击“确定”按钮,返回“打印选项”对话框。

④ 单击“选项”按钮,打开“报表和标签打印选项”对话框,可以确定打印记录的范围,单击

"确定"按钮,系统返回"打印选项"对话框。

⑤ 单击"确定"按钮,系统返回"打印"对话框。

⑥ 单击"确定"按钮,可以将设置的报表发送到打印机输出。

如果未设置数据环境,则显示"打开"对话框,并在其中列出一些表,从中可以选择要进行操作的表。VFP 会将报表发送到打印机上。

习　　题

一、选择题

1. 报表设计器中不包含在基本带区的有(　　)。
   A) 标题　　B) 页标头　　C) 页脚注　　D) 细节
2. 报表控件有(　　)。
   A) 标签　　B) 预览　　C) 数据源　　D) 布局
3. 不能作为报表数据源的是(　　)。
   A) 数据库表　　B) 视图　　C) 查询　　D) 自由表
4. 在"报表设计器"中,可以使用的控件是(　　)。
   A) 标签、域控件和线条　　B) 标签、域控件和列表框
   C) 标签、文本框和列表框　　D) 布局和数据源
5. 报表的数据源可以是(　　)。
   A) 自由表或其他报表　　B) 数据库表、自由表或视图
   C) 数据库表、自由表或查询　　D) 表、查询或视图
6. 在创建快速报表时,基本带区包括(　　)。
   A) 标题、细节和总结　　B) 页标头、细节和页注脚
   C) 组标头、细节和组注脚　　D) 报表标题、细节和页注脚
7. 如果要创建一个数据三级分组报表,第 1 个分组表达式是"部门",第 2 个分组表达式是"性别",第 3 个分组表达式是"基本工资",当前索引的索引表达式应当是(　　)。
   A) 部门 + 性别 + 基本工资　　B) 部门 + 性别 + STR(基本工资)
   C) STR(基本工资) + 性别 + 部门　　D) 性别 + 部门 + STR(基本工资)

二、填空题

1. 报表中______加入图片。
2. 如果已经设定了对报表分组,报表中将包含______和______带区。
3. 报表可以在打印机上输出,也可以通过______浏览。
4. 报表标题要通过______控件定义。
5. 创建报表有______种方法。
6. 设计报表通常包括两部分内容:______和______。
7. "图片/ActiveX 绑定控件"按钮用于显示______或______的内容。
8. 如果已对报表进行了数据分组,报表会自动包含______和______带区。
9. 多栏报表的栏目数可以通过______来设置。

三、操作题

将 zgda. dbf 数据表建立一个报表,按性别分组,并求年龄的总和。

实 训

【实训目的】

1. 掌握用报表向导创建报表的操作方法。
2. 掌握用报表设计器创建报表与修改报表的操作方法。

【实训内容】

1. 用“报表设计器”为“XSDA.DBF”表,创建报表文件“XSB.FRX”,报表内容如图7.33所示。

学生基本情况表

01/02/21

学号	姓名	性别	出生年月	政治面貌	所在系	身高	特长
01	王 洋	女	04/05/05	党员	工商管理系	1.72	游泳
02	李丽丽	女	01/09/05	团员	工商管理系	1.65	唱歌
03	张 峰	女	12/01/06	团员	工商管理系	1.70	足球
04	刘铁男	男	11/24/06	团员	工商管理系	1.71	长跑
05	姜小兰	女	06/30/07	团员	外语系	1.70	跳舞
06	孙小虎	男	06/17/06	党员	外语系	1.68	游泳
07	杨 洋	女	09/21/06	团员	外语系	1.75	足球
08	张 星	女	12/02/05	团员	外语系	1.72	唱歌

图7.33 列报表

2. 用“报表向导”为“XSDA.DBF”表,按“所在系”创建分类报表文件“XSFLB.FRX”,报表内容如图7.34所示。

学生基本情况表-按专业分类

01/02/21

所在系	学号	姓名	性别	出生年月	政治面貌	特长
工商管理系						
	01	王 洋	女	04/05/05	党员	游泳
	02	李丽丽	女	01/09/05	团员	唱歌
	03	张 峰	女	12/01/06	团员	足球
	04	刘铁男	男	11/24/06	团员	长跑
外语系						
	05	姜小兰	女	06/30/07	团员	跳舞
	06	孙小虎	男	06/17/06	党员	游泳
	07	杨 洋	女	09/21/06	团员	足球
	08	张 星	女	12/02/05	团员	唱歌

图7.34 按所在系分类报表

3. 用“报表向导”为“XSDA. DBF”表,创建行报表“KSFLB. FRX”,报表内容如图 7.35 所示。

01/02/21 学生基本情况-行报表

学号	01
姓名	王　洋
性别	女
政治面貌	党员
所在系	工商管理系

学号	02
姓名	李丽丽
性别	女
政治面貌	团员
所在系	工商管理系

学号	03
姓名	张　峰
性别	女
政治面貌	团员
所在系	工商管理系

学号	06
姓名	孙小虎
性别	男
政治面貌	党员
所在系	外语系

学号	07
姓名	杨　洋
性别	女
政治面貌	团员
所在系	外语系

学号	08
姓名	张　星
性别	女
政治面貌	团员
所在系	外语系

图 7.35　行报表

第 8 章　面向对象程序设计

VFP 6.0 不但支持传统面向过程的编程方法，而且全面引入了面向对象的程序设计方法。VFP 6.0 所提供的编程能力及可视化设计工具，使读者既可以用传统的面向过程的方法来编写程序，又可以使用面向对象的编程技术和事件驱动编程技术来大幅度提高应用程序的开发效率。

8.1　面向对象程序设计的基本概念

8.1.1　基本概念

面向对象程序设计从根本上改变了 VFP 应用程序的开发方式,把重点放在对象之间的联系,而不是具体实现的细节。面向对象程序设计将对象的细节隐藏起来,使开发者将注意力集中在对象与系统其他部分的联系上。这与面向过程的程序设计方式有根本的区别。

1. 对象(Object)

对象是对具体的客观事物的表示。对象在现实生活中是很常见的,一个物体是一个对象,一个人也是一个对象。在 VFP 的可视化编程中,常见的对象有表单、标签、文本框等。

从可视化编程的角度来看,对象是将数据和对该数据的所有必要操作的代码封装起来的程序模块,是一个具有各种属性(数据)和方法(行为方式)的逻辑实体。对象建立以后,其操作就可以通过与对象有关的属性、事件和方法来描述。

2. 对象的属性(Property)

属性是指对象的一项描述内容,用来描述对象的一个特性,不同的对象具有不同的属性,而每个对象又有若干属性来描述。例如,描述人的属性有性别、年龄、身高、学历、专业、家庭出身等。因此,属性是对象的特性,属性定义了对象所具有的数据,它是对象所有特性数据的集合。

3. 事件(Event)

事件是对象触发的行为描述,事件是预先定义的动作,由用户或者系统激活。VFP 中的事件通常包括键盘事件和鼠标事件等,例如,单击鼠标就发生了一个 Click 事件。为了响应事件,可以为事件加入响应的代码,也可以执行某个方法。

4. 方法(Method)

方法是与对象相关的过程,是指对象为实现一定功能而编写的一段代码,如果对象已创建,便可以在应用程序的任何一个地方调用这个对象的方法。

事件通常已经预先由系统定义好了,不能随便扩充,而方法和属性却可以无限扩展。

5. 类(Class)

类是一组具有相同特性的对象的抽象定义。类是一种类型的定义,它将属性和方法统一起来,把具有相似特征和行为的对象形成一个结构。类是具有相同或近似特征的对象的抽象,对象是类的具体的实例。类可以有子类(Subclass),子类继承了父类的属性和方法,并可以附加自己特定的属性和方法。

子类可以继承父类所有的属性和方法,也可以根据需要添加新的属性和方法。例如,电话种类可以有许多种,但都具有基类电话的基本属性。

8.1.2 封装性、继承性和多态性

面向对象程序设计有3个基本特性:封装性、继承性和多态性。

1. 封装性

简单而言,封装性就是信息隐藏,将对象的方法程序和属性数据封装在一起,外界无法看到。由于封装性,编程时只需要把一个数据结构同操作数据的函数衔接在一起构成一个具有类的类型的对象。封装是借助类来实现的。封装要求所有对象具备明确的功能,并有接口和其他对象相互作用。对象的内部实现是受保护的,外界不能访问,只有局部对象的代码才能访问。

2. 继承性

继承性实际上是从现有的类中派生出新的类的特性。继承是对象的一大特点,而往往是体现面向对象程序设计优势的最重要的特征。这里的继承与“子女继承父母的长相和个性”中的继承类似。通过对父类的继承,不仅可以避免数据和方法的重复,支持系统的可重用性和可扩充性,而且可使得层次更贴切地反映现实世界的事物层次。在VFP面向对象中,只有单一继承的功能,其继承是使在一个类上所做的改动反映到它的所有子类中去,不必逐一修改代码,这种自动更新节省了编程人员的很多时间和精力,减少了维护代码的难度。继承性使程序从最简单的类开始,然后派生出越来越复杂的类,既易于跟踪,又使类本身变得很简单。通过继承,低层的类只需定义特定于它的属性,而共享高层的类的属性。充分运用继承性,可以实现重复使用代码。

3. 多态性

多态性是指不同的对象接收到相同的消息时,可以做出完全不同的解释,进而产生完全不同的行为。利用多态性,应用程序可以发送一般形式的消息,而将所有实现的细节留给接收消息的对象来解决。

8.1.3 类与对象

当设计一个类时,不必明确定义类的所有属性与功能,它是由系统设定的。通常在VFP中把这些类叫做控件。

对于VFP系统提供的类,一般称为基类(Baseclass)。在此基础上,利用继承性、封装性设计出自己的应用系统的子类。

8.1.4 基类与子类

VFP 的基类只考虑了最通用的特性与功能,往往无法满足用户应用系统开发的需要。为满足用户程序设计的要求,可以在基类的基础上,扩展出应用系统所需要的 VFP 子类。

VFP 提供了两大基类,即容器类和控件类。用户可以使用这些类创建相应的实例,从而大大减少了用户的编程工作量,提高了应用程序的开发效率。

8.2 可视化编程基础

8.2.1 容器类与控件类

基类是 VFP 内部定义的类,它可以作为其他用户自定义类的基础。例如,VFP 表单和所有控件就是基类,用户可以在此基础上创建新类,增添自己需要的功能。VFP 中的基类又可以分为容器类和控件类。

1. 容器类

容器类可以容纳别的对象。例如,一个表单中可以包含一组控件类,将这些类作为一个整体进行操作。可以在表单类中放置命令按钮、复选框控件、编辑框控件、直线控件及文本框控件等。因此,表单可以看成一个容器类。表 8.1 列出了基类中主要的容器类。

表 8.1 容 器 类

容器类名称	包 含 对 象
命令按钮组(Command Button Croup)	命令按钮
表单(Form)	页框、容器控件、容器或自定义对象
表单集(FormSet)	表单、工具栏
容器(Container)	任意控件
表格(Grid)	表格列
选项按钮组(Option Button Group)	选项按钮
页框(PageFrame)	页面
页面(Page)	控件、容器和自定义对象
工具栏(ToolBar)	任意控件、页框和容器

2. 控件类

控件类是可以包含在容器类中并由用户派生的 VFP 基类。控件类不能容纳其他对象,它的封装比容器更不严密。当需要将一个控件对象放入容器中,需要引用对象时必须经过容器。引用容器中控件对象的方法是:

格式:容器对象. 控件对象. 属性 = 属性值

例如,在表单中,设置命令按钮的 Caption 属性为:

Form 1. Command 1. Caption = "标题"

8.2.2　控件与对象

VFP 可视化编程的最大特点,就是在可视的环境下,以最快的速度和效率开发具有良好的用户界面的应用程序,其实质就是利用 VFP 所提供的图形构件,快速开发程序的输入输出屏幕界面。

控件是某种图形构件的统称,如命令按钮控件、标签控件、列表框控件、组合框控件等。利用控件所创建的对象则是某一个赋有名称的控件。

控件是 VFP 中实现友好用户界面的重要组成部分,它用于显示数据和获取用户输入数据,通过控件可以实现和用户的交互。利用这些控件可以设计出满足复杂要求的应用程序。

1. 常用控件

常用控件由 VFP 的基类提供,共 21 种,每个控件用"表单控件"工具栏中的一个图形按钮表示。

常用控件都在"表单控件"工具栏中,如图 8.1 所示。

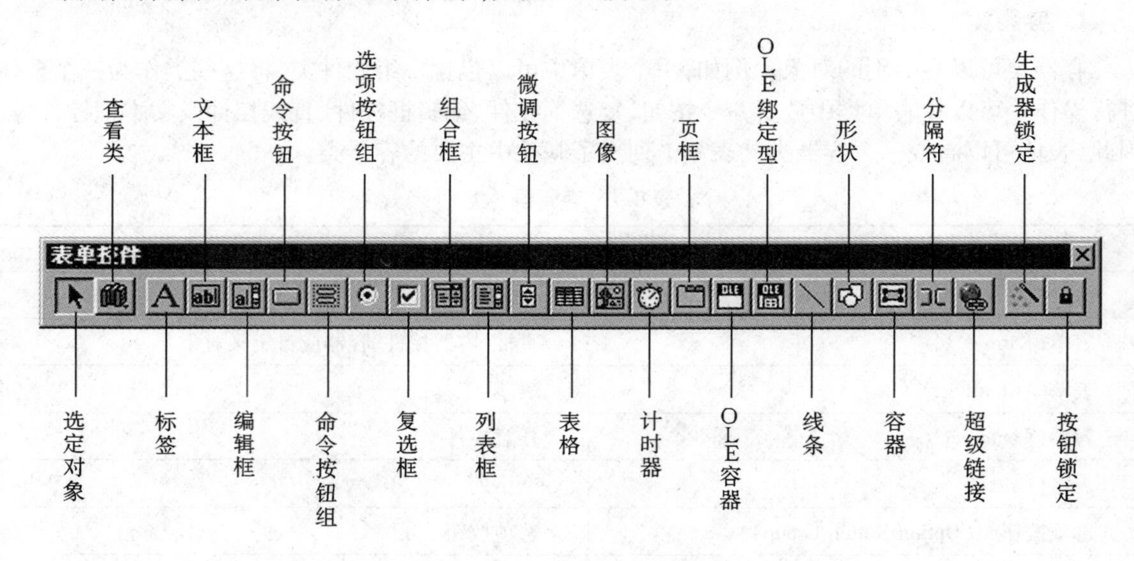

图 8.1　"表单控件"工具栏

标签(Label)控件:用于保存不希望用户修改的信息,如文本框上面或图形下面的标题。

文本框(Text Box)控件:获取用户输入和保存单行文本,用户可以在其中输入或更改文本。

编辑框(Edit Box)控件:获取用户输入和保存多行文本,用户可以在其中输入或更改文本。

命令按钮(Command Button)控件:通过单击按钮,用户可以执行一些命令。

命令按钮组(Command Group)控件:用于把相关的命令编成组,以完成相关的操作。

选项按钮组(Option Group)控件:用于显示多个选项,但用户只能从中选择一项。

复选框(Check Box)控件:用于显示多个选项,用户可以选择一个或多个选项。

组合框(Combo Box)控件:用户可以在组合框中的下拉式列表项中,选择一项或手动输入一个值。

列表框(List Box)控件:用于显示供用户选择的列表项。

微调按钮(Spinner)控件:用于接受给定范围内的数值输入。

表格(Grid)控件:以电子表格形式显示数据。

图像(Image)控件:显示图像。

计时器(Timer)控件:它以设定的时间间隔捕捉计时器事件。此控件运行时不可见。

页框(Page Frame)控件:显示多个页面。

ActiveX(OLE)容器控件:在应用程序中添加 OLE 对象,如 Word 创建的可输入对象。

ActiveX(OLE)绑定型控件:OLE 对象与通用字段相连接。

线条(Line)控件:在表单上画各种线条。

形状(Shape)控件:在表单上画各种形状。例如,可以画矩形、圆角矩形、正方形、圆角正方形、椭圆或圆。

容器(Container)控件:在容器中可以包含其他控件。

分隔符(Separator)控件:在工具栏的控件间加上空格。

超级链接(Hyper Link)对象:可以在表单上加上超级链接。

综合利用这些控件,就可以实现一些比较复杂的操作,也可以创建新的控件。

2. 对象的包容层次

VFP 中的对象根据它们所基于的类的性质可分为两类:容器类对象和控件类对象。容器类对象可以包含其他对象,并且允许访问这些对象,如表单、表格等。控件类对象只能包含在容器对象之中,而不能包含其他对象,如命令按钮、复选框等。表 8.1 列出了每种容器类对象所能包含的对象。

当一个容器包含一个对象时,称该对象是容器的子对象,而容器称为该对象的父对象。所以容器对象可以作为其他对象的父对象。例如,一个表单作为容器,是放在其中选项按钮的父对象。控件对象可以包含在容器中,但不能作为其他对象的父对象,如命令按钮不能包含其他任何对象。

8.2.3 表单对象

表单是应用程序的用户界面,也是程序设计的基础。各种图形、图像、数据等都是通过表单中的对象显示出来,因此表单是一个容器对象。

1. 表单的结构

VFP 的表单具有和 Windows 应用程序的窗口界面相同的结构特征,图标、标题、最大化按钮、最小化按钮、关闭按钮、移动栏、表单体周围的边框,其中除了表单体之外的所有特征都可以部分或全部从表单中被删除。

表单体是表单的主体部分,用来容纳应用程序所需要的任何控件。

2. 表单的属性

在 VFP 中,表单的属性就是表单的结构特征。通过修改表单的属性可以改变表单的内在或外在的特征。表单的常用属性如表 8.2 所示。

表8.2 表单的常用属性

属 性	功 能	缺 省 值
AlwaysOnTop	控制表单是否是处在其他打开窗口之上	假(.F.)
AutoCenter	用于控制表单初始化是否总是位于 VFP 窗口或其父表单的中央	假(.F.)
BackColor	用于确定表单的背景颜色	255,255,255
BorderStyle	用于控制表单是否有边框及边框的样式:无边框、单边框、固定边框或可调边框。如果其值设为3,则用户就能改变表单的大小	3
Caption	决定表单的标题显示的文本	Form 1
Closable	用于控制表单标题栏中的关闭按钮是否可用	真(.T.)
ControlBox	在运行时,指定能否通过双击窗口菜单来关闭表单	真(.T.)
MaxButton	在运行时,用于控制表单标题栏中是否有最大化按钮	真(.T.)
MinButton	在运行时,用于控制表单标题栏中是否有最小化按钮	真(.T.)
Movable	在运行时,用于控制表单是否可移动到新的位置	真(.T.)
ShowWindow	指定表单是一个顶层表单还是一个子表单。其值设置为0,在界面中(缺省);设置为1,在顶层表单中;设置为2,作为顶层表单,顶层表单可以包含子表单	0
ShowTips	用于指定的表单对象或指定的工具栏对象,当用户把鼠标指针放在控件上时,确定是否显示工具提示	表单为.F.; 工具栏为.T.
WindowState	用于控制表单是最小化、最大化还是正常状态	0 正常
WindowType	用于控制表单是非模式表单还是模式表单。如果表单是模式表单,用户在访问应用程序的用户界面中任何其他单元前,必须关闭这个表单	0 非模式

3. 表单的事件与方法

表单中只有部分事件与方法经常被使用,很多事件与方法很少被使用,除非编写一个非常复杂的应用程序。可以在代码窗口的“过程”下拉列表框中,看到所有表单事件与方法的列表,也可在“属性”窗口的“方法程序”选项卡中,看到所有表单事件与方法的列表。下面只列举最常用的事件与方法。

(1) 表单的常用事件

Load 事件:当表单被装入内存时发生。

Init 事件:当表被初始化时发生。

Activate 事件:当表单被激活时发生。

上述事件被激发的顺序为:Load、Init、Activate。

(2) 表单的常用方法

Hide 方法:隐藏表单。

Show 方法:显示表单。

Release 方法:释放表单。

Refresh 方法:刷新表单。

8.2.4 对象的引用

对象是通过对象名来引用对象,对象名由 Name 属性指定。在创建对象时,系统首先赋给对象一个默认名字为:"对象的类名+序号",例如,在表单上创建第一个编辑框对象,则系统将其命名为 Edit1,再创建第二个编辑框,则其名字为 Edit2。

由于容器可以包含容器类和控件类对象,这就产生了一种层次结构,引用对象时必须提供它所在的完整容器层次,就好像定位文件时指定路径一样。

引用对象的格式为:容器.对象名称

1. 绝对引用

从包含对象的最外层容器对象名开始,一层一层向内引用。

2. 相对引用

从当前对象开始的引用称为相对引用。系统提供的相对引用的关键字及其意义如表 8.3 所示。

表 8.3 相对引用的关键字及其意义

名　字	含　义
This	当前对象
Thisform	包含当前对象的表单
Thisformset	当前表单集
Parent	当前对象的直接容器(也可叫父对象)

如对象引用示例,在表单 Form1(容器)中,添加一个命令按钮组 CommandGroup1,命令按钮组 CommandGroup1(容器)中包含两个命令按钮 Command1 和 Command2。

(1) 绝对引用命令按钮 Command1 与 Command2

从包含 Command1 和 Command2 的最外层容器对象名开始,一层一层向内引用,各层容器之间用"·"分开。

绝对引用命令按钮 Command1 其对应的代码为:

```
Thisform. CommandGroup1. Command1
```

绝对引用命令按钮 Command2 其对应的代码为:

```
Thisform. CommandGroup1. Command2
```

(2) 相对引用命令按钮 Command1 与 Command2

相对引用命令按钮 Command1 其对应的代码为:

```
This. Parent. Command1
```

相对引用命令按钮 Command2 其对应的代码为:

```
This. Parent. Command2
```

This. Parent 代表当前对象的直接容器对象，即 CommandGroup1。命令按钮 Command1 与 Command2 在命令按钮组 CommandGroup1 容器中。

（3）当前对象为命令按钮 Command1，相对引用表单 Form1 的代码为：

```
This. Parent. Parent
```

关键字 This 代表当前对象，即命令按钮 Command1，则 This. Parent 代表当前对象的直接容器对象，即 CommandGroup1，This. Parent. Parent 则代表命令按钮组 CommandGroup1 的直接容器对象 Form1。

8.2.5 常用事件

事件是一个对象可识别的动作，在 VFP 中，用户可以编写相应的代码对此动作做出响应。除了可以用一个用户动作产生事件外，如单击鼠标和按下一个键，程序代码或系统如计时器，也可以产生事件。表 8.4 列出了一些 VFP 中的常用事件及其使用说明。

表 8.4 常用事件

事件	发生
Click	当鼠标左键单击对象时
DblClick	当鼠标左键双击对象时
DragDrop	当执行鼠标的拖放动作时
RightClick	单击鼠标右键时
MouseDown	当用户按下一个鼠标按键时
KeyPress	当用户按下并松开键盘上的键时
DownClick	单击控件上的向下箭头时
GotFocus	当通过用户动作或者程序代码使对象被聚焦时
Activate	当表单或者表单集被激活或者 ToolBar 对象显示时
Init	当创建一个对象对其初始化设置时
Load	当表单被装入内存时
InteractiveChange	使用键盘或鼠标更改控件的值时
Resize	当对象改变大小时
Timer	在 Interval 设置的毫秒时间之后，发生一个计时器事件
Valid	当一个控件失去聚焦时

8.2.6 常用方法

在 VFP 中，方法程序是与对象相关联的过程，它是对象能够执行的一个操作。它与一般的 VFP 过程是不同的。方法程序既可以与相应的事件相关联，也可以独立于事件而单独存在，后者必须在程序代码中被显示或调用。VFP 中常用的方法程序如表 8.5 所示。

表8.5 常用方法

方法程序	功　能
AddItem	给一个 ComboBox 或 ListBox 控件增加一个新项
Box	在表单对象上画一个矩形
Circle	在表单对象上画一个圆或者椭圆
Clear	清除一个组合框控件和列表框控件中的内容
Cls	从表单上清除文本和图形
Hide	通过设置 Visual 属性为假,来隐藏表单或者表单集
Line	在表单对象上绘制一条线
Move	用于移动一个对象
Print	在表单对象上打印一个字符串
Quit	结束一个 VFP 事件
Refresh	重新绘制一个表单并刷新它的所有值
SetFocus	为控件指定一个焦点

8.3 常用控件的基本属性

本节将介绍常用控件的基本属性。

1. Name 属性

指定在代码中引用对象时所用的名称。

2. Caption 属性

指定对象标题中显示的文本,即标题属性。

说明:

① 如果要为控件指定快捷键,可在标题中在要作为快捷键的字母前加上一个反斜杠和一个小于号(\<),当对象显示时,该字母带一个下画线。用户可同时按 Alt 键加下画线字母,将焦点移到该控件上。对象不同,标题的显示也不同。

② 对于表单,Caption 属性指定显示在表单标题栏中的文本。若将表单最小化,文本就显示在表单图标的下面。

③ 对于页框对象中的页面,Caption 属性指定显示在每页选项卡上的文本。

④ 对于控件,Caption 属性指定显示在控件上或控件旁的文本。

⑤ 如果 Style 属性设为 1(图形显示方式),控件标题显示图形;被最小化的表单,标题显示在图标下面。

⑥ 当新创建一个新的表单或控件时,缺省标题与 Name 属性的设置相同。这个缺省的标题

包括对象类名和一个整数,如 Label1、Command1、Text1、Combo1 或 Form1。

⑦ Name 属性指定如何在代码中引用对象,Caption 属性指定界面上用以标识控件的内容。这两个属性初始值相同,但以后可以独立设置。

⑧ 对于命令按钮组和选项按钮组对象,只有 BorderStyle 属性设置为单实线 1 时,才显示标题。

⑨ Caption 属性的最大字符数是 256。

3. AutoSize 属性

控件是否根据正文自动调整大小。

.T.—真:自动调整大小。

.F.—假(默认值):保持原设计时的大小。正文若太长自动裁剪掉。

适用于标签框、单选按钮组、复选框。

4. Height 属性

指定对象在界面上的高度。

5. Width 属性

指定对象在界面上的宽度。

6. Top 属性

对于控件,指定相对父对象最顶端所在位置;对于表单对象,确定表单顶端边缘与 VFP 主窗口之间的距离。

7. Left 属性

对于控件,指定相对父对象的左边界;对于表单对象,确定表单的左边界与 VFP 主窗口左边界之间的距离。

8. Enabled 属性

指定控件是否可用。

.T.—真(默认值):可用。

.F.—假:不可用,呈暗淡色,禁止用户进行操作。

9. Visible 属性

指定控件是否可见:

.T.—真(默认值):可见。

.F.—假:不可见,但控件本身存在。

10. FontName 属性

指定对象显示文本的字体名。

11. FontSize 属性

指定对象文本的字体大小。

12. FontBold、FontItalic、FontStrikethru、FontUnderline 属性

指定文本是否具有下列效果(粗体、斜体、删除线或下画线)。

FontBold:是否粗体。

FontItalic:是否斜体。

FontStrikethru:是否加一条删除线。

FontUnderline:是否带下画线。

13. ForeColor 属性

设置控件的前景颜色(即正文颜色)。用户可以在属性窗口中用调色板直接选择所需颜色,也可以在程序中用 RGB( )函数设置。

14. BackColor 属性

设置背景颜色,选择方法同前景颜色。

15. BackStyle 属性

设置背景风格。

0—透明:控件背景颜色显示不出来。

1—不透明(默认值):控件设置背景颜色。

16. BorderStyle 属性

设置边框风格。

0—无:控件周围没有边框。

1—固定单线(默认值):控件带有单边框。

17. Alignment 属性

标签框、文本框、复选框控件正文水平对齐方式。对于不同控件,默认值不同。

0—左:正文左对齐。

1—右:正文右对齐。

2—中间:正文居中。

18. WordWrap 属性

当 AutoSize 属性设为.T.时,WordWrap 才有效。

.T.—真:表示按照文本和字体的大小在垂直方向上改变显示区域的大小,而在水平方向不发生变化。

.F.—假(默认值):表示在水平方向上按正文的长度放大和缩小,在垂直方向以字体大小来放大或缩小显示区域。

19. Style 属性

指定控件的样式,适用于复选框、组合框、命令按钮、文本框、选项按钮组。

20. Picture 属性

指定在控件中显示的位图文件(.BMP)、图标文件(.ICO)或通用字段,适用于复选框、命令按钮、选项按钮组、容器对象、图像、表单等。

21. TabIndex 属性

指定页面上控件的 Tab 键次序。

22. TabStop 属性

指定用户是否可以使用 Tab 键把焦点移到对象上。

23. SpecialEffect 属性

指定形状控件的不同样式选项。

0—3维:立体效果。

1—平面:平面效果(默认值)。

对于容器控件和页框控件,SpecialEffect 属性有不同的选项。

0—凸起(容器控件的默认值)。

1—凹下。

2—平面(页框控件的默认值)。

24. Value 属性

指定控件的当前状态,适用于复选框、列表框、组合框、命令按钮组、编辑框、表格、文本框、选项按钮组和微调按钮。

对于列表框、组合框、命令按钮组、编辑框、表格、文本框和微调按钮,Value 属性的设置为当前所选的字符或数值。

25. InputMask 属性

指定控件中数据的输入格式和显示方式,应用于微调按钮、文本框和组合框。

26. Stretch 属性

在一个控件内部,指定如何调整一幅图像以适应控件的大小。

0—剪裁:剪裁图像以适应控件。

1—等比填充:调整图像大小以适合控件,同时保持图像的原始比例。

2—变比填充:调整图像大小以适合控件,但是不保持图像的原始比例。

大多数控件一般具有下列一些基本属性:Name、Caption、AutoSize、Height、Width、Top、Left、Enabled、Visible、FontName、FontSize、FontBold、BackColor、ForeColor、Style、TabIndex、TabStop、ButtonCount、BorderStyle、BackStyle、Alignment 和 SpecialEffect 等。

控件的特殊属性在第9章介绍控件的使用时,再详细说明其用法。

8.4 程序设计的基本方法

VFP 提供的表单设计器是可视化编程的重要工具,本节主要介绍表单设计器的操作方法。

8.4.1 编程基本方法

VFP 可视化编程的基本方法为:

① 建立应用程序的用户界面,主要是建立表单,并在表单上安排应用程序所需的各种对象,由控件创建。

② 设置各对象的属性,包括表单及控件的属性。

③ 编写方法及事件过程代码。

用户也可以一边建立对象,一边设置属性和编写方法及事件过程代码。

8.4.2　编程步骤

1. 打开“表单设计器”

表单设计器是 VFP 提供的一个功能非常强大的表单设计工具，它是一种可视化工具，表单的全部设计工作和表单的修改工作都在表单设计器中完成。

打开表单设计器有 3 种方法。

方法 1：在“项目管理器”中，选择“文档”选项卡，再选择“表单”选项，单击“新建”按钮，打开“新建表单”对话框，单击“新建表单”按钮，打开“表单设计器”窗口。

方法 2：在“文件”菜单中，选择“新建”命令，打开“新建”对话框，在“文件类型”选项区域中，选择“表单”单选按钮，再单击“新建文件”按钮，打开“表单设计器”窗口。

方法 3：在命令窗口中，使用 CREATE FORM〈表单文件名〉命令。

打开“表单设计器”窗口，如图 8.2 所示，用户可以开始设计新表单。

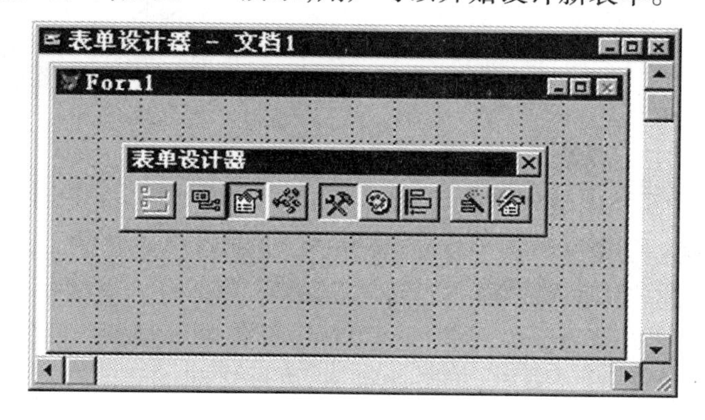

图 8.2　“表单设计器”窗口

“表单设计器”中包含一个新创建的表单或待修改的表单，可在其上添加和修改控件。表单可以在“表单设计器”内移动或者改变大小。

2. “表单设计器”工具栏

如果界面上没有出现“表单设计器”工具栏，可以在“显示”菜单中，选择“工具栏”命令，在“工具栏”对话框中，选择“表单设计器”选项，单击“确定”按钮。或者将鼠标指针移到标准工具栏上的任何位置，单击鼠标右键，在弹出的快捷菜单中，选择“表单设计器”命令，打开“表单设计器”工具栏。

“表单设计器”工具栏中包括了设计表单的所有工具。把鼠标指针移到工具栏的某个按钮上，就会出现该工具按钮的名称，如图 8.3 所示。“表单设计器”工具栏中各工具按钮的功能如下。

① 设置 Tab 键次序：在表单的设计过程中，单击此按钮，可以显示当按 Tab 键时，光标在表单的各个控件上移动的顺序。用键盘上的 Shift 键加上鼠标左键，可以重新设置光标移动的顺序。

② 数据环境：在表单设计过程中，单击此按钮，可以结合用户界面同时设计一个依附的数据环境，即数据库表、自由表或视图。

③ 属性窗口：在表单设计过程中，单击此按钮，可以启动或关闭属性窗口，以便在属性窗口

中，查看和修改各个控件的属性。

④ 代码窗口：在表单设计过程中，单击此按钮，可以启动或关闭代码窗口，以便在代码窗口中，编辑各个对象的方法及事件代码。

⑤ 表单控件工具栏：在表单设计过程中，单击此按钮，可以启动或关闭“表单控件”工具栏，以便利用各个控件进行用户界面的设计。

⑥ 调色板工具栏：在表单设计过程中，单击此按钮，可以启动或关闭“调色板”工具栏，利用该工具栏，可以进行各对象前景与背景颜色的设置，如图 8.4 所示。

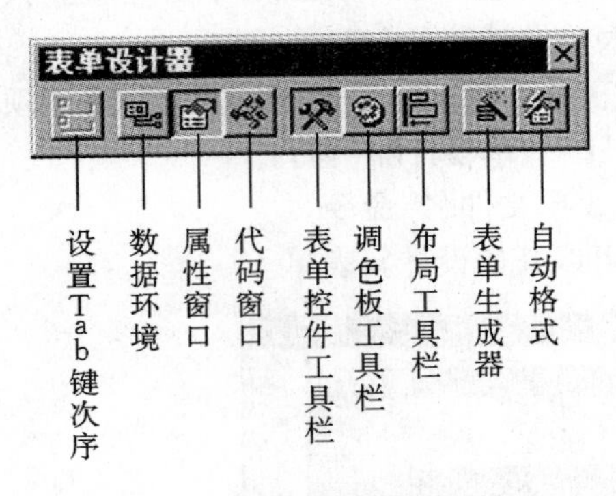

图 8.3 “表单设计器”工具栏

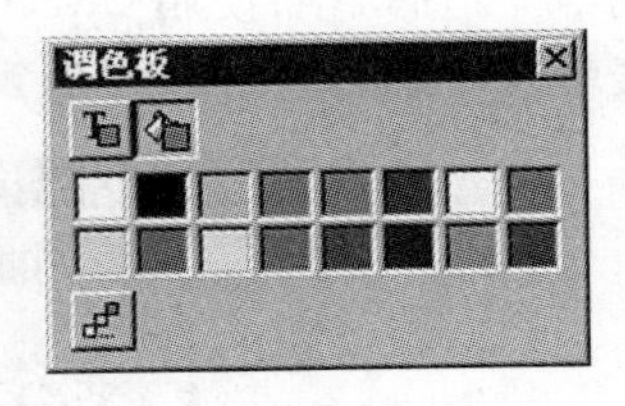

图 8.4 “调色板”工具栏

⑦ 布局工具栏：在表单设计过程中，单击此按钮，可以启动或关闭“布局”工具栏，利用该工具栏可以针对对象进行位置配置和对齐设置。

⑧ 表单生成器：直接以填表的方式进行相关对象的各项设置，可以快速建立表单。

⑨ 自动格式：在表单设计过程中，单击此按钮，可以启动或关闭自动格式生成器，对各控件进行设置。

3. 添加控件

在“表单设计器”工具栏中，单击“表单控件”工具栏按钮，打开“表单控件”工具栏，如图 8.1 所示，可以把它拖动到适当的位置。除了这些控件以外，工具栏还有其他按钮。

① 选定对象：选择一个或多个对象，移动和改变控件的大小。在创建了一个对象之后，“选定对象”按钮被自动选定，除非按下了“按钮锁定”按钮。

② 查看类：单击后此键被激活，使用户可以选择显示一个已注册的类库。在选择一个类后，工具栏上只显示选定类库中类的按钮。

③ 生成器锁定：可以自动显示生成器，为任何添加到表单上的控件打开一个生成器。

④ 按钮锁定：可以添加多个同种类型的控件，而不需多次单击此控件的按钮。

4. 修改对象的属性

在设计时修改或设置对象的属性，一般在“属性”窗口中进行。方法是：选定该对象，单击鼠标右键，在弹出的快捷菜单中，选择“属性”命令，或单击“表单设计器”工具栏中的“属性”按钮，可以打开“属性”窗口，如图 8.5 所示。

“属性”窗口包含选定对象（表单或控件）的属性、事件和方法列表。可在设计或编程时对这些属性值进行设置或更改。

在 VFP 中，表单以及添加到表单上的控件统称为对象。对象根据它们所基于的类的性质分为容器对象和控件对象。对象都具有自己的属性、事件和方法。每个对象都可以用一组属性来刻画其特征。每个属性都有属性值,改变属性值就相当于改变了对象的特征值。

属性值的设置可以通过"属性"窗口或编程方式来进行。

(1)"属性"窗口的组成

"属性"窗口包含对象下拉列表框、选项卡、属性设置框、属性列表框和属性说明框5部分。

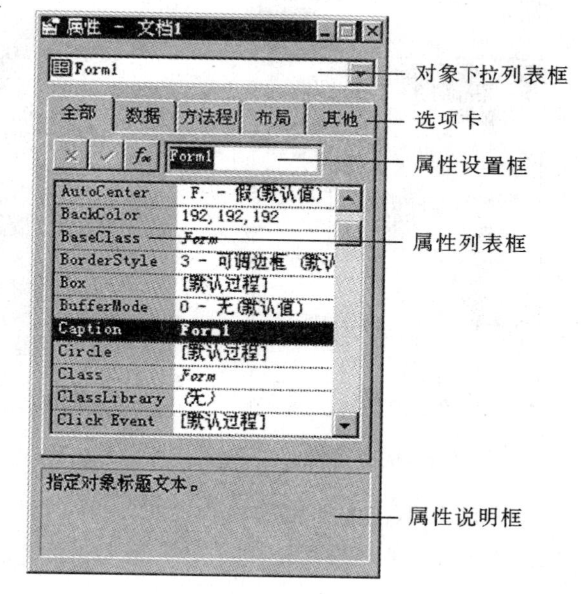

图8.5 "属性"窗口

① 对象下拉列表框:用来标识当前选定的对象。单击右端的向下箭头,可以看到包含当前表单、表单集和全部控件的列表。可以从列表中,选择要更改其属性的表单或控件。

② 选项卡:有5个选择页,按分类方式显示所选对象的属性、事件和方法。

全部:显示当前对象的全部属性、事件和方法。

数据:显示所选对象如何显示或怎样操纵数据的属性。

方法程序:显示当前对象的方法和事件。

布局:显示所有的布局属性。

其他:显示其他和用户自定义的属性。

③ 属性设置框:可以更改属性列表框中当前选定属性的属性值。如果选定的属性需要预定义的设置值,则在右边出现一个向下的箭头。如果属性设置需要指定一个文件或一种颜色,则在右边出现"..."按钮。如果单击√(接受)按钮,那么就确认对属性值的更改;如果单击×(取消)按钮,取消更改,恢复以前的值;如果单击f_x(函数)按钮,那么将打开"表达式生成器"对话框,可以通过"表达式生成器"来设置属性值。

④ 属性列表框:分左右两列,左列是可在设计时更改的属性,右列是属性值。对于设为表达式的属性,其前面会有等号(=)。只读属性、事件和方法程序则以斜体显示。

⑤ 属性说明框:在属性列表框中,每选择一个属性,就会在属性说明框中显示出该属性的说明。

(2)修改属性的操作步骤

在"属性"窗口中除以上各项之外的地方,单击鼠标右键,弹出如图8.6所示的快捷菜单,从中选择相应的命令,可以改变"属性"窗口的外观。设置和修改属性的操作步骤如下:

① 在对象下拉列表框中,显示出对象名Form1。

② 在"全部"或"布局"选项卡中,找到标题属性Caption,将其改为"用户表单",如图8.7所示。

③ 在表单上单击命令按钮Command1,将其标题改为"关闭",如图8.8所示。

5. 编写代码

编写代码就是为对象编写事件过程或方法。编写代码必须在代码窗口中进行。

① 打开代码窗口,有3种方法。

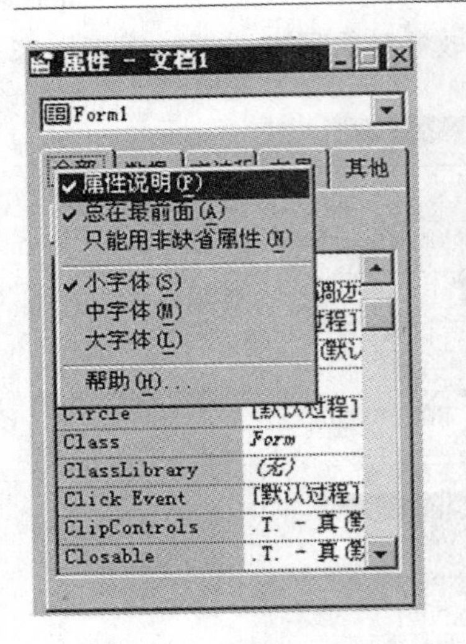

图 8.6 快捷菜单

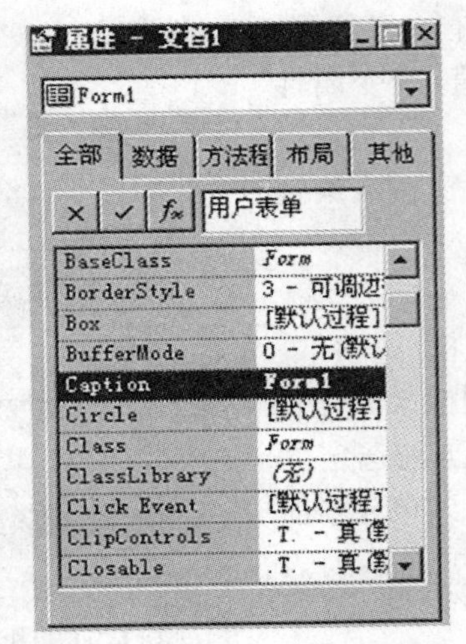

图 8.7 修改表单 Form1 的属性

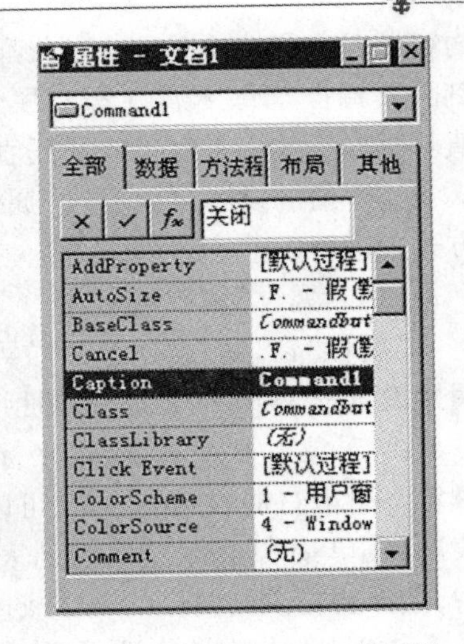

图 8.8 修改 Command1 的属性

方法 1:双击需要编写代码的对象,可以打开代码窗口,如图 8.9 所示。这时将在"过程"下拉列表框中,列出所选对象的所有方法及事件名。

方法 2:在表单中用鼠标右键单击需要编写代码的对象,在弹出的快捷菜单中,选择"代码"命令,如图 8.10 所示。

图 8.9 代码窗口

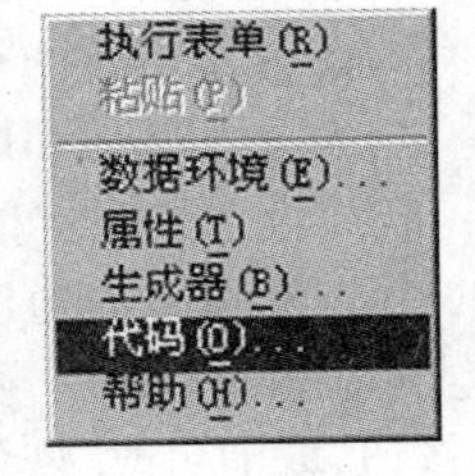

图 8.10 选择"代码"命令

方法 3:在"表单设计器"中,单击"代码"按钮。

② 输入代码。在"对象"下拉列表框中,选择"Command 1"对象,在"过程"下拉列表框中,选择"Click",并在代码窗口中,输入代码"Release ThisForm",如图 8.11 所示。其中 Release 是 VFP 命令,用来从内存中清除变量或引用的对象。上述代码表示,当单击(Click)命令按钮(Command 1)时,清除该表单。

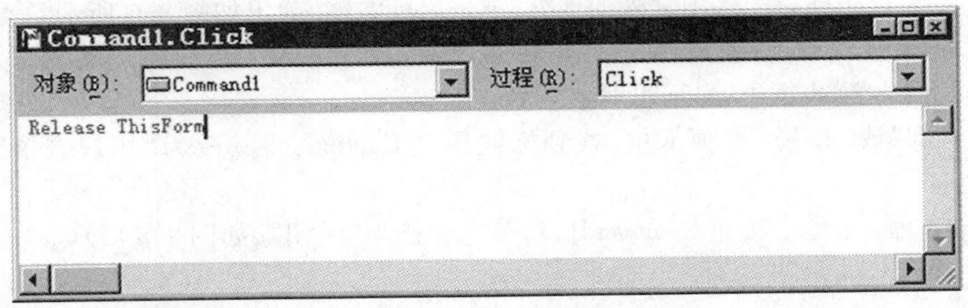

图 8.11 输入代码

③ 表单文件存盘。在代码窗口右上角中，单击“关闭”按钮，关闭代码窗口。然后，在“表单设计器”窗口右上角中，单击“关闭”按钮，可以关闭“表单设计器”窗口，此时，系统打开“要将所做更改保存到表单设计器 - 文档 1 中吗?”提示对话框，如图 8.12 所示。如果单击“是”按钮，则打开“另存为”对话框，如图 8.13 所示，在“保存表单为”文本框中，输入表单文件名，系统将以表单文件名(*.scx)存盘。

图 8.12 表单存盘提示

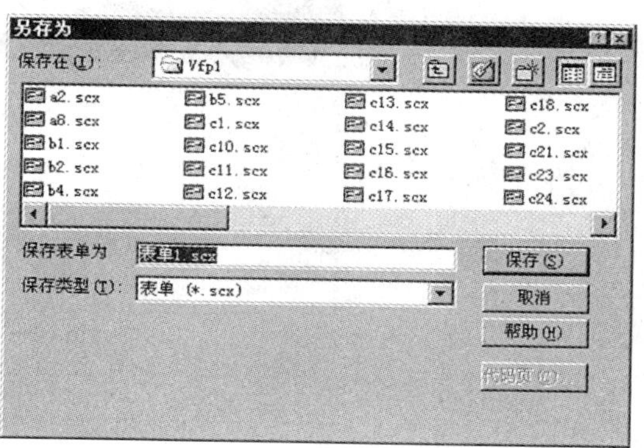

图 8.13 “另存为”对话框

6. 运行表单

运行表单有两种方法。

方法 1:在未退出“表单设计器”窗口之前，在“常用”工具栏中，单击运行按钮“!”，可以运行表单。

方法 2:在命令窗口中，输入:DO FORM〈表单名〉，可以运行表单。

7. 修改表单

修改表单有 3 种方法。

方法 1:在“项目管理器”中，选择需要修改的表单名称，单击“修改”按钮。

方法 2:在“文件”菜单中，选择“打开”命令，或者在“常用”工具栏中，单击“打开”按钮，打开“打开”对话框，在“文件类型”下拉列表框中，选择表单文件(*.scx)，然后在列出的表单文件名中，选择所需要的表单名。

方法 3:在命令窗口中，使用命令:MODIFY FORM〈表单名〉。

8.5 修改和定制表单

在表单中添加控件后，可以移动和改变控件的大小、复制或删除控件以及调整控件等操作。

“表单设计器”除了包含“表单控件”工具栏外，还包括“布局”工具栏、“调色板”工具栏和“表单设计器”工具栏。

8.5.1 选择控件

把控件添加到表单中后，可以对控件进行各种操作，如移动、缩放、删除和复制等。操作之前一定要先选择控件。如果只是选择一个控件，单击该控件。单击后，控件周围会出现八个黑色小方框,这些小方框称为尺寸句柄。

如果想同时选择多个控件,可以有两种方法。

方法 1:按住 Shift 键,然后分别单击每个要选择的控件。用这种方法可以选择多个不相邻的控件,如图 8.14 所示。

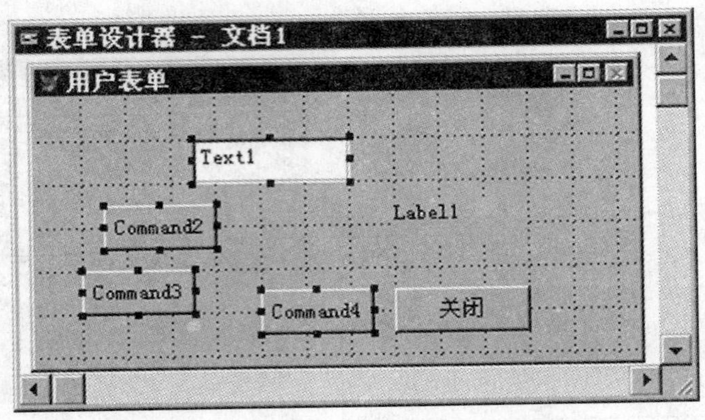

图 8.14 选择多个不相邻的控件

方法 2:如果想选择某一区域的控件,在“表单控件”工具栏中,单击“选定对象”按钮,然后按住鼠标左键在表单上画一个方框,包围要选择的控件,再释放鼠标左键。此时方框内或框线所经过的控件都被选中。

选择控件后,如果想撤销选择,则单击表单没有控件的位置。如果想撤销对多个控件中某个控件的选择,则按住 Shift 键,再单击该控件。

8.5.2 控件的操作

1. 移动控件

移动控件的操作方法为:

① 选择要移动的控件。

② 按住鼠标左键不放,然后拖动选择的控件到指定位置。

③ 释放鼠标左键。

如果要精确地移动控件,在“属性”窗口中,改变控件的 Left 和 Top 属性。

除了用鼠标来移动控件外,还可以通过键盘来完成,即选择控件后,再按上、下、左、右方向键来调整控件的位置。

2. 缩放控件

缩放控件的操作方法为:

① 选择要缩放的控件。

② 拖动上、下两个尺寸句柄来改变控件的高度,拖动左、右两个尺寸句柄来改变控件的宽度,拖动角上的尺寸句柄来同时改变高度和宽度。

如果要精确地缩放控件,在“属性”窗口中,改变控件的 Width 和 Height 属性。

3. 删除控件

如果想将表单上的控件删除,选择要删除的控件,然后按 Del 键删除,如果想恢复误删除的控件，按 Ctrl + Z 组合键或者选择“编辑”菜单中的“撤销”命令。

4. 复制控件

复制控件，可以在表单上产生大小相同的控件，操作方法为：

① 选择要复制的控件。

② 在“编辑”菜单中，选择“复制”命令，或在“常用”工具栏中，单击“复制”按钮，或按 Ctrl + C 快捷键。

③ 在“编辑”菜单中，选择“粘贴”命令，或在“常用”工具栏中，单击“粘贴”按钮，或按 Ctrl + V 快捷键。

④ 用鼠标将控件的副本移到要放置的位置。

5. 在表单上画多个同类控件

如果要在表单上画出多个同类的控件，可以利用“按钮锁定”按钮。其操作步骤如下：

① 在“表单控件”工具栏中，单击“按钮锁定”按钮，如图 8.15 所示。

② 在“表单控件”工具栏中，单击某个所需控件的按钮，就可以在表单上连续画出多个控件，不必每画一个单击一次图标。

③ 画完后，再次单击“按钮锁定”按钮，取消该功能。

6. 调整和对齐控件

调整和对齐控件的方法是：选择要调整和对齐的一组控件，然后在“布局”工具栏中，单击某个布局按钮。“布局”工具栏如图 8.16 所示，可以调整和对齐控件，它包含以下按钮。

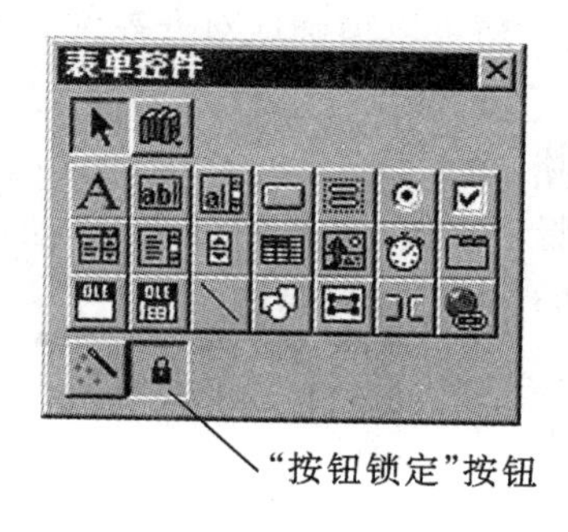

图 8.15 “按钮锁定”按钮

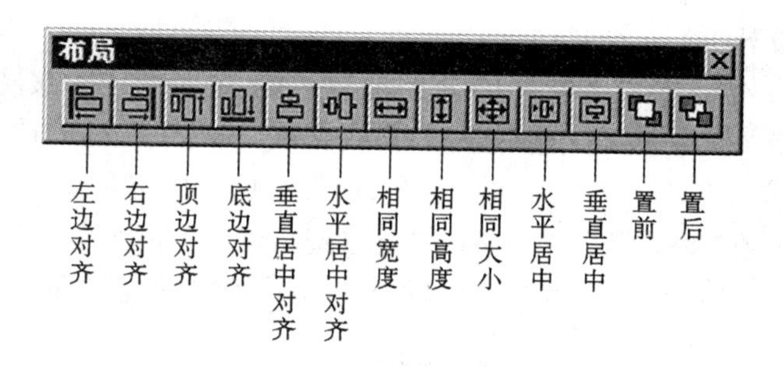

图 8.16 “布局”工具栏

左边对齐：被选择的控件靠左边对齐。

右边对齐：被选择的控件靠右边对齐。

顶边对齐：被选择的控件靠顶端对齐。

底边对齐：被选择的控件靠底端对齐。

垂直居中对齐：被选择的控件往垂直的中心对齐。

水平居中对齐：被选择的控件往水平的中心对齐。

相同宽度：被选择的控件设置相同宽度。

相同高度：被选择的控件设置相同高度。

相同大小：被选择的控件设置相同大小。

水平居中：被选择的控件按表单的水平中心线对齐。

垂直居中:被选择的控件按表单的垂直中心线对齐。

置前:被选择的控件设置为前景显示。

置后:被选择的控件设置为背景显示。

对控件的置前、置后操作在设计表单的时候非常有用。例如,当表单上的控件设计完成后,如果用形状控件将其分组,后画的形状控件将覆盖原有的控件,单击"置后"按钮,即可将形状控件放置到原有控件的背后,如图8.17和图8.18所示。

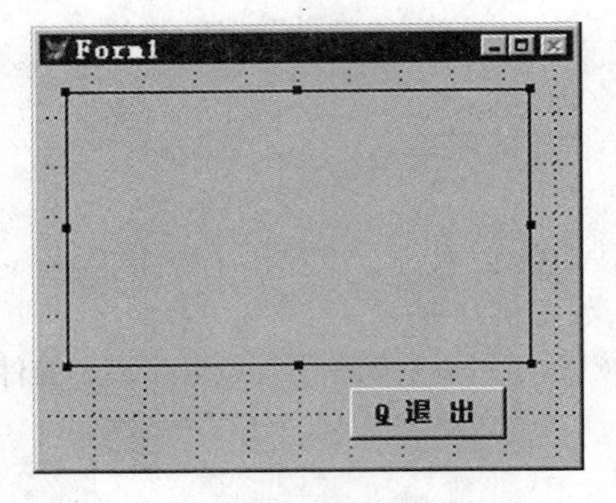

图8.17 形状控件覆盖原有的控件

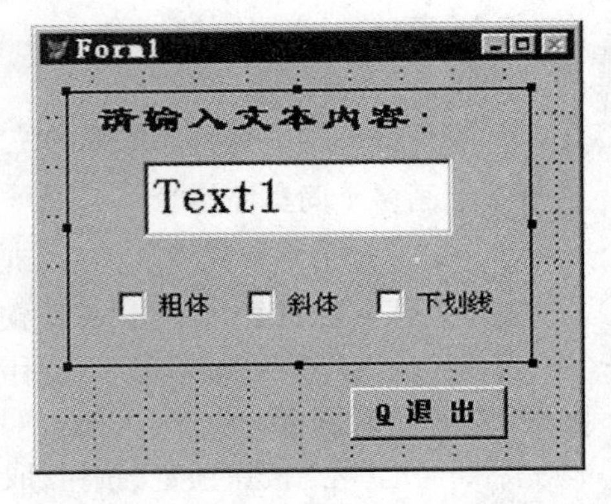

图8.18 形状控件放置到原有控件的背后

8.5.3 控制网格显示

网格就是表单上由一个个小点划分而成的小格子。通过网格可以精确地对齐控件。其操作方法如下:

① 在"显示"菜单中,选择"网格线"命令,显示或隐藏网格。

② 在"格式"菜单中,选择"对齐格线"命令,如图8.19所示,可以调整和对齐控件。在"格式"菜单中,选择"对齐格线"命令,即带有选中标记时,放在表单上的控件与网格线对齐。

③ 在"格式"菜单中,选择"设置网格刻度"命令,打开"设置网格刻度"对话框,如图8.20所示,在"网格"选项区域中,可以调整"水平"和"垂直"值的大小。

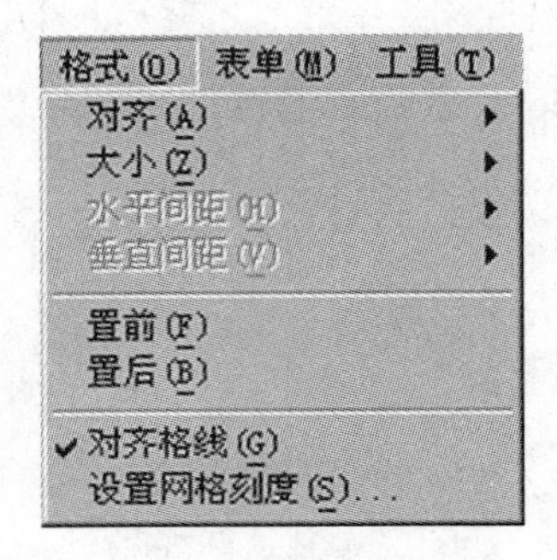

图8.19 "对齐格线"命令

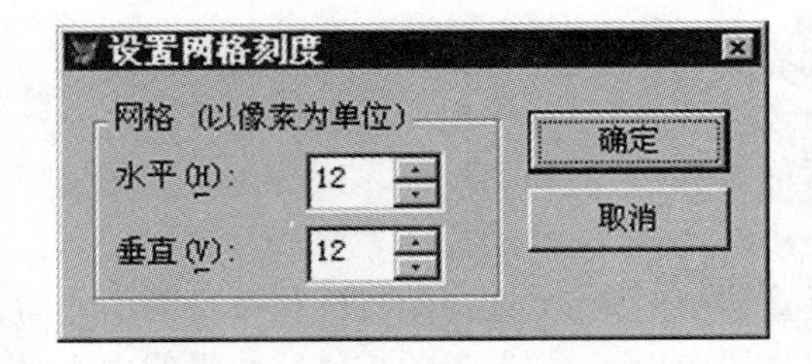

图8.20 "设置网格刻度"对话框

在下列情况下,网格将无效:

"对齐格线"命令不带选中标记,默认时该命令带选中标记。

使用箭头键来对齐控件。

单击控件前,按住 Ctrl 键并将控件拖放到新的位置。

在“布局”工具栏中,单击“布局”按钮或在“格式”菜单中,选择“对齐”命令。

8.6 建立简单的应用程序

【例 8.1】 设计一个显示“欢迎使用 VFP”的程序。表单中有一个标签控件 Label1,两个命令按钮 Command1 和 Command2,如图 8.21 所示。

程序设计的具体步骤如下:

① 打开“表单设计器”窗口。在“项目管理器”中,选择“文档”选项卡,选择“表单”选项,再单击“新建”按钮,在“新建表单”对话框中,单击“新建表单”按钮,打开“表单设计器”窗口,系统显示一个新创建的空白表单。

② 添加控件。在“表单设计器”工具栏中,选择标签控件 Label1、命令按钮 Command1 和 Command2,可以把它们拖动到适当的位置,如图 8.21 所示。

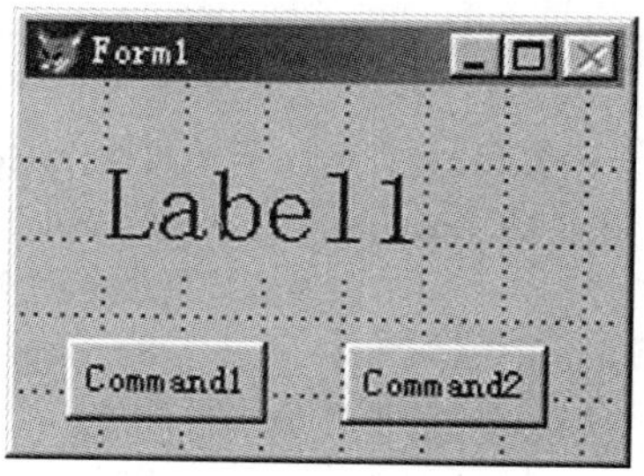

图 8.21 程序的设计界面

③ 修改对象的属性。打开“属性”窗口,在“对象”下拉列表框中,显示出对象名是 Form1。在“全部”选项卡中,找到标题属性 Caption,将其改为“标签输出”。用同样的方法,可以修改其他对象的属性,其内容如下所示。

修改表单 Form1 的属性。

标题(Caption)改为:标签输出

修改 Label1 的属性。

自动大小(AutoSize)改为:.T.—真 && 自动调整标签的大小

标题(Caption)改为:欢迎使用 VFP

字体(FontName)改为:隶书

字体大小(FontSize)改为:24

修改 Comman1 的属性。

标题(Caption)改为:\<L 显示

修改 Comman2 的属性。

标题(Caption)改为:\<Q 关闭

④ 编写代码。双击命令按钮 Command1,可以打开代码窗口。

在“对象”下拉列表框中,选择“Command1”对象,在“过程”下拉列表框中,选择“Click”。

编写 Command1 的单击(Click)事件代码:

```
Thisform.Label1.Caption = "欢迎使用 VFP"
```

在“对象”下拉列表框中,选择“Command2”对象,在“过程”下拉列表框中,选择“Click”。

编写 Command2 的单击(Click)事件代码:

```
Release ThisForm
```

⑤ 表单文件存盘。先关闭代码窗口,然后关闭“表单设计器”窗口。此时,系统提示是否保存所做修改,单击“是”按钮,打开“另存为”对话框,输入表单文件名,如输入“D:\VFP\A1.scx”,

系统将以“D: \VFP\A1. scx”文件名存盘。

⑥ 运行表单。在“常用”工具栏中,单击运行按钮“!”,可以运行表单。

单击“显示”按钮,界面显示“欢迎使用 VFP”,如图 8.22 所示。

单击“关闭”按钮,清除该表单,可以退出程序。

⑦ 修改表单。在“项目管理器”中,选择需要修改的表单名称“D: \VFP\A1. scx”,再单击“修改”按钮,可以修改表单。

图 8.22 程序的执行界面

习 题

一、选择题

1. Label 控件的( )属性,可以设置文本的尺寸大小。
   A) AutoSize B) FontSize C) BorderStyle D) BackStyle
2. ( )可以设置控件的标题文本的字体的属性。
   A) AutoSize B) FontName C) Alignment D) Name
3. Label 控件和 Text 控件的( )属性,可以设置文本的对齐方式。
   A) AutoSize B) FontName C) Alignment D) Name
4. ( )可以设置文本的字体为斜体的属性。
   A) FontItalic B) FontBold C) InputMask D) FontUnderLine
5. Text 控件的( )属性,可设置或返回文本框中所选文本的长度。
   A) SelStart B) SelText C) Font D) SelLength
6. Text 控件的( )属性,可以设置输入文本的数据类型。
   A) Name B) FontBold C) InputMask D) Visible
7. Text 控件的( )属性,可设置或返回所选文本的起点。
   A) SelStart B) SelText C) Font D) SelLength

二、填空题

1. Label 控件的________属性,可以设置自动调整其边框的大小尺寸。
2. ________可以设置文本的字体为粗体的属性。
3. Text 控件的________属性,可设置文本框折行显示多行文本。
4. ________可以设置文本的字体为下画线的属性。
5. 当表单被装入内存时发生________事件。
6. 当表单被激活时发生________事件。

实 训

【实训目的】

1. 熟悉在“属性”窗口中设置属性的基本方法。
2. 常用控件的画法,“布局”工具栏、“调色板”工具栏的使用方法。

3. 练习标签控件、命令按钮控件、文本框控件、图像框控件的初步使用方法。

【实训内容】

1. 在表单中画出常用控件10个左右,然后练习选定操作。

2. 在表单中画出多个控件,用“布局”工具栏,练习控件对齐操作。

3. 在表单中画出多个控件,用“调色板”工具栏,练习填充表单的背景色,练习设置控件前景和背景色的操作。

4. 在表单中创建一个标签控件,显示“科学发展观”,程序的执行界面如图8.23所示。

5. 在表单中创建4个命令按钮,显示“和谐社会”4个字,程序的执行界面如图8.24所示。

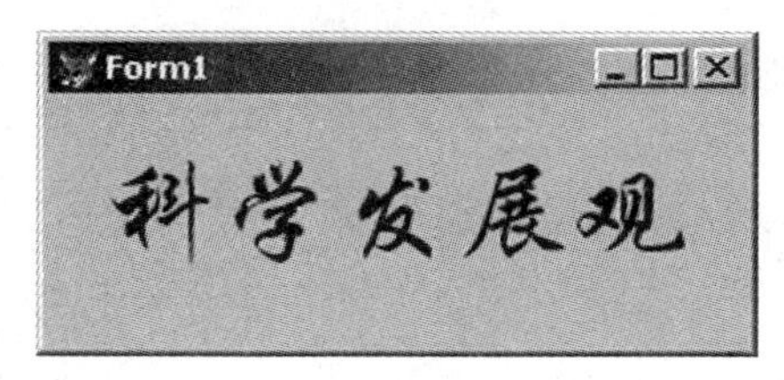

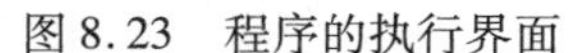
图8.23　程序的执行界面

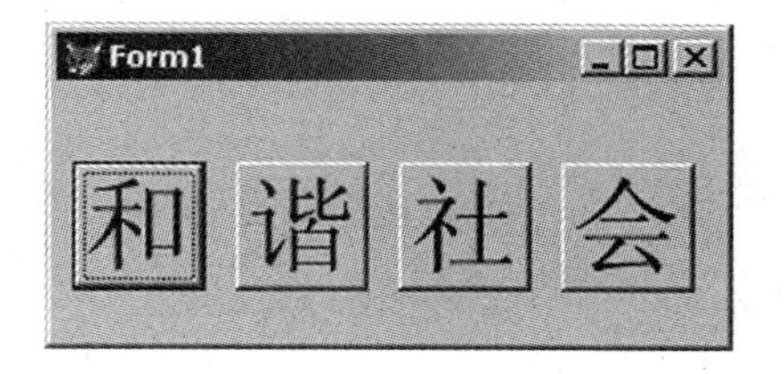

图8.24　程序的执行界面

6. 在表单中创建两个文本框,在第一个文本框中输入文字后,单击“显示”按钮,在第二个文本框中显示第一个文本框中的内容,程序的执行界面如图8.25所示。

7. 在表单中创建一个图像框,在其中装载一幅图片,程序的执行界面如图8.26所示。

图8.25　程序的执行界面

图8.26　程序的执行界面

第 9 章　控件的使用

本章主要介绍一些常用控件的使用方法，如标签控件、文本框控件、命令按钮控件、编辑框控件、计时器控件、容器控件、选项按钮控件、复选框控件、列表框控件、组合框控件、微调按钮控件、页框控件、直线控件、形状控件、图像控件等的程序设计方法。

9.1　标签控件与文本框控件

9.1.1　标签控件(Label)

1. 常用属性

标签控件最特有的属性为:WordWrap 折行显示。

2. 常用事件

单击(Click)、双击(DblClick)。

【例 9.1】　设计一个用标签控件实现标题放大的程序。

① 建立用户界面。

表单中有一个标签控件:Label1,两个命令按钮:Command1 和 Command2,表单的执行界面如图 9.1 所示,表单的设计界面如图 9.2 所示。

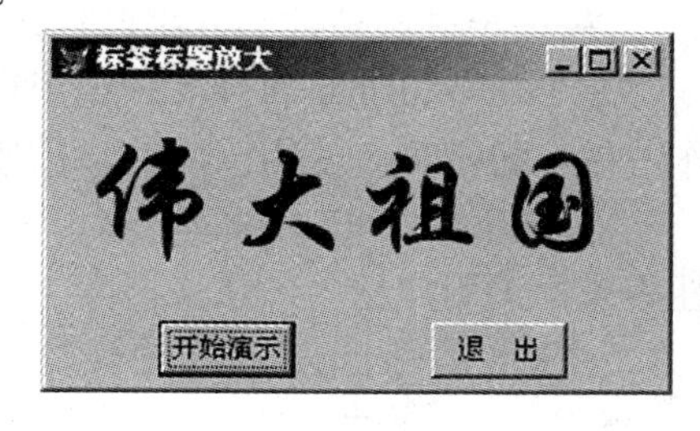

图 9.1　表单的执行界面

② 设置对象的属性。

修改 Label1 的属性。

　　自动大小(AutoSize)改为:.T.—真

　　标题(Caption)改为:伟大祖国

　　字体(FontName)改为:华文行楷

　　字体大小(FontSize)改为:16

修改 Command1 的属性。

　　标题(Caption)改为:开始演示

修改 Command2 的属性。

　　标题(Caption)改为:退　出

属性设置完后的表单界面如图 9.2 所示。

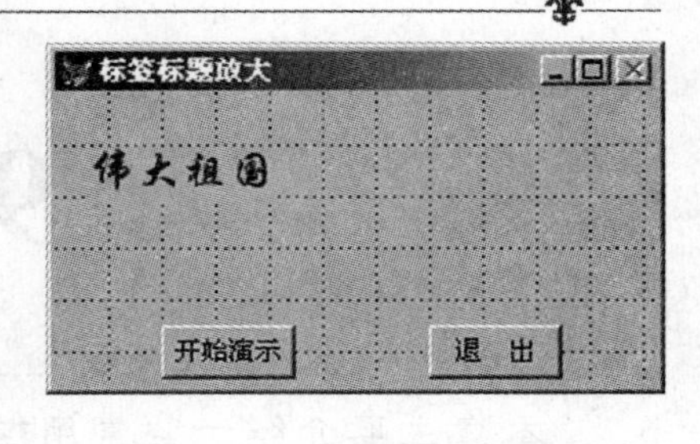

图9.2 表单的设计界面

③ 编写程序代码。

编写命令按钮 Command1 的单击(Click)事件代码:

```
ThisForm.Label1.AutoSize = .T.
n = 0
Do While n < 10
   ThisForm.Label1.FontSize = ThisForm.Label1.FontSize + n
   a = inkey(0.1)                    && 延时 0.1 秒
   n = n + 1
Enddo
```

说明:Label1.FontSize 的属性初始值是 16,循环语句每执行一次循环体,其 Label1.FontSize 值增加 n,共执行 8 次,Label 1.FontSize 的属性值增加到 44 为止。

9.1.2 文本框控件(TextBox)

1. 常用属性

① Value 属性。指定文本框当前的状态。Value 属性允许任何数据类型。

② InputMask 属性。文本框的 InputMask 属性指定数据输入以及如何显示。其值的设置如下:

X——可输入任何字符。

9——可以输入数字和符号,如可以输入一个负号(-)。

#——可以输入数字、空格和字符。

$——在某一固定位置显示(由 SET CURRENCY 命令指定的)当前货币符号。

$ $——在微调控件或文本框中,货币符号显示时不与数字分开。

*——在值的左侧显示星号。

.——指定十进制小数点位置。

,——十进制整数部分用逗号分隔。

③ PasswordChar 属性。指定用户输入的字符或占位符是否显示在文本框控件中,并确定用作占位符的字符。使用该属性,可以在对话框中,创建一个密码字段。一般用星号(*)。

④ SelStart、SelLength、SelText 属性。在程序运行中,对文本内容进行选择操作时,这 3 个属性用来标识用户选中的正文。

SelStart 属性:选定正文的开始位置,第一个字符的位置是 0。

SelLength 属性:选定正文的最大长度。

SelText 属性:选定正文的内容。

设置了 SelStart 和 SelLength 属性后,VFP 会自动将设定的正文送入 SelText 存放。这些属性一般用于在文本编辑中设置插入点及范围、选择字符串、清除文本等,并且经常与剪贴板一起使用,完成文本信息的剪切、复制、粘贴等操作。

2. 常用事件

文本框的常用事件有:InteractiveChange、KeyPress 和 LostFocus。

3. 常用方法

文本框最常用的方法是:SetFocus,该方法是使指定的文本框获得焦点。

例如，ThisForm. Text1. SetFocus 表示程序开始时表单中的文本框首先得到光标。

【例 9.2】　计算圆面积。

文本框 Text 是用来进行输入数据的，它可以用来向程序输入各种不同类型的数据，也可以被用于数据的输出。

① 建立用户界面。

表单中有两个标签控件：Label1 和 Label2，两个文本框控件：Text1 和 Text2，3 个命令按钮：Command1 ~ Command3，表单的执行界面如图 9.3 所示，表单的设计界面如图 9.4 所示。

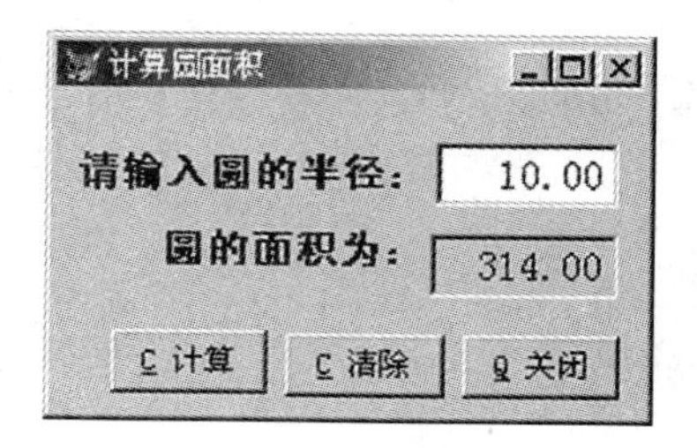

图 9.3　表单的执行界面

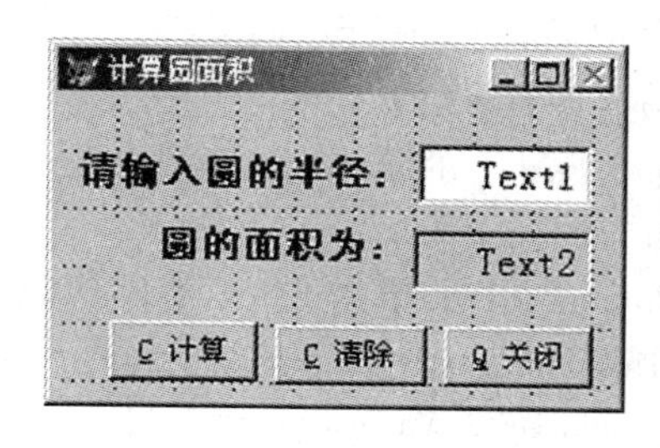

图 9.4　表单的设计界面

② 设置对象的属性。

修改表单 Form1 的属性。

　　标题（Caption）改为：计算圆面积

修改 Label1 的属性。

　　自动大小（AutoSize）改为：. T. —真

　　标题（Caption）改为：请输入圆的半径：

　　字体（FontName）改为：黑体

　　粗体字（FontBold）改为：. T. —真

修改 Label2 的属性。

　　自动大小（AutoSize）改为：. T. —真

　　标题（Caption）改为：圆的面积为：

　　字体（FontName）改为：黑体

　　粗体字（FontBold）改为：. T. —真

修改 Text1 属性。

　　InputMask 改为：999. 99

　　Value 值改为：0

　　字体（FontSize）改为：12

修改 Text2 属性。

　　ReadOnly 改为：. T.（只读）

　　InputMask 改为：99999999. 99

　　Value 值改为：0

　　TabStop 改为：. F.（光标不停留）

　　字体（FontSize）改为：12

修改 Command1 的属性。

标题(Caption)改为:\<C 计算

字体(FontName)改为:黑体

修改 Command2 的属性。

标题(Caption)改为:\<C 清除

字体(FontName)改为:黑体

修改 Command3 的属性。

标题(Caption)改为:\<Q 退出

字体(FontName)改为:黑体

③ 编写程序代码。

编写表单 Form1 的 Activate 事件代码:

```
This. Text1. SetFocus
```

编写 Command1 的单击 Click 事件代码:

```
r = ThisForm. Text1. Value
ThisForm. Text2. Value = r * r * 3. 14
ThisForm. Text1. SetFocus
```

编写 Command2 的单击 Click 事件代码:

```
ThisForm. Text1. Value = 0
ThisForm. Text2. Value = 0
ThisForm. Text1. SetFocus
```

【例 9.3】 设计一个文本框的密码演示程序。

① 建立用户界面。

表单中有一个标签控件:Label1,一个文本框控件:Text1,3 个命令按钮:Command1、Command2 和 Command3。密码为:“123”,表单的设计界面如图 9.5 所示,表单的执行界面如图 9.6 和图 9.7 所示。

② 设置对象的属性。

修改表单 Form1 的属性。

标题(Caption)改为:文本框控件的密码演示

修改 Label1 的属性。

自动大小(AutoSize)改为:. T. —真

标题(Caption)改为:输入密码:

字体(FontName)改为:宋体

字体大小(FontSize)改为:10

图 9.5　表单的设计界面

图 9.6　表单的执行界面(a)

图 9.7　表单的执行界面(b)

修改 Command1 的属性。

标题(Caption)改为:确定

修改 Command2 的属性。

标题(Caption)改为:重来

修改 Command3 的属性。

标题(Caption)改为:退出

修改 Text1 的属性。

Passwordchar 改为:*

字体(FontSize)改为:12

③ 编写程序代码。

编写命令按钮 Command1 的 Click 事件代码:

```
If Alltrim(ThisForm.Text1.Value) = ="123"
    = Messagebox("密码正确!",48,"提示信息")
Else
    ThisForm.Text1.setfocus
    = Messagebox("对不起,密码错误!",48,"提示信息")
EndIf
```

编写命令按钮 Command2 的 Click 事件代码:

```
ThisForm.Text1.Value = ""
ThisForm.Text1.SetFocus
```

9.2 命令按钮控件与编辑框控件

9.2.1 命令按钮控件(CommandButton)

1. 常用属性

接受用户输入的命令,输入命令可以有 3 种方式:单击鼠标、按 Tab 键和快捷键(Alt + 有下画线的字母)。

① Caption 属性。命令按钮显示的内容,可设置快捷键。

② Picture 属性。按钮可显示图片文件(.BMP、.ICO 和.JPG)。

③ Default 属性。若活动表单上有两个或更多命令按钮,在按下 Enter 键时,指定哪个按钮做出反应。表单中只能有一个按钮 Default 属性设为.T.,其他的按钮 Default 属性必须设为.F.。

④ Cancel 属性。当 Cancel 属性设为.T.时,单击此按钮与按 Esc 键的效果相同。表单中只能有一个按钮 Cancel 属性设为.T.,其他的按钮 Cancel 属性必须设为.F.。

2. 常用事件

单击(Click)、双击(DblClick)。

【例 9.4】 设计一个程序,命令按钮的显示和不显示的效果。

① 建立用户界面。

表单中有两个命令按钮:Command1 和 Command2,一个标签控件:Label1,表单中装载一幅图片,表单的设计界面如图9.8所示,表单的执行界面如图9.9和图9.10所示。

图9.8 表单的设计界面

图9.9 表单的执行界面(a)

图9.10 表单的执行界面(b)

② 设置对象的属性。

修改表单 Form1 的属性。

标题(Caption)改为:命令按钮使用

修改 Label1 的属性。

标题(Caption)改为:Label1

自动大小(AutoSize)改为:.T.—真

修改 Command1 的属性。

标题(Caption)改为:显示文本

修改 Command2 的属性。

标题(Caption)改为:清除文本

③ 编写程序代码。

编写命令按钮 Command1 的 Click 事件代码:

```
ThisForm.Picture = "d:\t\f4.jpg"
ThisForm.Label1.Caption = "鲜花盛开"
ThisForm.Label1.FontName = "隶书"
ThisForm.Label1.FontSize = 22
ThisForm.Command1.Visible = .F.
ThisForm.Command2.Visible = .T.
```

编写命令按钮 Command2 的 Click 事件代码:

```
ThisForm.Label1.Caption = ""
ThisForm.Command2.Visible = .F.
ThisForm.Command1.Visible = .T.
```

9.2.2 编辑框控件(EditBox)

1. 常用属性

① ScrollBars 滚动条属性。

0—无:没有滚动条。

2—垂直:加滚动条。

② ReadOnly 属性。指定用户是否可以编辑一个控件。应用于编辑框、文本框、表格、微调

按钮。

.T.—真:不能编辑控件。

.F.—假(默认值):可以编辑控件。

2. 常用事件

编辑框常用的事件有:KeyPress、Click、DblClick 和 LostFocus。

3. 常用方法

编辑框最常用的方法是:SetFocus。

【例 9.5】 设计一个程序,将一个编辑框的内容,加入另一个编辑框中。

① 建立用户界面。

表单中有两个编辑框控件:Edit1 和 Edit2,一个命令按钮组:CommandGroup1,表单的设计界面如图 9.11 所示,表单的执行界面如图 9.12 所示。

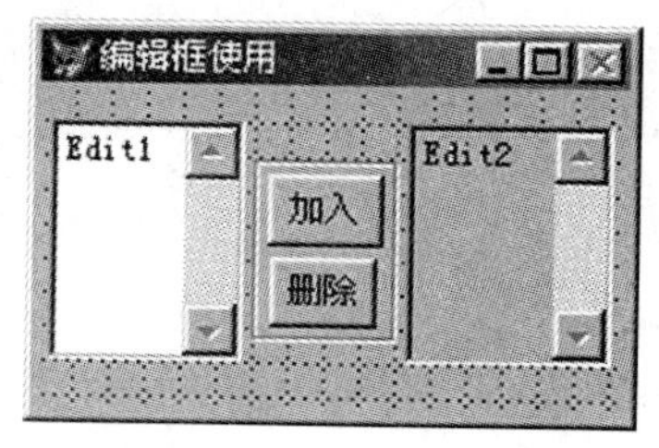

图 9.11 表单的设计界面

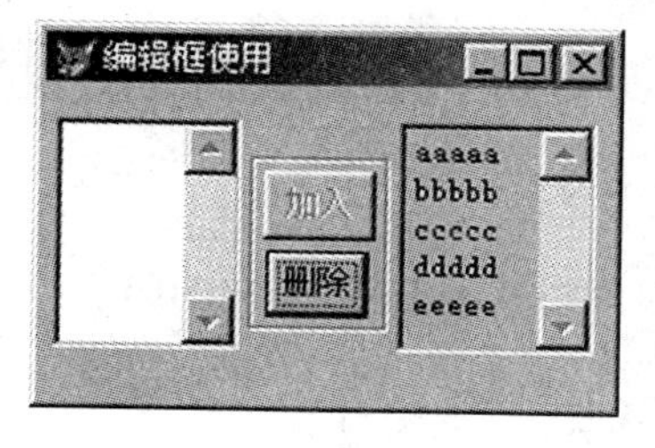

图 9.12 表单的执行界面

② 设置对象的属性。

修改表单 Form1 的属性。

  标题(Caption)改为:编辑框使用

修改 Edit1 的属性。

  高(Heigth)改为:84

  宽(Width)改为:74

  只读(ReadOnly)改为:.F.—假

  滚动条(ScrollBars)改为:2—垂直

修改 Edit2 的属性。

  高(Heigth)改为:84

  宽(Width)改为:74

  只读(ReadOnly)改为:.T.—真

  滚动条(ScrollBars)改为:2—垂直

修改 CommandGroup1 的属性。

  按钮(ButtonCount)改为:2

修改 Command1 的属性。

  标题(Caption)改为:加入

修改 Command2 的属性。

  标题(Caption)改为:删除

③ 编写程序代码。

编写命令按钮 Command1 的 Click 事件代码:

```
If Not Empty( ThisForm. Edit1. Value)
   ThisForm. Edit2. Value = ThisForm. Edit1. Value
   ThisForm. Edit1. Value = " "
      ThisForm. CommandGroup1. Command2. Enabled = . t.
      ThisForm. CommandGroup1. Command1. Enabled = . f.
EndIf
```

编写命令按钮 Command2 的 Click 事件代码:

```
ThisForm. Edit2. Value = " "
ThisForm. CommandGroup1. Command1. Enabled = 1
ThisForm. CommandGroup1. Command2. Enabled = 0
```

9.3 计时器控件与容器控件

9.3.1 计时器控件(Timer)

1. 常用属性

Interval 属性,指定计时器控件的 Timer 事件之间的时间间隔毫秒数,缺省为 0,不触发 Timer 事件。

单位为:ms(0.001 s),Interval = 500,是 0.5 s 触发一次 Timer 事件;Interval = 0:屏蔽计时器。

2. 常用事件

Timer 事件,时钟控件只有一个 Timer 事件,每隔 Interval 的数值触发一次 Timer 事件。

【例 9.6】 设计一个程序,使用标签控件来显示时钟。

① 建立用户界面。

表单有一个计时器控件:Timer1,两个标签控件:Label1 和 Label2,表单的设计界面如图 9.13 所示,表单的执行界面如图 9.14 所示。

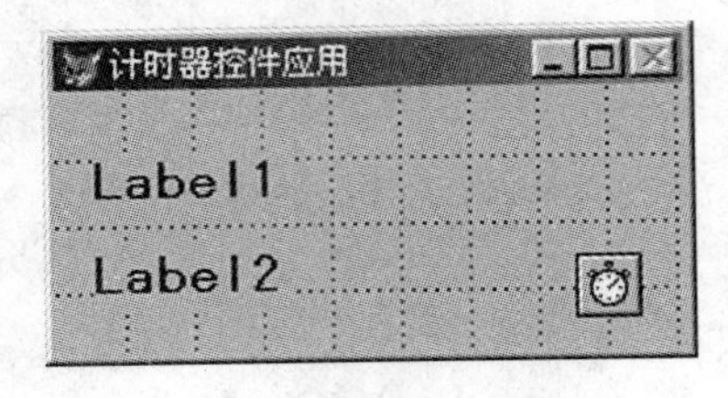

图 9.13 表单的设计界面

图 9.14 表单的执行界面

② 设置对象的属性。

修改表单 Form1 的属性。

标题(Caption)改为:计时器控件应用

修改 Label1 和 Label2 的属性。

自动大小(AutoSize)改为:. T. —真

字体(FontName)改为:黑体

字体大小(FontSize)改为:14

修改 Timer1 的属性。

(Interval)改为:1000

③ 编写程序代码。

编写计时器 Timer1 的 Timer 事件代码:

```
ThisForm.Label1.Caption = "日期:" + alltrim(str(year(date()))) + "年" + ;
alltrim(str(month(date()))) + "月" + alltrim(str(day(date()))) + "日"
ThisForm.Label2.Caption = "时间:" + time()
```

如果计时器 Timer1 的 Timer 事件代码改为如下内容,执行结果如图 9.15 所示。

编写计时器 Timer1 的 Timer 的事件代码:

```
ThisForm.Label1.Caption = "日期:" + dtoc(date())
ThisForm.Label2.Caption = "时间:" + time()
```

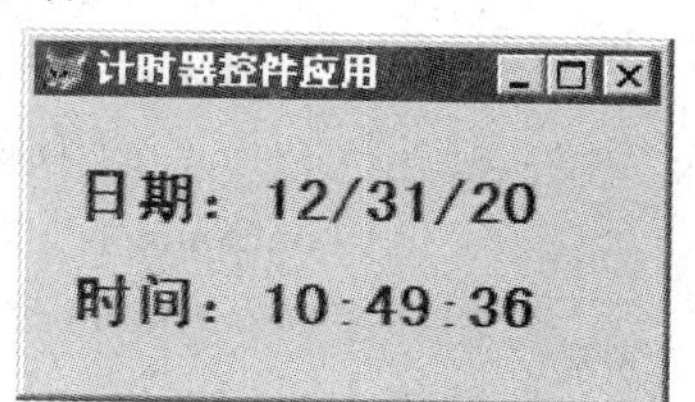

图 9.15 表单的执行界面

9.3.2 容器控件(Container)

在容器控件(Container)上面加上一些其他控件,这些控件随容器移动而移动,其 Top 和 Left 属性均相对于容器而言,与表单无关。

【例 9.7】 用容器(Container)控件,设计一个电子标题板,标题为"热烈庆祝'五一'节",在表单的容器中自右向左地反复移动。电子标题板的显示界面如图 9.16 所示。

① 建立用户界面。

表单中有两个命令按钮:Command1 和 Command2;一个计时器控件:Timer1,一个标签控件:Label1,一个容器控件:Container1。为了将标签包容在容器中,用鼠标右键单击容器控件,在弹出的快捷菜单中,选择"编辑"命令,如图 9.17 所示。此时,容器控件的周围出现浅绿色的边界,表示可以编辑该容器了,在容器中增加一个计时器控件 Timer1,并将标签控件 Label1 画在容器中的适当位置,如图 9.18 所示。

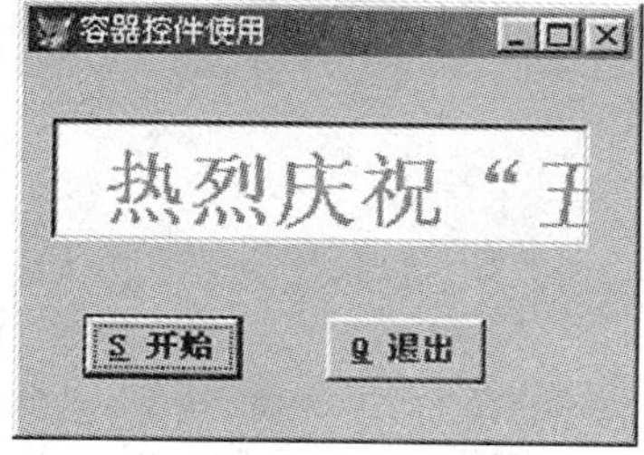

图 9.16 电子标题板显示界面

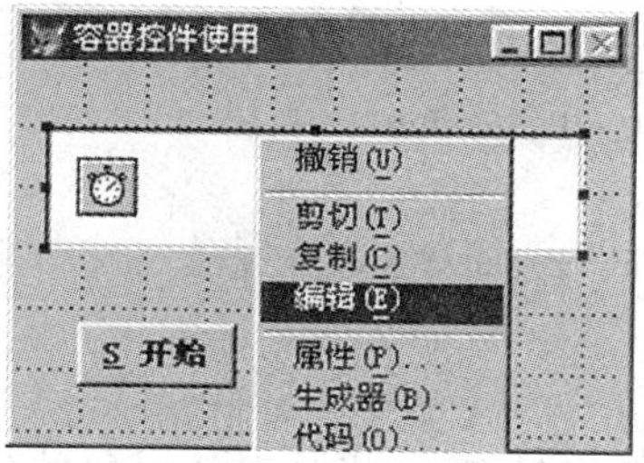

图 9.17 编辑容器控件的界面

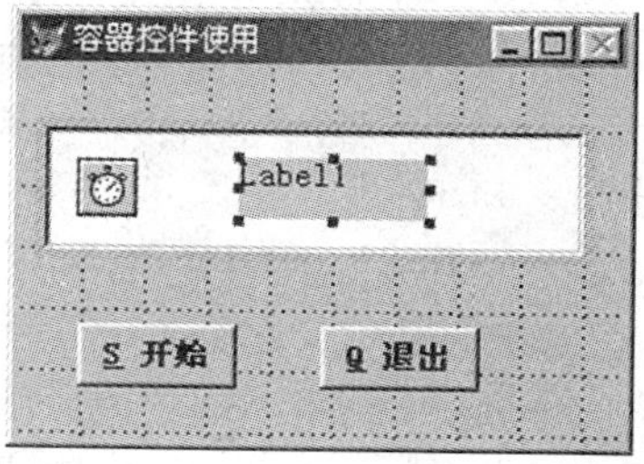

图 9.18 电子标题板设计界面

② 设置对象的属性。

修改表单 Form1 的属性。

标题(Caption)改为:容器控件使用

修改 Command1 的属性。

标题(Caption)改为:\<S 开始

修改 Command2 的属性。

标题(Caption)改为:\<Q 退出

修改 Container1 的属性。

背景颜色(BackColor)改为:255,255,0(黄色)

特别效果(SpecialEffect)改为:1—凹下(默认为2—平面)

修改 Label1 的属性。

对齐(Alignment)改为:2—中间

自动大小(AutoSize)改为:.T.—真

背景类型(BackStyle)改为:0—透明

标题(Caption)改为:热烈庆祝“五一”节

字体(FontName)改为:黑体

粗体字(FontBold)改为:.T.—真

字体大小(FontSize)改为:26

前景颜色(ForeColor)改为:255,0,0(红色)

修改 Timer1 的属性。

Interval 改为:50

属性设置完后的表单如图9.18所示。

③ 编写程序代码。

编写命令按钮 Command1 的 Click 事件代码:

```
IF This.Caption = "\<S 暂停"
  This.Caption = "\<S 继续"
  ThisForm.container1.Timer1.Enabled = .F.
ELSE
  This.Caption = "\<S 暂停"
  ThisForm.Container1.Timer1.Enabled = .T.
ENDIF
```

编写 Timer1 的 Timer1 事件代码:

```
IF This.Parent.Label1.Left + This.Parent.Label1.Width > 0
  This.Parent.Label1.Left = This.Parent.Label1.Left - 5
ELSE
  This.Parent.Label1.Left = This.Parent.Width
ENDIF
```

说明:

① IF This.Parent.Label1 属于相对引用,指计时器对象的父对象容器 Container1 中的标签对象 Label1。

② IF This.Parent.Label1.Left + This.Parent.Label1.Width > 0 是判断对象 Label1 的左上角 Left 位置加上其宽度是否大于零。若判断结果大于零,则重新定义其左上角的位置:This.Parent.Label1.Left = This.Parent.Label1.Left - 5(即向左移动5)。否则(等于零),即整个 Label1 已移出容器的左端,定义 Label1 左上角的位置为容器的最右端(重新出现):This.Parent.Label1.Left = This.Parent.Width。

9.4 选项按钮组与复选框控件

9.4.1 选项按钮组控件(OptionGroup)

在选项按钮组中,只允许用户从多项选项中选择一个选项。当最初创建一个选项按钮时,系统仅提供两个选项按钮,如果要增加多个选项按钮,可以改变按钮数(ButtonCount)的属性。由于选项按钮组是一个容器类控件,在设计时,要用鼠标右键单击选项按钮组,并在弹出的快捷菜单中,选择"编辑"命令。此时,选项按钮组的周围出现浅绿色边界,即可对选项按钮组内的选项按钮进行编辑了。当然,设计选项按钮组最方便的办法是利用生成器。

1. 常用属性

① Alignment 属性。

0—左:控件钮在左边,标题显示在右边,默认设置。

1—右:控件钮在右边,标题显示在左边。

② Value 属性。

对于单选项按钮:

0—未被选定,默认设置。

1—被选定。

Value 属性值是返回用户选中项目的序号或选中项目的标题文本。

③ Style 属性。指定单选按钮或复选框的显示方式。

0—标准。

1—图形。

2. 常用事件

Click、DblClick、MouseUp 和 MouseMove。

3. 选项组生成器的使用

具体的操作步骤如下:

① 在表单设计界面上,选择选项按钮组 OptionGroup1 控件,单击鼠标右键,在弹出的快捷菜单中,选择"生成器"命令,打开"选项组生成器"对话框,如图 9.19 所示。

② 在"1. 按钮"选项卡中,可以设置按钮的数目(Button Count 属性)、标题(Caption 属性)、按钮样式(Style 属性)等属性。

③ 在"2. 布局"选项卡中,可以设置"按钮布局"为"垂直"或"水平"、"按钮间隔"、"边框样式"等属性,如图 9.20 所示。

④ 在"3. 值"选项卡中,可以将选项按钮组的值存入一个表或视图。

⑤ 单击"确定"按钮,退出"选项组生成器"对话框。

【例 9.8】 利用选项按钮组来显示标签的字体。

① 建立用户界面。

表单中有 4 个标签控件:Label1 ~ Label4,一个文本框控件:Text1,3 个选项按钮组控件:OptionGroup1 ~ OptionGroup3，表单的设计界面如图 9.21 所示，表单的执行界面如图 9.22 所示。

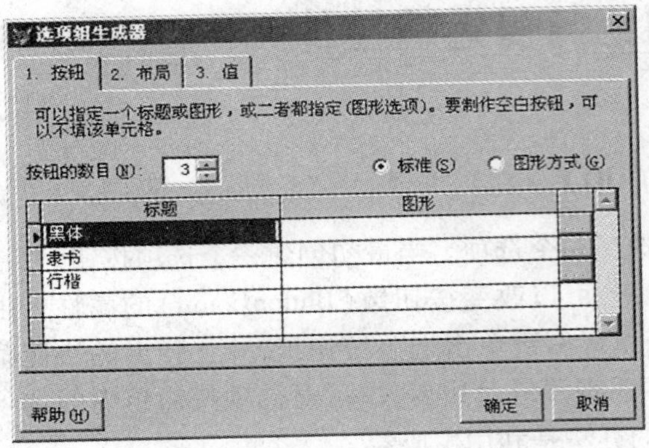

图 9.19　“选项组生成器”对话框

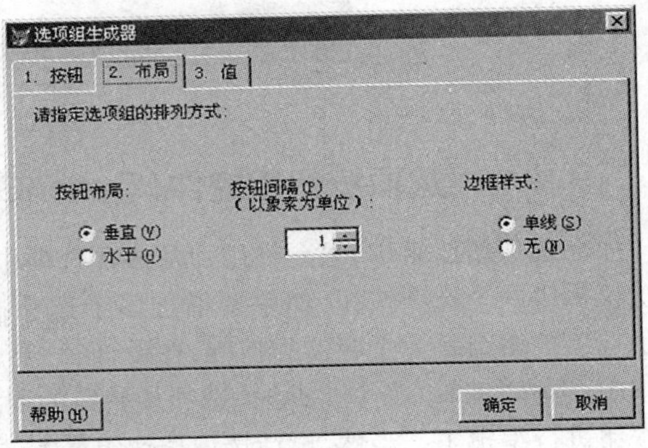

图 9.20　“2. 布局”选项卡

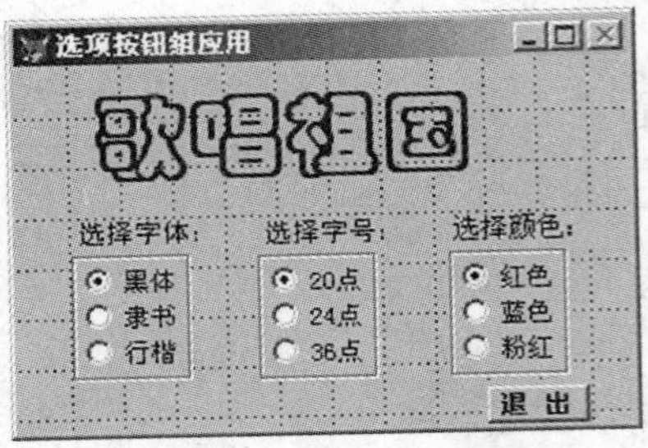

图 9.21　表单的设计界面

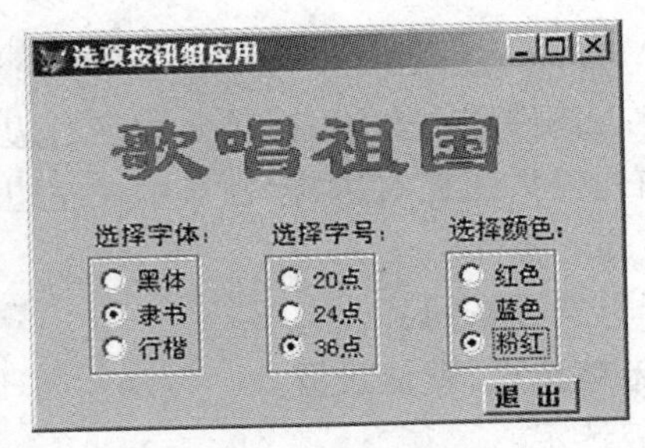

图 9.22　表单的执行界面

② 设置对象的属性。

修改 Form1 的属性。

标题(Caption)改为:选项按钮组应用

修改 Label1 的属性。

自动大小(AutoSize)改为:.T.—真

标题(Caption)改为:歌唱祖国

字体(FontName)改为:华文彩云

字体大小(FontSize)改为:32

修改 Label2 的属性。

标题(Caption)改为:选择颜色:

修改 Label3 的属性。

标题(Caption)改为:选择字号:

修改 Label4 的属性。

标题(Caption)改为:选择字体:

修改 OptionGroup1 的属性。

按钮个数(ButtonCount)改为:3

选项按钮 Option1 ~ Option3 的标题(Caption)依次改为:黑体、隶书、行楷。

修改 OptionGroup2 的属性。

按钮个数(ButtonCount)改为:3

选项按钮 Option1 ~ Option3 的标题(Caption)依次改为:20 点、24 点、36 点。

修改 OptionGroup3 的属性。

按钮个数(ButtonCount)改为:3

选项按钮 Option1 ~ Option3 的标题(Caption)依次改为:红色、蓝色、粉红。

用同样的方法,可以修改选项按钮组 OptionGroup2 和 OptionGroup3 的属性。

选项按钮组 OptionGroup1 ~ OptionGroup3 的属性,可在“属性”窗口中设置,也可以在“选项组生成器”中设置,而在“选项组生成器”中设置更方便。

③ 编写程序代码。

编写 OptionGroup1 的 Click 事件代码:

```
Do Case
 Case This. Value = 1
     ThisForm. Label1. FontName = "黑体"
 Case This. Value = 2
     ThisForm. Label1. FontName = "隶书"
 Case This. Value = 3
     ThisForm. Label1. FontName = "华文行楷"
EndCase
```

编写 OptionGroup2 的 Click 事件代码:

```
Do Case
 Case This. Value = 1
     ThisForm. Label1. FontSize = 20
 Case This. Value = 2
     ThisForm. Label1. FontSize = 24
 Case This. Value = 3
     ThisForm. Label1. FontSize = 36
EndCase
```

编写 OptionGroup3 的 Click 事件代码:

```
Do Case
 Case This. Value = 1
     ThisForm. Label1. ForeColor = RGB(255,0,0)        & 红色
 Case This. Value = 2
     ThisForm. Label1. ForeColor = RGB(0,0,255)        & 蓝色
 Case This. Value = 3
     ThisForm. Label1. ForeColor = RGB(255,0,128)      & 粉红
EndCase
```

说明:

① 选项按钮组的值作为分支语句的参数,表示所选按钮的序号。

② 可以将选项按钮组设计成图形按钮的形式。

【例 9.9】 将上例设置成图形按钮的形式,其他内容不变,如图 9.23 所示。

将上例的程序另存为一个文件,设计步骤、事件代码与上例基本相同。

修改方法的操作步骤如下:

① 打开“选项组生成器”对话框，在“1. 按钮”选项卡中，选择“图形方式”单选按钮，“按钮的数目”和“标题”的设置不变。

② 选择“2. 布局”选项卡，将“按钮布局”设为“水平”，将“按钮间隔”设为3。

③ 单击“确定”按钮，关闭“选项组生成器”对话框。

用同样的方法，可以修改选项按钮组 OptionGroup2 和 OptionGroup3 的属性。

程序代码内容与上例相同。

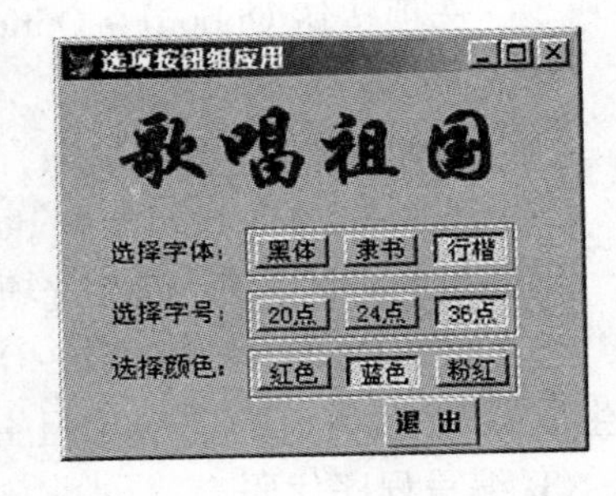

图 9.23 图形按钮的选项组

9.4.2 复选框控件(CheckBox)

有时希望在应用程序的用户界面上，提供一些项目让用户从几种方案中，选择其中一种或多种，VFP 提供一种称为“复选框”的控件，可以实现这种功能。该控件有两种状态可以选择：

① 选中，复选框中出现一个“ ✓ ”标志。

② 不选，或称“关闭”，“ ✓ ”标志消失，如同开关一样。

每单击一次，状态便在“打开”与“关闭”之间切换。“ ✓ ”标志也在有和无之间切换。

1. 常用属性

① Alignment 属性。设置标题显示在左边或在右边。

0—左：控件钮在左边，标题显示在右边，缺省设置。

1—右：控件钮在右边，标题显示在左边。

② Value 属性。返回选中或不选中状态的值。

0—未被选定，缺省设置。

1—被选定。

2—灰色，禁止选择。

该设置只在代码中可用。

③ Style 属性。指定单选按钮或复选框的显示方式。

0—标准。

1—图形。

④ Picture 属性。用来指定当复选框被设计成图形按钮时的图像。

2. 常用事件

Click、DblClick、KeyPress、MouseUp 和 MouseMove。

【例 9.10】 设计一个程序，用复选框控件控制文本字体的风格。

① 建立用户界面。

表单有一个标签控件：Label1，4 个复选框控件：Check1、Check2、Check3 和 Check4。表单的设计界面如图 9.24 所示，表单的执行界面如图 9.25 所示。

② 设置对象的属性。

修改表单 Form1 的属性。

标题(Caption)改为：复选框使用

图 9.24　表单的设计界面

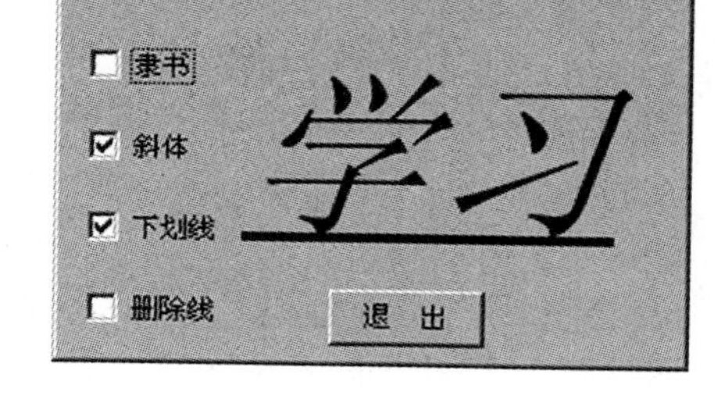

图 9.25　表单的执行界面

修改 Label1 的属性。

标题(Caption)改为:学习

字体(FontName)改为:宋体

字体大小(FontSize)改为:60

修改 Check1 的属性。

标题(Caption)改为:隶书

修改 Check2 的属性。

标题(Caption)改为:斜体

修改 Check3 的属性。

标题(Caption)改为:下画线

修改 Check4 的属性。

标题(Caption)改为:删除线

③ 编写程序代码。

复选框 Check1 的 InteractiveChange 事件代码:

```
If This. Value = 1
  ThisForm. Label1. FontName = "隶书"
Else
  ThisForm. Label1. FontName = "宋体"
EndIf
```

复选框 Check2 的 InteractiveChange 事件代码:

```
If This. Value = 1
  ThisForm. Label1. FontItalic = . T.
Else
  ThisForm. Label1. FontItalic = . F.
EndIf
```

复选框 Check3 的 InteractiveChange 事件代码:

```
If This. Value = 1
  ThisForm. Label1. FontUnderline = . T.
Else
  ThisForm. Label1. FontUnderline = . F.
EndIf
```

复选框 Check4 的 InteractiveChange 事件代码：

```
If This. Value = 1
   ThisForm. Label1. FontStrikethru = . T.
Else
   ThisForm. Label1. FontStrikethru = . F.
EndIf
```

4 个复选框控件 Check1、Check2、Check3、Check4 的 Style 属性改为 1—图形，表单的执行界面如图 9.26 所示。

图 9.26 表单的执行界面

9.5 列表框控件与组合框控件

9.5.1 列表框控件(ListBox)

1. 常用属性

① List 属性。该属性是一个字符数组，存放列表框的项目。List 数组的下标是从 1 开始的。

② ListIndex 属性。该属性只能在程序中设置或引用。ListIndex 的值表示执行时选中的列表项序号，如果没有任何项被选中，则 ListIndex 的值为 0。

③ ListCount 属性。该属性只能在程序中设置或引用。ListCount 的值表示列表框中项目数量。

④ Selected 属性。指定列表框和组合框控件中的一项是否被选中。该属性只能在程序中设置或引用。Selected 属性是一个逻辑数组，其元素对应列表框相应的项。

Selected(1)的值为. T. ，表示第 1 项被选中。

Selected(i)的值为. T. ，表示第 i 项被选中。

Selected(i)的值为. F. ，表示第 i 项未被选中。

⑤ Sorted 属性。Sorted 属性决定列表框中项目在程序运行期间是否按字母顺序排列显示。该属性只能在程序设计中使用。

Sorted = . T. —真：按字母顺序排列。

Sorted = . F. —假：按加入先后顺序排列，默认设置。

⑥ RowSource 属性。指定列表框和组合框控件中值的来源，在设计时使用。

⑦ RowSourceType 属性。指定列表框和组合框控件中值的来源类型，在设计时使用。

⑧ MoverBars 属性。指定是否在列表框控件显示移动钮栏。

MoverBars = . T. —真：显示移动钮栏，用户可以交互地重新排序控件中的内容。

MoverBars = . F. —假：按加入先后顺序排列，默认设置。

⑨ MultiSelect 属性。指定是否可以在一个列表框控件中做多项选择，以及如何选择。

. T. —真：允许做多项选择。按住 Ctrl 键后用鼠标单击，可选定多个不连续的选项。按住 Shift 键后用鼠标单击，可选定多个连续选项。可以用 Selected 属性确定选择了哪些项。

. F. —假：不允许做多项选择，默认设置。

⑩ ControlSource 属性。指定与对象绑定的数据源，应用于复选框、列表框、组合框、选项按钮组、OLE 绑定型控件、文本框。

2. 常用事件

Click 和 DblClick。

3. 常用方法

① AddItem 方法。在列表框或组合框中添加一个新数据项，并且可以指定数据项索引。

对象. AddItem(〈数据项〉[(nIndex)])

说明：如果选择 nIndex 可选项，则指定控件中放置数据项的位置。如果忽略了此参数，数据项是按存放的顺序排列。如果 Sorted 属性设为"真"(.T.)，则数据项按字母排序，添加到列表框或组合框中。

② RemoveItem 方法。从列表框或组合框中移去一个数据项。

对象. RemoveItem(nIndex)

说明：nIndex 参数，指定一个整数，它对应于被移去项在控件中的显示顺序。对于列表框或组合框中的第一项，nIndex = 1。

③ Clear 方法。可清除列表框、组合框控件的所有内容。

对象. Clear

【例 9.11】 从列表框中选择名称，显示在文本框中。

① 建立用户界面。

表单中有一个形状控件：Shape1，然后在其中画上一个文本框控件：Text1，一个列表框控件：List1，一个标签控件：Label1，一个命令按钮：Command1，表单的执行界面如图 9.27 所示，表单的设计界面如图 9.28 所示。

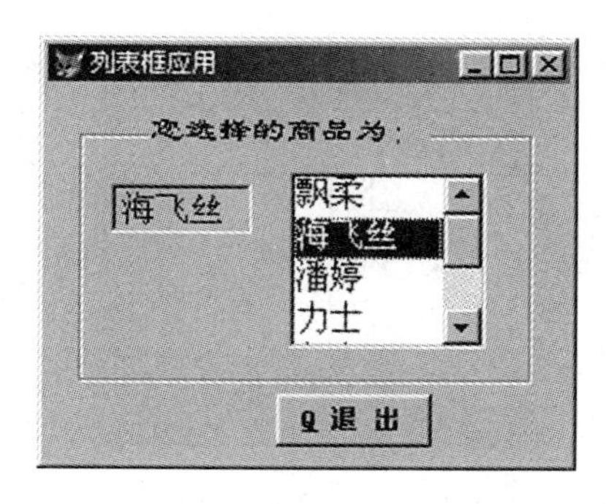

图 9.27 表单的执行界面

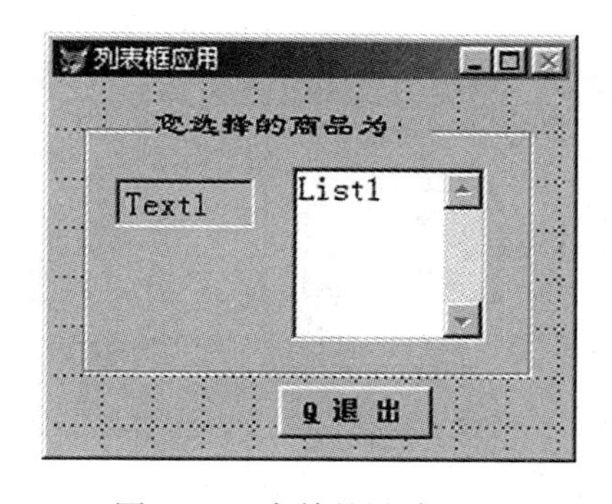

图 9.28 表单的设计界面

② 设置对象的属性。

修改 Shape1 的属性。

SpecialEffect 改为：0—3 维

修改 Label1 的属性。

自动大小(AutoSize)改为：.T.—真

标题(Caption)改为：您选择的商品为：

字体(FontName)改为：隶书

字体大小(FontSize)改为:12

修改 Text1 属性。

字体大小(FontSize)改为:12

只读(ReadOnly)改为:.T.—真

修改 List1 的属性。

字体大小(FontSize)改为:12

数据来源(RowSource)改为:飘柔,海飞丝,潘婷,力士,名人,夏士莲,采乐

数据来源类型(RowSourceType)改为:1—值。

③ 编写程序代码。

编写列表框 List1 的 GotFocus 事件代码:

```
This.Value = 1
```

编写列表框 List1 的 InteractiveChange 事件代码:

```
ThisForm.Text1.Value = This.List(This.ListIndex)
```

说明:

① 当 GotFocus 事件代码中的 This.Value = 1 时,表示当前列表框得到光标后,光带定位在第1项上。

② "飘柔,海飞丝,潘婷,力士,名人,夏士莲,采乐"数据项之间逗号要用半角,否则不能纵向排列。

【例9.12】 设计一个表单,它由两个列表框组成,当双击第一个列表框中的某项时,该项从本列表框中消失,并出现在第二个列表框中;反过来,当双击第二个列表框中的某项时,该项从本列表框中消失,并出现在第一个列表框中。

① 建立用户界面。

表单中添加两个列表框控件:List1 和 List2,表单的执行界面如图 9.29 所示,表单的设计界面如图 9.30 所示。

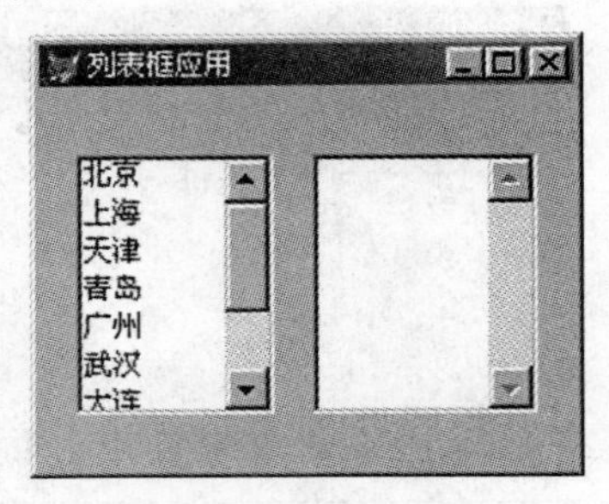

图9.29 表单的执行界面

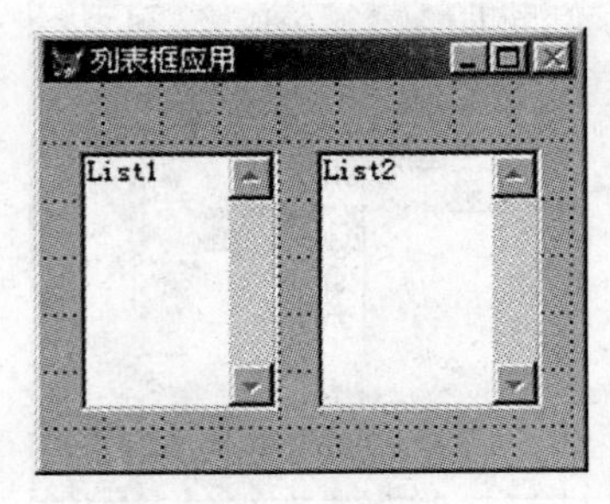

图9.30 表单的设计界面

② 编写程序代码。

表单 Form1 的 Activate 事件代码:

```
This.List1.AddItem("北京")
This.List1.AddItem("上海")
This.List1.AddItem("天津")
This.List1.AddItem("青岛")
This.List1.AddItem("广州")
This.List1.AddItem("武汉")
```

```
This. List1. AddItem("大连")
```

列表框 List1 的 DblClick(双击)事件代码：

```
For I = 1 To ThisForm. List1. ListCount
    If ThisForm. List1. Selected(I)
        ThisForm. List2. AddListItem(ThisForm. List1. List(I))
        ThisForm. List1. RemoveItem(I)
    EndIf
EndFor
```

列表框 List2 的 DblClick(双击)事件代码：

```
For I = 1 To ThisForm. List2. ListCount
    If ThisForm. List2. Selected(I)
        ThisForm. List1. AddListItem(ThisForm. List2. List(I))
        ThisForm. List 2. RemoveItem(I)
    EndIf
EndFor
```

9.5.2 组合框控件(ComboBox)

有两种形式的组合框，即下拉组合框和下拉列表框，通过更改控件的 Style 属性，可选择所需要的样式。

下拉列表框(即 Style 属性为 2 的组合框控件—下拉列表框)和列表框一样，为用户提供了一些选项和信息的可滚动列表。在列表框中，任何时候都能看到多个项；而在下拉列表框中，只能看到一个项，用户可单击向下按钮来显示可滚动的下拉列表框。

下拉组合框(即 Style 属性默认为 0 的组合框控件—下拉组合框)，则兼有列表框和文本框的功能。用户可单击下拉组合框上的按钮来查看选择的列表，也可以在按钮旁边的框中直接输入一个新项。

Style 属性。确定组合框的样式。

0—下拉组合框。

2—下拉列表框。

说明：

① 组合框具有列表框和文本框的大部分属性，也有 AddItem、RemoveItem 和 Clear 方法。

② 下拉式组合框可输入内容，但必须通过 AddItem 方法或 RowSource 属性加入。

如果想节省表单上的空间，并且希望强调当前选定的项，可以使用下拉列表框。

【例 9.13】 用列表框列出市场上常用洗衣粉的名称。

① 建立用户界面。

表单中有一个形状控件：Shape1，然后在其中画上一个文本框控件：Text1，一个组合框控件：Combo1，一个标签控件：Label1，表单的执行界面如图 9.31 所示，表单的设计界面如图 9.32 所示。

② 设置对象的属性。

修改 Shape1 属性。

SpecialEffect 改为：0—3 维

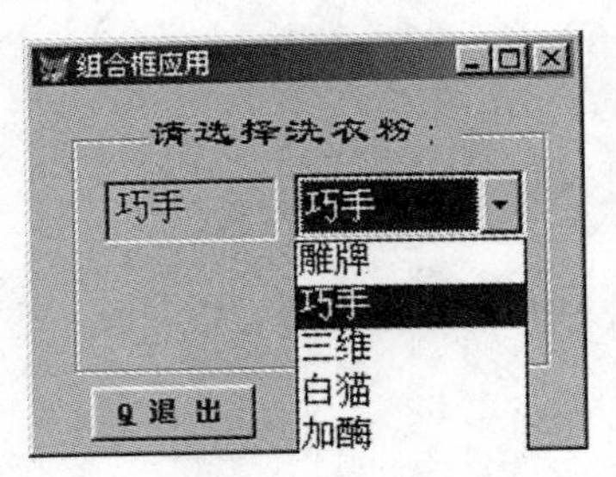

图9.31 表单的执行界面

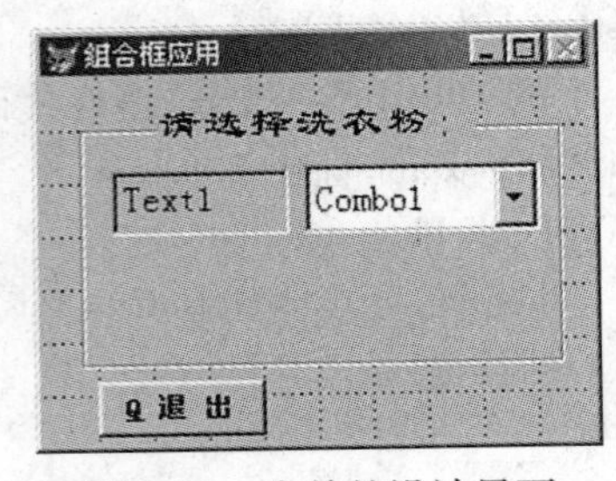

图9.32 表单的设计界面

修改 Label1 的属性。

自动大小(AutoSize)改为:.T.—真

标题(Caption)改为:请选择洗衣粉:

字体(FontNarne)改为:隶书

字体大小(FontSize)改为:14

修改 Text1 属性。

字体大小(FontSize)改为:12

只读(ReadOnly)改为:.T.—真

修改 Combo1 的属性。

字体大小(FontSize)改为:12

数据来源(RowSource)改为:雕牌,巧手,三维,白猫,加酶

数据来源类型(RowSourceType)改为:1—值。

Style 改为:2—下拉列表框。

③ 编写程序代码。

编写表单 Form1 的 Activate 事件代码:

```
This.Combo1.SetFocus
This.Combo1.Value = 1
```

编写组合框 Combo1 的 GotFocus 事件代码:

```
This.Value = 1
ThisForm.Text1.Value = This.DislpayValue
```

编写组合框 Combo1 的 InteractiveChange 事件代码:

```
ThisForm.Text 1.Value = This.List(This.ListIndex)
```

【例9.14】 本例中用3个组合框来设定标签的字体、字体大小和颜色,其中组合框都为下拉式框,即 Style = 2。

① 建立用户界面。

在表单中添加3个组合框:Combo1、Combo2 和 Combo3,一个标签控件:Label1,表单的执行界面如图9.33所示,表单的设计界面如图9.34所示。

② 设置对象的属性。

修改 Label1 的属性。

自动大小(AutoSize)改为:.T.—真

字体(FontName)改为:隶书

字体大小(FontSize)改为:36

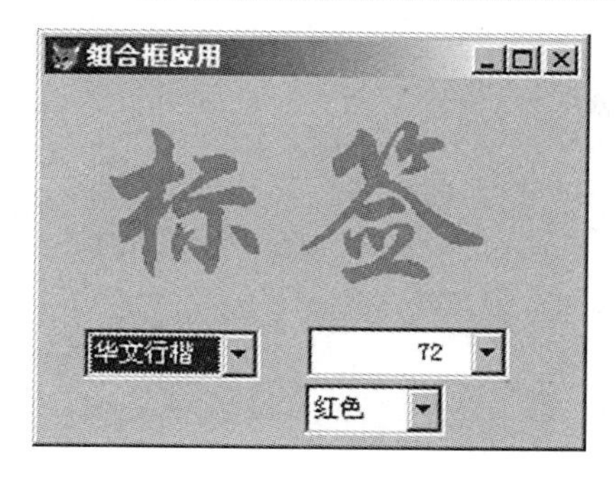

图 9.33 表单的执行界面

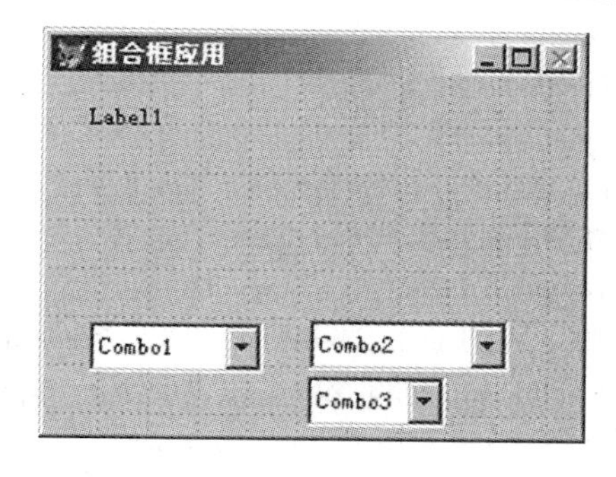

图 9.34 表单的设计界面

修改 Combo1 的属性。

数据来源(RowSource)改为:FontName

数据来源类型(RowSourceType)改为:5—数组

Style 改为:2—下列表拉框

Value = 1

修改 Combo2 的属性。

数据来源(RowSource)改为:FontSize

数据来源类型(RowSourceType)改为:5—数组

Style 改为:2—下列表拉框

Value = 1

修改 Combo3 的属性。

数据来源(RowSouree)改为:ForeColor

数据来源类型(RowSourceType)改为:5—数组

Style 改为:2—下拉列表框

Value = 1

③ 编写程序代码。

表单 Form1 的 Init 事件代码:

```
Public FontName(6)              && 定义字体数组
FontName(1) = "黑体"
FontName(2) = "幼圆"
FontName(3) = "隶书"
FontName(4) = "华文新楷"
FontName(5) = "华文中宋"
FontName(6) = "华文行楷"
Public FontSize(5)              && 定义字体大小数组
FontSize(1) = 28
FontSize(2) = 32
FontSize(3) = 36
FontSize(4) = 48
FontSize(5) = 72
Public ForeColor(4)             && 定义字体颜色数组
```

```
    ForeColor(1) = "红色"
    ForeColor(2) = "绿色"
    ForeColor(3) = "蓝色"
    ForeColor(4) = "黄色"
    ThisForm.Label1.FontName = "隶书"
    ThisForm.Label1.FontSize = 48
    ThisForm.Label1.ForeColor = RGB(255,0,0)
```

组合框 Combo1 的 InteractiveChange 事件代码:

```
    ThisForm.Label1.FontName = FontName(This.Value)
```

组合框 Combo2 的 InteractiveChange 事件代码:

```
    ThisForm.Label1.FontSize = FontSize(This.Value)
```

组合框 Combo3 的 InteractiveChange 事件代码:

```
Do Case
    Case This.DisplayValue = ForeColor(1)
        ThisForm.Label1.ForeColor = RGB(255,0,0)
    Case This.DisplayValue = ForeColor(2)
        ThisForm.Label1.ForeColor = RGB(0,255,0)
    Case This.DisplayValue = ForeColor(3)
        ThisForm.Label1.ForeColor = RGB(0,0,255)
    Case This.DisplayValue = ForeColor(4)
        ThisForm.Label1.ForeColor = RGB(255,255,0)
EndCase
```

9.6 微调按钮控件与页框控件

9.6.1 微调按钮控件(Spinner)

利用 VFP 提供的微调按钮控件(Spinner)可以在一定范围内控制数据的变化。除了能够用鼠标单击控件右边向上和向下的箭头来增加和减少数字以外,还可直接输入数值。

1. 常用属性

① KeyboardHighValue 属性。指定可用键盘输入到微调按钮控件文本框中的最大值。

② KeyboardLowValue 属性。指定可用键盘输入到微调按钮控件文本框中的最小值。

③ InputMask 属性。设置输入数值的格式。

④ SpinnerHighValue 属性。指定单击上和下箭头时,微调按钮控件所允许的最大值。

⑤ SpinnerLowValue 属性。指定单击上和下箭头时,微调按钮控件所允许的最小值。

⑥ Value 属性。指定控件的当前状态。

值为 1——选定。

2. 常用事件

KeyPress、Click、DblClick、DownClick、Init、InteractiveChange 和 LostFocus。

【例 9.15】 使用微调按钮控件来改变电子标题板的移动速度,如图 9.35 所示。

设计步骤参考**例 9.7**，增加一个微调按钮控件：Spinner1，一个标签控件：Label1，表单的执行界面如图 9.35 所示，表单的设计界面如图 9.36 所示。

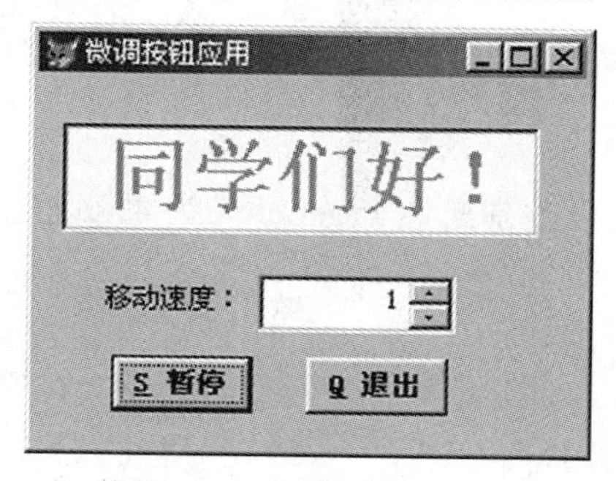

图 9.35 表单的执行界面

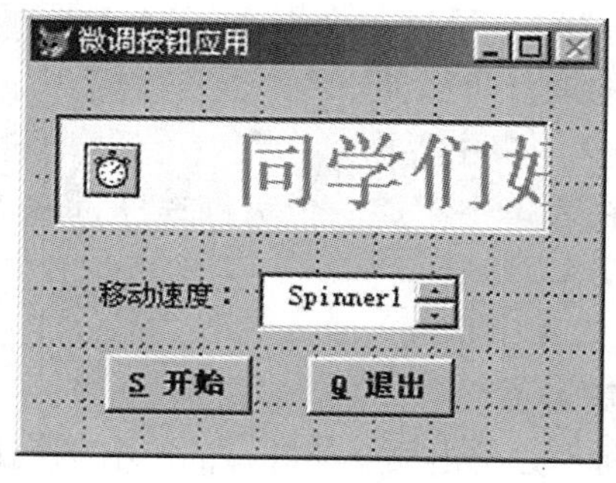

图 9.36 表单的设计界面

① 设置 Spinner1 与 Label1 的属性。

修改 Spinner1 的属性。

KeyboardHighValue 改为：9

KeyboardLLowValue 改为：1

InputMask 改为：9

SpinnerHighValue 改为：9.00

SpinnerLowValue 改为：1.00

Value 改为：1

修改 Label1 的属性。

标题（Caption）改为：移动速度：

② 编写程序代码。

编写表单的 Activate 事件代码：

```
This.Command1.TabStop = .t.        & TabStop 属性是指定能否将 Tab 键焦点移动到对象上
```

编写微调按钮 Spinner1 的 InteractiveChange 事件代码：

```
ThisForm.Container 1.Timer1.Interval = 500 - 50 * This.Value
```

说明：

① InteractiveChange 事件当 Spinner1 的值改变时发生。程序运行时，无论是用鼠标单击箭头或是用键盘输入改变数值，都将影响滚动字幕的速度。

② 微调按钮控件的值一般为数值型。

9.6.2 页框控件（PageFrame）

页框控件（PageFrame），实际上就是选项卡界面。在表单中，一个页框可以有两个以上的页面，它们共同占有表单中的一块区域。在某一时刻只有一个活动页面，而只有活动页面的控件才是可见的。可以用鼠标单击需要的页面头来激活这个页面。表单中的页框是一个容器控件，它可以容纳多个页面，在每个页面中，又可以有容器控件或其他控件。当有多个数据库界面需要显示时，页框就很有用处，它使用户可以往前或往后翻页，而无须编写另外的程序。

页框控件刚创建时，只包含两个页面（Page），可以用 PageCount 属性来设置页面数。

在页面中添加控件之前，单击鼠标右键，在弹出的快捷菜单中，选择“编辑”命令，或打开“属性”窗口,在“对象”下拉列表框中,选择该容器。这样,才能激活这个容器。在添加控件前,如果没有将页框作为容器激活,控件将添加到表单中,而不是页框中,只是看上去好像是在页面中。

【例9.16】 设计一个程序,有4个页框,分别放上不同的控件。

具体的设计步骤如下:

① 建立用户主界面。

首先在表单中添加一个页框控件:PageFrame1,并修改其属性 PageCount 为4,页框上出现4个页面。

② 编辑4个页面。

编辑第1页

用鼠标右键单击页框控件,在弹出的快捷菜单中,选择“编辑”命令,或在“属性”窗口中,选择 PageFrame1 的 Page1 对象。页框上的四周出现浅绿色边界,可以开始编辑第1页。在 Page1 上添加一个选项按钮组:OptionGroup1 和一个标签控件:Label1,并修改其属性,如图9.37所示。

修改 PageFrame1 的 Page1 属性。

标题(Caption)改为:第一页

字体(FontName)改为:宋体

字号(FontSize)改为:16

修改 PageFrame1 的 Label1 属性。

标题(Caption)改为:国际互联网

字体(FontName)改为:黑体

字号(FontSize)改为:24

修改 OptionGroup1 的属性。

Option1 标题(Caption)改为:行楷

Option2 标题(Caption)改为:楷体

Option3 标题(Caption)改为:黑体

Option4 标题(Caption)改为:隶书

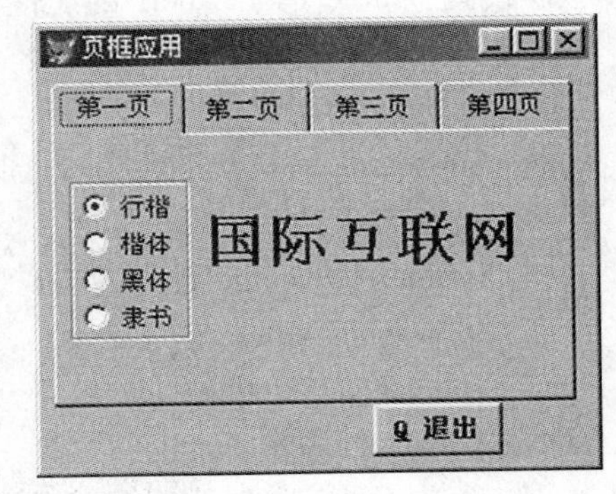

图9.37 编辑第1页

编辑第2页

用鼠标单击 Page2,或在“属性”窗口中,选择 PageFrame1 的 Page2 对象,开始编辑第2页。在 Page2 上添加一个标签控件:Label1、一个形状控件:Shape1 和3个复选框控件:Check1、Check2 和 Check3,并修改其属性,如图9.38所示。

修改 PageFrame1 的 Page2 属性。

标题(Caption)改为:第二页

字体(FontName)改为:宋体

字号(FontSize)改为:16

修改 PageFrame1 的 Label1 属性。

标题(Caption)改为:电子邮件

字体(FontName)改为:黑体

字号(FontSize)改为:24

修改 Check1、Check2 和 Check3 属性。

Check1 的标题(Caption)改为:粗体

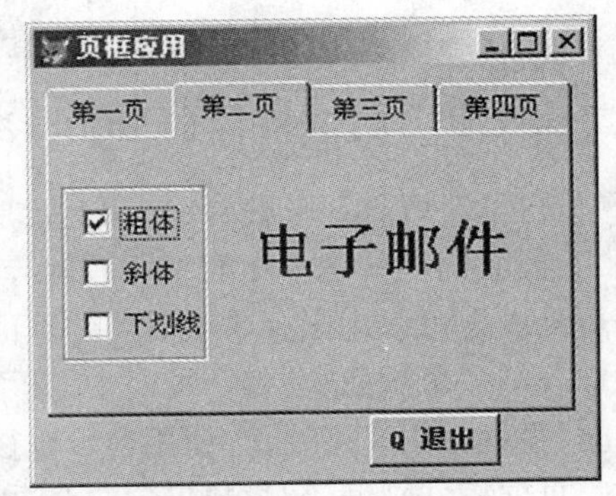

图9.38 编辑第2页

Check2 的标题(Caption)改为:斜体

Check3 的标题(Caption)改为:下画线

编辑第 3 页

用鼠标单击 Page3,或在“属性”窗口中,选择 PageFrame1 的 Page3 对象,开始编辑第 3 页。在 Page3 上添加一个标签控件:Label1 和一个选项按钮组:OptionGroup1,并修改其属性,如图 9.39所示。

修改 PageFrame1 的 Page3 属性。

标题(Caption)改为:第三页

字体(FontName)改为:宋体

字号(FontSize)改为:16

修改 PageFrame1 的 Label1 属性。

标题(Caption)改为:多媒体技术

字体(FontName)改为:黑体

字号(FontSize)改为:24

修改 OptionGroup1 的属性。

Option1 标题(Caption)改为:红色

Option2 标题(Caption)改为:绿色

Option3 标题(Caption)改为:粉红

Option4 标题(Caption)改为:蓝色

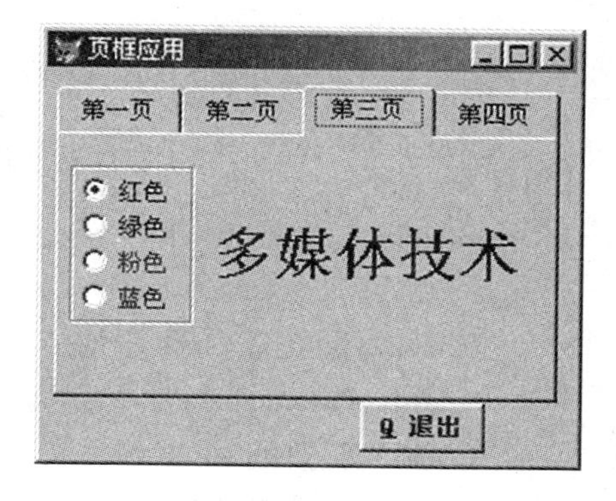

图 9.39 编辑第 3 页

编辑第 4 页

用鼠标单击 Page4,或在“属性”窗口中,选择 PageFrame1 的 Page4 对象,开始编辑第 4 页。在 Page3 中添加一个标签控件:Label1 和一个选项按钮组:OptionGroup1,并修改其属性,如图 9.40 所示。

修改 PageFrame1 的 Page4 属性。

标题(Caption)改为:第四页

字体(FontName)改为:宋体

字号(FontSize)改为:16

修改 PageFrame1 的 Label1 属性。

标题(Caption)改为:远程教育

字体(FontName)改为:黑体

字号(FontSize)改为:24

修改 OptionGroup1 的属性。

Option1 标题(Caption)改为:10 磅

Option2 标题(Caption)改为:14 磅

Option3 标题(Caption)改为:20 磅

Option4 标题(Caption)改为:24 磅

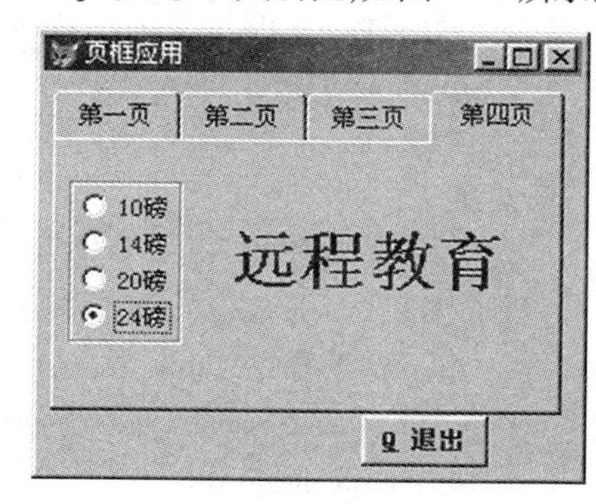

图 9.40 编辑第 4 页

③ 编写事件代码。

第 1 页

编写 OptionGroup1 对象的 Click 事件:

```
Do Case
```

```
Case This. Value = 1
  This. Parent. Label1. FontName = "华文行楷"
Case This. Value = 2
  This. Parent. Label1. FontName = "楷体_BG2312"
Case This. Value = 3
  This. Parent. Label1. FontName = "黑体"
Case This. Value = 4
  This. Parent. Label1. FontName = "隶书"
EndCase
```

第2页

Check1 对象的 Click 事件：

```
This. Parent. Label1. FontBold = This. Value
```

Check2 对象的 Click 事件：

```
This. Parent. Label1. FontItalic = This. Value
```

Check3 对象的 Click 事件：

```
This. Parent. Label1. FontUnderline = This. Value
```

第3页

Option1 对象的 Click 事件：

```
This. Parent. Parent. Label1. ForeColor = RGB(255,0,0)
```

Option2 对象的 Click 事件：

```
This. Parent. Parent. Label1. ForeColor = RGB(0,255,0)
```

Option3 对象的 Click 事件：

```
This. Parent. Parent. Label1. ForeColor = RGB(255,0,128)
```

Option4 对象的 Click 事件：

```
This. Parent. Parent. Label1. ForeColor = RGB(0,0,255)
```

第4页

Option1 对象的 Click 事件：

```
This. Parent. Parent. Label1. FontSize = 10
```

Option2 对象的 Click 事件：

```
This. Parent. Parent. Label1. FontSize = 14.
```

Option3 对象的 Click 事件：

```
This. Parent. Parent. Label1. FontSize = 20
```

Option4 对象的 Click 事件：

```
This. Parent. Parent. Label1. FontSize = 24
```

说明：相对引用的事件代码如下：

```
This. Parent.
This. Parent. Parent.
```

如果表单的某一区域是各个页面所共有的，其内容不变，而又能被各页面控制，则把这样的共有部分放到页框的外面。

9.7 线条控件与形状控件

9.7.1 线条控件(Line)

线条控件(Line)用于在表单上画各种类型的线条。

添加线条控件,只要单击“表单控件”工具栏中的线条控件,把鼠标指针指向表单,按住鼠标左键,在表单上拖动鼠标画出一个放置线条的矩形框,释放鼠标左键即可添加一个线条控件。这时可以对它进行属性设置,如图 9.41 所示。

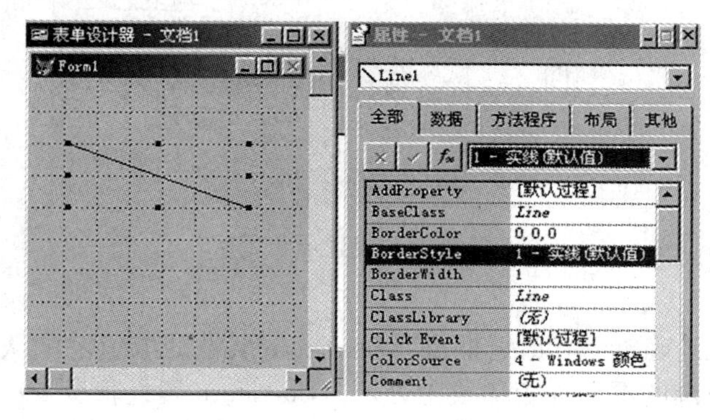

图 9.41 设置线条属性

1. 常用属性

① BorderStyle 属性。确定线条样式。只有在 BorderWidth 属性设置为 1 时,BorderStyle 属性才有实际意义。BorderStyle 属性值包含 7 个选项:

0——透明。

1——实线,为默认状态。

2——虚线。

3——点线。

4——点画线。

5——双点画线。

6——内实线。

② BorderWidth 属性。确定线宽,单位是像素。若属性值为 3,则线宽为 3 个像素。

③ Height 属性。确定画线状况,如果要画水平线,只需要设置该属性值为 0 即可。

④ LineSlant 属性。确定画线方向。它的属性设置只有反斜杠(\)和斜杠(/)两种。

⑤ Width 属性。确定画线区域宽度。与 BorderWidth 属性不同的是,该属性确定画线区域的宽度。注意,此属性与其他控件相应属性有所区别。可以根据需要确定画线的宽度,如果画垂直线,只要把该属性值设置为 0 即可。

2. 常用事件

Click、DblCliek。

9.7.2 形状控件(Shape)

形状控件(Shape)用于在表单上画各种类型的形状。可以根据需要画矩形、圆角矩形、正方形、圆角正方形,椭圆或圆等。

添加形状控件,只要在"表单控件"工具栏中,单击"形状控件"按钮,把鼠标指针指向表单,按住鼠标左键,在表单上拖动鼠标画出一个放置形状控件的矩形框,释放鼠标左键即可添加一个形状控件。这时可以对它进行属性设置,如图9.42所示。

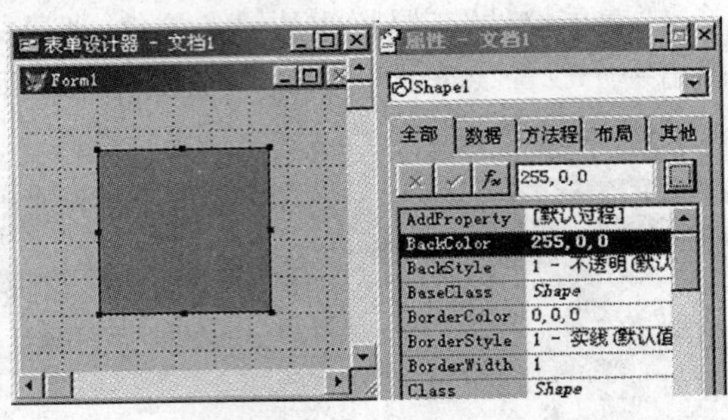

图9.42 设置形状属性

1. 常用属性

① Curvature 属性。确定形状的弯曲度。Curvature 属性的取值范围从0到99。当 Curvature 属性值为0时,表示要画的图形为矩形或正方形。Curvature 属性值为99时,表示要画的图形是圆形或椭圆。Curvature 属性值为1到99之间的值,画出的图形为圆角矩形或圆角正方形。

② BorderStyle 属性。确定线条样式。只有在 BorderWidth 属性设置为1时,BorderStyle 属性才有实际意义。BorderStyle 属性值包含7个选项。

③ FillColor 属性。给图形填充颜色。只有封闭形状的图形(如圆、椭圆、方框之类的形状),才能填充颜色。

④ FillStyle 属性。确定图形方案,如图9.43所示。该属性包含8个属性值选项:

0——实线。

1——透明,为缺省设置。

2——水平线。

3——垂直线。

4——向上对角线。

5——向下对角线。

6——交叉线。

7——对角交叉线。

⑤ SpecialEffect 属性。确定图形的显示效果。只有当 Curvature 属性设置为0时,SpecialEffect 属性才能确定显示效果。

当 SpecialEffect 属性设置为0时,图形形状为平面显示效果。

当 SpecialEffect 属性设置为1时,图形为三维显示效果。

2. 常用事件

Click、DblClick。

【例 9.17】　形状控件的各种风格,如图 9.43 所示。

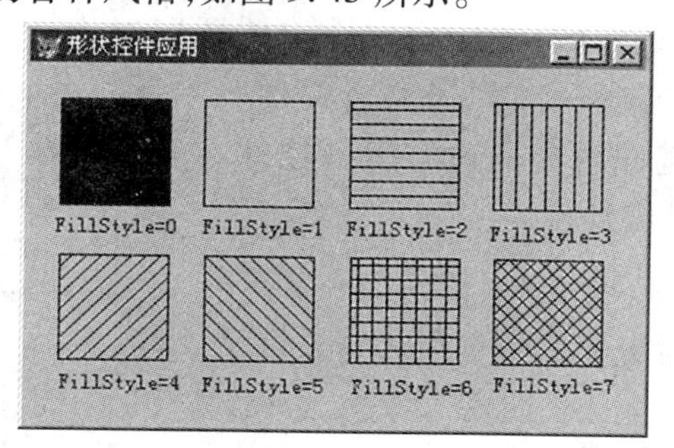

图 9.43　设置形状控件的各种风格

【例 9.18】　利用微调按钮改变图形的形状。图 9.44 与图 9.45 分别表示弯曲度为 45 和 99 时图形的形状,图 9.46 是表单的设计界面。

修改 Spinner1 的属性。

KeyboardHighValue 改为:99

KeyboardLowValue 改为:0

InputMask 改为:99

SpinnerHighValue 改为:99

SpinnerLowValue 改为:0

Value 改为:0

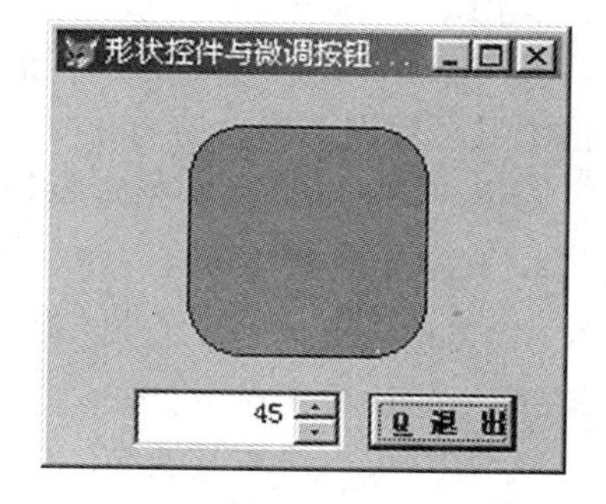

图 9.44　弯曲度为 45 时图形的形状

编写表单 Form1 的 Activate 事件代码:

```
This. Command1. tabstop = . t.
```

编写 Spinner1 的 InteractiveChange 事件代码:

```
ThisForm. Shape1. Curvature = This. Value
```

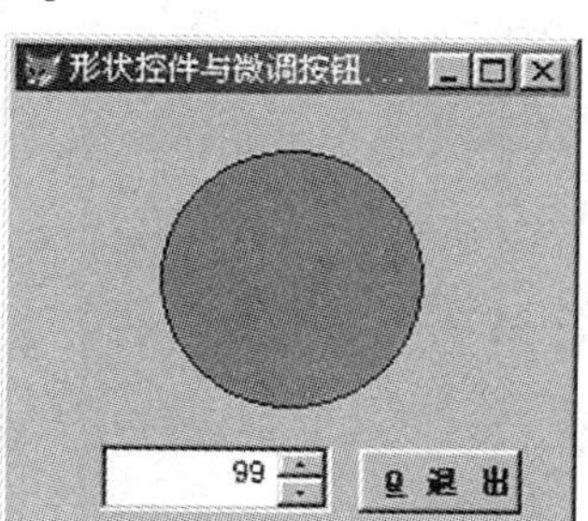

图 9.45　弯曲度为 99 时图形的形状

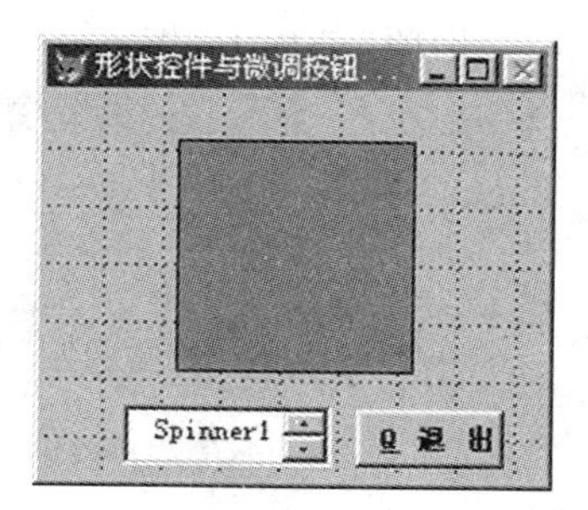

图 9.46　表单的设计界面

9.8　表格控件与图像控件

9.8.1　表格控件(Grid)

表格控件(Grid)类似浏览窗口。它具有网格结构,有垂直滚动条和水平滚动条,可以同时操作和显示多行数据。但表格控件不等于浏览窗口。作为一个控件,表格控件用于在电子表格样式的表单中显示数据。

在表单中添加表格控件,只要在"表单控件"工具栏中,单击"表格控件"按钮,把鼠标指针指向表单,按住鼠标左键,拖动鼠标画出一个放置表格控件的矩形框,释放鼠标左键即可看到这个表格控件。这时可以设置属性,如图9.47所示。

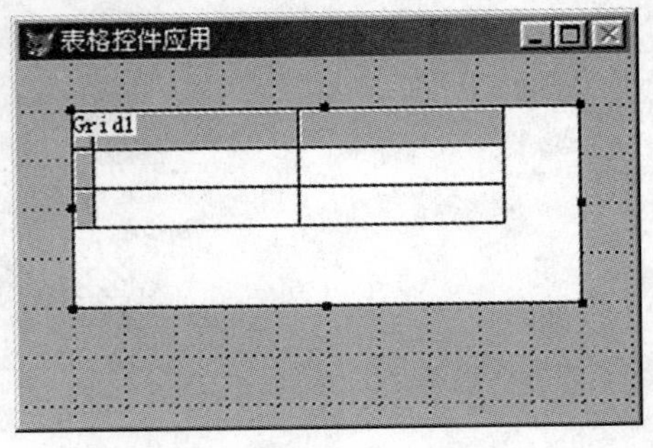

图9.47 设置表格控件属性

1. 常用属性

① ChildOrder 属性。指定在子表中与父表关键字相连的外部关键字。

② ColumnCount 属性。确定列的数目。

③ LinkMaster 属性。显示子记录的父表。

④ RecordSource 属性。指定表格中要显示的数据,它与 RecordSourceType 属性值联系紧密。

⑤ RecordSourceType 属性。指定表格中显示的数据源的类型。只有设置了数据源,才能在表格中显示数据。属性值为0时,表示数据源为表,将自动打开 RecordSource 属性指定的表。

⑥ RowHeight 属性。指定每行的高度。

2. 表格生成器

用"表格生成器"可以设置表格控件的属性。要使用"表格生成器",用鼠标右键单击表格控件,在弹出的快捷菜单中,选择"生成器"命令,打开"表格生成器"对话框,如图9.48所示。在各个选项卡中,可以设置其属性。

【例9.19】 在表单中插入一个表格控件。

在"表格生成器"对话框中,包含了4个选项卡:"1. 表格项"选项卡、"2. 样式"选项卡、"3. 布局"选项卡和"4. 关系"选项卡。

① "1. 表格项"选项卡:指定要在表格中显示的字段,如图9.48所示。

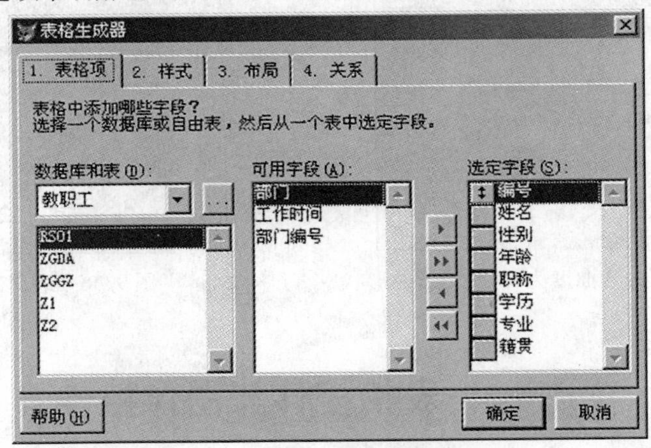

图9.48 "表格生成器"对话框

② "2. 样式"选项卡:指定表格显示的样式,如图9.49所示。

③ "3. 布局"选项卡:指定标题和控件类型,如图9.50所示。

④ "4. 关系"选项卡:指定表格字段与表字段之间的关系。

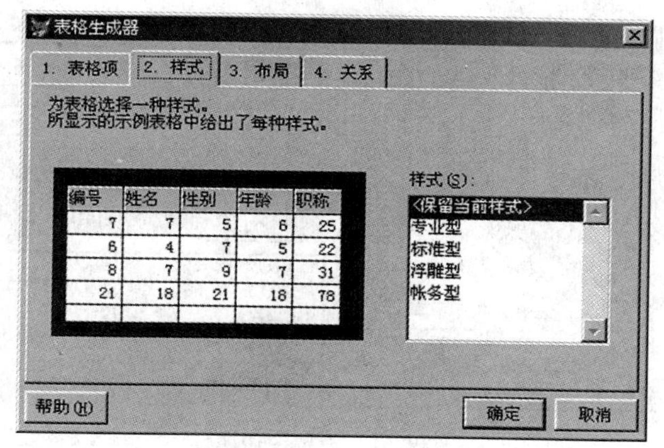

图 9.49 “样式”选项卡

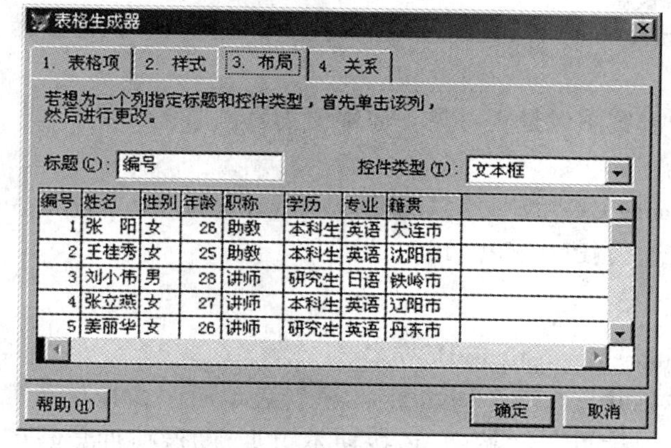

图 9.50 “布局”选项卡

9.8.2 图像控件(Image)

图像控件(Image)的功能是在表单上显示图像。使用图像控件只能在表单上显示图像,而不能对它们编辑。

添加图像控件,在“表单控件”工具栏中,单击“图像控件”按钮,在表单适当位置按住鼠标左键并拖动鼠标画出一个矩形,释放鼠标左键即可在表单中添加一个图像控件。在“属性”窗口中,有许多属性可以设置,也可取默认值,如图 9.51 所示。这里只介绍几个常用属性。

1. 常用属性

① Picture 属性。指定在控件中显示位图文件(.BMP)、压缩位图文件(.JPG)、图标文件(.ICO)或通用字段。

② BackStyle 属性。确定图像透明还是不透明。

③ BorderColor 属性。确定图像颜色,可以根据需要自己设定。

④ ColorSource 属性。可以设定为“对象颜色属性”或“Windows 默认”。

⑤ Stretch 属性。设置图像放置情况。设置 Stretch 属性有 3 种选择项:

0(裁剪)——表示将图像裁剪成图像控件设置的大小。

1(等比填充)——表示将按相对比例保持图像区域的图像的大小。

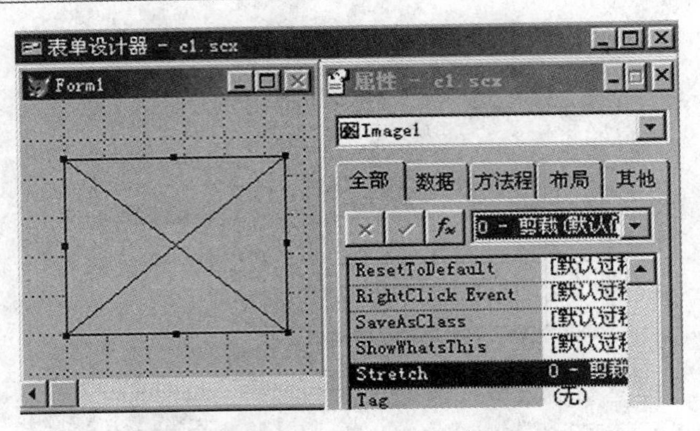

图9.51 设置图像属性

2(变比填充)——表示它将按显示区域的高度和宽度显示全部图像,而不保持图像原有的相对比例。

⑥ Visible 属性。设置图像是否可见。逻辑值为真(.T.)或假(.F.)。

说明:

① 在图像控件 Image 中装载图片,只能用表单 Form 的 Init 事件和 Activate 事件。

② 图片的文件类型为:BMP、JPG、ICO。

2. 常用事件

Click、DblClick、MouseMove、MouseDown。

【例9.20】 表单中共有3幅洋娃娃图片,执行表单时图像控件装载了第1幅洋娃娃图片,如图9.52所示。单击"装载图片"按钮,该按钮不可见,图像控件装载了第2幅洋娃娃图片,如图9.53所示。单击"更换图片"按钮,该按钮不可见,图像控件装载了第3幅洋娃娃图片,如图9.54所示。表单的设计界面如图9.55所示。

图9.52 表单的执行界面

图9.53 表单的执行界面

① 建立用户界面。

表单中有两个命令按钮:Command1 和 Command2,一个图像控件:Image1。

② 设置控件的属性。

修改 Command1 的属性。

图 9.54 表单的执行界面

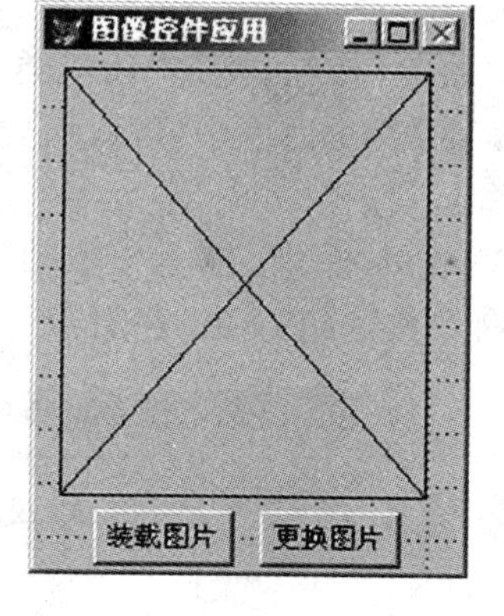

图 9.55 表单的设计界面

标题(Caption)改为:装载图片

修改 Command2 的属性。

标题(Caption)改为:更换图片

修改 Image1 的属性。

Stretch 改为:1—等比填充

③ 编写程序代码。

表单 Form1 的 Activate 事件代码:

```
ThisForm.Image1.Pieture = "d:\t\b1.jpg"
```

命令按钮 Command1 的 Click 事件代码:

```
ThisForm.Image1.Picture = "d:\t\b2.jpg"
ThisForm.Command1.Visible = .F.
ThisForm.Command2.Visible = .T.
```

命令按钮 Command2 的 Click 事件代码:

```
ThisForm.Image1.Picture = "d:\tb3.jpg"
ThisForm.Command1.Visible = .T.
ThisForm.Command2.Visible = .F.
```

9.9 类 设 计

对象的产生来源就是类。VFP 提供了 21 个基类,用户可以从中创建新的对象。基类又分为容器类和控件类,容器类可以容纳别的对象,例如,表单就是容器类,可以将复选框、单选按钮、文本框、命令按钮等放入其中。控件类不能容纳其他对象。

9.9.1 类的设计方法

【例 9.21】 创建类的“移动记录”程序。

实现的功能是移动数据表的记录:第一个记录、前一个记录、后一个记录,最后一个记录。创建子类后,可以在以后的表单中引用它。设计应用程序的子类,具体的操作步骤如下:

① 在“项目管理器”中,选择“类”选项卡。

② 单击“新建”按钮,打开“新建类”对话框,如图 9.56 所示。

③ 在“新建类”对话框中,设置所要建立的子类名称以及父类来源,同时设置该类在存储可视类库的名称。

在“类名”文本框中,输入“移动记录”,在“派生于”下拉列表框中,选择父类为 CommandGroup(命令按钮组),在“存储于”文本框中,输入“d: \vfp1\自建类库”,如图 9.56 所示。

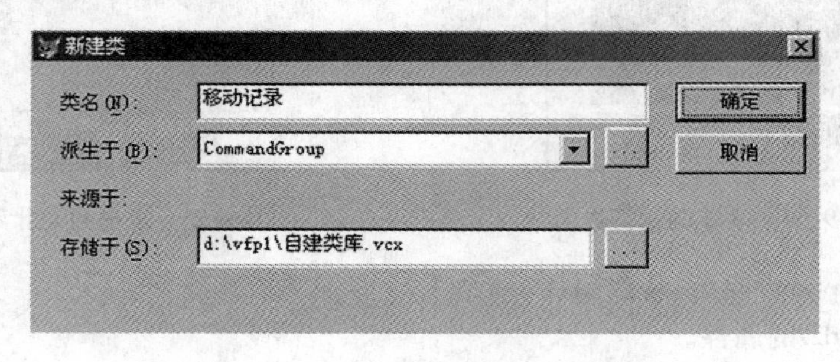

图 9.56 “新建类”对话框

④ 单击“确定”按钮,打开“类设计器”对话框,如图 9.57 所示。

⑤ 在“表单设计器”工具栏中,单击“属性窗口”按钮,在对象下拉列表框中,显示“移动记录”子类名,设置按钮的个数(ButtonCount)为 4 个,如图 9.58 所示。

⑥ 分别设置 4 个按钮的标题(Caption):“第一个记录”、“前一个记录”、“后一个记录”和“最后一个记录”,如图 9.58 所示。

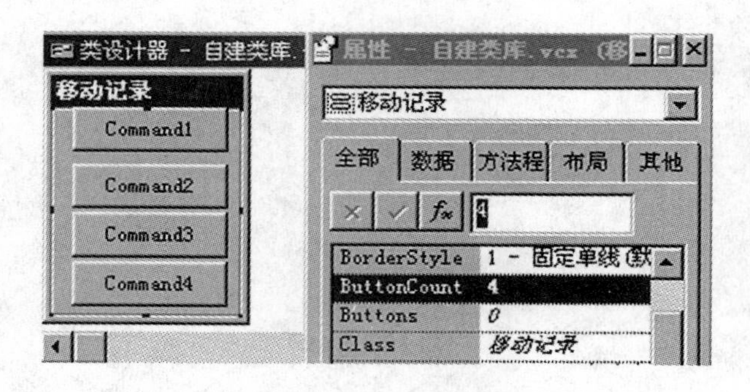

图 9.57 “类设计器”对话框

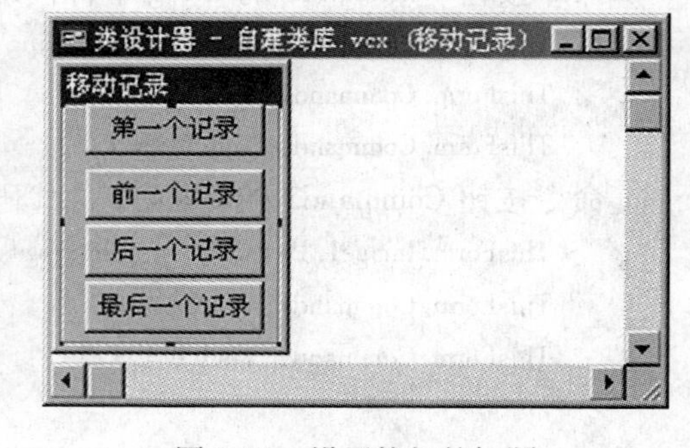

图 9.58 设置按钮的标题

⑦ 编写命令按钮的 Click 事件代码。

“第一个记录”按钮 Command1 的 Click 事件代码为:

```
Goto Top
This. Parent. Command2. Enabled = . F.
This. Parent. Command3. Enabled = . T.
```

“前一个记录”按钮 Command2 的 Click 事件代码为:

```
Skip  -1
If Bof( )
    = MessageBox( "已是第一个记录!",48, "信息窗口" )
  This. Enabled = . F.
```

```
Else
    This. Enabled = . T.
EndIf
This. Parent. Command3. Enabled = . T.
```

“后一个记录”按钮 Command3 的 Click 事件代码为：

```
Skip
If Eof( )
    = MessageBox("已是最后一个记录!",48,"信息窗口")
    Skip  -1
    This. Enabled = . F.
Else
    This. Enabled = . T.
EndIf
This. Parent. Command2. Enabled = . T.
```

“最后一个记录”按钮 Command4 的 Click 事件代码为：

```
Goto Bottom
This. Parent. Command3. Enabled = . F.
This. Parent. Command2. Enabled = . T.
```

9.9.2 类的引用

【例 9.22】 将子类“移动记录”添加到数据表表单中。表单的执行界面如图 9.59 所示，具体的操作步骤如下：

① 将 zgda. dbf 数据表用“表单设计器”添加到表单中。

② 在“表单控件”工具栏中，单击“查看类”按钮，在弹出的快捷菜单中，选择“添加”命令。在“打开”对话框中，选择已建的类名，如选择“自建类库. vcx”选项，单击“打开”按钮。

③ 在“表单控件”工具栏中，显示出已建的类名(“命令按钮组”控件)，如图 9.60 所示。选择“命令按钮组”控件按钮，在表单底部拖动鼠标，将命令按钮组移到表单的底部。

④ 单击鼠标右键，在弹出的快捷菜单中，选择“生成器”命令，打开“命令组生成器”对话框，选择“布局”选项卡，将“按钮布局”设置为“水平”，单击“确定”按钮，“移动记录”的 4 个命令按钮就可调整好，如图 9.59 所示。

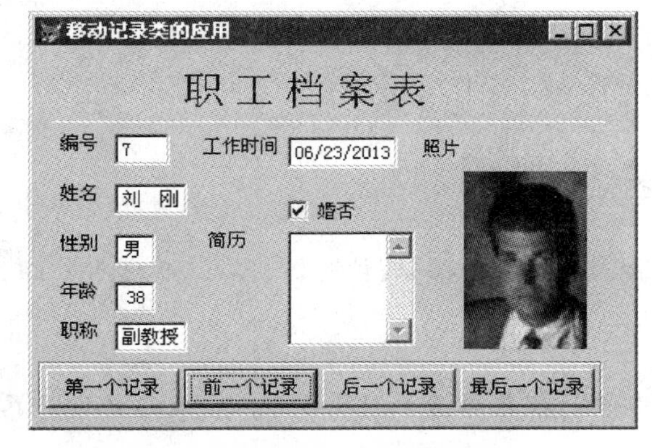

图 9.59 表单中引用类“移动记录”

图 9.60 “表单控件”工具栏

习 题

一、选择题

1. 组合框和列表框都可以用(　　)方法添加新的列表项。

A) Add　　B) AddItem　　C) RowSource　　D) RowSourceType

2. 组合框和列表框都可以用(　　)属性设置数据项的类型。

A) Add　　B) AddItem　　C) RowSource　　D) RowSourceType

3. 组合框和列表框都可以用(　　)属性存放列表中的项数。

A) ListCount　　B) AddItem　　C) ListIndex　　D) List

4. (　　)属性决定图像框控件大小尺寸能否自动调整。

A) BorderStyle　　B) Picture　　C) Stretch　　D) AutoSize

5. (　　)属性决定图像框控件大小按比例调整。

A) BorderStyle　　B) Picture　　C) Stretch　　D) AutoSize

6. 假定一个表单里有一个文本框:Text1 和一个命令按钮组:CommandGroupl,命令按钮组是一个容器对象,其中包含 Command1 和 Command2 两个命令按钮。如果要在 Command1 命令按钮的某个方法中访问文本框的 Value 属性值,下面式子正确的是(　　)。

A) This. ThisForm. Text1. Value　　B) This. Parent. Parent. Text1. Value

C) Parent. Parent. Text1. Value　　D) This. Parent. Text1. Value

7. 假定表单中包含一个命令按钮,那么在运行表单时,下面有关事件引发次序的陈述中,正确的是(　　)。

A) 先命令按钮的 Init 事件,然后表单的 Init 事件,最后表单的 Load 事件

B) 先表单的 Init 事件,然后命令按钮的 Init 事件,最后表单的 Load 事件

C) 先表单的 Load 事件,然后表单的 Init 事件,最后命令按钮的 Init 事件

D) 先表单的 Load 事件,然后命令按钮的 Init 事件,最后表单的 Init 事件

二、填空题

1. 组合框和列表框都可以用________方法删除列表项。
2. ________属性决定要显示图像框控件。
3. ________可设置控件的背景类型的属性。
4. VFP 中的类可以分为________和________。
5. 表单的组合框有两种类型:________和下拉组合框。
6. 表单中可以输入多行文本的控件为________。
7. 表单的扩展名是________,与表单同时产生的表单备注文件扩展名是________。

实 训

【实训目的】 掌握利用基本控件标签、文本框、命令按钮、计时器、容器、单选按钮组、复选框、列表框等控件设计表单的方法。

【实训内容】

1. 设计一个标签放大与缩小的程序。表单的执行界面如图 9.61 所示,表单的设计界面如图 9.62 所示。

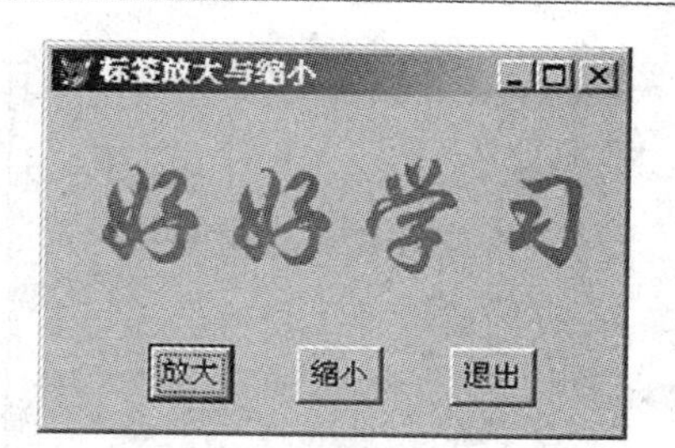

图 9.61　表单的执行界面

图 9.62　表单的设计界面

2. 设计一个文本框与标签同步的程序。表单的执行界面如图 9.63 所示，表单的设计界面如图 9.64 所示。

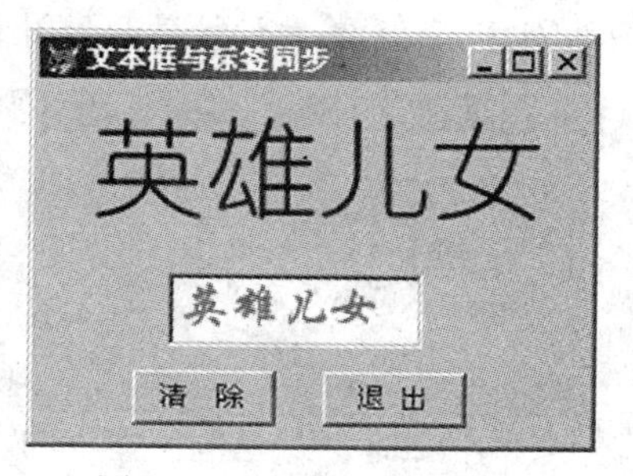

图 9.63　表单的执行界面

图 9.64　表单的设计界面

3. 设计一个摄氏温度与华氏温度转变的程序。表单的执行界面如图 9.65 所示，表单的设计界面如图 9.66 所示。

4. 设计一个滚动字幕程序。表单的执行界面如图 9.67 所示，表单的设计界面如图 9.68 所示。

5. 用选择框与复选框设计一个显示文本框内容的程序。表单的执行界面如图 9.69 所示，表单的设计界面如图 9.70 所示。

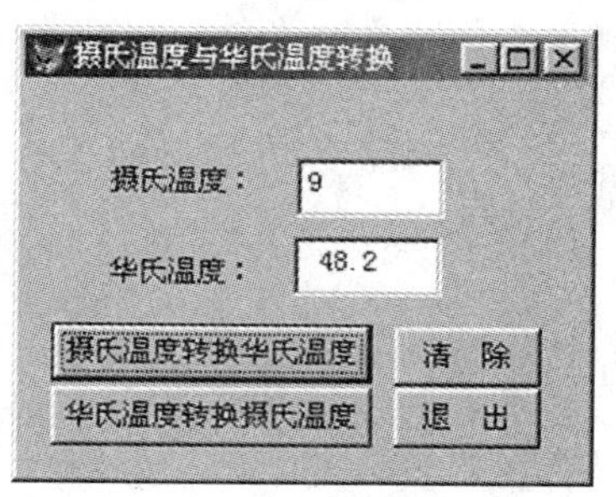

图 9.65　表单的执行界面

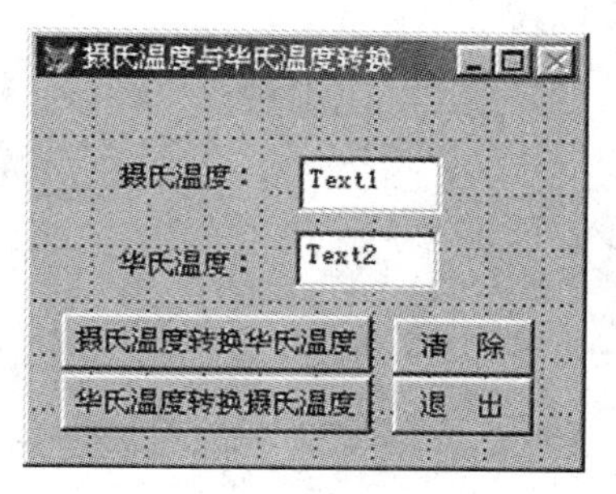

图 9.66　表单的设计界面

图 9.67　表单的执行界面

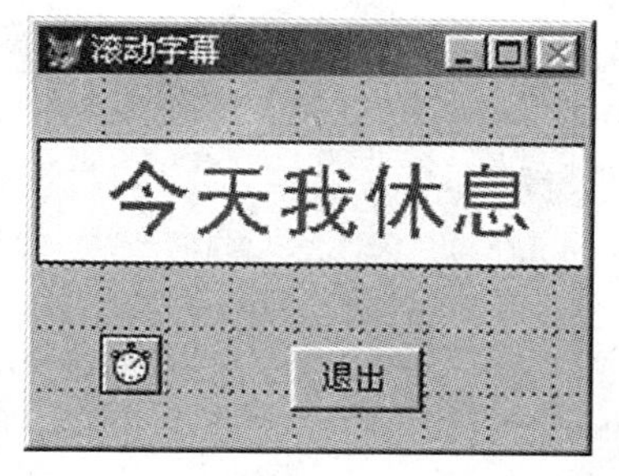

图 9.68　表单的设计界面

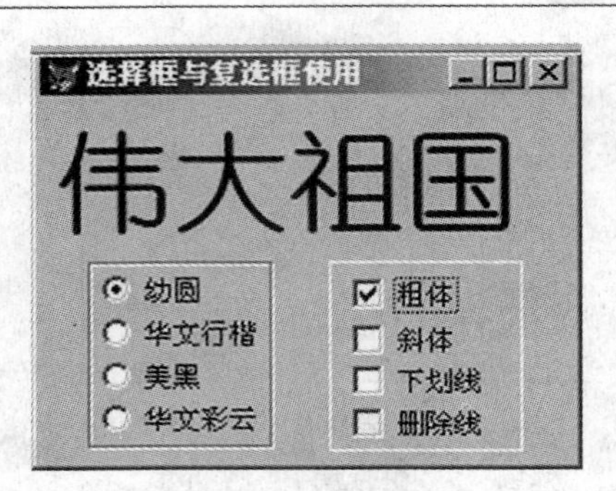

图9.69 表单的执行界面

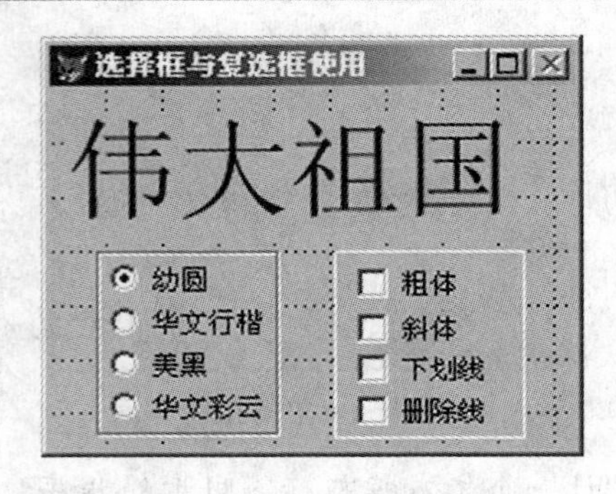

图9.70 表单的设计界面

6. 用字体函数设计一个程序。表单的执行界面如图9.71所示，表单的设计界面如图9.72所示。

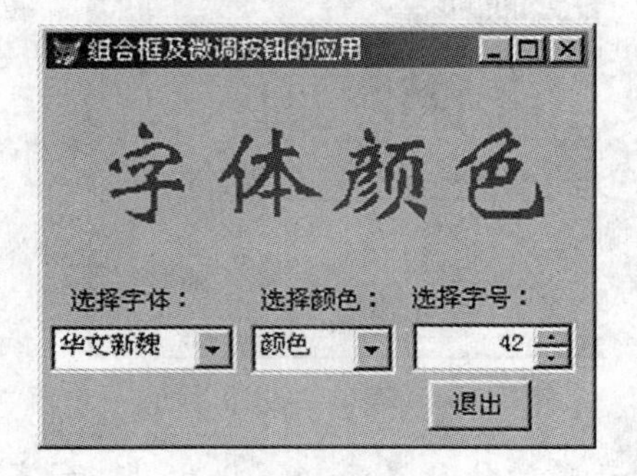

图9.71 表单的执行界面

图9.72 表单的设计界面

第10章 数据表的表单设计

本章介绍如何在表单中显示数据表和视图的记录。通过添加相应的控件，可以使在表单上实现数据库信息编辑的工作更加容易。VFP提供了多种创建数据表表单的方法：表单向导、表单设计和快速表单。通常都是先使用表单向导或快速表单创建表单的初始模型，再用表单设计器来修改初始模型或修改用户已有的表单。

10.1 用表单向导设计表单

表单向导以交互方式向用户提出一系列问题,并基于用户的回答而创建表单。在VFP中,有两种类型的表单向导:表单向导和一对多表单向导,下面分别介绍其操作步骤。

10.1.1 表单向导

1. 表单向导的打开

方法1:在“项目管理器”中打开

① 在“项目管理器”中,选择“文档”选项卡,再选择“表单”选项,如图10.1所示。

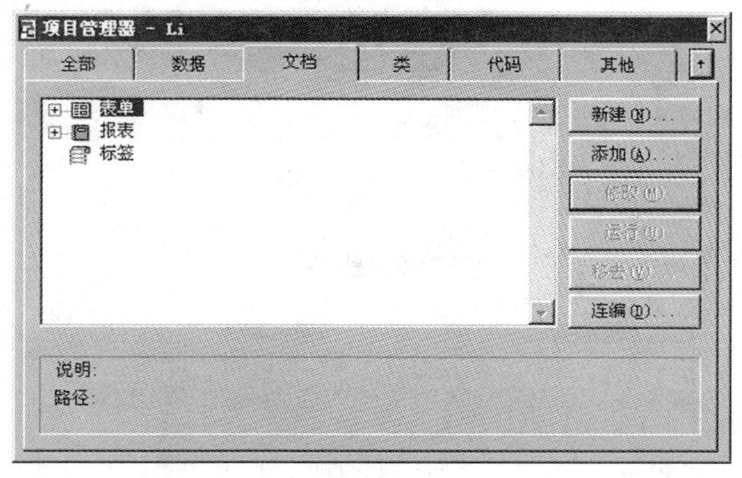

图10.1 “项目管理器”对话框

② 单击“新建”按钮,打开“新建表单”对话框,如图10.2所示。

③ 在“新建表单”对话框中,单击“表单向导”按钮,打开“向导选取”对话框,如图 10.3 所示。

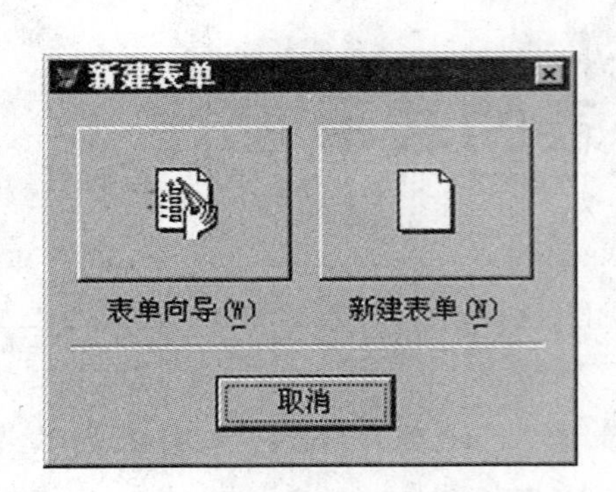

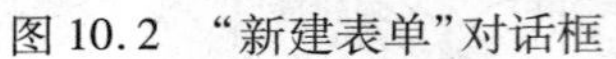
图 10.2 “新建表单”对话框

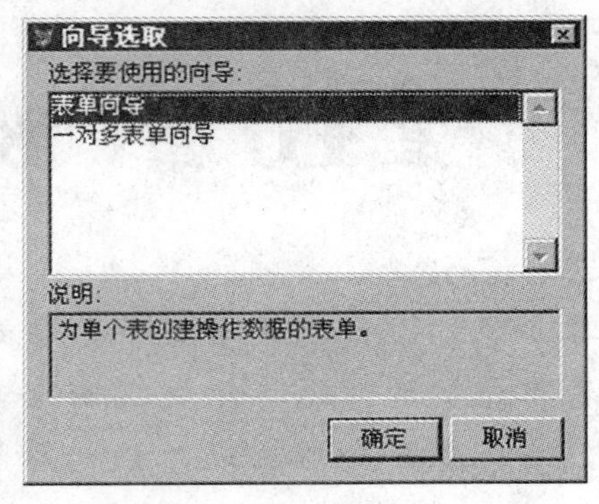

图 10.3 表单“向导选取”对话框

④ 在“选择要使用的向导”列表框中,选择“表单向导”选项,单击“确定”按钮,打开“表单向导”的“字段选取”设置界面,如图 10.4 所示。

方法 2:在“工具”菜单中打开

① 在“工具”菜单中,选择“向导”→“表单”命令,打开“向导选取”对话框,如图 10.3 所示。

② 在“选择要使用的向导”列表框中,选择“表单向导”选项,单击“确定”按钮,打开“表单向导”的“字段选取”设置界面,如图 10.4 所示。

2. 表单向导的使用

【例 10.1】 利用表单向导,设计教职工基本情况表。

① 字段选取。在“数据库和表”下拉列表框中,选择数据表或自由表,也可以单击右侧的“…”按钮,在“打开”对话框中,找到已创建好的数据表,如选择 ZGDA.DBF 表,单击“确定”按钮,返回“表单向导”对话框,这时已选好的表将出现在“数据库和表”列表框中,而表中的所有字段将出现在“可用字段”列表框中,单击“可用字段”旁边的双箭头和单箭头按钮,将表的全部或部分字段添加到“选定字段”列表框中,如图 10.4 所示。

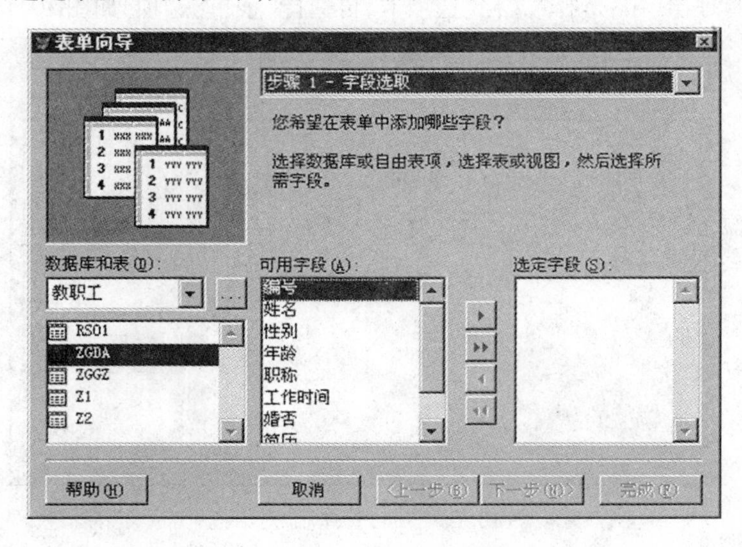

图 10.4 字段选取

② 选择表单样式。单击“下一步”按钮，打开“选择表单样式”设置界面，如图 10.5 所示。在“样式”列表框中，有很多种表单的样式，可以选择其中一种，如选择“浮雕式”选项。在“按钮类型”选项区域中，可以选择表单按钮的类型，其中“文本按钮”显示按钮的名称，“图片按钮”显示按钮的图标。当选择了一种样式时，在对话框左上角的放大镜中显示相应的表单样式，如图 10.5所示。

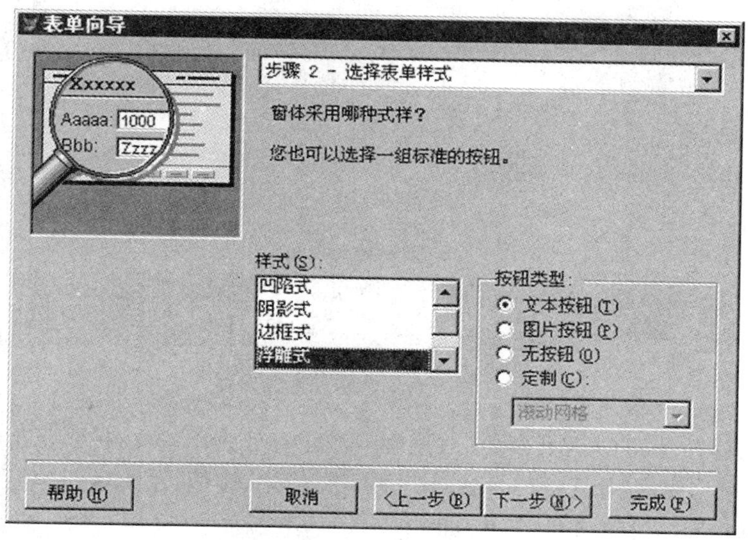

图 10.5 选择表单样式

③ 排序次序。单击“下一步”按钮，打开记录“排序次序”设置界面。在“可用的字段或索引标识”列表框中，选择“编号”字段，单击“添加”按钮，将“编号”字段添加到“选定字段”列表框中，然后选择“升序”或“降序”单选按钮，来排列表单中的数据，如图 10.6 所示。

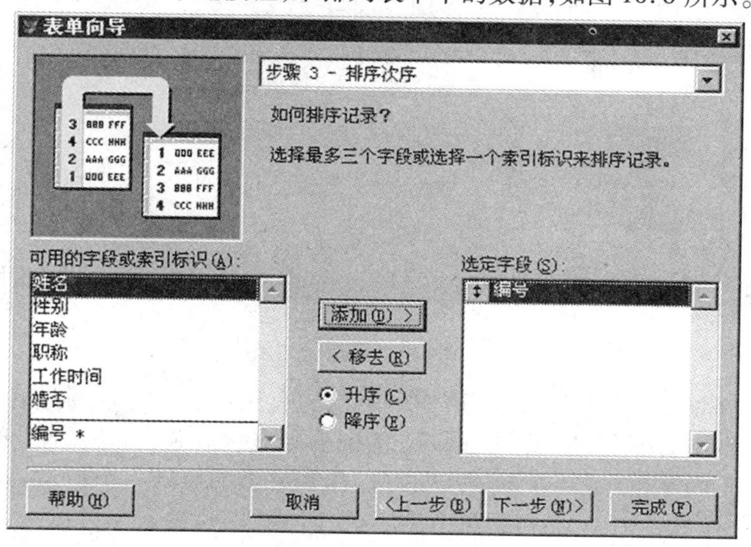

图 10.6 排序次序

④ 输入表单的标题和选择保存表单的方式。单击“下一步”按钮，打开“完成”设置界面。在“请键入表单标题”文本框中，输入“教职工基本情况表”，并选择“保存表单以备将来使用”单

选按钮,如图10.7所示。

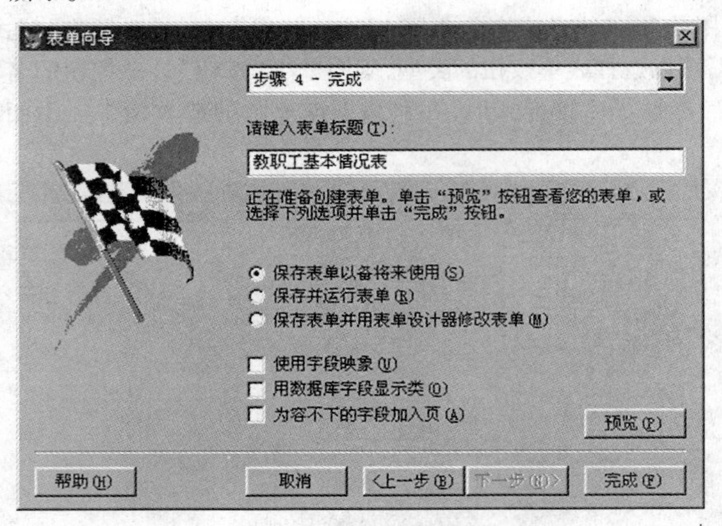

图10.7 输入表单标题和选择保存方式

⑤ 单击“完成”按钮,打开“另存为”对话框。指定存放表单的文件夹和文件名,例如,在“保存表单为”文本框中,输入“D:\VFP1\a1.scx”,单击“保存”按钮,系统返回“项目管理器”中。

⑥ 运行表单。选择已建好的表单,如a1.scx,单击“运行”按钮,系统显示表单的内容,如图10.8所示。新表单的底部自动插入10个命令按钮,这些命令按钮构成了命令按钮组。

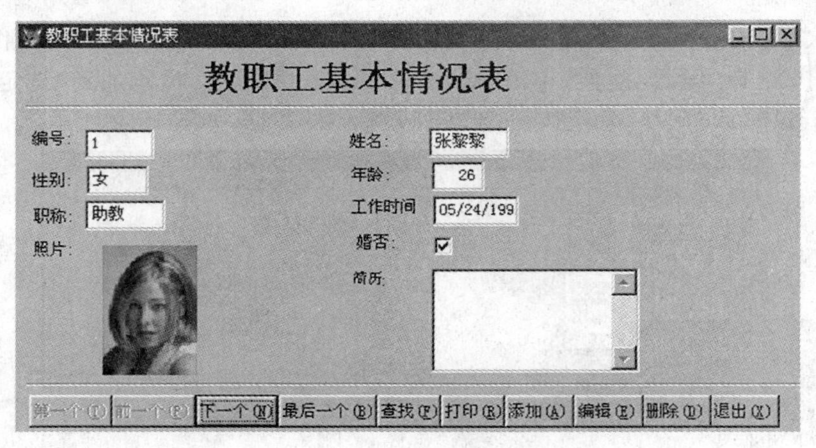

图10.8 表单运行结果

⑦ 刚开始运行时,表单中显示的是第一个记录的有关内容。可以通过表单底部的命令按钮,在表中移动、查找、打印、添加、编辑、删除、退出记录。例如,单击“下一个”按钮,可以移到当前记录的下一个记录;单击“最后一个”按钮,可以移到表中的最后一个记录;单击“添加”按钮,可以在表中添加一个新的记录,并在表单中显示空白字段,可以输入字段信息,然后单击“保存”按钮,将新记录添加到表中;如果改变主意,那么可以单击“编辑”按钮,放弃新记录;如果保存记录后又想删除,那么只需移到该记录上,然后单击“删除”按钮即可。

⑧ 单击“退出”按钮,关闭表单。

10.1.2 一对多表单向导

【例 10.2】 利用一对多表单向导,设计一对多表的表单。

设计一对多表的表单的操作步骤如下:

① 在“项目管理器”中,选择“文档”选项卡,选择“表单”选项,单击“新建”按钮,打开“新建表单”对话框。单击“表单向导”按钮,打开“向导选取”对话框。

② 在“选择要使用的向导”列表框中,选择“一对多表单向导”选项,单击“确定”按钮,打开“一对多表单向导”的字段选定设置界面,如图 10.9 所示。

③ 从父表中选定字段。首先指定一个表作为该一对多表单的父表,如 ZGDA. DBF,然后进行字段选定,如图 10.9 所示。

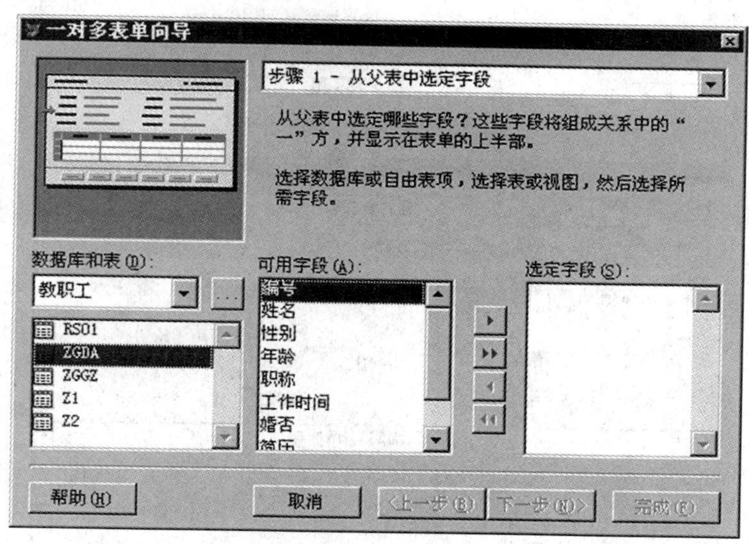

图 10.9 从父表中选定字段

④ 从子表中选定字段。单击“下一步”按钮,指定一个表作为该一对多表单的子表,如 Z1. DBF,然后进行字段选定,如图 10.10 所示。

⑤ 建立表之间的关系。单击“下一步”按钮,为一对多表单指定两个表之间的关系,系统默认设置是以两个表的公共字段建立关系,如“编号”字段,单击“下一步”按钮,如图 10.11 所示。

⑥ 选择表单的样式。单击“下一步”按钮,打开“选择表单样式”设置界面,如选择“浮雕式”选项,并选择表单的样式和按钮类型。

⑦ 排序次序。单击“下一步”按钮,打开记录“排序次序”选择字段对话框。最多选择 3 个字段,然后选择“升序”或“降序”单选按钮,来排列表单中的数据。

⑧ 输入表单标题和选择保存表单方式。单击“下一步”按钮,在打开的设置界面中,输入表单的标题并选择保存表单的方式。

⑨ 单击“完成”按钮,打开“另存为”对话框。指定存放表单的文件夹和文件名,如“D:\VFP1\a2. scx”,单击“保存”按钮,系统返回“项目管理器”中。

⑩ 运行表单。选择 a2. scx,单击“运行”按钮,表单运行结果如图 10.12 所示。

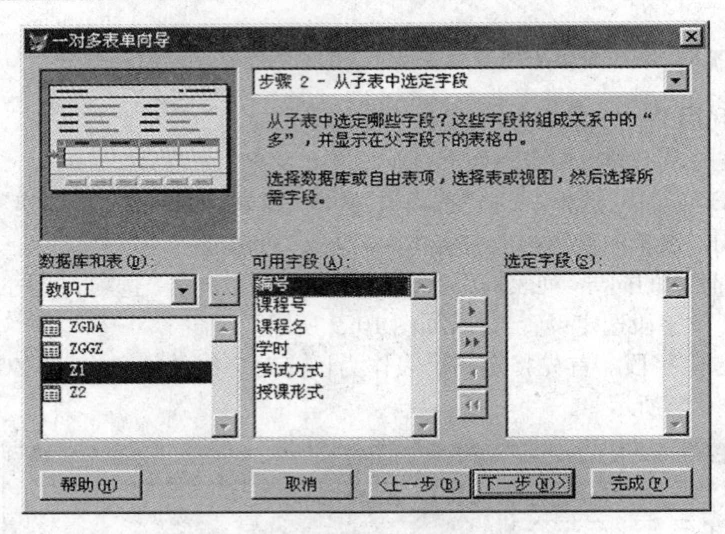

图 10.10 从子表中选定字段

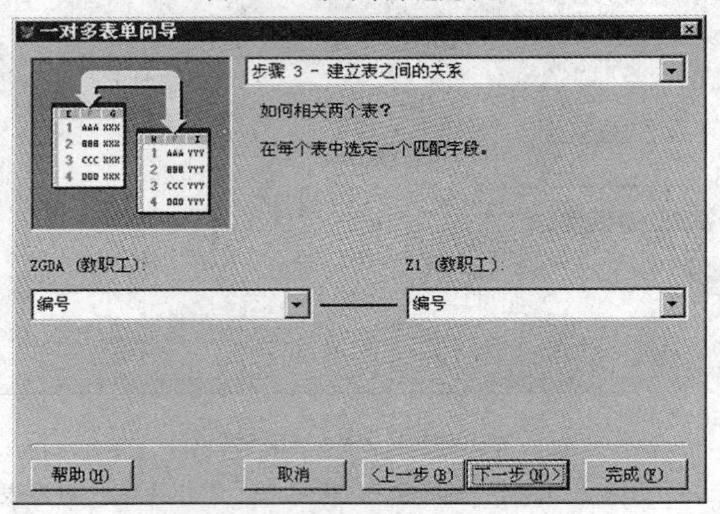

图 10.11 建立表之间的关系

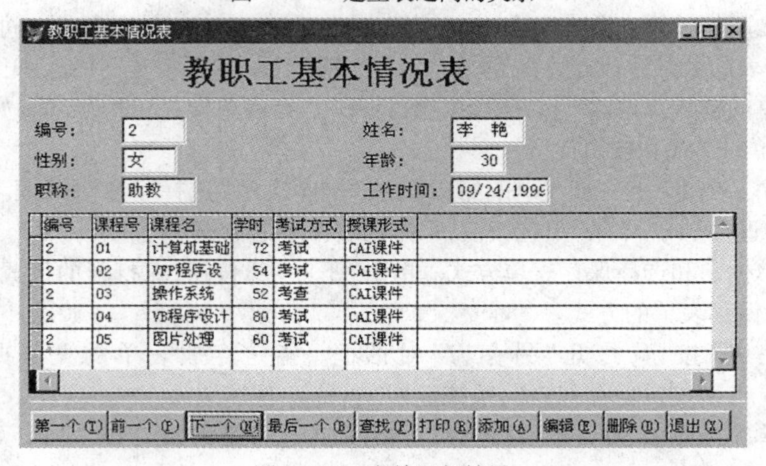

图 10.12 表单运行结果

10.2 用表单设计器设计表单

使用“表单设计器”来创建数据表单，建立用户的操作界面，而且在设计时立刻就能看见其中各对象显示在用户面前的外观。也可以使用“表单设计器”来修改已有的表单。VFP 6.0 提供的“表单设计器”功能强大，使得设计表单的工作变得又快又容易。

10.2.1 打开表单设计器

用表单设计器创建新的空表单的步骤如下：

① 在“项目管理器”中，选择“文档”选项卡，选择“表单”选项，单击“新建”按钮，打开“新建表单”对话框。

② 单击“新建表单”按钮，打开“表单设计器”窗口，如图 10.13 所示。

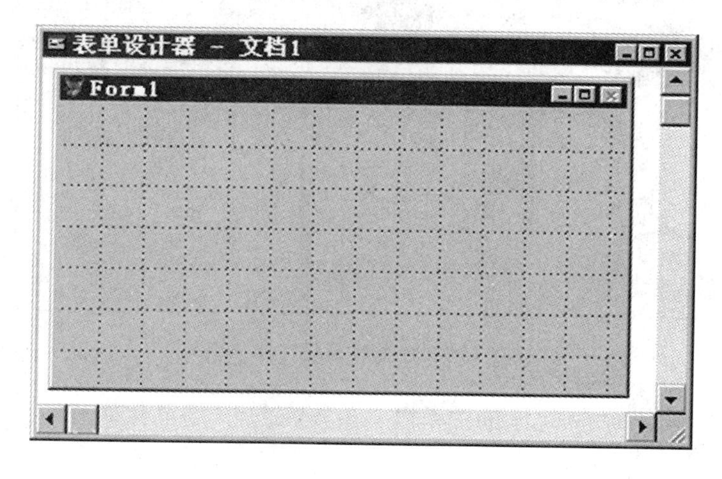

图 10.13 “表单设计器”窗口

10.2.2 设置数据环境

数据环境是表单的数据来源，将鼠标指针指向“表单设计器”的空白处，单击鼠标右键，在弹出的快捷菜单中，选择“数据环境”命令，打开“数据环境设计器”窗口。当激活“数据环境设计器”窗口时，在主菜单栏中，显示“数据环境”菜单项，在其子菜单中有“添加”、“移去”、“浏览”和“执行表单”等操作命令。

1. 向数据环境中添加/移去表或视图

① 如果添加表或视图，则在“数据环境设计器”窗口空白处，单击鼠标右键，在弹出的快捷菜单中，选择“添加”命令，打开“添加表或视图”对话框，如图 10.14 所示。

② 在“数据库中的表”列表框中，选择表或视图，单击“添加”按钮，然后单击“关闭”按钮，打开“数据环境设计器”窗口，如选择 zgda. DBF 表、zggz. DBF 表和 z1. DBF 表，如图 10.15 所示。

③ 如果要从“数据环境设计器”窗口中移去表,则先选择要移出的表或视图,然后在“数据环境”菜单中,选择“移去”命令,或单击鼠标右键,在弹出的快捷菜单中,选择“移去”命令,或按 Del 键。

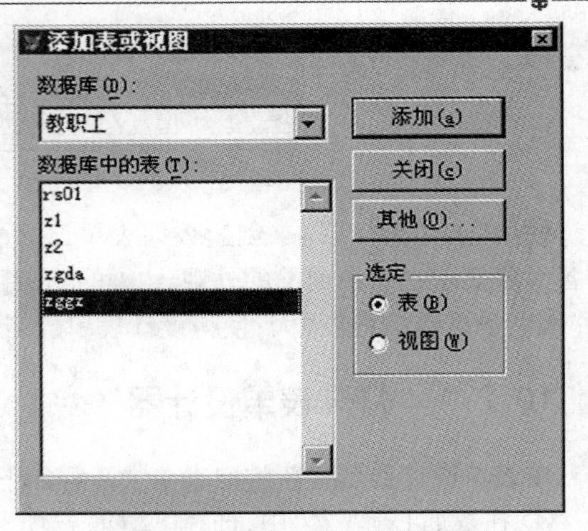

图 10.14 “添加表或视图”对话框

2. 在数据环境中设置关系

在数据库管理中,相关的表之间存在着一定的关系。数据库表之间的永久关系将自动地加到数据环境中。在“数据环境设计器”中,设置临时关系的操作步骤是,将字段从文表拖动到相关表中的相应字段上,就创建了关系。

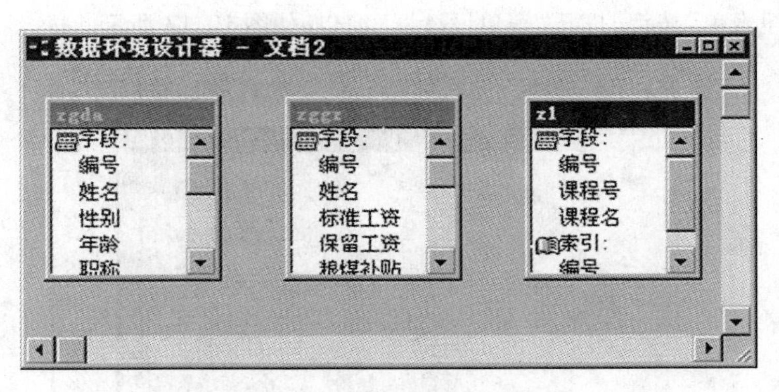

图 10.15 “数据环境设计器”窗口

在“数据环境设计器”中,表之间的关系以一条连线表示,用鼠标单击可选择关系。

10.2.3 向表添加字段

具体步骤如下:

① 在“数据环境设计器”窗口中,选择所需要的字段,用鼠标左键拖到空白表单的适当位置,系统即自动把表中的所有字段全部按行或列排在表单中,根据需要,也可以逐个拖动字段到表单中。

② 根据实际需要,利用“表单控件”工具栏,可以向空表单中添加各种控件。

③ 调整控件的大小和对齐控件。用“布局”工具栏,或在“格式”菜单中,选择“对齐”命令或“大小”命令,进行对齐或调整控件的大小,如图 10.16 所示。

【例 10.3】 设计一个可以显示、修改和浏览数据表的表单。

具体的操作步骤如下:

① 在“项目管理器”中,选择“文档”选项卡,选择“表单”选项,单击“新建”按钮,打开“新建表单”对话框。单击“新建表单”按钮,打开“表单设计器”窗口。

② 单击鼠标右键,在弹出的快捷菜单中,选择“数据环境”命令,如图 10.17 所示,或在“表单

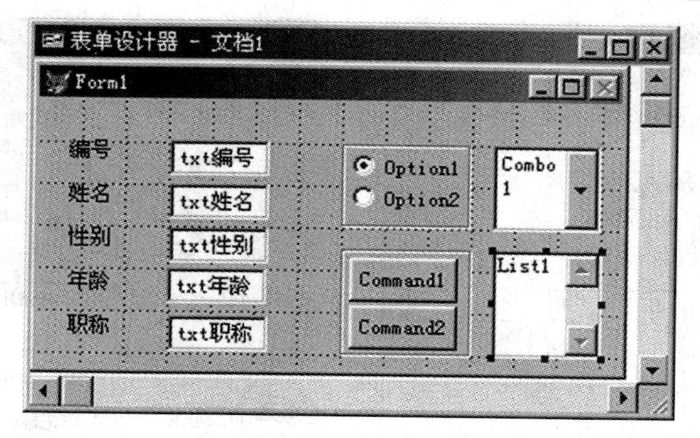

图 10.16　添加字段到“表单设计器”中

设计器”工具栏中，单击“数据环境”按钮，如图 10.18 所示，打开“数据环境设计器”窗口，如图 10.19所示。

③ 单击鼠标右键，在弹出的快捷菜单中，选择“添加”命令，打开“添加表或视图”对话框，可将数据表 zgda.DBF 添加到“数据环境设计器”窗口中，如图 10.19 所示。

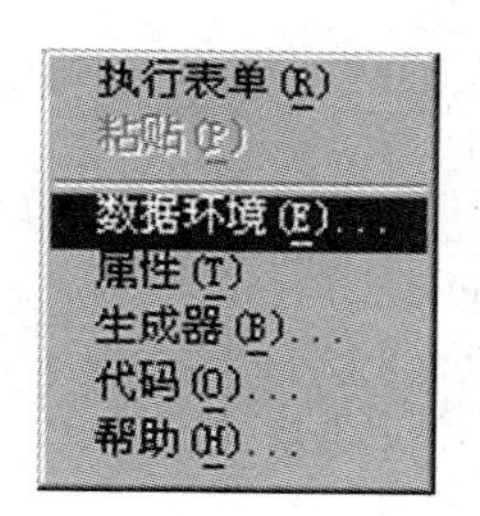

图 10.17　选择“数据环境”命令

图 10.18　“表单设计器”工具栏

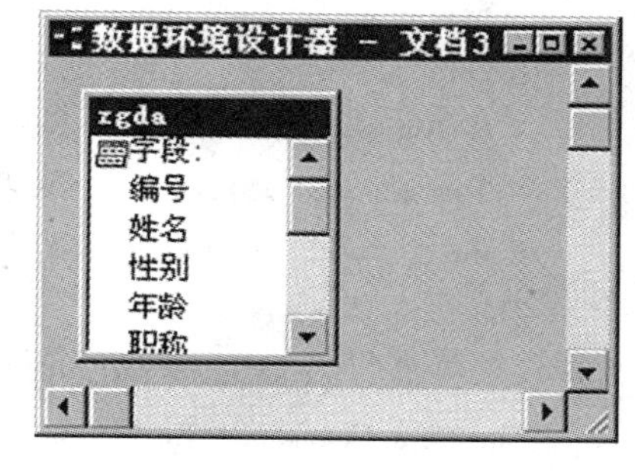

图 10.19　“数据环境设计器”窗口

依次将表中的“编号”、“姓名”、“性别”、“年龄”、“职称”等字段，用鼠标拖拉到表单中，表单中出现相应的标签和文本框，如图 10.20 所示。

④ 添加控件。在表单中添加 4 个命令按钮：Command1、Command2、Command3、Command4 和一个标签控件：Label1。

⑤ 设置控件的属性。

Label1 的标题(Caption)设置为：教职工基本情况表，字体(FontName)设置为：隶书，字号(FontSize)设置为：24。

Command1 的 Caption 改为：“上一个记录”。

Command2 的 Caption 改为：“下一个记录”。

Command3 的 Caption 改为：“浏览表”。

Command4 的 Caption 改为：“退出”。

⑥ 整理表单。调整控件大小和位置，用“布局”工具栏，或在“格式”菜单中，选择“对齐”命令或“大小”命令，来调整控件的大小和位置，如图 10.21 所示。

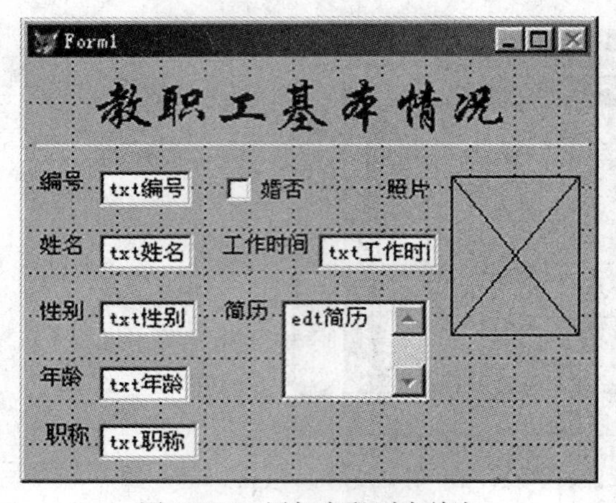

图 10.20 添加字段到表单中

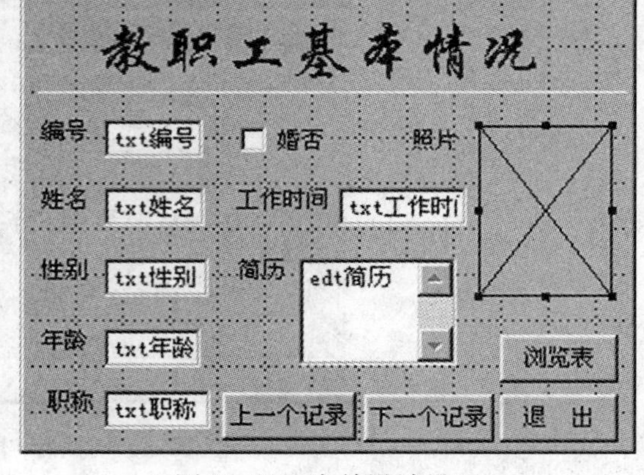

图 10.21 表单设计界面

⑦ 编写事件代码。

"上一个记录"按钮 Command1 的 Click 事件代码：

```
ThisForm. Command2. Enabled = . T.
  Skip  -1
If Bof( )
  Go Top
  This. Enabled = . F.            & 指针指向第一个记录,则按钮不可使用
Endif
ThisForm. Refresh
```

"下一个记录"按钮 Command2 的 Click 事件代码：

```
ThisForm. Command1. Enabled = . T.
Skip  +1
If Eof( )
  Go Bottom
  This. Enabled = . F.            & 指针指向最后一个记录,则按钮不可使用
Endif
ThisForm. Refresh
```

"浏览表"按钮 Command3 的 Click 事件代码：

```
 Browse
Go Recno( )
ThisForm. Refresh
```

⑧ 运行表单。表单运行结果如图 10.22 所示,单击"下一个记录"按钮,可以显示下一个记录内容,单击"上一个记录"按钮,可以显示上一个记录的内容,用户可以对数据表进行编辑,单击"浏览表"按钮,可以浏览表中的全部记录,如图 10.23 所示。

⑨ 修改表单。在"项目管理器"中,选择要进行修改的表单,单击"修改"按钮,可以修改表单,修改完成后,再运行表单,修改和运行反复进行,直到满意为止。

⑩ 单击"关闭"按钮,系统返回"项目管理器"中。

图 10.22 表单运行结果

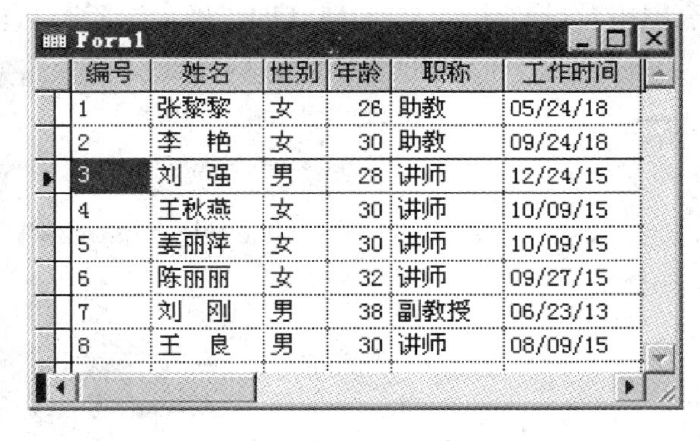

图 10.23 浏览全部记录

10.3 用表单生成器设计表单

10.3.1 使用快速表单添加字段

使用快速表单添加字段的方法，就是使用表单生成器，在生成器中为字段选择不同的数据源，将其他表或视图中的字段添加到表单中。

【例 10.4】 用表单生成器设计一个数据表单。

具体的操作步骤如下：

① 在“项目管理器”中，打开“表单设计器”窗口。

② 在“表单设计器”工具栏中，单击“表单生成器”按钮，或在“表单”菜单中，选择“快速表单”命令，如图 10.24 所示。系统打开“表单生成器”对话框，如图 10.25 所示。

③ 在“表单生成器”对话框中，选择“1. 字段选取”选项卡，然后选择所需要的数据库和表，再选择可用字段，如图 10.25 所示。

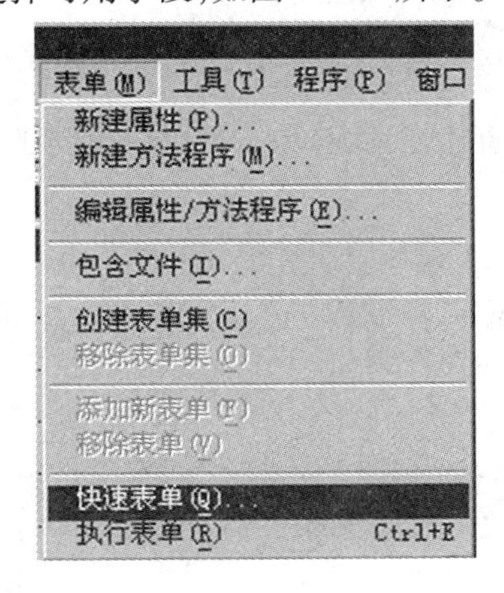

图 10.24 选择“快速表单”命令

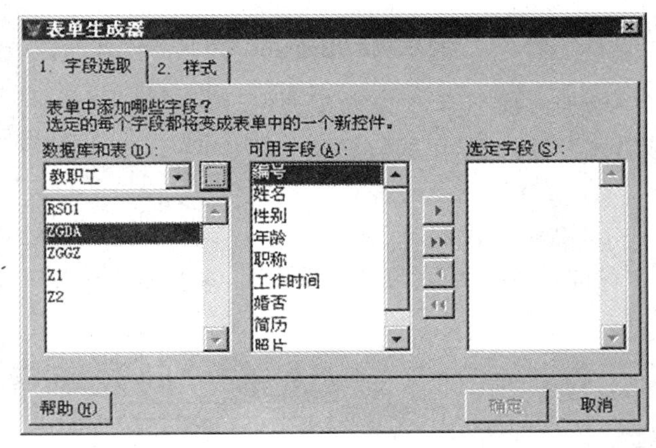

图 10.25 “表单生成器”对话框

④ 选择“2. 样式”选项卡，系统显示出表单中常用的“样式”，如图10.26所示。在“样式”列表框中，选择“阴影式”选项，单击“确定”按钮，系统显示阴影式表单，如图10.27所示。

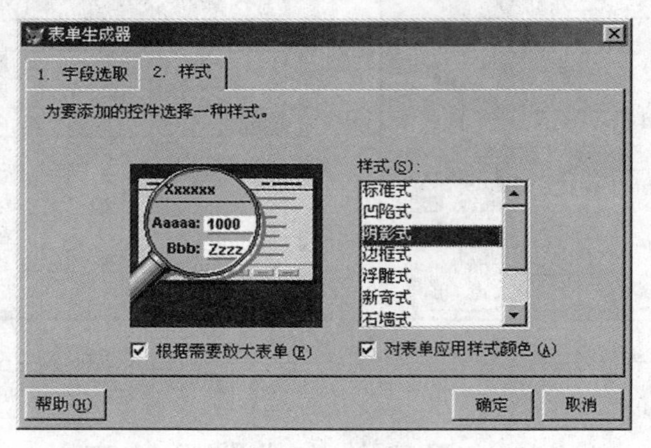

图10.26 “2. 样式”选项卡

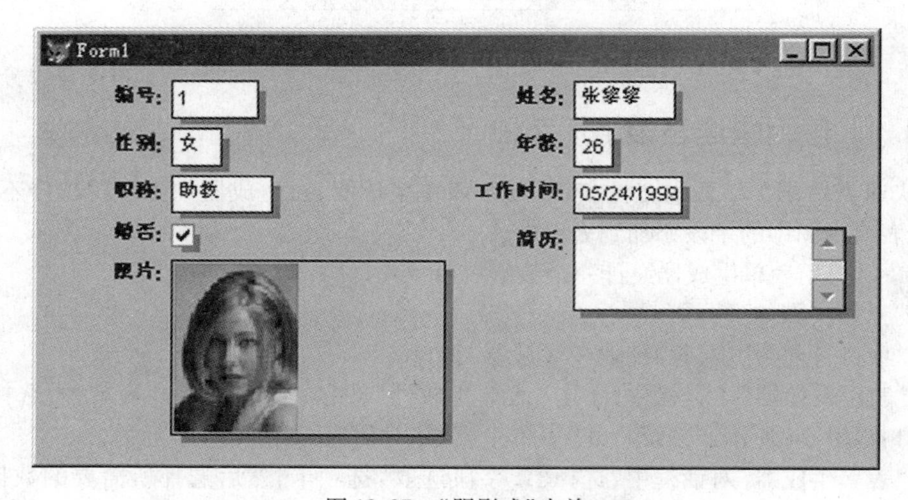

图10.27 “阴影式”表单

10.3.2 快速添加字段

快速添加字段，是从数据源中，单击字段或者表，并将其直接拖到表单中，可以快速创建一个或者多个控件，常用的数据源工具如下：

① 数据环境设计器。

② 数据库设计器。

当拖动字段或者表到表单中时，系统将自动确定要创建的控件类型。

10.4 向表单中添加控件

为了增加表单的功能和使表单更加美观，可以向表单添加丰富多彩的控件，只用少量代码就能得到赏心悦目的用户界面。可以向表单中添加命令按钮、列表框、组合框、选项按钮组、页框等控件,以及添加图像或线条与形状控件来改进表单的外观。

10.4.1 使用生成器向表单添加控件

生成器用于添加控件到表单,访问生成器有两种方法:使用表单设计器的快捷菜单和添加控件到表单时,在"表单控件"工具栏中,单击"生成器锁定"按钮。

用生成器添加控件的操作步骤如下:

① 在"表单控件"工具栏中,单击"生成器锁定"按钮。

② 选择要添加的控件,在"表单设计器"中,单击要添加控件的位置,系统自动打开"控件生成器"对话框。

③ 在"控件生成器"对话框中,设置相应的信息。

10.4.2 同时添加多个控件的方法

同时添加多个控件的操作步骤如下:

① 在"表单控件"工具栏中,单击"按钮锁定"按钮。

② 激活"按钮锁定"按钮后,就可添加多个同一类型的控件。

③ 如果取消"按钮锁定"功能,则在"表单控件"工具栏中,单击"按钮锁定"按钮,或者在"表单控件"工具栏中,单击"选定对象"按钮。

10.4.3 表格、选项按钮组、页框控件在数据表单中的应用

1. 向表单添加表格控件

【例 10.5】 在教职工基本情况表的表单中添加一个表格控件,增加浏览记录窗口。

具体的操作步骤如下:

① 在"项目管理器"中,选择**例 10.3** 的表单文件,打开"表单设计器"窗口。

② 修改表单布局,在表单中添加表格控件:Grid1,如图 10.28 所示。

③ 用鼠标右键单击表格控件 Grid1,在弹出的快捷菜单中,选择"生成器"命令,打开"表格生成器"对话框,如图 10.29 所示。

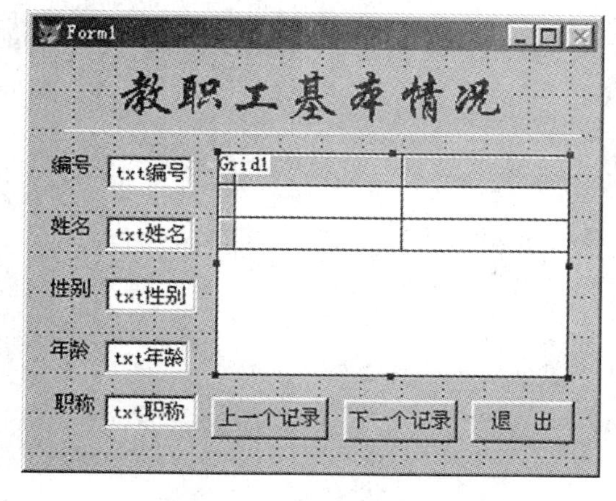

图 10.28 添加"表格"控件

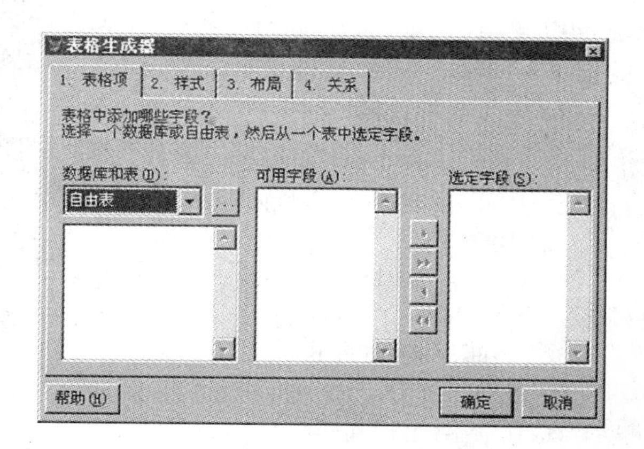

图 10.29 "表格生成器"对话框

④ 选择“1. 表格项”选项卡，在“数据库和表”下拉列表框中，选择“教职工”数据库，再选择数据表 ZGDA. DBF。在“可用字段”列表框中，选择“姓名”、“性别”、“年龄”等字段，单击“添加”按钮，添加到“选定字段”列表框中，如图 10.30 所示。

⑤ 选择“2. 样式”选项卡，在“样式”列表框中，选择“标准型”选项，如图 10.31 所示。

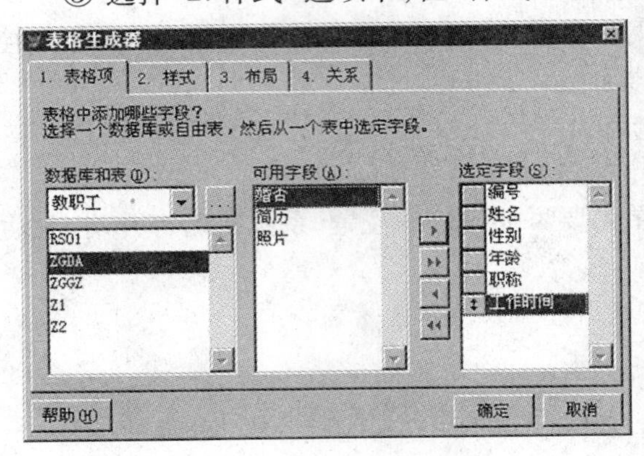

图 10.30　“1. 表格项”选项卡

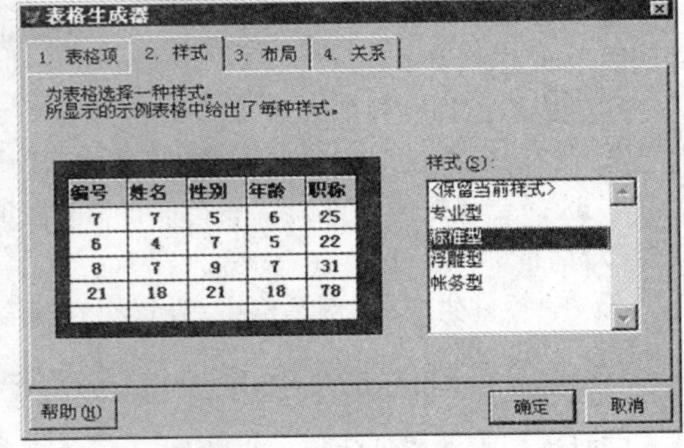

图 10.31　“2. 样式”选项卡

⑥ 选择“3. 布局”选项卡，调整列标题的宽度，如图 10.32 所示。

⑦ 选择“4. 关系”选项卡，可以选择父表与子表的关系，如图 10.33 所示。

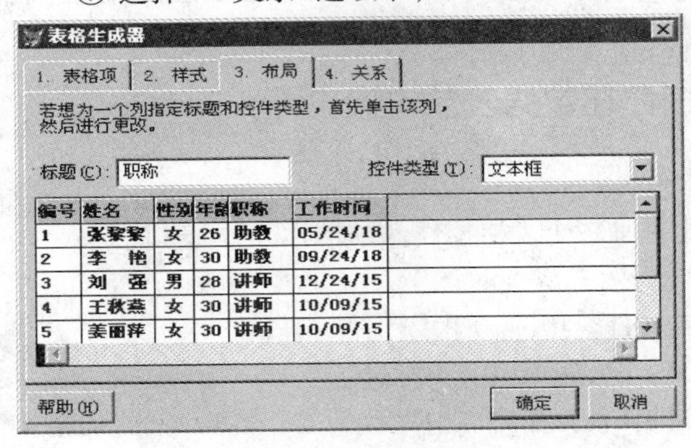

图 10.32　“3. 布局”选项卡

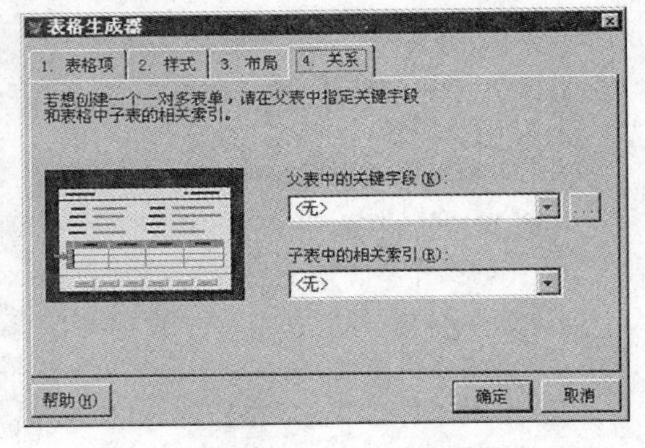

图 10.33　“4. 关系”选项卡

⑧ 单击“确定”按钮，关闭“表格生成器”对话框。运行表单，发现表格中的记录和文本框中的记录不同步。为此，必须重新修改表单的事件代码。

⑨ 修改事件代码。

命令按钮 Command1 的 Click 事件代码：

```
ThisForm. Command2. Enabled = . T.
Skip  -1
If Recno( ) =1
   Go Top
   This. Enabled = . F.
Endif
ThisForm. Refresh
ThisForm. Grid1. SetFocus
```

命令按钮 Command2 的 Click 事件代码：

```
ThisForm.Command1.Enabled = .T.
Skip +1
If Eof()
   Go Bottom
   This.Enabled = .F.
Endif
ThisForm.Refresh
ThisForm.Grid1.SetFocus
```

⑩ 运行表单，显示结果如图 10.34 所示。

⑪ 修改表单。运行表单时，如果发现表格控件的大小以及宽度不合适，对其进行修改，其操作方法是：选择表格控件，单击鼠标右键，在弹出的快捷菜单中，选择“编辑”命令，表格控件周围出现浅绿色边框，用鼠标将其移到字段栏上，拖拉字段宽度即可。

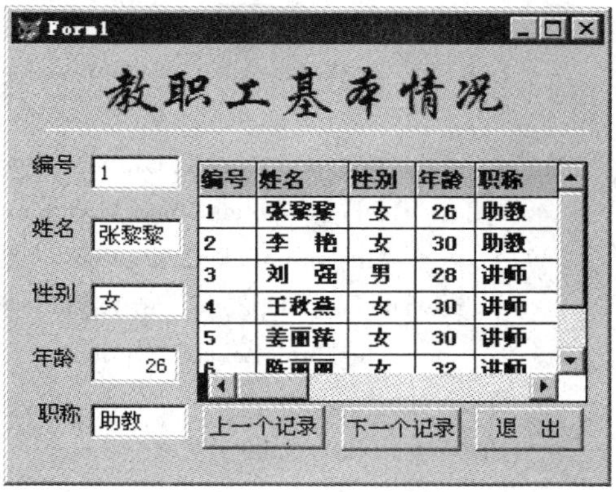

图 10.34　表单的运行结果

⑫ 单击“关闭”按钮，返回“项目管理器”。

2. 向表单添加选项按钮组

【例 10.6】　用一个选项按钮组控件，设计一个查询程序。

① 建立用户界面。表单设计包括的控件：有选项按钮组 OptionGroup1，标签控件 Label1、Label2，文本框控件 Text1 和表格控件 Grid1，设计界面如图 10.35 所示。

② 用鼠标右键单击选项按钮组 OptionGroup1，在弹出的快捷菜单中，选择“生成器”命令，如图 10.35 所示，打开“选项组生成器”对话框，如图 10.36 所示。

③ 在“1. 按钮”选项卡中，将“按钮的数目”设置为 4，在“标题”栏中，修改按钮“标题”如下：

```
Option1.Caption = "按编号查询"
Option2.Caption = "按姓名查询"
Option3.Caption = "按性别查询"
Option4.Caption = "按职称查询"
```

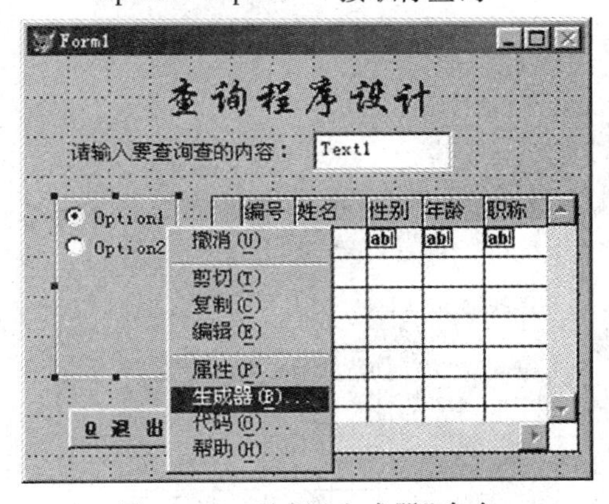

图 10.35　选择“生成器”命令

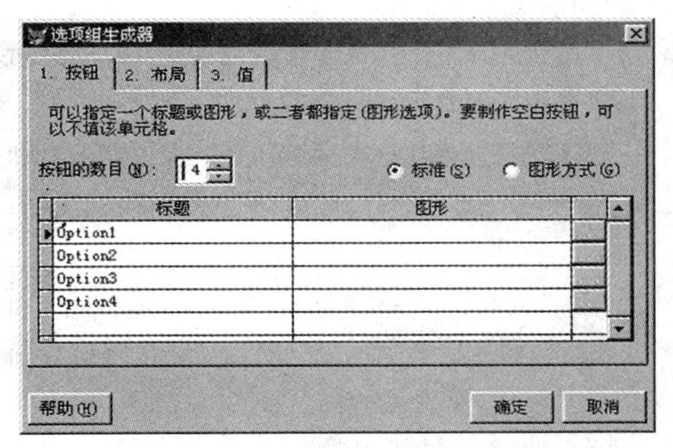

图 10.36　“选项组生成器”对话框

④ 选择“2. 布局”选项卡，将“按钮布局”设置为“垂直”、“按钮间隔”设置为 6、“边框样式”设置为“单线”，如图 10.37 所示。

⑤ 单击“确定”按钮,关闭“选项组生成器”对话框,适当调整其他按钮的位置。

⑥ 编写事件代码。

选项按钮组 OptionGroup1 的 Click 事件代码:

```
Do Case
  Case ThisForm. OptionGroup 1. Value = 1
        ThisForm. Label2. Caption = "请输入要查询的编号:"
  Case ThisForm. OptionGroup 1. Value = 2
        ThisForm. Label2. Caption = "请输入要查询的姓名:"
  Case ThisForm. OptionGroup 1. Value = 3
        ThisForm. Label2. Caption = "请输入要查询的性别:"
  Case ThisForm. OptionGroup 1. Value = 4
        ThisForm. Label2. Caption = "请输入要查询的职称:"
EndCase
ThisForm. Text1. Value = "
ThisForm. Text1. SetFocus
ThisForm. Refresh
```

文本框 Text1 的 InteractiveChange 事件代码:

```
Select zgda
Do Case
  Case ThisForm. OptionGroup1. Value = 1
        Set Filter To 编号 = alltrim(ThisForm. Text1. Value)
  Case ThisForm. OptionGroup1. Value = 2
        Set Filter To 姓名 = alltrim(ThisForm. Text1. Value)
  Case ThisForm. OptionGroup1. Value = 3
        Set Filter To 性别 = alltrim(ThisForm. Text1. Value)
  Case ThisForm. OptionGroup1. Value = 4
        Set Filter To 职称 = alltrim(ThisForm. Text1. Value)
  EndCase
ThisForm. Refresh
```

⑦ 运行表单,表单的运行结果如图 10.38 所示。

⑧ 单击“关闭”按钮,系统返回“项目管理器”中。

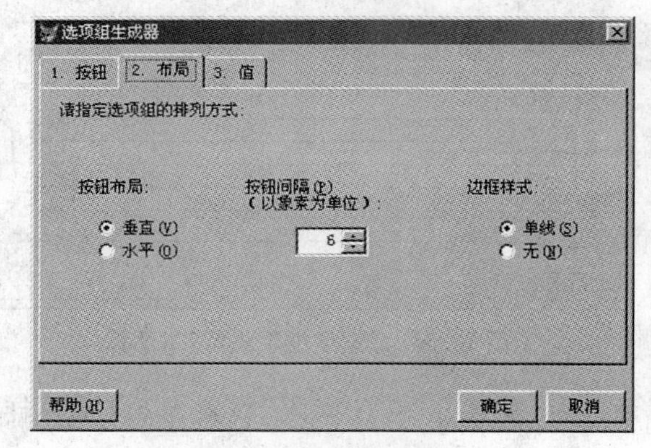

图 10.37　“2. 布局”选项卡

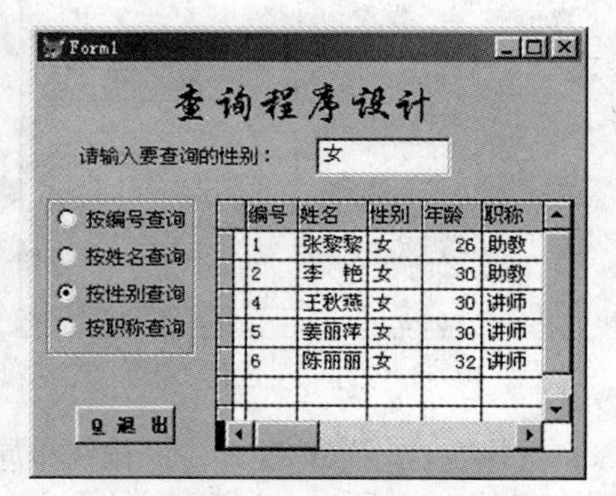

图 10.38　表单的运行结果

3. 向表单添加页框控件

【例 10.7】　在教职工基本情况表的表单中添加页框控件。

设计的具体操作步骤如下：

① 将**例 10.3** 中的表单文件 a3. scx 改名另存，原文件仍然保留。打开“表单设计器”，在“文件”菜单中，选择“另存为”命令，打开“另存为”对话框，另起文件名存盘，如 a7. scx。或者用“表单向导”创建一个新表单。

② 添加页框。将表单除了标题以外的所有控件全部选定，如图 10.39 所示。

在“常用”工具栏中，单击“剪切”按钮或按 Ctrl + X 快捷键，将选定的全部内容剪切到剪贴板上。然后在表单中增加一个页框控件 PageFrame1，并修改其属性 PageCount 为 2，页框上出现两个页面，并调整其大小和位置，如图 10.40 所示。

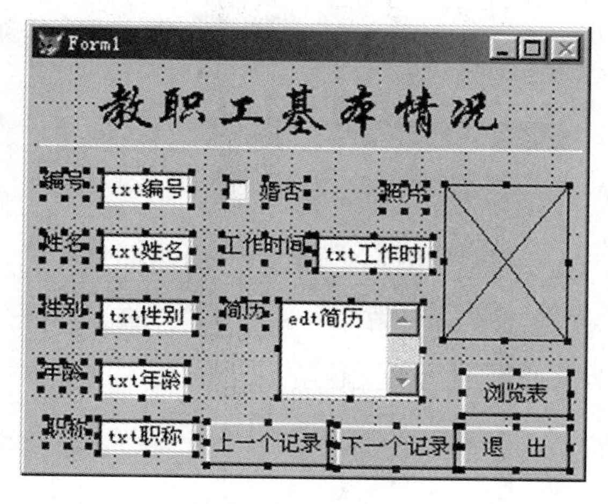

图 10.39　选定控件

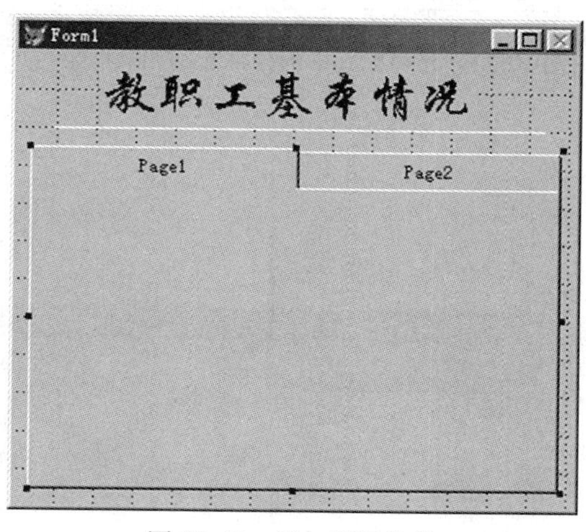

图 10.40　添加页框控件

③ 编辑第一页。用鼠标右键单击页框控件，在弹出的快捷菜单中，选择“编辑”命令，或直接在“属性”窗口中，选择 PageFrame1 的 Page1 对象。页框的四周出现浅绿色边界，可以开始编辑第一页。在“常用”工具栏中，单击“粘贴”按钮或按 Ctrl + V 快捷键，将剪贴板的内容复制到第一页表单上，如图 10.41 所示。移动记录的 4 个命令按钮，是第 9 章创建的类：“移动记录”。

调整控件的大小和位置，然后将 Page1 的 Caption 属性改为单记录浏览，FontName 属性设置为黑体，FontSize 属性设置为 11。

④ 编辑第二页。用鼠标单击 Page2，或在“属性”窗口中，选择 PageFrame1 的 Page2 对象，开始编辑第二页。将 Page2 的 Caption 属性改为多记录浏览，FontName 属性设置为黑体，FontSize 属性设置为 11，如图 10.42 所示。

单击“数据环境”按钮，打开“数据环境设计器”窗口，如图 10.43 所示，将鼠标指针指向表文件名“zgda. DBF”，然后按住鼠标左键，将其拖至 Page2 中，如图 10.44 所示。

Page2 中自动出现了一个“zgda. DBF”表中的所有字段的表格控件 Grid1，关闭“数据环境设计器”窗口，并调整表格控件的大小和位置，然后开始修改表格控件 Grid1。

用鼠标右键单击表格控件 Grid1，在弹出的快捷菜单中，选择“编辑”命令，Grid1 周围出现浅绿色的边界。将鼠标指针指向表格的第一行，即列标题处，可以按住鼠标左键并拖动鼠标修改列的宽度，也可以在“属性”窗口中，修改该列的宽度属性 Width。

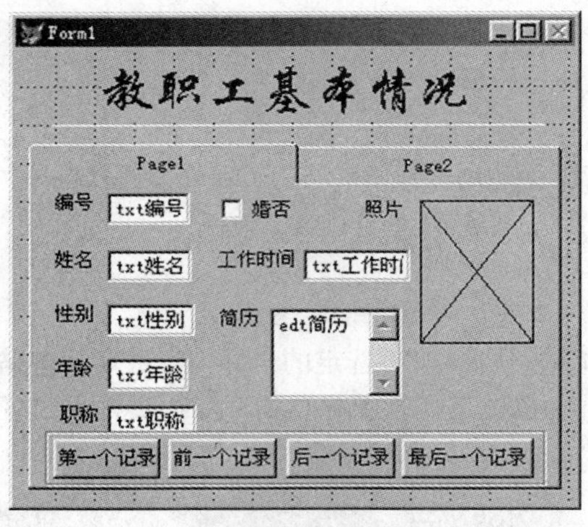

图 10.41 将剪贴板中的控件复制到页框第一页

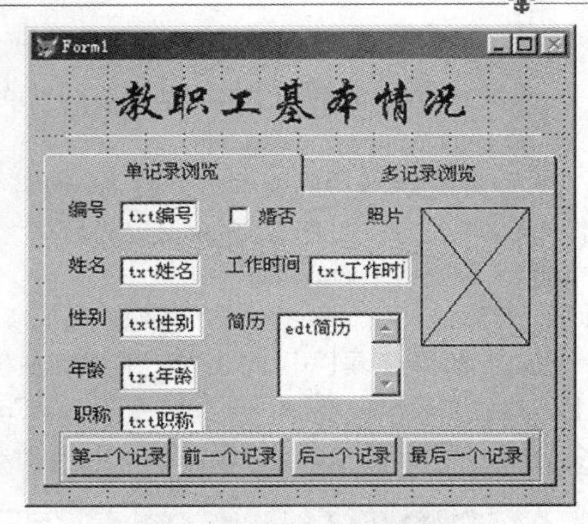

图 10.42 编辑页框第一页

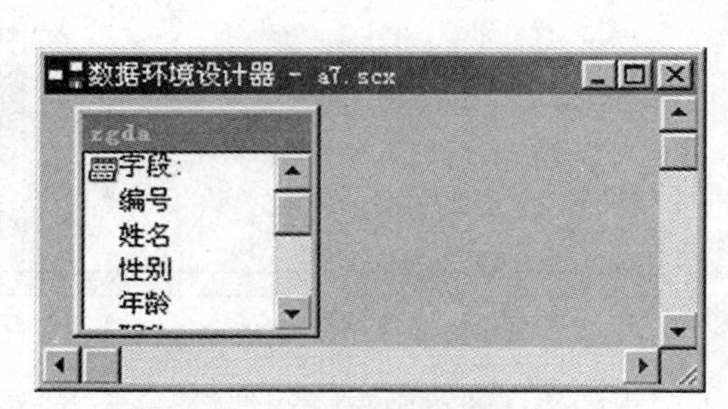

图 10.43 打开“数据环境设计器”窗口

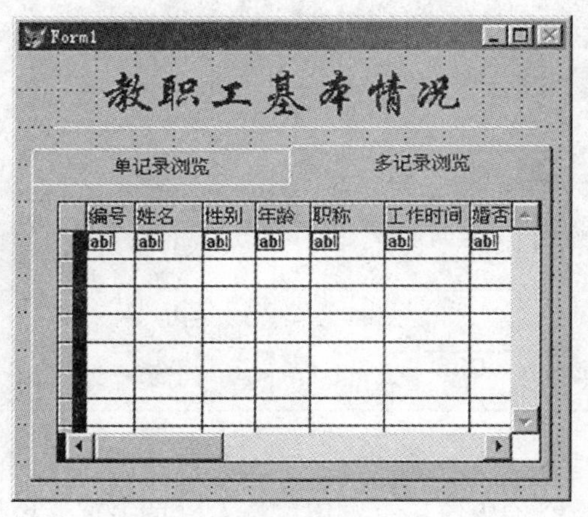

图 10.44 编辑页框第二页

⑤ 运行表单,表单的单记录浏览如图10.45所示,表单的多记录浏览如图10.46所示。

⑥ 单击“关闭”按钮,系统返回“项目管理器”中。

图 10.45 单记录浏览记录

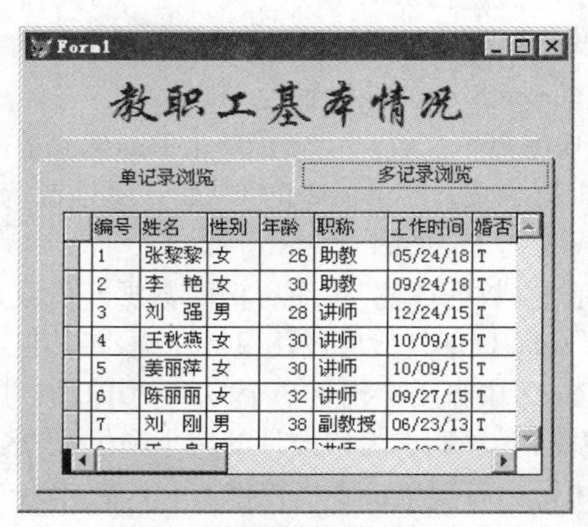

图 10.46 多记录浏览记录

10.5 修饰表单

10.5.1 设计具有背景图片和立体字的表单

【例 10.8】 设计一个具有背景图片和立体字的表单。

设置桌面窗口，该窗口可以独立于 VFP 桌面之外，桌面窗口的设计方法是在“属性”窗口的“布局”选项卡中设置，将 Desktop 属性设置为真值，采用表单为桌面窗口显示方式，同时将属性 WindowState 设置为“2—最大化方式”。

具体的操作步骤如下：

① 打开一个要设置具有图片背景的表单，表单处于激活状态。表单中有两个标签：Label1 和 Label2。

② 设置对象的属性。

修改 Form1 的属性。

Desktop 改为. T. —为真

WindowState 改为：2—最大化方式

图片（Picture）改为："D: \t\f9. jpg"

修改 Label1 的属性。

自动大小（AutoSize）改为：. T. —真

标题（Caption）改为：学生成绩管理系统

字体（FontName）改为：宋体

粗体字（FontBold）改为：. T. —真

字体大小（FontSize）改为：36

背景（BackStyle）设为：1—不透明

系统设计的界面，如图 10.47 所示。

③ 设置立体效果。用鼠标选取“学生成绩管理系统”标签，并单击鼠标右键，在弹出的快捷菜单中，选择“复制”命令，复制同样属性及内容的标签，并在目的位置单击鼠标右键，在弹出的快捷菜单中，选择“粘贴”命令，粘贴到表单上，这时系统自动将“学生成绩管理系统”标签定义为 Label2。

修改 Label2 的属性。

颜色（ForeColor）设置为灰色（192，192，192）

背景（BackStyle）改为：0—透明

修改 Label1 的属性。

背景（BackStyle）改为：0—透明

移动 Lable2 的位置进行微调，或用 Label2 的“属性”窗口的 Top 和 Left 来对 Label2 的位置进行微调，调整到理想的立体效果为止。

④ 运行表单，系统显示出设置的立体字窗口，如图 10.48 所示。

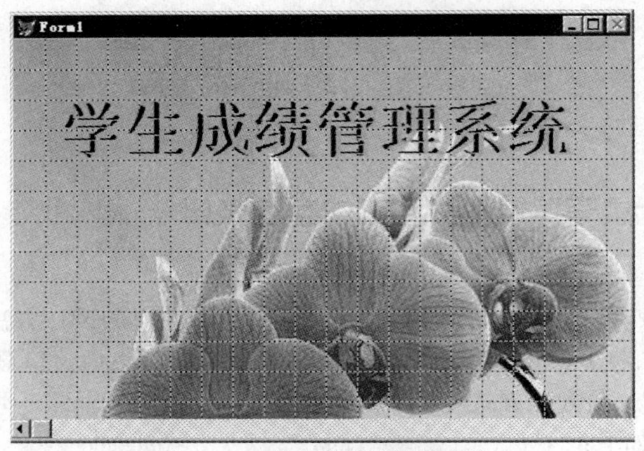

图 10.47 具有背景图片的表单

图 10.48 具有立体字效果的表单

10.5.2 设计具有流动字幕的表单

【例 10.9】 设计一个具有流动字幕的表单。

① 建立用户界面。表单有一个标签控件:Label1,两个命令按钮:Command1 和 Command2,如图 10.49 所示。

② 设置对象的属性。

修改 Form1 的属性。

图片(Picture)改为"D: \t\f9. jpg"

修改 Label1 的属性。

标题(Caption)改为:欢迎使用学生成绩管理系统

字体(FontName)改为:华文新魏

字体大小(FontSize)改为:56

背景(BackStyle)改为:0—透明

修改 Command1 的属性。

标题(Caption)改为:开始

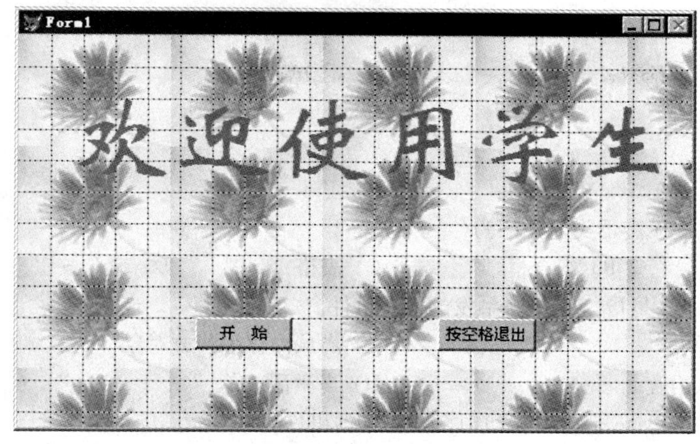

图 10.49 表单设计界面

字体(FantName)改为:黑体

修改 Command2 的属性。

标题(Caption)改为:按空格键退出

字体(FontName)改为:黑体

③ 编写程序代码。

命令按钮 Command1 的 Click 事件代码:

```
x = ThisForm. Label1. Caption
key = 0
Do While key!  = 32                         & 按空格键结束
   x1 = substr(x,1,2)
   x = alltrim(substr(x,3)) + x1           & 使字符串首尾相接,循环不断
   ThisForm. Label1. Caption = x
   key = inkey(0.1)
   ThisForm. Refresh
Enddo
ThisForm. Release
```

④ 运行表单。表单的运行结果如图 10.50 所示,按空格键字幕停止流动。

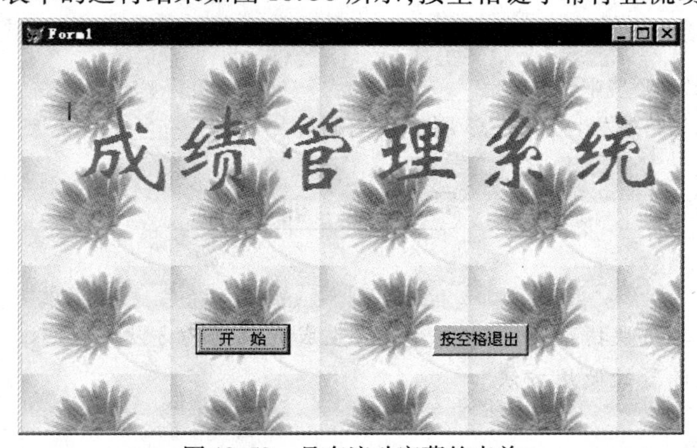

图 10.50 具有流动字幕的表单

习 题

一、选择题

1. 在下列对象中,属于容器类对象的为（ ）。
   A）文本框 B）组合框 C）表格 D）命令按钮
2. 在表单文件中,Init 是指（ ）时触发的基本事件。
   A）当创建表单 B）当从内存中释放对象
   C）当表单装入内存 D）当激活表单
3. 在表单文件中,Activate 是指（ ）时触发的基本事件。
   A）当创建表单 B）当从内存中释放对象
   C）当表单装入内存 D）当激活表单
4. 数据环境泛指定义表单或表单集时使用的（ ）,包括表、视图和关系。
   A）数据 B）数据库 C）数据源 D）数据项
5. Init 事件由（ ）时引发。
   A）对象从内存中释放 B）事件代码出现错误
   C）方法代码出现错误 D）对象生成
6. 如果一个控件的（ ）属性值为.F.,将不能获得焦点。
   A）Endbled 和 ControlSource B）Endbled 和 Click
   C）ControlSource 和 Click D）Endbled 或 Visible
7. 对象的相对引用中,要引用当前操作的对象,可以使用的关键字是（ ）。
   A）Parent B）ThisForm C）ThisFormSet D）This
8. 表单及控件常用的事件中,用表单对象释放时引起发生的事件时（ ）。
   A）Destory 事件 B）Error 事件 C）Unload 事件 D）Load 事件
9. 创建类时首先要定义类的（ ）。
   A）事件 B）名称 C）属性 D）方法
10. 如果想使一个选项组中包括4个按钮,可将（ ）属性值设置为4。
    A）Value B）ButtonCount C）ControlSource D）Buttons

二、填空题

1. 可以在表单的数据环境中添加的是________。
2. 在表单运行中,当结果发生变化时,应刷新表单,刷新表单用________命令。

实 训

【实训目的】

1. 掌握条形菜单与快捷菜单的建立、修改、生成和调用的方法。
2. 掌握菜单设计器的使用方法。

【实训内容】

1. 用页框控件将 RS01. DBF 表设计成一个统计的表单,表单的执行界面如图 10.51 ~

图 10.53所示。

2. 用组合框控件和表格控件将 RS01. DBF 表设计成一个按部门查询的表单,表单的执行界面如图 10.54 所示。

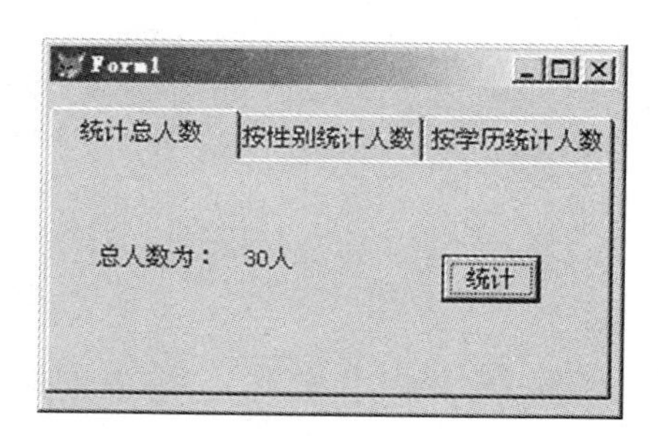

图 10.51　表单的执行界面(a)

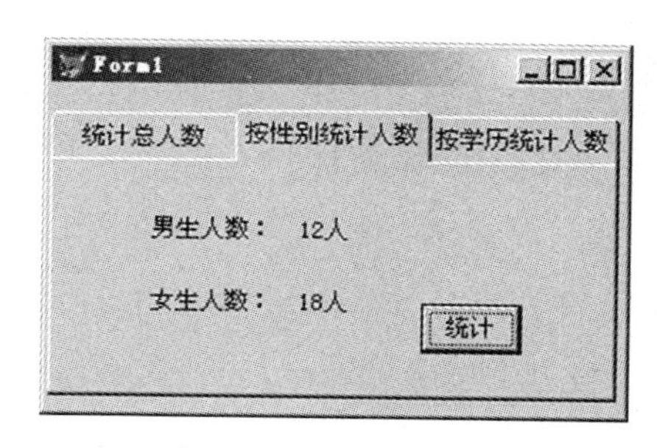

图 10.52　表单的执行界面(b)

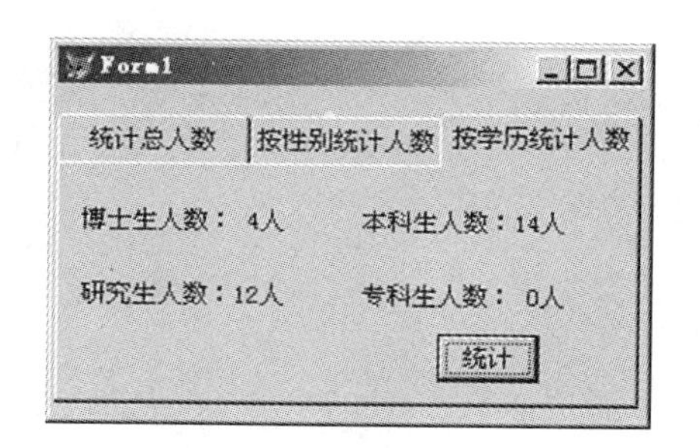

图 10.53　表单的执行界面(c)

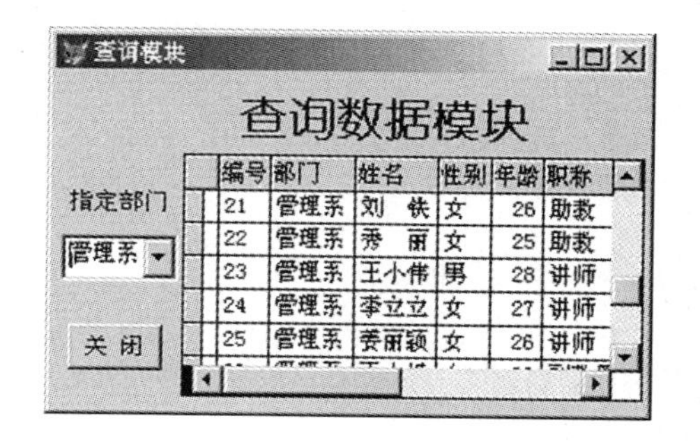

图 10.54　表单的执行界面(d)

3. 设计一个选择查询表单,表单的执行界面如图 10.55 所示。表单运行时,可以在右侧的组合框中选择需要打开并查询的表文件(此时,表的字段就会自动显示在左侧的列表框中)。然后在列表框中选择需要输出的字段。最后单击"确定"按钮,显示指定表中的记录在指定字段上的内容。

提示:当从组合框中选择新的表时,将引发组合框的 InteractiveChange 事件。

4. 设计一个浏览"学生.dbf"表的表单,表单的执行界面如图 10.56 所示。

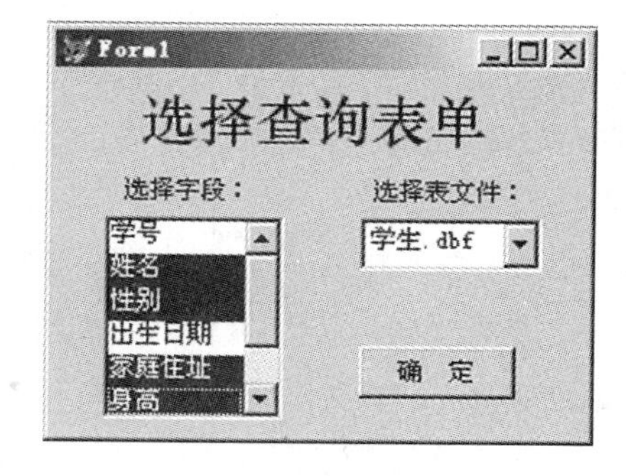

图 10.55　表单的执行界面

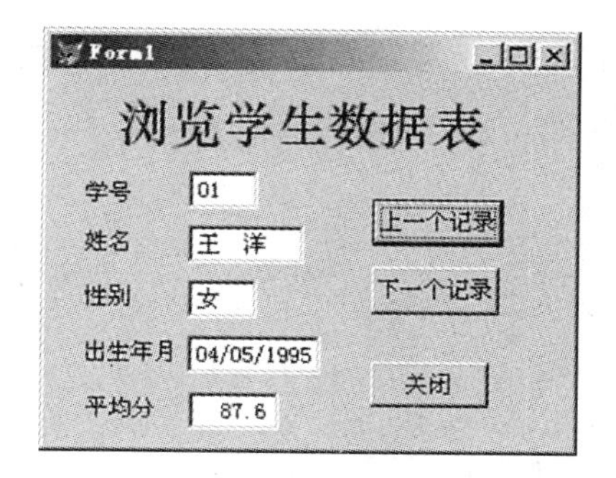

图 10.56　表单的执行界面

第11章 菜单设计

一个好的应用程序应该具有较好的界面，VFP 6.0 最为常见的用于显示和编辑界面的是表单。然而，对整个应用程序的设计仅仅有表单是不够的。对于大多数用户而言，菜单也是常用的工具，在菜单的导航支持下才能进入一个个表单，在表单中，又可以通过各种控件来实现各种功能。本章主要介绍如何设计菜单。

11.1 用菜单设计器创建菜单

11.1.1 菜单组成

菜单系统是由一个菜单栏、多个菜单、菜单项和下拉菜单组成。菜单栏位于窗口标题下的水平条状区域,用于放置各个菜单项。菜单项是在菜单栏中的一个菜单的名称,也称菜单名,它标识了所代表的一个菜单,单击菜单项即可弹出下拉菜单。菜单是包含命令、过程和子菜单的选项列表,因此按等级分为父菜单和子菜单,子菜单挂在父菜单下作为父菜单的一个菜单项,如图 11.1 所示。

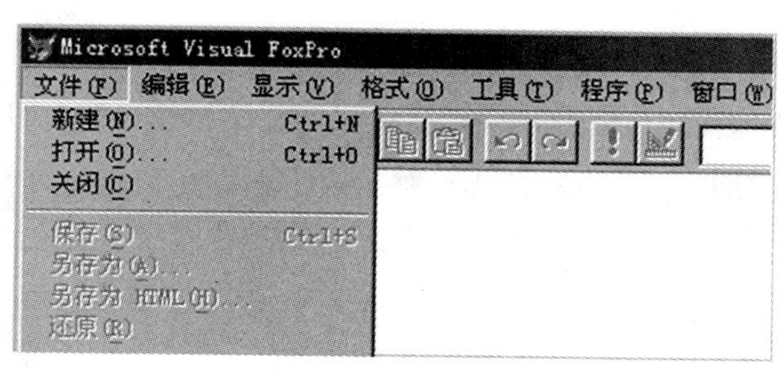

图 11.1　VFP 系统菜单

① 菜单的标题要有实际应用意义。菜单项的布置要有一定的顺序,菜单项应在一个屏幕内。

② 在菜单的下拉菜单项中,有可启用和已废止两种状态。可启用状态的菜单项是黑色的文字,已废止的菜单项是暗灰色的文字。系统菜单中各菜单的菜单项状态取决于当时用户的操作状态。工具栏的每个按钮和菜单中的某个菜单项相对应,如果菜单项是可启用的,则它的工具栏按钮也是可启用的(即黑色)。

③ 在菜单的下拉菜单项中，用分隔线将菜单中内容相关的菜单项分隔成组，增强了菜单的可读性。如果菜单左边出现钩子的标记字符，则表示该菜单项被选择。这类似于单选按钮组。

④ 当菜单项尾部带有一个黑色小三角时，表示这个菜单项还有下一级子菜单。

⑤ 大多数菜单项都有它的一个热键，当同时按下这个菜单项的热键时，即可选择这个菜单项。菜单热键可以代替鼠标的单击操作。

⑥ 一般菜单项还有它的快捷键，按下它的快捷键，可直接执行相应的操作。

11.1.2 创建菜单栏

菜单设计器用于设计用户自己的菜单系统。使用菜单设计器可以创建并设计菜单栏、菜单项、子菜单、菜单项的快捷键及分隔相关菜单组的分隔线等。用菜单设计器还可以设计快捷菜单。下面介绍设计菜单的操作步骤。

① 在"项目管理器"中，选择"其他"选项卡，选择"菜单"选项，如图 11.2 所示。

② 单击"新建"按钮，打开"新建菜单"对话框，如图 11.3 所示。

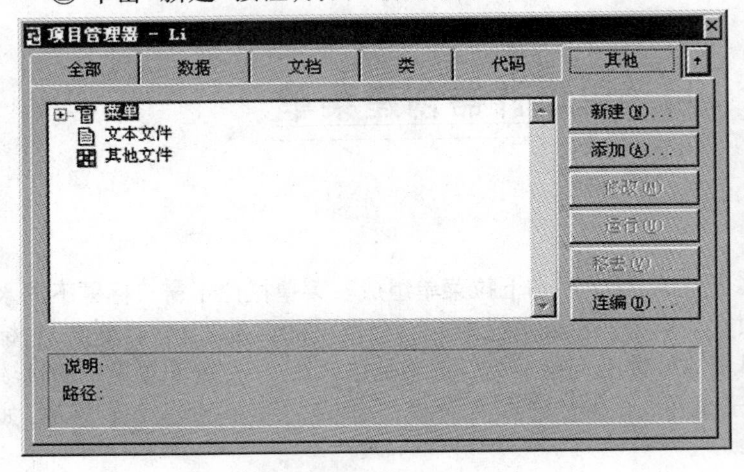

图 11.2 "项目管理器"对话框

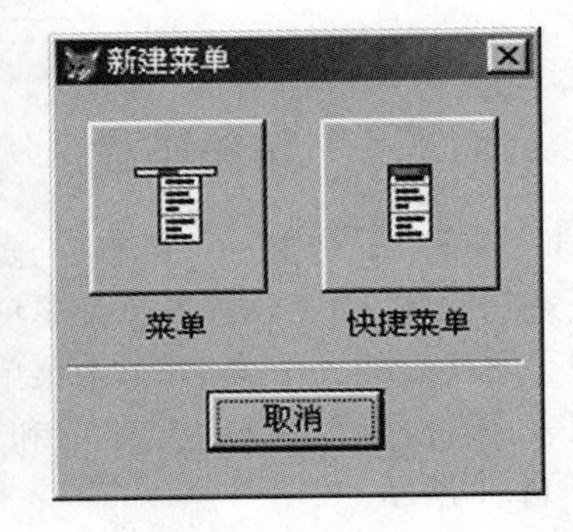

图 11.3 "新建菜单"对话框

③ 在"新建菜单"对话框中，单击"菜单"按钮，打开"菜单设计器"对话框，如图 11.4 所示。

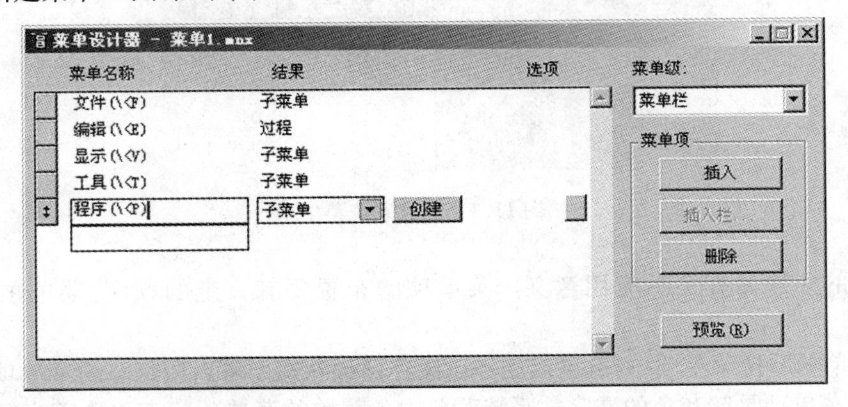

图 11.4 "菜单设计器"对话框

在"菜单设计器"中，有 4 项内容，即"菜单名称"、"结果"、"选项"、"菜单级"，以及 4 个按钮,即“插入”按钮、“插入栏”按钮、“删除”按钮、“预览”按钮,分别说明如下。

“菜单名称”:用于指定显示在菜单系统中的菜单项的菜单标题。“菜单名称”列左边的双向箭头按钮,用鼠标拖动可以调整各行的顺序。

“结果”:用于指定在选择菜单项时发生动作类型,包括子菜单、命令或过程。

“选项”:当单击此按钮时,打开“提示选项”对话框,可以定义键盘快捷键和其他菜单选择。

“菜单级”:用于选择要处理的菜单栏或子菜单。

“插入”按钮:可在“菜单设计器”对话框中插入新行。

“插入栏”按钮:可在“菜单设计器”对话框中插入系统菜单栏,如包含新建、打开、关闭、保存等。

“删除”按钮:可在“菜单设计器”对话框中删除当前行。

“预览”按钮:可显示正在创建的菜单。

11.1.3 创建下拉菜单

菜单项创建好后,可以在菜单上设置下拉菜单项。每个菜单项都代表用户执行的过程,菜单项也可以包含提供其他菜单项的子菜单。向菜单中添加菜单项的操作步骤如下:

① 打开“菜单设计器”对话框,在“菜单名称”栏中,单击要添加下拉菜单的菜单项。

② 在“结果”栏中,选择“子菜单”选项,使右侧出现“创建”按钮。

③ 单击“创建”按钮,打开“子菜单设计”对话框,输入菜单项。

④ 在“菜单名称”栏中,输入新建的各菜单项的名称。

11.1.4 创建子菜单

对于每个菜单项,都可以创建包含其他菜单项的子菜单。创建子菜单的操作步骤如下:

① 在“菜单名称”栏中,单击要添加子菜单的菜单项。

② 在“结果”栏中,选择“子菜单”,选项使“创建”按钮出现其右侧。如果已经有了子菜单,则此处出现的是“编辑”按钮。

③ 单击“创建”按钮或“编辑”按钮。

④ 在“菜单名称”栏中,输入新建的各子菜单项的名称。

11.1.5 创建快捷菜单

在 Windows 程序中,在对象上单击鼠标右键,便会出现关于这个对象的快捷菜单操作。这种菜单给用户带来了极大的方便。在 VFP 中同样可以建立这样的快捷菜单。快捷菜单一般在表单中使用。

1. 设计快捷菜单的操作步骤

设计快捷菜单的操作步骤如下:

① 在“项目管理器”中,选择“其他”选项卡,选择“菜单”选项,如图 11.2 所示。

② 单击“新建”按钮,打开“新建菜单”对话框,如图 11.3 所示。

③ 在“新建菜单”对话框中,单击“快捷菜单”按钮,打开“快捷菜单设计器”对话框,如图 11.5所示。实际上“快捷菜单设计器”与“菜单设计器”的结构相同,建立方法也相同。

④ 在“菜单名称”栏中,输入快捷菜单的第一个菜单项,如“\<D 日期”。

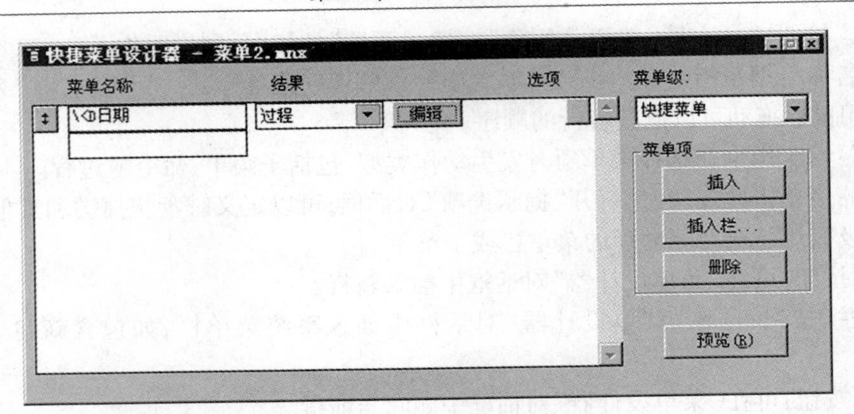

图 11.5 “快捷菜单设计器”对话框

⑤ 在“结果”栏中,选择“过程”选项,使右侧出现“创建”按钮。

⑥ 单击“创建”按钮,打开“日期过程”代码窗口。

⑦ 在“日期过程”代码窗口中,可以输入过程代码,如图 11.6 所示。

⑧ 关闭“日期过程”代码窗口。

⑨ 生成菜单。在“菜单”菜单中,选择“生成”命令,打开“生成菜单”对话框,选择输出文件的路径和文件名,如“D: \VFP1\菜单1. mpr”。

⑩ 单击“生成”按钮,生成菜单。

2. 创建响应表单的步骤

例如,创建快捷菜单的响应表单,具体步骤如下:

① 在“项目管理器”中,选择“文档”选项卡,选择“表单”选项。

② 单击“新建”按钮,打开“新建表单”对话框。

③ 在“新建表单”对话框中,单击“新建表单”按钮,打开“表单设计器”窗口。

④ 在“表单设计器”中,添加一个编辑框控件 Edit1 和一个命令按钮控件 Command1。

⑤ 将命令按钮 Command1 的“Caption”属性设置为“退出”,如图 11.7 所示。

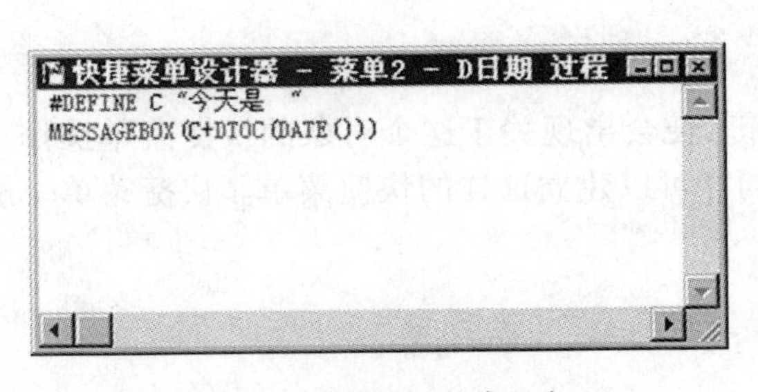

图 11.6 “日期过程”代码窗口

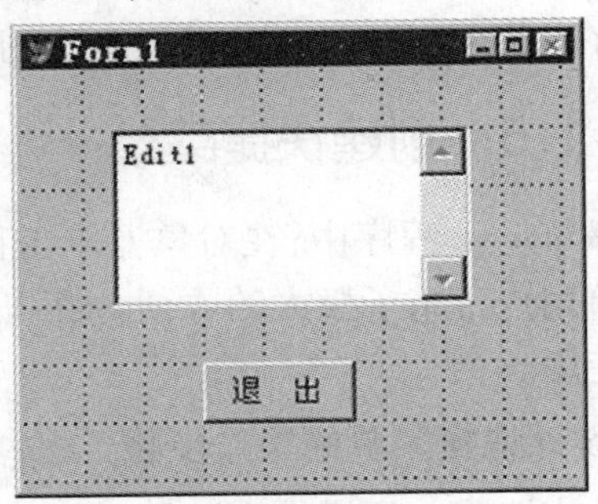

图 11.7 创建快捷菜单的响应表单

⑥ 在“显示”菜单中,选择“代码”命令。

⑦ 在代码窗口中,选择 Command1 的单击事件“Click”,加入如下代码:

```
ThisForm. Release
```

⑧ 在代码窗口中,选择 Edit1 的右击事件“RightClick”,加入如下代码:

DO D:\VFP1\菜单1.mpr &&执行快捷菜单

⑨ 关闭代码窗口。

⑩ 在“项目管理器”中，选择要执行的表单，单击“运行”按钮，运行表单。

⑪ 在表单的编辑框中，单击鼠标右键，弹出快捷菜单，如图11.8所示。

⑫ 单击“日期”按钮，打开日期提示对话框，如图11.9所示，单击“确定”按钮，关闭该对话框。

图11.8 执行具有快捷菜单的表单

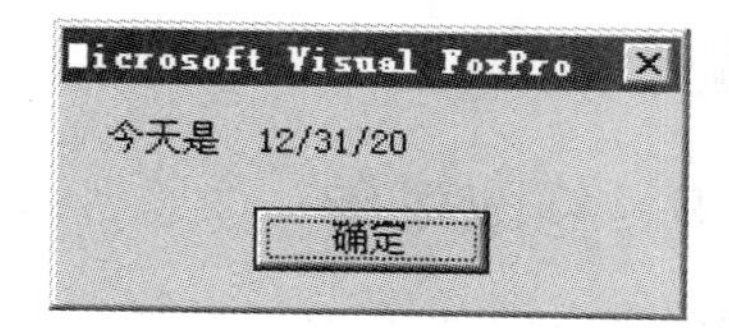

图11.9 日期提示对话框

11.1.6 设计菜单组的分隔线

为了增加菜单的可读性，可使用分隔线，将功能相似的菜单项分隔成组，操作步骤如下：

① 在“菜单名称”列中，输入“\-”来取代一个菜单项。

② 拖动“\-”提示符左侧的按钮，将分隔线移动到目的位置。

11.1.7 指定热键

设计良好的菜单都应具有热键，此功能可使用户通过键盘快速地访问菜单。

为菜单或菜单项指定热键的方法为：只需在希望成为热键的字母左侧输入“\<”。例如，在“菜单名称”列中，将“文件(F)”菜单使用“F”作为热键，只需在“菜单名称”中加入“\<F”，热键在菜单或下拉菜单项上用带下画线的大写字母表示。然后按Alt+F组合键，即可激活文件菜单项目。如果没有为某个菜单栏或下拉菜单项指定热键，将自动指定第一个字母作为热键。

11.1.8 添加快捷键

除了指定热键以外，还可以为菜单或下拉菜单项指定键盘快捷键。菜单的快捷键提供了键盘直接执行菜单命令的方法。如同热键一样，使用键盘快捷键，可以提高选择菜单项的速度。使用快捷键可以在不显示菜单的情况下，选择此菜单上的某个菜单项。

键盘快捷键一般用Ctrl或Alt键与另一个键相组合。例如，按Ctrl+N组合键可在VFP中创建新文件。为菜单或菜单项指定键盘快捷键的操作步骤如下：

① 在“菜单名称”栏中，选择相应的菜单标题或菜单项。

② 单击“选项”栏下的按钮，打开“提示选项”对话框，如图11.10所示。

③ 在“键标签”文本框中，按下一个组合键，此时在“键标签”和“键说明”文本框中，都会显示所按下的快捷键。例如，要在“文件”菜单中，选择“新建”命令，只需按Ctrl+N快捷键即可。

④ 选择“跳过”文本框并输入表达式，此表达式将用于确定是启动还是停止菜单或菜单项。

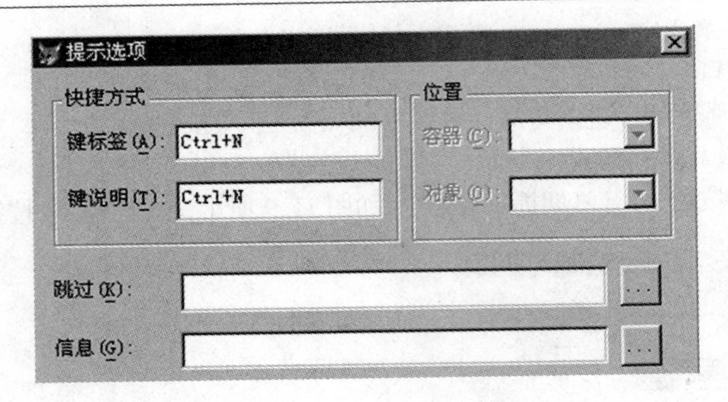

图11.10 “提示选项”对话框

11.1.9 修改菜单

菜单创建完成后,难免有不妥之处,此时可以使用菜单设计器,删除菜单项或增加菜单项。

1. 删除菜单项

删除菜单项的操作步骤如下:

① 在“菜单设计器”对话框的“菜单名称”栏中,选择要删除的菜单项。

② 单击“删除”按钮,或在“菜单”菜单中,选择“删除菜单项”命令,打开“删除菜单”系统提示对话框。

③ 在系统提示对话框中,单击“是”按钮,则选中的菜单项被删除。

④ 在“文件”菜单中,选择“保存”命令,可以把改过的菜单项保存到菜单中。

2. 增加菜单项

增加菜单项的操作步骤如下:

① 选择“菜单名称”栏中的任意一菜单项。

② 单击“插入”按钮,就可以插入一个菜单项。

③ 要把插入的菜单项保存到菜单中,在“文件”菜单中,选择“保存”命令即可。

11.1.10 保存菜单

保存菜单就是将菜单存为磁盘文件,文件名的后缀是.MNX。编译文件名的后缀是.MPX。执行文件名的后缀是.MPR。保存后的菜单可以像使用应用程序一样来使用它。保存菜单的操作步骤如下:

① 在“文件”菜单中,选择“保存”命令,打开“另存为”对话框。

② 在“保存在”下拉列表框中,选定要保存的目录,在“保存菜单为”文本框中,输入要保存的文件名,如“d: \vfp1\菜单1.mnx”,如图11.11所示。

③ 单击“保存”按钮,则菜单被保存,并被添加到“项目管理器”的“菜单”项中,单击其前面的“+”可以看到此菜单的文件名,如图11.12所示。

④ 在“菜单”菜单中,选择“生成”命令,打开“生成菜单”对话框,单击“生成”按钮,就会生成扩展名为.MPR的菜单程序文件,如“d: \vfp1\菜单1.mpr”。

⑤ 在“项目管理器”中,单击“运行”按钮,运行菜单程序。

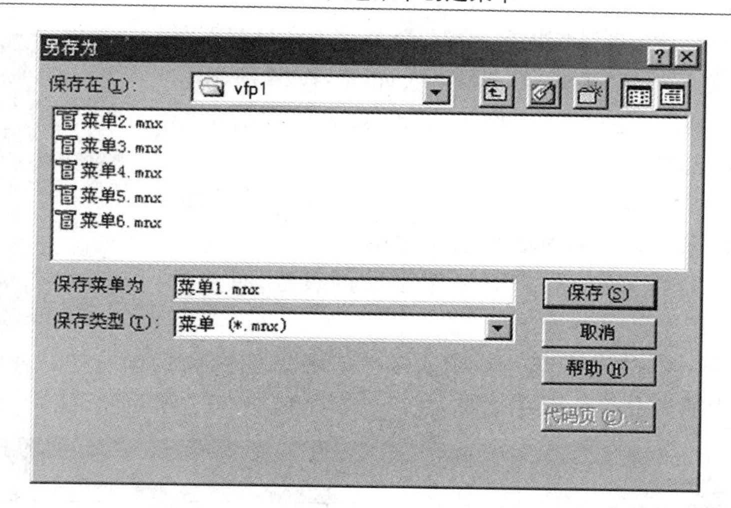

图 11.11 “另存为”对话框

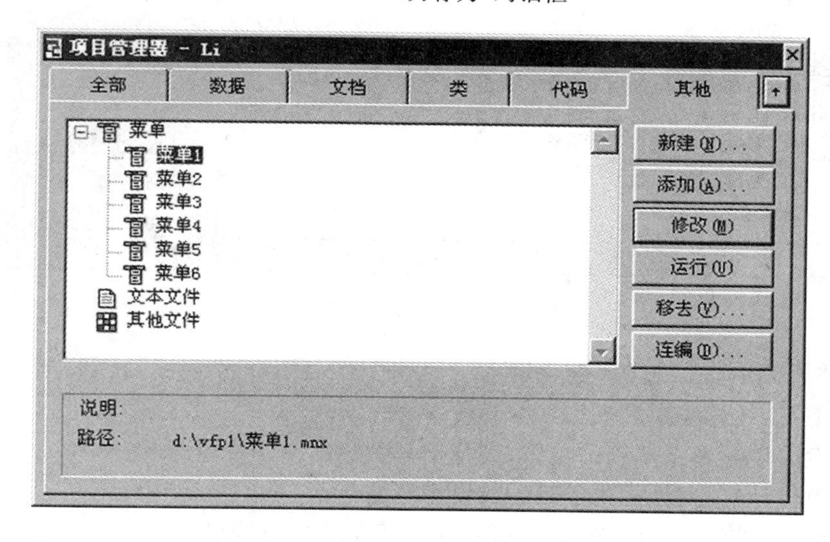

图 11.12 “项目管理器”中的“菜单”项

11.2 用快速菜单创建菜单

创建菜单可以通过定制已有的 VFP 菜单系统,或者开发自己的菜单系统来实现。要从已有的 VFP 菜单系统开始创建菜单,必须使用“快速菜单”功能。

VFP 的“快速菜单”是在“菜单”下拉菜单中的一个选项。它以系统菜单为模板,使用它可以把 VFP 加载到空的“菜单设计器”中。在“菜单设计器”中,在系统菜单基础上进行修改设计,可以方便快速地完成菜单设计。使用“快速菜单”命令,创建菜单的操作步骤如下:

① 在“项目管理器”中,选择“其他”选项卡,选择“菜单”选项,如图 11.3 所示。

② 单击“新建”按钮,打开“新建菜单”对话框,单击“菜单”按钮,打开如图 11.4 所示的“菜单设计器”对话框,默认的菜单名是“菜单”加上建立的顺编号,如菜单 1、菜单 2、菜单 3 等。

③ 在“菜单”菜单中，选择“快速菜单”命令，如图 11.13 所示，即把 VFP 系统菜单加到“菜单设计器”中，如图 11.14 所示。

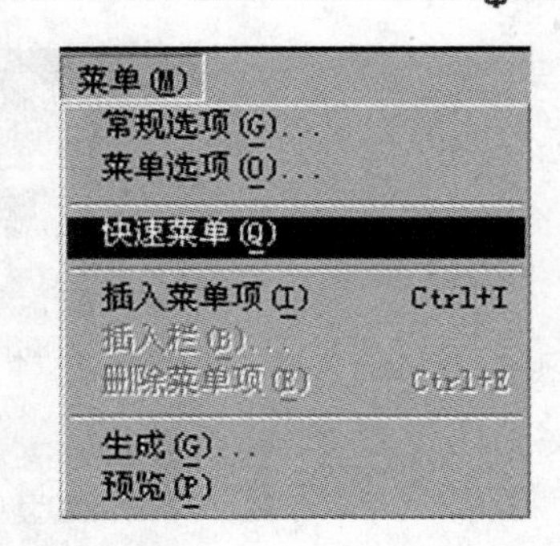

图 11.13 选择“快速菜单”命令

“菜单名称”栏中显示的是菜单栏的菜单项，菜单项的括号中放的是热键字母，其先导字符是“\ <”。

“结果”栏中选择“子菜单”选项，表明这些菜单项下挂的都是子菜单。单击“编辑”按钮，可编辑修改子菜单。

“菜单设计器”当前行的“结果”是一个下拉列表框，有 4 种可选项：

如果选择“命令”或“主菜单名”选项，则在“结果”栏右侧出现文本框，可在其中输入命令或菜单名称。

菜单设计器 - 菜单1

菜单名称	结果		选项
文件(\<F)	子菜单	编辑	✓
编辑(\<E)	子菜单		✓
显示(\<V)	子菜单		✓
工具(\<T)	子菜单		✓
程序(\<P)	子菜单		✓
窗口(\<W)	子菜单		✓
帮助(\<H)	子菜单		✓

菜单级：菜单栏　菜单项：插入　插入栏...　删除　预览(R)

图 11.14 “菜单设计器”对话框

如果选择“子菜单”或“过程”选项，则在“结果”栏右侧出现“创建”按钮，如果已经创建，则出现“编辑”按钮。

如果要改变菜单上各菜单项的位置，则拖动其旁边的移动按钮即可。

④ 将“菜单设计器”对话框中的第一行设为当前行。

⑤ 单击“编辑”按钮，可使“菜单设计器”进入子菜单进行编辑。

例如，“文件”子菜单的各菜单项的内容如图 11.15 所示。

菜单设计器 - 菜单3.mnx

菜单名称	结果		选项
新建(\<N)...	菜单项 #	_mfi_new	✓
打开(\<O)...	菜单项 #	_mfi_open	✓
关闭(\<C)	菜单项 #	_mfi_close	✓
全部关闭	菜单项 #	_mfi_clall	✓
\-	菜单项 #	_mfi_sp100	
保存(\<S)	菜单项 #	_mfi_save	✓
另存为(\<A)...	菜单项 #	_mfi_savas	✓
另存为 HTML(\<H)...	菜单项 #	_mfi_saveashtml	✓
还原(\<R)	菜单项 #	_mfi_revrt	✓
\-	菜单项 #	_mfi_sp200	

菜单级：_mfile　菜单项：插入　插入栏...　删除　预览(R)

图 11.15 “菜单设计器”对话框

注意到“结果”下拉列表框中的内容和菜单栏略有不同：没有“填充名称”，而有“菜单项#”。这里“结果”栏中的“菜单项#”右边是菜单项的名称，如图 11.15 所示，表示“菜单项#”这个子菜单将利用数字来辨识选取的是哪一个选项。

快速生成的菜单和系统菜单相同，其中的菜单项可以增加、修改或删除。这些操作，都可以在“菜单设计器”中进行。在进一步设计之前，一定要先保存此菜单。

11.3 向菜单添加事件代码

11.3.1 向菜单添加清理代码

当程序运行时，会发现菜单不能停留在界面上，这是因为菜单中没有循环代码等待用户操作，为了让菜单能停留在界面上等待用户选择，需要在菜单的清理代码中加入代码 READ EVENTS。向菜单系统添加清理代码的操作步骤如下：

① 打开要添加事件代码的菜单文件，系统进入“菜单设计器”对话框。

② 在“显示”菜单中，选择“常规选项”命令，打开“常规选项”对话框，如图 11.16 所示。

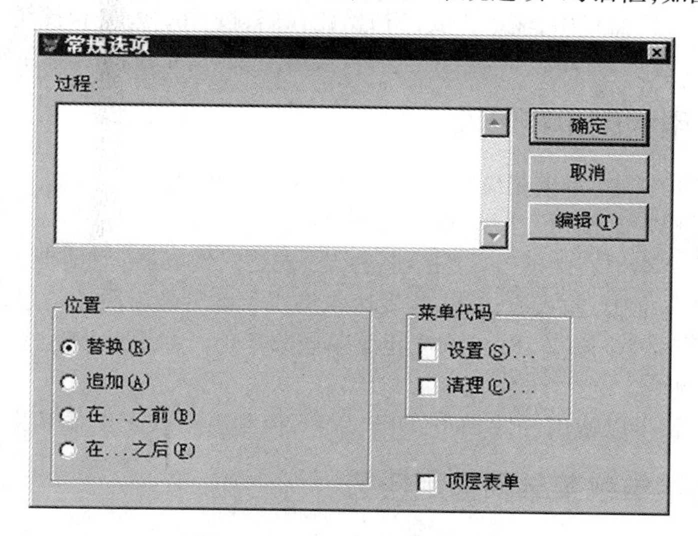

图 11.16 “常规选项”对话框

③ 在“菜单代码”选项区域中，选择“清理”复选框，打开代码窗口。

④ 在“常规选项”对话框中，单击“确定”按钮，激活系统为清理代码显示的独立窗口，如图 11.17 所示。

⑤ 在清理代码窗口中，输入正确的清理代码，如输入 READ EVENTS 命令，并按 Ctrl +W 快捷键存盘退出，作为应用程序中主程序的菜单。

⑥ 关闭此窗口，返回“菜单设计器”中。保存菜单系统时，系统同时保存清理代码。

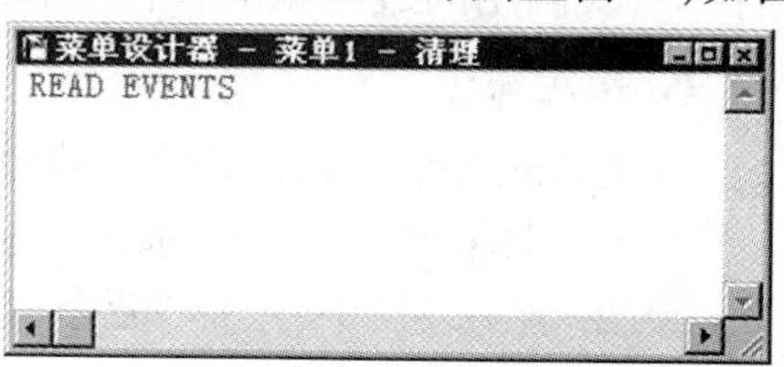

图 11.17 清理代码窗口

说明：

① 为了保证菜单系统的正常退出，在清理代码窗口中，必须输入 READ EVENTS 命令，并按 Ctrl + W 快捷键存盘退出。

② 创建和运行菜单程序时，清理代码要紧跟在初始化代码及菜单定义代码之后，而在为菜单或菜单项指定的过程代码之前。

③ 通过向菜单系统添加清理代码类，可裁剪菜单系统，典型的清理代码包含初始时启用或废止菜单及菜单项的代码。

11.3.2 向菜单系统添加初始化代码

向菜单系统添加初始化代码，可以定制菜单系统。初始化代码可以包含创建环境的代码、定义内存变量的代码、打开所需文件代码以及使用 PUSH MENU 和 POP MENU 命令来保存或还原菜单系统的代码。向菜单系统添加初始化代码的操作步骤如下：

① 打开要添加初始化代码的菜单文件，打开"菜单设计器"对话框。

② 在"显示"菜单中，选择"常规选项"命令，打开"常规选项"对话框。

③ 在"菜单代码"选项区域中，选择"设置"复选框，打开代码窗口。

④ 单击"确定"按钮，系统将显示一个独立的"初始化代码"窗口。

⑤ 在"初始化代码"窗口中，输入需要的初始化代码，按 Ctrl + W 快捷键存盘并退出。

⑥ 关闭此窗口，返回"菜单设计器"中。保存菜单系统时，系统同时保存初始化代码。

11.3.3 启用和废止菜单项

① 在"菜单名称"栏中，单击相应的菜单标题或下拉菜单。

② 单击"选项"栏中的按钮，打开"提示选项"对话框。

③ 单击"跳过"文本框右侧的"..."按钮，打开"表达式生成器"对话框。

④ 在"跳过"文本框中，输入表达式，此表达式将用于确定是启用还是停止菜单或菜单项。

如果此表达式取值为"假"(.F.)，则废止菜单或菜单项。如果此表达式取值为"真"(.T.)，则启用菜单或菜单项。

显示菜单系统后，可以使用 SET SKIP OFF 命令，控制启动或废止菜单及菜单项。

11.3.4 为菜单或菜单项指定任务

定义好菜单后，还需要为各个菜单指定任务，使之与系统和各个功能模块挂接起来。选择一个菜单或菜单项时，将执行相应的任务。为菜单或菜单项指定一个命令去执行相应的任务。此命令可以是任何有效的 VFP 的一条语句，包括对程序和过程的调用，被调用的程序要在指定的路径上，要调用的过程则应该在"常规选项"对话框中选中"清理"复选框。

1. 指定命令

为菜单或菜单项指定命令的操作步骤如下：

① 在"菜单名称"栏中，选择相应的菜单标题或菜单项。

② 在"结果"栏中，选择"命令"选项。

③ 在"结果"栏右侧的文本框中，输入相应的命令。

如果该命令调用了菜单清理代码中的一个过程，必须使用具有以下格式的 DO 命令：

DO ProcName IN MenuName

在上述的语法中，ProcName 是要执行的过程名，MenuName 是包含这个过程的菜单文件名，其扩展名是.MPR，而该过程在菜单的清理代码中，必须使用 SET PROCEDURE TO MenuName.mpr，指定此过程的位置。

2. 指定过程

（1）为不含子菜单的菜单指定过程

为菜单或菜单项指定过程的方式取决于菜单或菜单项是否有子菜单。为不含子菜单的菜单或菜单项指定过程，其操作步骤如下：

① 在“菜单名称”栏中，选择相应的菜单标题或菜单项。

② 在“结果”栏中，选择“过程”选项，“创建”按钮出现在列表的右侧。如果已定义了一个过程，则这里出现的是“编辑”按钮。

③ 单击“创建”或“编辑”按钮，打开编辑过程窗口，如图 11.18 所示。

④ 在此窗口中，输入要执行的代码。

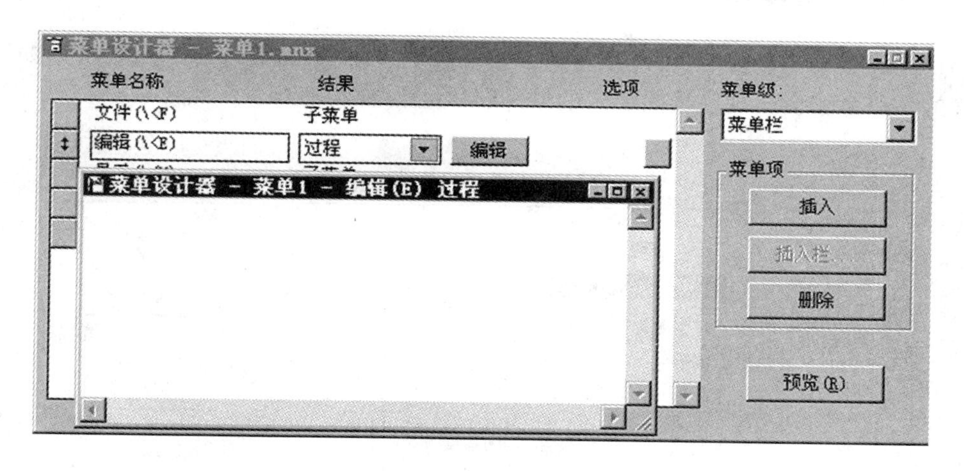

图 11.18 编辑过程窗口

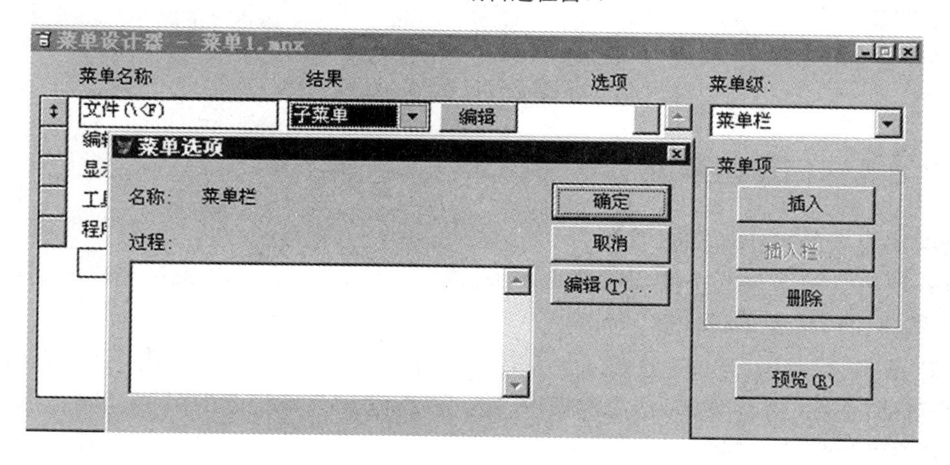

图 11.19 “菜单选项”对话框

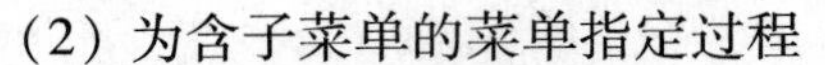
(2) 为含子菜单的菜单指定过程

为含有子菜单的菜单或菜单项指定过程，其操作步骤如下：

① 在“菜单设计器”对话框的“菜单级”下拉列表框中，选择包含相应菜单的菜单栏或菜单项。

② 在“显示”菜单中，选择“菜单选项”命令，打开“菜单选项”对话框，如图 11.19 所示。

③ 在“过程”文本框中，编写或调用过程，或者单击“编辑”按钮，然后再单击“确定”按钮，打开一个独立的“菜单栏过程”或“菜单项过程”的编辑窗口，从而编写或调用过程。

在菜单名或下拉菜单项上，使用命令或过程，可以显示编译过的表单、表单集或对话框。例如，要显示表单“BD”，可以用下列命令：

```
DO Form BD
```

在创建显示表单、表单集或对话框的菜单名或下拉菜单项时，应在提示的后面放置“…”，表示需要用户进一步输入信息。

11.3.5 预览菜单系统

当用户完成菜单的设置后，可以预览整个菜单系统。在“菜单设计器”中，单击“预览”按钮，已经定义的菜单系统会出现在当前窗口的最外层，如图 11.20 所示。

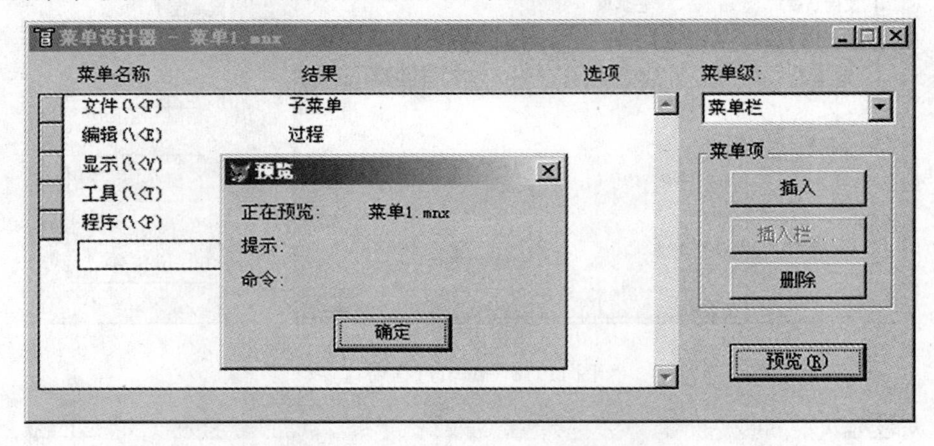

图 11.20 “菜单设计器”的“预览”界面

11.3.6 运行菜单系统

运行菜单系统的操作步骤如下：

① 在“项目管理器”中，选择“其他”选项卡，选择“菜单”选项，再选取已创建的菜单文件，单击“修改”按钮，打开“菜单设计器”对话框。

② 在“菜单”菜单中，选择“生成”命令，打开保存提示信息对话框，单击“是”按钮。再打开“另存为”对话框，在“保存菜单为”文本框中，输入要保存的菜单程序的名称，单击“保存”按钮，打开“生成菜单”对话框，如图 11.21 所示。

③ 单击“生成”按钮，就会生成扩展名为.MPR 的菜单程序文件。

④ 在“项目管理器”中，选择菜单文件，单击“运行”按钮，运行菜单程序，如图 11.22 所示。

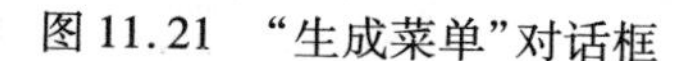
图 11.21 “生成菜单”对话框

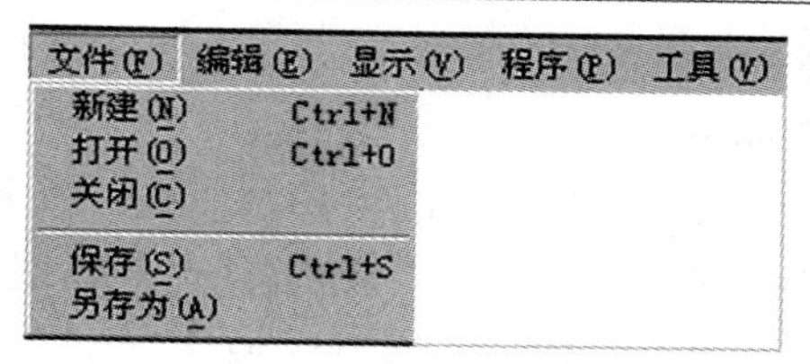

图 11.22 菜单运行结果

11.4 修饰菜单

创建一个基本的菜单系统后，还可以对其进行必要的修饰，如创建状态栏信息、定义菜单的位置或定义默认过程等。

11.4.1 显示状态栏信息

状态栏信息用于表达相关菜单或者菜单项所执行的任务，并将其显示在用户菜单界面的左下方。这种信息可以帮助用户了解所选菜单的有关情况。为指定菜单或菜单项设置显示状态栏信息，可按以下步骤进行：

① 在“菜单名称”栏中，选择相应的菜单标题或菜单项。

② 单击“选项”栏中的按钮，打开“提示选项”对话框，如图 11.23 所示。

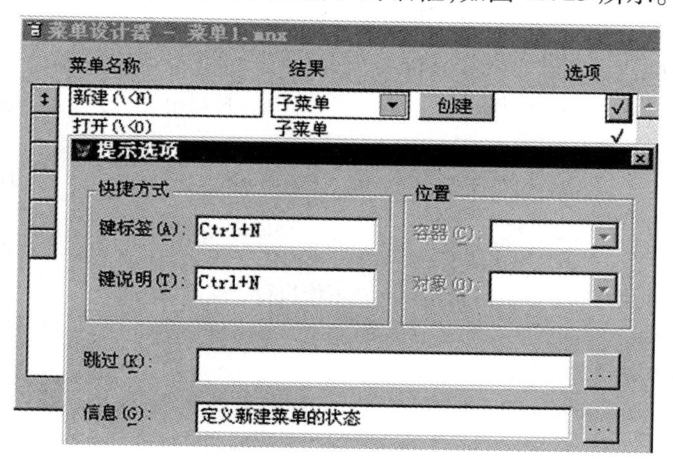

图 11.23 “提示选项”对话框

③ 在“信息”文本框中，输入相应的状态栏信息。也可单击右侧的“…”按钮，打开“表达式生成器”对话框，并在“信息”文本框中，输入相应的状态栏信息（用引号将字符串括起来），如图 11.23所示。

11.4.2 定义菜单标题的位置

在应用程序中，用户可以设置自定义菜单标题的位置。选择“菜单设计器”的“显示”菜单中

的“常规选项”命令,可以完成这样的任务。为用户自定义的菜单标题指定相对位置,其操作步骤如下:

① 选择菜单文件,单击“修改”按钮,打开“菜单设计器”对话框,在“显示”菜单中,选择“常规选项”命令,打开“常规选项”对话框。

② 在“位置”选项区域中,选择适当的选项:“替换”、“追加”、“在…之前”或“在…之后”,如图11.24所示。

此时,VFP会重新排列所有菜单标题的位置。如果只想设置其中的几个,而不想全部重新设置,只要在“菜单设计器”中,将想要移动的菜单标题旁边的移动按钮拖到正确的位置即可。

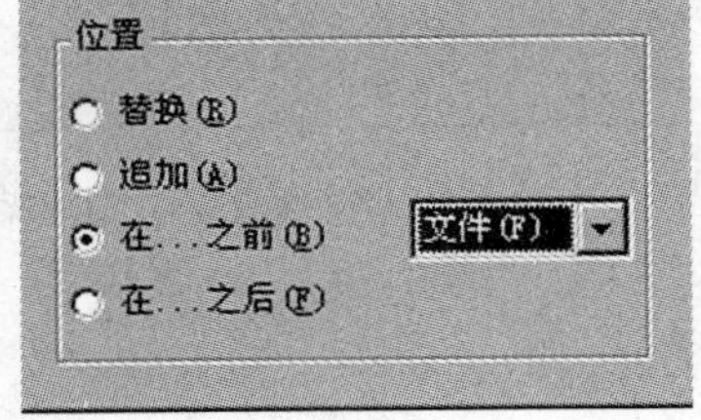

图11.24 “位置”选项区域

11.4.3 为菜单系统创建默认过程

可以创建一个全局过程,应用于整个菜单系统。创建默认过程的操作步骤如下:

① 选择菜单文件,单击“修改”按钮,打开“菜单设计器”对话框,在“显示”菜单中,选择“常规选项”命令,打开“常规选项”对话框。

② 在“过程”文本框中,编写或调用过程,或单击“编辑”按钮,再单击“确定”按钮,打开一个独立的编辑窗口,然后编写或调用过程。

习 题

一、选择题

1. 在一个系统中,使多个对象协调工作,可以使用(　　)。
   A) 工具栏　B) 菜单栏　C) 单选按钮组　D) 命令按钮组
2. 为一个表单建立了快捷菜单,要打开这个菜单应当(　　)。
   A) 用热键　B) 用快捷键　C) 用事件　D) 用菜单
3. 要创建快速菜单,应当(　　)。
   A) 用热键　B) 用快捷键　C) 用事件　D) 用菜单
4. 将一个预览成功的菜单存盘,再运行该菜单,却不能执行。这是因为(　　)。
   A) 没有放到项目中　B) 没有生成　C) 要用命令方式　D) 要编入程序
5. 设计菜单要完成的最终操作是(　　)。
   A) 创建主菜单及子菜单　B) 指定各菜单任务
   C) 浏览菜单　D) 生成菜单程序
6. 在为顶层表单添加下拉式菜单的过程中,需将表单的Show Windows属性设置为(　　),使其成为顶层菜单。
   A) 0　B) 1　C) 2　D) 3
7. 在命令窗口中,可用DO命令运行菜单程序的文件扩展名是(　　)。
   A) .FMT　B) .FRM　C) .MNX　D) .MPR
8. 要使“文件”菜单项可以用“F”作为访问快捷键,可用(　　)定义该菜单标题。
   A) 文件(F)　B) 文件(<\F)　C) 文件(\<F)　D) 文件(^F)
9. 以下(　　)是标准菜单系统的组成部分。
   A) 选项　B) 文件　C) 菜单名称　D) 结果

10. 在命令窗口中,输入 CREATE MENU 的作用是用命令方式打开(　　)。
A)项目管理器　B)表单设计器　C)菜单设计器　D)报表设计器
11. 在“菜单设计器”中,“显示”菜单会出现(　　)命令。
A)常规选项,菜单选项　B)常规选项,系统菜单选项
C)常规选项,下拉菜单选项　D)常规选项,弹出菜单选项
12. 创建弹出式菜单项可以使用命令(　　)。
A)DEFINE PAD　B)DEFINE BAR　C)READ MENU　D)DEFINE POPUP

二、填空题

1. 菜单标题是________。菜单的任务可以是________、________、________。
2. 菜单的调用是通过________完成的。菜单栏是用于放置菜单________。
3. 设计系统菜单,可以通过________完成。
4. 典型的菜单系统一般是一个下拉式菜单,下拉式菜单通常由一个________和一组________组成。
5. 要将 VFP 系统菜单恢复成标准配置,可先执行________命令,然后再执行________命令。
6. 要为表单设计下拉式菜单,首先需要在菜单设计时,在________对话框中,选择“顶层表单”复选框;其次要将表单的________属性值设置为 2,使其成为顶层表单,最后需要在表单的________事件代码中设置调用菜单程序的命令。
7. 快捷菜单实质上是一个弹出式菜单。要将某个弹出式菜单作为一个对象的快捷菜单,通常是在对象的________事件代码中添加调用该弹出式菜单程序的命令。

实　训

【实训目的】

1. 掌握条形菜单与快捷菜单的建立、修改、生成和调用方法。
2. 掌握菜单设计器的使用方法。

【实训内容】

1. 设计一个人事管理系统的主菜单,如图 11.25 所示。

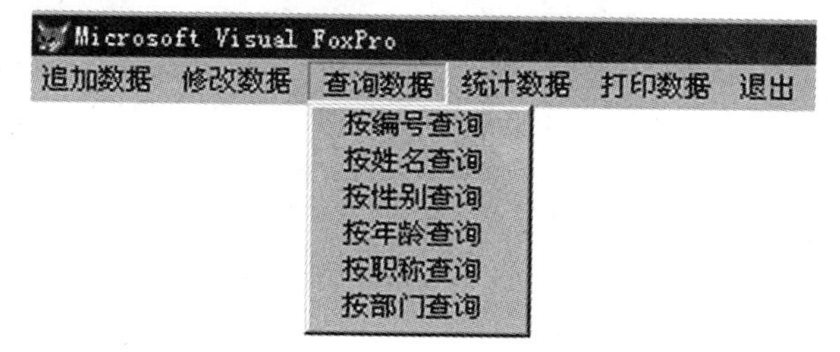

图 11.25　人事管理主控菜单

2. 设计一个下拉式菜单,如图 11.26 所示。各菜单选项的功能如下:
① “打开”菜单项用的是标准的系统菜单命令,可以调出“打开”对话框,打开一个文件。
② “关闭”菜单项用于关闭当前工作区中打开的表。
③ “浏览”菜单项在当前工作区有表打开时有效,它用 BROWSE 命令浏览当前表的内容。
④ “退出”菜单项的功能是恢复标准的系统菜单。
3. 为表单中一个组合框设计一个快捷菜单,如图 11.27 所示。各菜单选项的具体功能如下:

图 11.26 下拉式菜单

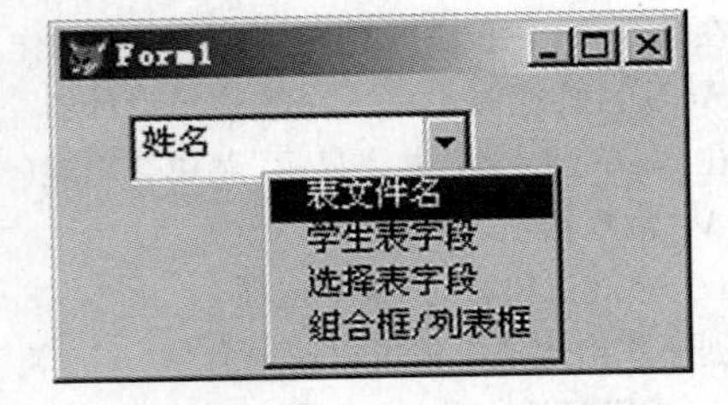

图 11.27 快捷菜单

① 选择“表文件名”菜单项时,组合框中显示表文件名列表。

② 选择“学生表字段”和“选课表字段”菜单项时,组合框中分别显示学生表字段名列表和选课表字段名列表。

③ 选择“组合框/列表框”菜单项,组合框在下拉列表框和下拉组合框之间切换。

4. 将第 1 题中设计的下拉式菜单添加到一个表单中。

第12章 人事管理系统设计

人事管理系统是一个比较典型的应用软件，限于篇幅，本章只列出其中相对典型的功能及设计过程，主要包括菜单、数据库（表）、各种输入、输出、浏览、修改、统计、查询、删除、备份和打印等功能，只需简单修改，便可直接应用。

12.1 开发应用系统的过程

要开发一个软件项目，应该首先搞清楚这个项目应具有什么功能、需要一些什么表，有什么样的报表需要打印，数据流程如何等等，这样才能使整个软件开发的过程比较顺利，否则会给后面的软件开发、修改、维护等带来麻烦。因此在开发软件之前，应该先做系统分析，使之符合软件开发的一般规律。从软件工程的角度讲，软件开发一般分为6个阶段。

1. 需求分析阶段

这个阶段的主要工作是搞好用户的需求分析，然后再进行系统分析。在这个阶段，开发方与用户方的深入交流是项目获得成功的关键，项目管理的重要目标便是建立一个便于开发方与用户方之间进行交流的环境。进行需求分析，主要是找出开发本软件的目的、所需的各种功能等，并形成一个系统的分析文档。在VFP中，该文档虽然并不是软件本身的一部分，但也属于该软件开发的文档，应该将其放在"项目管理器"中。如需要对软件编译时不把此文件编译到EXE文件中，方法是：

① 用右键单击该文件，在弹出的快捷菜单中，选择"排除"命令。

② 在这之后会在该文件左侧看到一个符号"∅"，表示该文件已被排除在软件之外了。

今后对于其他不属于软件本身的文件都应同样处理。

2. 概要设计阶段

这个阶段主要是将系统需求分析的结果模块化，并把系统的数据流向等关系搞明白。最好画出一个程序的流程图，把整个项目的框架设计出来。例如，对人事管理系统来说，就要考虑需要哪些模块，每个模块大体需要完成哪些功能，以及它们之间有什么关系等。

3. 详细设计阶段

这个阶段是在系统的模块化的基础上，把系统的功能具体化，逐步完善系统的功能需求。这个阶段要为具体的设计打好基础。

4. 编码阶段

这个阶段是系统具体设计的实施阶段,就是将所有的功能通过编码具体化为功能实现的过程,同时还包括设计封面、适合用户使用、实现容错等。

5. 测试阶段

当完成编码之后,要对系统进行反复调试,保证正确实现各种功能,保证系统整体的正确无误,如输入合法数据时是否反映正确、对于非法的数据是否具有容错能力等。只有顺利通过测试阶段的系统,才能够投入实际使用。

6. 安装及维护阶段

用 VFP 编写的软件有时还需要进行连编和发布,如制作成可执行文件。

以上介绍的是设计软件的大概过程,主要是针对使用 VFP 进行小项目设计的方法,如果设计大的软件项目,还需要更复杂的论证和研究。

12.2 人事管理系统主要模块简介

12.2.1 本系统主要文件组成

人事管理系统的主要功能包括记录的浏览、输入、修改、查询、删除、备份、统计和打印等,下面将该系统的主要功能模块列出。

1. 表单功能模块

登录模块(调用表单 frmLOGIN. scx)。
主控功能模块(调用表单 frmMAIN. scx)。
部门初始化模块(调用表单 frmBMWH. scx)。
密码初始化模块(调用表单 frmPSW. scx)。
数据浏览模块(调用表单 frmBROWSE. scx)。
数据输入模块(调用表单 frmSR. scx)。
数据修改模块(调用表单 frmXG. scx)。
数据查询模块(调用表单 frmSEARCH. scx)。
数据统计模块(调用表单 frmTOTAL. scx)。
数据备份与删除模块(调用表单 frmBAKDEL. scx)。
数据打印模块(调用表单 frmPRINT. scx)。
系统帮助模块(调用表单 frmHELP. scx)。
关于系统模块(调用表单 frmABOUT. scx)。

2. 菜单与报表文件

系统功能菜单(mnuRS. mnx)。
一对多部门分组报表(reportALL. frx)。
列报表(reportCOL. frx)。

特定记录打印报表(reportONE. frx)。

行报表(reportROW. frx)。

3. 数据库文件

数据库名称:教职工. dbc。

数据库表名称:人事表(tblRS. dbf)、部门表(tblBM. dbf)。

自由表名称:用户密码表(tblPassword. dbf.)。

人事表(tblRS. dbf)描述职工的基本信息,其结构如表 12.1 所示。

表 12.1 人事表结构

字段	字段名	类型	宽度	索引	字段	字段名	类型	宽度	索引
1	编号	字符型	2	升序	6	学历	字符型	9	
2	部门编号	字符型	2	升序	7	专业	字符型	9	
3	姓名	字符型	6		8	籍贯	字符型	6	
4	性别	字符型	2		9	出生日期	日期型	8	
5	职称	字符型	8		10	工作时间	日期型	8	

其中职工的年龄属性可由当前系统日期和职工的出生日期计算出来,年龄具体的实现公式为:year(date())-year(出生日期),具体用法请参见后面的程序设计相关部分内容。

部门表(tblBM. dbf)存储部门编号与部门名称的对应信息,其结构如表 12.2 所示。

用户密码表(tblPassword. dbf)存储用户名与密码的对应信息,其结构如表 12.3 所示。

表 12.2 部门表结构

字段	字段名	类型	宽度	索引
1	部门编号	字符型	2	升序
2	部门名称	字符型	16	

表 12.3 用户密码表结构

字段	字段名	类型	宽度
1	用户名	字符型	10
2	密码	字符型	10

12.2.2 功能模块菜单

本系统的菜单功能如图 12.1 所示,观察本菜单可以对整个系统有一个比较完整的认识,便于理解系统的设计思路。

图 12.1 主功能菜单

12.2.3 系统功能调用图解

本系统在运行过程中，程序与各表单功能模块的调用过程如图12.2所示。

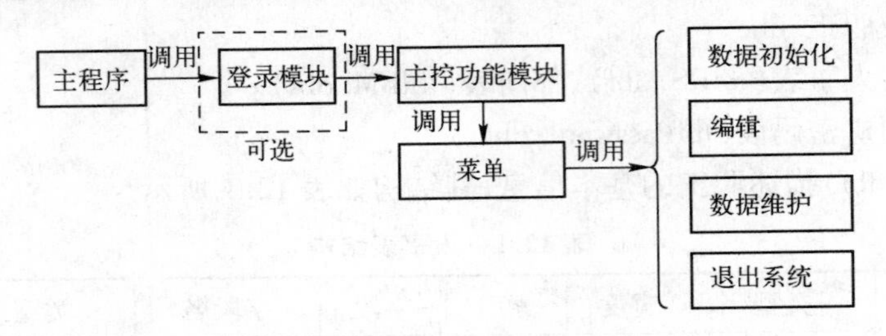

图12.2 系统功能调用模块

上述功能图中的登录模块表单(frmLOGIN.scx)及主控功能模块表单(frmMAIN.scx)应设置为顶层表单，即把表单的ShowWindow属性设置为"2—作为顶层表单"。被菜单所调用的其他功能模块表单，如数据查询模块(frmSEARCH.scx)、数据统计模块(frmTOTAL.scx)等表单，应该把ShowWindow属性设置为"1—在顶层表单中"。

12.3 项目与数据库的建立

12.3.1 项目的建立

项目建立的步骤如下：

① 在硬盘上建一个文件夹，如D:\RS。启动VFP系统后，在命令窗口中，执行Set Default To D:\RS命令，将D:\RS文件夹设置为VFP的默认工作目录。

② 新建立一个名称为"人事管理系统.PJX"的项目，保存到D:\RS文件夹中，打开"项目管理器"对话框，如图12.3所示。

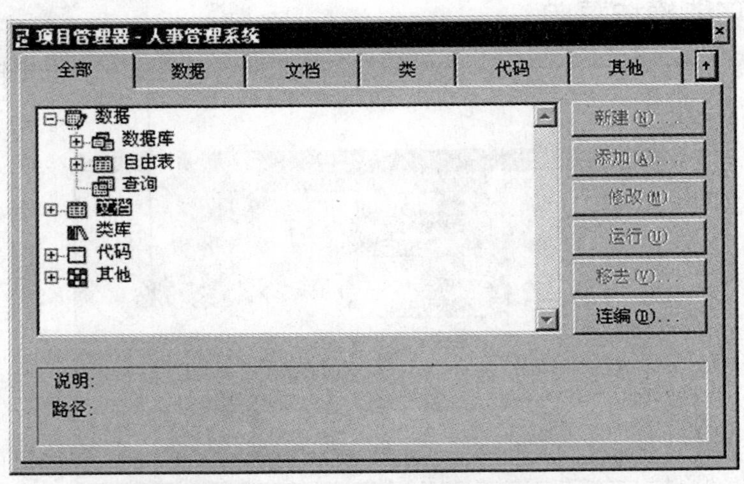

图12.3 "项目管理器"对话框

12.3.2　数据库的建立

数据库建立的步骤如下：

在“项目管理器”中，新建一个名称为“教职工”的数据库，如图 12.4 所示。建立人事表(tblRS. dbf)、部门表(tblBM. dbf)、用户密码表(tblPassword. dbf)，其中人事表(tblRS. dbf)的内容如图 12.5 所示。

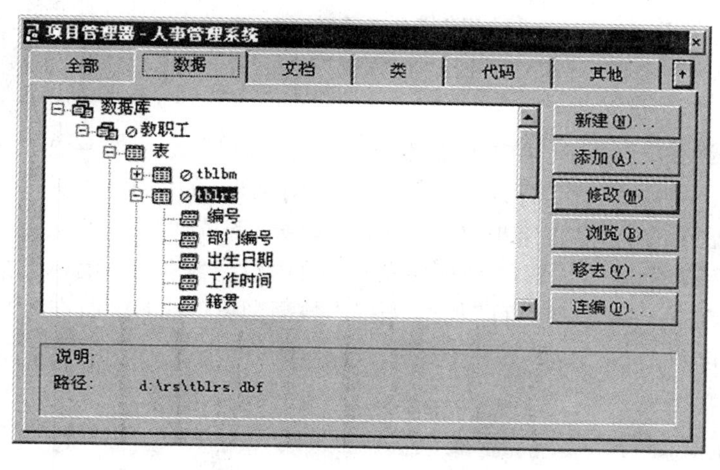

图 12.4　建立一个数据库

Tblrs

编号	部门编号	姓名	性别	职称	学历	专业	籍贯	出生日期
1	01	张　阳	女	助教	本科生	英语	大连市	01/27/02
2	01	王桂秀	女	助教	本科生	英语	沈阳市	01/20/01
3	01	刘小伟	男	讲师	研究生	日语	铁岭市	02/28/01
4	01	张立燕	女	讲师	本科生	英语	辽阳市	02/27/01
5	01	姜丽华	女	讲师	研究生	英语	丹东市	11/12/01
6	01	陈小旭	女	副教授	本科生	法语	沈阳市	11/30/89
7	01	王　天	男	副教授	本科生	英语	大连市	05/30/79
8	01	赵成祥	男	讲师	研究生	德语	锦西市	03/18/01
9	01	刘大军	男	教授	本科生	日语	朝阳市	03/28/67
10	01	李桂兰	女	教授	研究生	英语	本溪市	12/01/67
11	02	王术2	女	助教	本科生	计算机	大连市	09/27/02
12	02	刘秀玲	女	助教	本科生	计算机	沈阳市	07/25/03
13	02	蒋大伟	男	讲师	研究生	计算机	铁岭市	06/06/01
14	02	张小燕	女	讲师	本科生	计算机	辽阳市	06/17/01

图 12.5　人事表的内容

12.4　人事管理系统模块设计

12.4.1　系统主菜单设计

具体步骤如下：

① 在“项目管理器”中，选择“其他”选项卡，选择“菜单”选项。

② 单击“新建”按钮，打开“新建菜单”对话框，如图 12.6 所示。

③ 在“新建菜单”对话框中，单击“菜单”按钮，打开“菜单设计器”对话框，如图 12.7 所示。

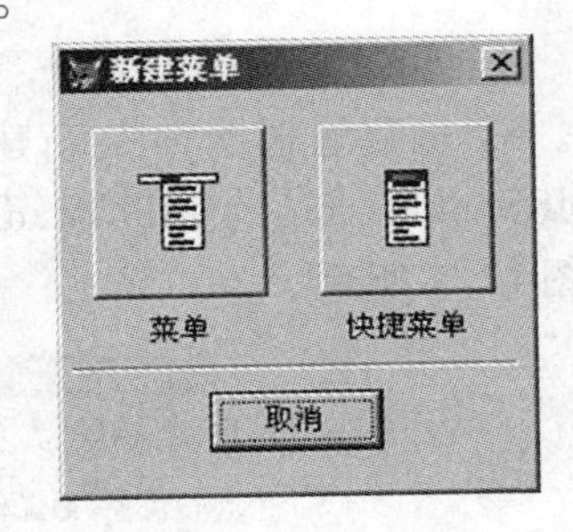

图 12.6　“新建菜单”对话框

④ 首先建立主菜单。在“菜单名称”栏中，分别输入“数据初始化(\<I)”、“编辑(\<E)”、“数据维护(\<R)”、“退出系统(\<Q)”，如图 12.7 所示。注意，在“结果”栏中应保持显示“子菜单”选项，而在“菜单级”下拉列表框中，选择“菜单栏”选项，表示是主菜单。

⑤ 建立“数据维护”子菜单。在“数据维护”的“子菜单”下拉列表框右侧，单击“创建”按钮，打开“菜单设计器”对话框，如图 12.8 所示。注意，此时“菜单级”下拉列表框中显示的是“数据维护 R”，打开“菜单级”下拉列表框，可看到在“数据维护 R”上面有一个“菜单栏”，表示此时编辑的是顶层菜单下的“数据维护”子菜单。按照系统分析的内容，编辑第一个菜单项。在“菜单名称”栏中，输入“数据浏览(\<L)”。在“结果”栏的下拉列表框中，选择“命令”选项。在“选项”栏中，输入“Do Form frmBROWSE”命令。之后，按同样方法编辑其他菜单项。

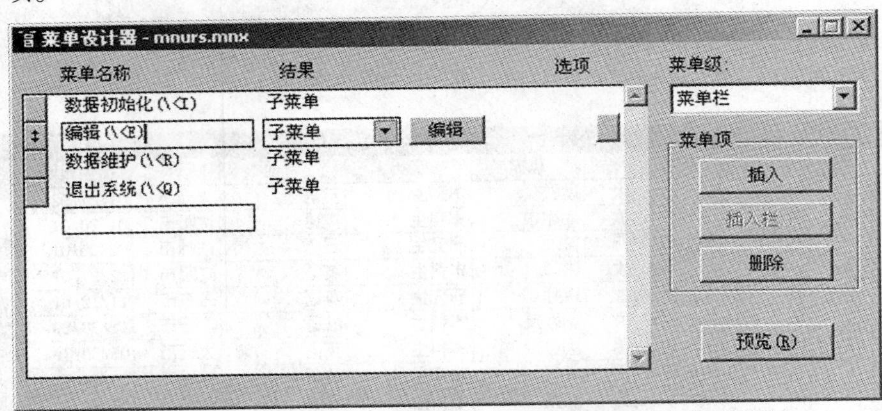

图 12.7　“菜单设计器”对话框

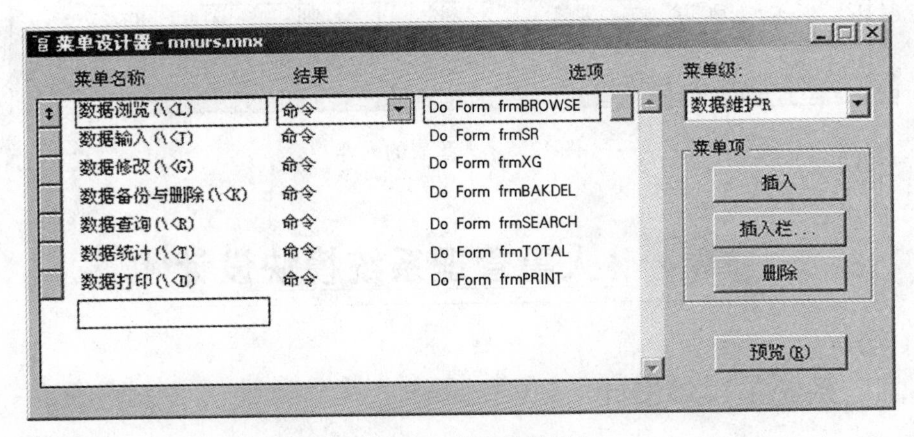

图 12.8　子菜单设计

⑥ 在“菜单级”下拉列表框中，选择“菜单栏”选项，返回主菜单。

⑦ 重复步骤⑤和⑥，编辑“数据初始化”、“退出系统”菜单。

⑧ “编辑”菜单下的各个子菜单项的编制方法与其他菜单不一样，“编辑”菜单的“菜单设计器”对话框，如图 12.9 所示。这些菜单项分别调用系统的内部菜单变量来完成相应的功能。具体操作为：单击“插入栏”按钮，打开“插入系统菜单栏”对话框，如图 12.10 所示。在该对话框中，选择“撤销”系统菜单项，单击“插入”按钮。用同样的方法插入“重做”、“剪切”、“复制”和“粘贴”系统菜单项。“菜单设计器”对话框的第 3 项菜单“\-”的功能是显示菜单分组线，用户需要自己输入该项菜单的名称为“\-”。

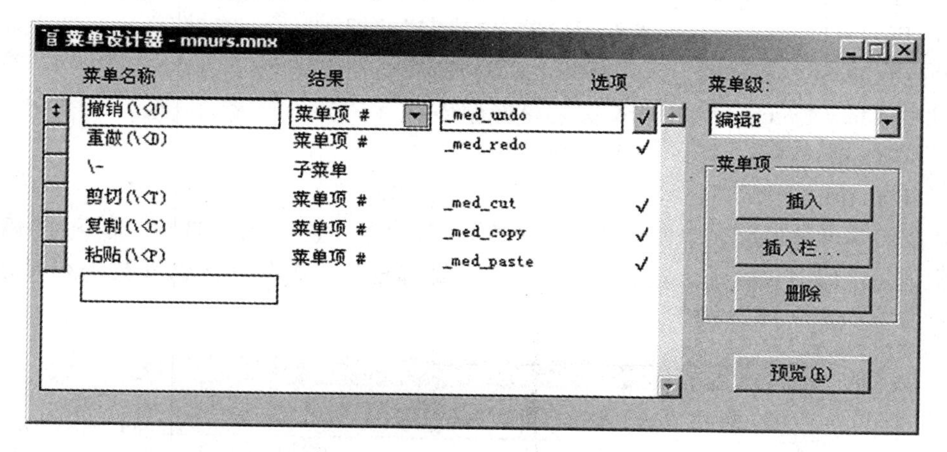

图 12.9 “菜单设计器”对话框

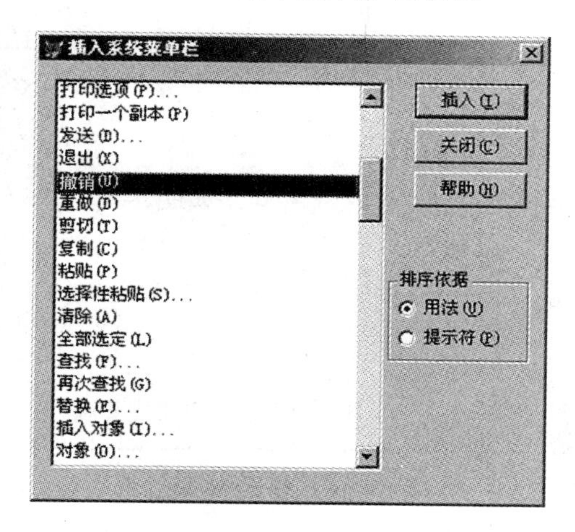

图 12.10 “插入系统菜单栏”对话框

将上述菜单项核对无误后，即可生成菜单，这时就能在应用程序系统中非常方便地使用各种编辑功能了。

⑨ 其他菜单项所对应的命令将调用如下表单文件。

“数据初始化(\<I)”菜单：

部门初始化(\<M)—Do Form frmBMWH.scx

密码初始化(\<P)—Do Form frmPSW.scx

"退出系统(\<Q)"菜单:

系统帮助(\<H)—Do Form frmHELP. scx

关于系统(\<B)—Do Form frmABOUT. scx

退出(\<X)

其中"退出系统(\<Q)"菜单中的"退出(\<X)"菜单项,所调用的"过程"代码为:

```
  * 使用 MessageBox 对话框
Q = MessageBox("真的要退出本系统吗?",64 +1,"退出确认")
  * 在"确定"、"取消"按钮中,单击"确定"按钮时,表示要退出
  IF Q =1              && 用户单击"确定"按钮
    CLOSE ALL
    Clear Events       && 关闭事件循环
    Quit               && 退出系统
  ENDIF
```

⑩ 设置菜单可被顶层表单所调用。在"显示"菜单中,选择"常规选项"命令,打开"常规选项"对话框,如图 12.11 所示。选择"顶层表单"复选框,则设置该菜单可被一个顶层表单所调用。

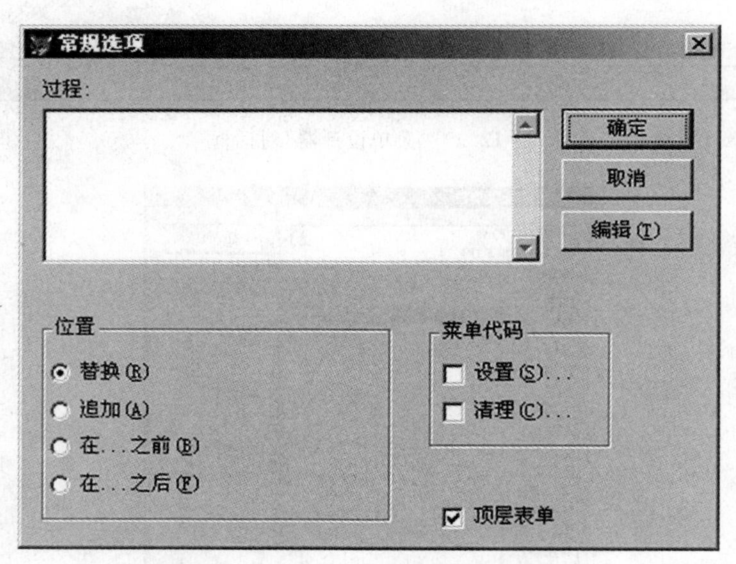

图 12.11 "常规选项"对话框

⑪ 保存文件,文件名是"mnuRS"(即系统菜单),默认扩展名为". mnx"。注意,应保存文件在系统工作目录"D:\RS"文件夹中。

⑫ 生成菜单程序文件。以上编写的是菜单结构,菜单定义文件所形成的菜单文件扩展名为". mnx",并非是菜单程序本身,在结构编好后调用 VFP 的生成菜单功能才能生成真正的菜单程序。方法是在"菜单"菜单中,选择"生成"命令,之后输入生成后的程序文件名,此时文件名仍为"mnuRS",扩展名为". mpr"。注意,文件名前面的目录名应该与项目所在的目录一致,系统缺省就是所需的文件名和目录,故一般不需输入,直接选择"生成"命令即可,然后系统会在自动默认目录中生成一个"mnuRS. mpr"文件,即"D:\RS\ mnuRS. mpr",这就是今后所要运行的菜单程序

文件。

⑬ 关闭“菜单设计器”对话框，将会在“项目管理器”中，看到菜单文件“mnuRS. mnx”。

⑭ 菜单修改。在“项目管理器”中，选择菜单文件后，单击“修改”按钮，打开“菜单设计器”对话框，修改的方法与新建时基本相同，用户还可以单击“删除”按钮或“插入”按钮，来删除或插入一个菜单项。当然在新建时也可以使用此功能，修改完成后要记住保存修改的结果。修改完菜单后一定要再次执行“生成”命令，否则虽然修改了菜单结构，但没有修改菜单程序，那么一旦运行，菜单还是原样。

12.4.2 系统主控表单模块设计

主控表单(frmMAIN. scx)是一个顶层表单，通过调用系统菜单(mnuRS. mpr)来完成对系统其他功能模块的调用，提供进行各种操作的界面平台和菜单平台，以形成对整个人事管理系统的控制与管理。本系统的主控表单设计时，采用自动调整背景图片以适应表单窗口大小的处理手段，读者可根据自己的需要适当借鉴。

图 12.12 主控表单执行界面

1. 表单的执行界面

主控表单的执行界面如图 12.12 所示。

2. 表单与控件属性设置

在此表单中，为了使背景图片容易控制，在主控表单中加入了一个图像控件：Image1，3 个标签控件：Label1、Label2 和 Label3。

表单 Form1 的属性设置：

```
Form1. Caption = "人事管理系统"
Form1. ShowWindow = 2—作为顶层表单          && 指定表单为顶层表单
Form1. WindowState = 0—普通                 && 指定表单在运行时为设计时大小
Form1. AutoCenter = . T.                    && 表单窗口自动居中
```

图像控件 Image1 的属性设置：

```
Picture = D:\RS\Bj2. JPG
Stretch = 2 - 变比例填充                     && 使图片符合控件的大小
```

标签控件 Label1 ~ Label3 的属性设置：

```
Label1 ~ Labe3 的. AutoSize = . T.
Label1 ~ Labe3 的. BackStyle = 0—透明
Label1. Caption = "欢迎使用人事管理系统"
Label2. Caption = "研制人:张丕振 刘 勇"
Label3. Caption = "版权所有(c)沈阳工程学院"
```

3. 事件代码

Form1 表单的 Load 事件代码：

```
Do mnuRS. mpr With This. t.        && 调用系统菜单,运行结果如图 12.12 所示
```

Form1 表单的 Init 事件代码：

```
**** 调整图片大小与表单界面大小一致,即充满整个表单界面 ****
With Thisform. Image1
```

```
    . Top = 0
    . Left = 0
    . Height = This. Height
    . Width = This. Width
  Endwith
*****调整 3 个标签控件位置为居中显示,且相对位置不变 ****
  Thisform. Label1. Left = Thisform. Width/2 - Thisform. Label1. Width/2    && 居中显示
  Thisform. Label1. Top = Thisform. Height * 0. 25                          && 位置在窗口的上 1/4 处
  Thisform. Label2. Left = Thisform. Width/2 - Thisform. Label2. Width/2
  Thisform. Label2. Top = Thisform. Height * 0. 50
  Thisform. Label3. Left = Thisform. Width/2 - Thisform. Label3. Width/2
  Thisform. Label3. Top = Thisform. Height * 0. 60
```

Form1 表单的 Resize 事件代码:

```
** 当用户改变窗口大小时,调整图片大小与表单界面大小一致 **
  With Thisform. Image1
    . Top = 0
    . Left = 0
    . Height = This. Height
    . Width = This. Width
  Endwith
** 当用户改变窗口大小时,调整 3 个标签控件位置为居中显示,且相对位置不变 **
  Thisform. Label1. Left = Thisform. Width/2 - Thisform. Label1. Width/2
  Thisform. Label1. Top = Thisform. Height * 0. 25
  Thisform. Label2. Left = Thisform. Width/2 - Thisform. Label2. Width/2
  Thisform. Label2. Top = Thisform. Height * 0. 5
  Thisform. Label3. Left = Thisform. Width/2 - Thisform. Label3. Width/2
  Thisform. Label3. Top = Thisform. Height * 0. 60
** 当窗口宽度小于标签 Label1 宽度时,自动使标签缩小显示 **
  Do While Thisform. Label1. Width > Thisform. Width
    Thisform. Label1. Fontsize = Thisform. Label1. Fontsize - 1
    If Thisform. Label1. Fontsize < 24
      Thisform. Label1. Fontsize = 24
    Exit
    Endif
  Enddo
```

12.4.3 部门初始化表单设计

部门初始化表单的功能是完成对部门信息的增加、删除、修改操作。

1. 表单的执行与设计

该表单的设计界面如图 12.13 所示,执行界面如图 12.14 所示。

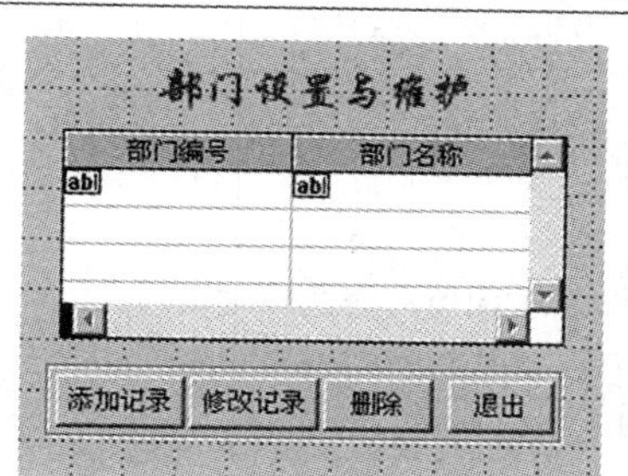

图 12.13 部门初始化表单设计界面

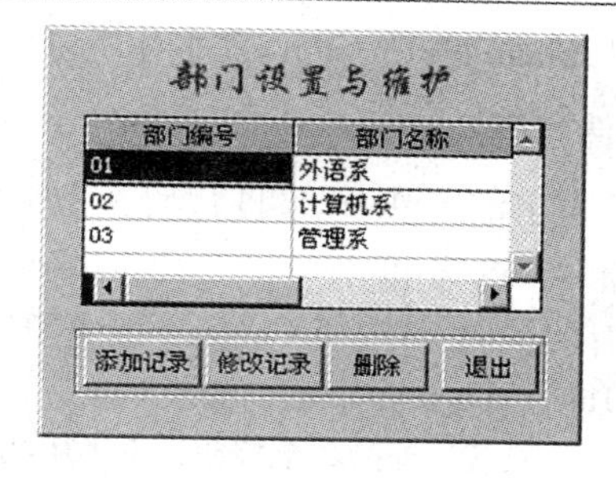

图 12.14 部门初始化表单执行界面

2. 控件属性设置

从表单的设计与运行界面可以看到,表单中共包括如下控件:表格控件 Grid1、命令按钮组控件 CommandGroup1、标签控件 Label1。

Form1 表单的属性设置:

Form1. AutoCenter = . T. —真

Form1. BoderStyle = 2—固定对话框

Form1. TitleBar = 0—关闭

Form1. ShowWindow = 1—在顶层菜单中 && 在顶层表单中来调用此表单。

Form1. WindowState = 0—普通

Form1. WindowType = 1—模式

标签控件 Label1 的属性设置:

Name = "Label1"

Caption = "部门设置与维护"

AutoSize = . T.

BackStyle = 0—透明

表格控件 Grid1 的属性设置:

Name = "Grid1"

ReadOnly = . T. && 初始设置只读

RecordMark = . F. && 不显示记录选择器列

ToolTipText = 说明:部门编号要从 01 开始输入,不要从 1 开始输入。

RecordSourceType = 1—别名

RecordSource = tblBM && 为表格控件指定数据源

注:表 tblBM. dbf 要添加到表单的数据环境中。

命令按钮组控件 CommandGroup1 的属性设置:

CommandGroup1. Name = "CommandGroup1"

CommandGroup1. ButtonCount = 4

命令按钮控件 Command1 ~ Command4 的 Caption 属性设置:

Command1. Caption = "添加记录"

Command2. Caption = "修改记录"

Command3. Caption = "删除"

```
Command4. Caption = "退出"
```

3. 事件代码

Form1 表单的 Unload 事件代码：

```
Close Tables All                          && 退出时,关闭所有表及临时表
```

"添加记录"命令按钮 Command1 的 Click 事件代码：

```
If This. Caption = "添加记录"
    *设置另外的 3 个按钮为不可用状态
    This. Parent. Command2. Enabled = . F.
    This. Parent. Command3. Enabled = . F.
    This. Parent. Command4. Enabled = . F.
    This. Caption = "确认添加"
    Thisform. Grid1. Readonly = . F.      && 去掉表格只读属性,变为可写状态
    Append Blank                          && 追加一条空记录
    Thisform. Refresh                     && 刷新表单
    Thisform. Grid1. Column1. Setfocus
Else
    This. Caption = "添加记录"
    Thisform. Grid1. Readonly = . T.      && 设置表格为只读状态
    *恢复另外的 3 个按钮为可用状态
    This. Parent. Command2. Enabled = . T.
    This. Parent. Command3. Enabled = . T.
    This. Parent. Command4. Enabled = . T.
Endif
```

"修改记录"命令按钮 Command2 的 Click 事件代码：

```
If This. Caption = "修改记录"
  *设置另外的 3 个按钮为不可用状态
  This. Parent. Command1. Enabled = . F.
    This. Parent. Command3. Enabled = . F.
    This. Parent. Command4. Enabled = . F.
    This. Caption = "确认修改"
    Thisform. Grid1. Readonly = . F.
    Thisform. Grid1. Column1. Setfocus
  Else
    This. Caption = "修改记录"
    *恢复另外的 3 个按钮为可用状态
    Thisform. Grid1. Readonly = . T.
    This. Parent. Command1. Enabled = . T.
    This. Parent. Command3. Enabled = . T.
    This. Parent. Command4. Enabled = . T.
Endif
```

"删除"命令按钮 Command3 的 Click 事件代码：

```
Set Dele te On                            && 屏蔽有删除标记的记录
```

```
Crecno = 部门编号                         && 获取用户要删除记录的记录号
Yn = Messagebox("确认删除部门编号为 &Crecno. 的记录吗?",1 +16,"删除确认框")
If Yn = 1                                 && 用户确认删除操作
   Delete                                 && 逻辑删除当前记录
Endif
Thisform. Refresh
Thisform. Grid1. Column1. Setfocus
```

"退出"命令按钮 Command4 的 Click 事件代码:

```
* 物理删除记录并退出
Pack
Thisform. Release
```

12.4.4 密码初始化表单设计

密码初始化表单的功能是完成对用户及密码信息的增加、删除、修改操作。

1. 表单设计

密码初始化表单的执行界面如图 12.15 所示。

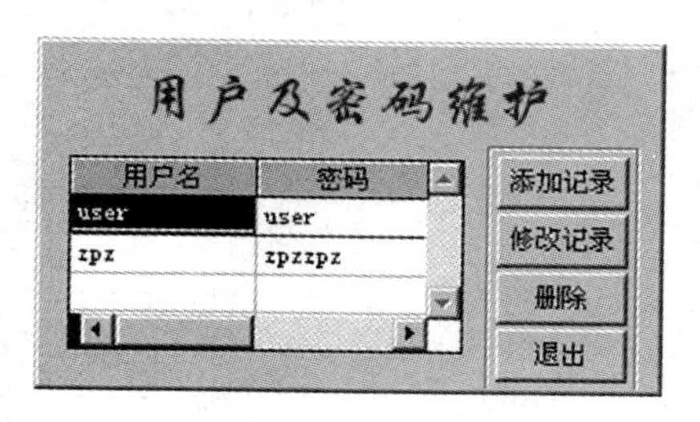

图 12.15 密码初始化表单执行界面

2. 控件属性设置及事件代码

密码初始化表单的实现与部门初始化表单类似,所包含的控件也完全相同,只是把命令按钮组控件 CommandGroup1 的排列布局改变列向,并在表单的数据环境中,添加自由表"tblPassword. dbf"。相关属性及事件代码请参看部门初始化表单部分,这里不再赘述。下面只给出"删除"按钮 Command3 的 Click 事件代码:

```
* 逻辑删除用户选择的记录
Set Dele te On                  && 屏蔽有删除标记的记录
USR = Alltrim(用户名)           && 获取用户要删除的用户名
YN = Messagebox("确认删除名为 &USR. 的记录吗?",1 +16,"删除确认框")
If YN = 1                       && 用户确认删除操作
    Delete                      && 逻辑删除当前记录
Endif
Thisform. Refresh
Thisform. Grid1. Column1. Setfocus
```

12.4.5 数据修改模块设计

1. 数据修改模块设计

数据修改模块(frmXG. scx)的功能是用户在浏览数据库中表数据的情况下,允许用户修改特定的记录或成批地修改记录。表单的设计界面如图 12.16 所示,表单的执行界面如图 12.17 和图 12.18 所示。

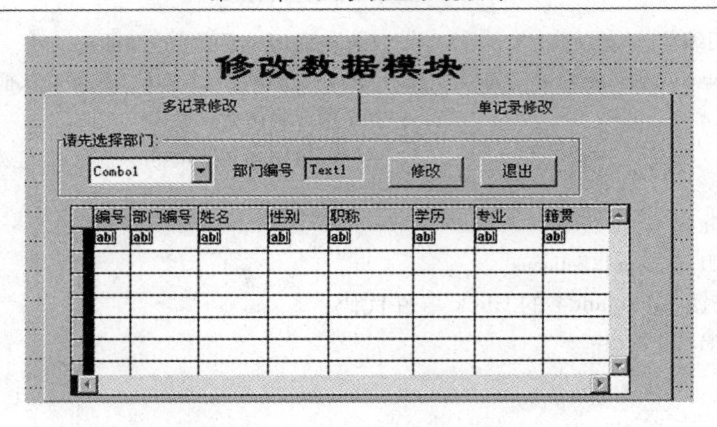

图 12.16　数据修改表单设计界面

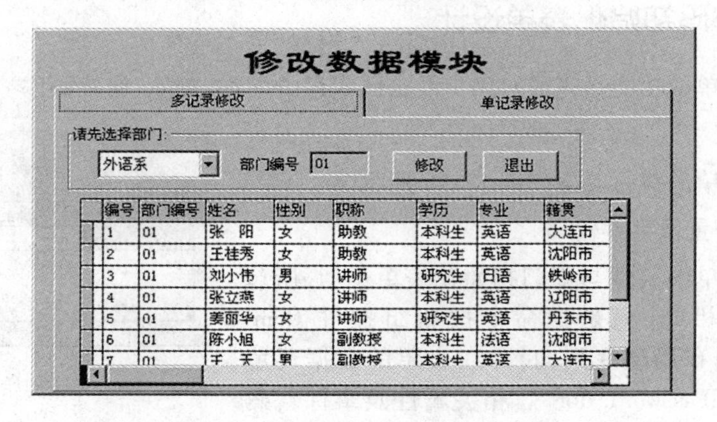

图 12.17　多记录修改执行界面

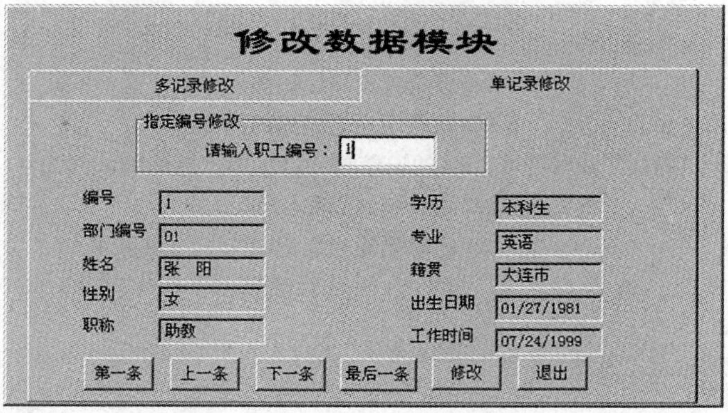

图 12.18　单记录修改执行界面

2. 表单与控件的属性设置

本表单包括一个标签控件 Label1 和一个页框控件 PageFrame1。

（1）Form1 表单的属性设置

Form1. AutoCenter = . T. —真

Form1. BoderStyle = 2—固定对话框

Form1. TitleBar = 0—关闭

Form1. ShowWindow = 1—在顶层菜单中　　&& 在顶层表单中来调用此表单

Form1. WindowState = 0—普通

Form1. WindowType = 1—模式

注:数据维护菜单所调用的各个表单(如数据查询、数据统计等表单)的属性设置与此表单相同,请参看此表单的属性设置。

(2) 标签 Label1 的属性设置

Label1. Name = "Label1"

Label1. Caption ="修改数据模块"

Label1. AutoSize = . T.

Label1. BackStyle = 0—透明

(3) 页框控件 PageFrame1 的属性设置

PageCount = 2

① 页面 Page1 的属性设置。

Caption = "多记录修改"

页面 Page1 包括下列控件:命令按钮控件 Command1、Command2,标签控件 Label1、Label2,组合框控件 Combo1,表格控件 GridTblrs,形状控件 Shape1,文本框控件 Text1。各控件的属性设置如下:

命令按钮控件 Command1 和 Command2 的 Caption 属性设置。

Command1. Caption = "修改"

Command2. Caption = "退出"

标签控件 Label1 和 Label2 的 Caption 属性设置。

Label1. Caption = "部门编号"

Label2. Caption = "请先选择部门:"

形状控件 Shape1 的属性设置。

Shape1. BackStyle = 0—透明

Shape1. SpecialEffect = 0—3 维

注:形状控件是为了美化表单,本章中所有的形状控件的属性设置均与上述设置相同。

文本框控件 Text1 的属性设置:

Text1. ReadOnly = . T.

Text1. ControlSouce = tblBM. 部门编号

组合框控件 Combo1 的属性设置:

Combo1. RowSourceType = 6—字段

Combo1. RowSource = tblBM. 部门名称

注:在表单的数据环境要加入 tblBM 和 tblRS 表,两表的永久关系已在数据库中建好。

表格控件 GridTblrs 是直接从数据环境中把表 tblRS 拖动到页面 Page1 后自动生成的,其 GridTblrs. ReadOnly 属性应设置为:. T. 。

② 页面 Page2 的属性设置。

Page2. Caption ="单记录修改"

页面Page2包括下列控件:命令按钮控件Command1～Command6,标签控件Label1、Label2,形状控件Shape1,文本框控件Text1,各控件的属性设置如下:

命令按钮控件Command1～Command6的Caption属性分别为:"第一条"、"上一条"、"下一条"、"最后一条"、"修改"、"退出"。

标签Label1和Label2的Caption属性值分别为:"指定编号修改"和"请输入职工编号:"

图12.18所示的10个标签及文本框是从数据环境中的tblRS表直接拖动到页面Page2后自动生成的,再利用"布局"工具栏进行位置调整,各个文本框控件的ReadOnly属性均应设置为.T.。

3. 事件代码

页框控件Page1中的组合框控件Combo1的Init事件代码:

```
Select Tblbm
This. Value = 部门名称
```

页框控件Page1中的"修改"命令按钮Command1的Click事件代码:

```
If This. Caption = "修改"
   This. Caption = "确认"
   This. Parent. Grdtblrs. Readonly = . F.
   This. Parent. Grdtblrs. Column1. Setfocus
Else
   This. Caption = "修改"
   This. Parent. Grdtblrs. Readonly = . T.
Endif
```

页框控件Page1中的"退出"命令按钮Command2的Click事件代码:

```
Thisform. Release      && 退出
```

注:本章中所涉及表单中的"退出"按钮的Click事件代码均为:Thisform. Release。

页框控件Page2中的文本框控件Text1的Interactivechange事件代码:

```
Select Tblrs                    && 选择 tblrs 为当前表
   Cbh = Alltrim(This. Value)
   Locate For 编号 = Cbh         && 查找用户输入的编号
   If Not Found()
      Messagebox("没有指定的编号,请重新输入")
      This. Value = ""
Endif
Thisform. Refresh
```

页框控件Page2中的"第一条"命令按钮Command1的Click事件代码:

```
This. Parent. Command3. Enabled = . T.
Select Tblrs
Go Top
Thisform. Refresh
```

页框控件page2中的"上一条"命令按钮Command2的Click事件代码:

```
This. Parent. Command3. Enabled = . T.
Select Tblrs
```

```
If Not Bof( )
   Skip  -1
Else
   Wait "已到表文件头!" Windows Timeout 1
   This. Enabled = . F.
   Go Top
Endif
Thisform. Refresh
```

页框控件 Page2 中的“下一条”命令按钮 Command3 的 Click 事件代码:

```
This. Parent. Command2. Enabled = . T.
Select Tblrs
If Not Eof( )
   Skip
Else
   Wait "已到表文件尾!" Windows Timeout 1
   This. Enabled = . F.
   Go Bottom
Endif
Thisform. Refresh
```

页框控件 Page2 中的“最后一条”命令按钮 Command4 的 Click 事件代码:

```
This. Parent. Command2. Enabled = . T.
Select Tblrs
Go Bottom
Thisform. Refresh
```

页框控件 Page2 中的“修改”命令按钮 Command5 的 Click 事件代码:

```
If This. Caption = "修改"
   This. Caption = "确认"
   This. Parent. Setall( "Readonly" ,. F. ,"Textbox" )        && 设置所有文本框为可读写状态
   This. Parent. Txt 编号. Setfocus
Else
   This. Caption = "修改"
   This. Parent. Setall( "Readonly" ,. T. ,"Textbox" )        && 设置所有文本框为只读状态
   This. Parent. Text1. Readonly = . F.
Endif
```

页框控件 Page2 中的“退出”命令按钮 Command6 的 Click 事件代码:

```
Thisform. Release
```

12.4.6 数据浏览模块设计

数据浏览模块是用来让用户浏览数据库中表的数据,设计的要点是只能让用户查看记录信息而不能修改相应的记录,因此相应的控件应该设置为只读状态。数据浏览表单的设计方法与数据修改表单相同,所不同的是少了“修改”按钮,各控件的属性与事件代码请参看数据修改表单部分。表单的执行界面如图 12.19 所示。

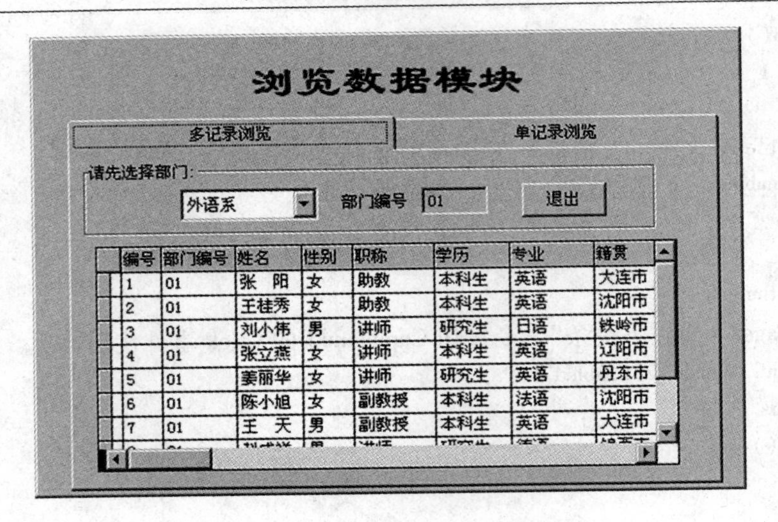

图 12.19　数据浏览表单执行界面

12.4.7　数据输入模块设计

1. 数据输入表单的设计

数据输入表单是用来让用户输入人事表的基本数据，当单击“开始输入”按钮后，此模块自动复制表中最后一条记录的基本信息，编号字段的内容自动加 1，以方便用户修改与输入一条新的记录。表单的执行界面如图 12.20 所示。

2. 表单与控件的属性设置

本表单包括标签控件 Label1、Label2，命令按钮控件 Command1、Command2，形状控件 Shape1。

Form1 表单的属性设置：

Form1. AutoCenter　= . T.　—真

Form1. BoderStyle = 2—固定对话框

Form1. TitleBar = 0—关闭

Form1. ShowWindow　= 1—在顶层菜单中　　&& 在顶层表单中来调用此表单

Form1. WindowState　= 0—普通

Form1. WindowType = 1—模式

标签 Label1 的属性设置：

Label1. Caption =“输入新记录模块”

标签 Label2 的属性设置：

Label2. Caption =“操作提示：在单击‘开始输入’按钮后，此模块自动复制表中上一条'+ chr(13) + '记录的信息，以方便用户修改与输入！”

Label2. AutoSize = . T.

Label2. WordWrap = . T.

图 12.20 所示的 10 个标签及文本框是从数据环境中的 tblRS 表直接拖动表单后自动生成的，再利用“布局”工具栏进行位置调整，各个文本框控件的 ReadOnly 属性均应设置为. T. 。

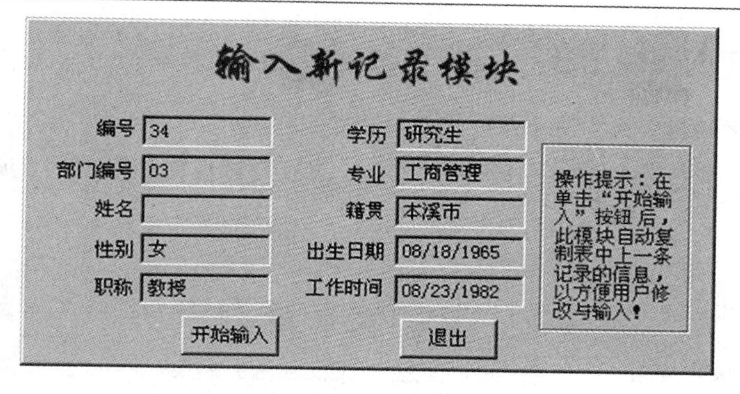

图 12.20　数据输入表单执行界面

3. 事件代码

Form1 表单的 Init 事件代码：

```
Thisform. Setall("Readonly",. T. ,"Textbox")        && 设置所有文本框为只读状态
```

Form1 表单的 Activate 事件代码：

```
*表单运行后,显示最后一条记录信息
Select Tblrs
Go Bottom
Thisform. Refresh
```

“开始输入”命令按钮 Command1 的 Click 事件代码：

```
Scatter To Atemp
Clastid = 编号
If This. Caption = "开始输入"
  This. Caption = "确认输入"
  Thisform. Setall("Readonly",. F. ,"Textbox")
  Append Blank
  Gather From Atemp
  Replace 编号 With Alltrim(Str(Val(Clastid) +1))      && 编号自动加 1
  Replace 姓名 With ""
  *Thisform. Refresh
Else
    YN = Messagebox("是否确认输入此条记录的信息?",4 +32,"提示信息")
    If YN =7              && 用户放弃输入
        Set Delete On
        Delete
        Skip  -1
    Thisform. Refresh
  Endif
  This. Caption = "开始输入"
        Thisform. Setall("Readonly",. T. ,"Textbox")
Endif
Thisform. Refresh
```

12.4.8 查询模块设计

1. 查询模块的设计

查询模块允许用户从数据库中分类查询信息。表单设计界面如图 12.21 所示，执行界面如图 12.22 所示。

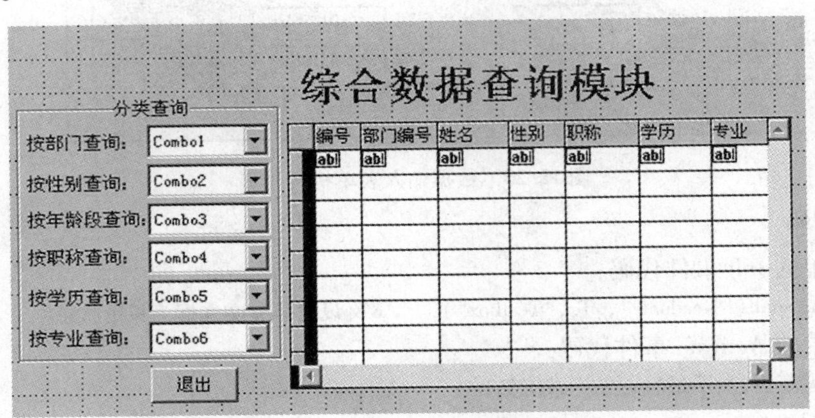

图 12.21 查询表单设计界面

综合数据查询模块

分类查询

按部门查询: 外语系
按性别查询:
按年龄段查询:
按职称查询:
按学历查询:
按专业查询:
退出

编号	部门编号	姓名	性别	职称	学历	专业
1	01	张 阳	女	助教	本科生	英语
10	01	李桂兰	女	教授	研究生	英语
2	01	王桂秀	女	助教	本科生	英语
3	01	刘小伟	男	讲师	研究生	日语
4	01	张立燕	女	讲师	本科生	英语
5	01	姜丽华	女	讲师	研究生	英语
6	01	陈小旭	女	副教授	本科生	法语
7	01	王 天	男	副教授	本科生	英语

图 12.22 查询表单执行界面

2. 控件属性设置

从表单的设计与运行界面可以看到，表单中共包括如下控件：表格控件 Grid1、命令按钮控件 Command1、标签控件 Label1 ~ Label8、组合框控件 Combo1 ~ Combo6。

标签控件 Label1 ~ Label8 的 Caption 属性分别为："综合数据查询模块"、"按部门查询"、"按性别查询"、"按年龄段查询"、"按职称查询"、"按学历查询"、"按专业查询"、"分类查询"。

Form1 表单的属性设置：

Form1. AutoCenter = .T. —真

Form1. BoderStyle = 2—固定对话框

Form1. TitleBar = 0—关闭

Form1. ShowWindow = 1—在顶层菜单中　　&& 在顶层表单中来调用此表单

Form1. WindowState = 0—普通

Form1. WindowType = 1—模式

表格控件 Grid1 的属性设置:

Grid1. RecordSourceType = 4—SQL 说明

组合框控件 Combo1 的属性设置:

Combo1Grid1. RowSourceType = 3—SQL 语句

Combo1. RowSource = "select distinct 部门名称 from tblbm into cursor tempbm1"

组合框控件 Combo2 的属性设置:

Combo2. RowSourceType = 1—值

RowSource = "男,女"

组合框控件 Combo3 的属性设置:

Combo3. RowSourceType = 1—值

Combo3. RowSource = "青年(35 岁以下),中年(35 ~50 岁),老年(50 岁以上)"

组合框控件 Combo4 的属性设置:

Combo4. RowSourceType = 3—SQL 语句

Combo4. RowSource = "Select Distinct 职称 From tblrs Order By 职称 Into Cursor Tempzc"

组合框控件 Combo5 的属性设置:

Combo5. RowSourceType = 3—SQL 语句

Combo5. RowSource = "Select Distinct 学历 From tblrs Order By 学历 Into Cursor TemXL"

组合框控件 Combo6 的属性设置:

Combo6. RowSourceType = 3—SQL 语句

Combo6. RowSource = "Select Distinct 专业 From tblrs Order By 专业 Into Cursor TempZY"

3. 事件代码

表单 Form1 的 Unload 事件代码:

```
Close Tables All
```

组合框控件 Combo1 的 Click 事件代码:

```
Thisform. Grid1. Recordsourcetype = 4
Thisform. Grid1. Recordsource = "Select * From tblrs,Tblbm Where tblrs. 部门编号 = Tblbm. 部门编号 And 部门名称 = Alltrim(This. Displayvalue) Order By 1 Into Cursor Temp"
```

组合框控件 Combo2 的 Click 事件代码:

```
Csex = Alltrim(Thisform. Combo2. Displayvalue)
Thisform. Grid1. Recordsourcetype = 4
Thisform. Grid1. Recordsource = "Select * From tblrs Where 性别 = Csex Order By 2 Into Cursor Temp"
```

组合框控件 Combo3 的 Click 事件代码:

```
Do Case
 Case This. Value = 1
   Thisform. Grid1. Recordsourcetype = 4
   Thisform. Grid1. Recordsource = "Select 编号,部门编号,姓名,性别,Year(Date()) - Year(出生日期) As 年龄,职称,学历,专业,籍贯,出生日期,工作时间 From tblrs Where Year(Date()) - Year(出生日期) <35 Order By 5 Into Cursor Temp"
```

```
    Case This. Value = 2
      Thisform. Grid1. Recordsourcetype = 4
      Thisform. Grid1. Recordsource = "Select 编号,部门编号,姓名,性别,Year(Date()) - Year(出生日期) As 年龄,职称,学历,专业,籍贯,出生日期,工作时间; From tblrs Where Year(Date()) - Year(出生日期) Between 35 And 50 Order By 5 Into Cursor Temp"
    Case This. Value = 3
      Thisform. Grid1. Recordsourcetype = 4
      Thisform. Grid1. Recordsource = "Select 编号,部门编号,姓名,性别,Year(Date()) - Year(出生日期) As 年龄,职称,学历,专业,籍贯,出生日期,工作时间 From tblrs Where Year(Date()) - Year(出生日期) > 50 Order By 5 Into Cursor Temp"
   Endcase
```

组合框控件 Combo4 的 Click 事件代码:

```
Thisform. Grid1. Recordsourcetype = 4
Thisform. Grid1. Recordsource = "Select * From tblrs Where 职称 = Alltrim(This. Displayvalue) Order By 2 Into Cursor Temp"
```

组合框控件 Combo5 的 Click 事件代码:

```
Thisform. Grid1. Recordsourcetype = 4
Thisform. Grid1. Recordsource = "Select * From tblrs Where 学历 = Alltrim(This. Displayvalue) Order By 2 Into Cursor Temp"
```

组合框控件 Combo6 的 Click 事件代码:

```
Thisform. Grid1. Recordsourcetype = 4
Thisform. Grid1. Recordsource = "Select * From tblrs Where 专业 = Alltrim(This. Displayvalue) Order By 2 Into Cursor Temp"
```

12.4.9 数据统计模块设计

1. 数据统计模块的设计

数据统计模块的主要功能是完成对数据表中各类人员的人数统计信息,这里仅仅是一个关于数据统计操作的简单示例,读者可以根据数据表的不同设计出更完善的统计功能。表单的执行界面如图 12.23 所示。

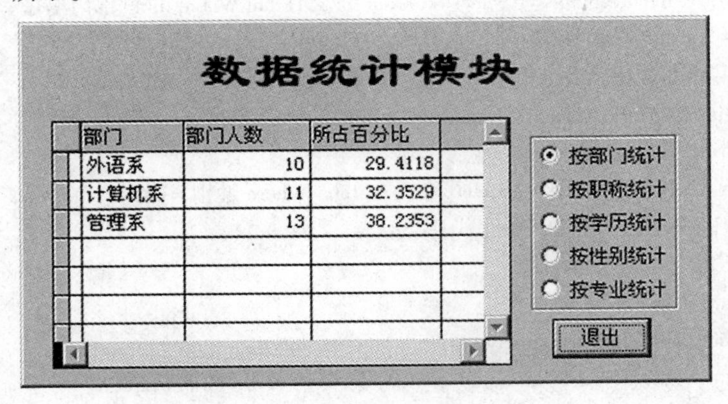

图 12.23 统计表单执行界面

2. 表单与控件的属性设置

本表单包括标签控件 Label1、命令按钮控件 Command1、形状控件 Shape1、表格控件 Grid1 及选项按钮组 OptionGroup1。

Form1 表单的属性设置:

Form1. AutoCenter = . T. —真

Form1. BoderStyle = 2—固定对话框

Form1. TitleBar = 0—关闭

Form1. ShowWindow = 1—在顶层菜单中 && 在顶层表单中来调用此表单

Form1. WindowState = 0—普通

Form1. WindowType = 1—模式

标签控件 Label1 的属性设置:

Label1. Caption = "数据统计模块"

命令按钮控件 Command1 的属性设置:

Command1. Caption = "退出"

选项按钮组 OptionGroup1 的属性设置:

OptionGroup1. ButtonCount = 5

选项按钮 Option1 ~ Option5 的 Caption 属性:

Option1. Caption = "按部门统计"

Option2. Caption = "按职称统计"

Option3. Caption = "按学历统计"

Option4. Caption = "按性别统计"

Option5. Caption = "按专业统计"

表格控件 Grid1 的属性设置:

Grid1. RecordSourceType = 4—SQL 说明

3. 事件代码

Form1 表单的 Activate 事件代码:

```
Thisform. Optiongroup1. Value = 1
Thisform. Grid1. Recordsourcetype = 4
Select Count( * ) From Tblrs Into Array Atemp
Thisform. Grid1. Recordsource = "Select 部门名称,Count( * ) as 部门人数,Count( * )/atemp(1) * 100
as 所占百分比 From tblrs,tblbm Where tblrs. 部门编号 = tblbm. 部门编号 group by tblrs. 部门编号 order
by 部门人数 into cursor tempBMTJ"
```

选项按钮组 OptionGroup1 的 Init 事件代码:

```
This. Value = 1
```

选项按钮组 OptionGroup1 的 InterActiveChange 事件代码:

```
Thisform. Grid1. Recordsourcetype = 4
Select Count( * ) From Tblrs Into Array Atemp
Do Case
    Case This. Value = 1
```

```
        Thisform. Grid1. Recordsource = "Select 部门名称, Count(*) As 部门人数, Count(*)/
Atemp(1) * 100 As 所占百分比 From tblrs, tblbm Where tblrs. 部门编号 = tblbm. 部门编号 Group By Tblrs. 部门
编号 Order By 部门人数 Into Cursor Tempbmtj"
        Thisform. Grid1. Column1. Header1. Caption = "部门"
        Thisform. Grid1. Column2. Header1. Caption = "部门人数"
        Thisform. Grid1. Column3. Header1. Caption = "所占百分比"
    Case This. Value = 2
        Thisform. Grid1. Recordsource = "Select 职称, Count(*) As 职称人数, Count(*)/Atemp(1) *
100 As 所占百分比 From Tblrs Group By 职称 Order By 职称人数 Into Cursor Tempzctj"
        Thisform. Grid1. Column1. Header1. Caption = "职称"
        Thisform. Grid1. Column2. Header1. Caption = "职称人数"
        Thisform. Grid1. Column3. Header1. Caption = "所占百分比"
    Case This. Value = 3
        Thisform. Grid1. Recordsource = "Select 学历, Count(*) As 学历人数, Count(*)/Atemp(1) *
100 As 所占百分比 From Tblrs Group By 学历 Order By 学历人数 Into Cursor Tempxltj"
        Thisform. Grid1. Column1. Header1. Caption = "学历"
        Thisform. Grid1. Column2. Header1. Caption = "学历人数"
        Thisform. Grid1. Column3. Header1. Caption = "所占百分比"
    Case This. Value = 4
        Thisform. Grid1. Recordsource = "Select 性别,Count(*) As 性别人数, Count(*)/Atemp(1)
* 100 As 所占百分比 From Tblrs Group By 性别 Order By 性别人数 Into Cursor Tempxbtj"
        Thisform. Grid1. Column1. Header1. Caption = "性别"
        Thisform. Grid1. Column2. Header1. Caption = "性别人数"
        Thisform. Grid1. Column3. Header1. Caption = "所占百分比"
    Case This. Value = 5
        Thisform. Grid1. Recordsource = "Select 专业,Count(*) As 专业人数, Count(*)/Atemp(1)
* 100 As 所占百分比 From Tblrs Group By 专业 Order By 专业人数 Into Cursor Tempzytj"
        Thisform. Grid1. Column1. Header1. Caption = "专业"
        Thisform. Grid1. Column2. Header1. Caption = "专业人数"
        Thisform. Grid1. Column3. Header1. Caption = "所占百分比"
    Endcase
```

12.4.10 数据备份与删除模块设计

1. 数据备份与删除表单设计

数据备份与删除表单的功能是对数据库中的人事表及部门文件进行数据备份及数据导入，以及对人事表文件的数据进行删除操作。其中数据导入子功能可让用户从已备份的表文件中恢复相关表的备份数据。本表单的执行界面如图12.24所示。

2. 表单与控件的属性设置

本表单包括标签控件Label1～Label7、命令按钮控件Command1～Command5、形状控件Shape1～Shape3、表格控件Grid1及组合框控件Combo1。

Form1表单的属性设置：

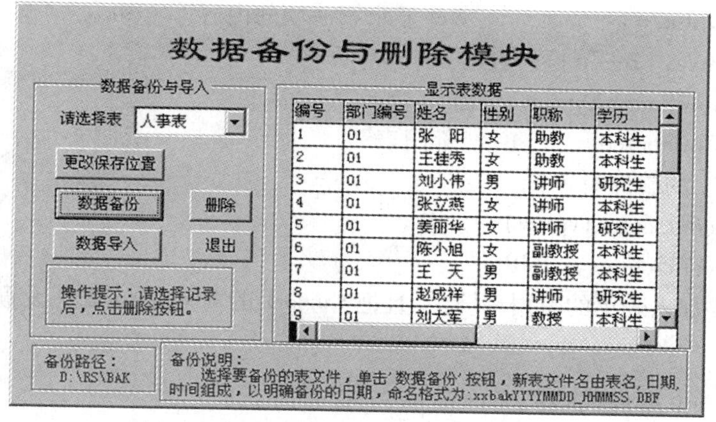

编号	部门编号	姓名	性别	职称	学历
1	01	张　阳	女	助教	本科生
2	01	王桂秀	女	助教	本科生
3	01	刘小伟	男	讲师	研究生
4	01	张立燕	女	讲师	本科生
5	01	姜丽华	女	讲师	研究生
6	01	陈小旭	女	副教授	本科生
7	01	王　天	男	副教授	本科生
8	01	赵成祥	男	讲师	研究生
9	01	刘大军	男	教授	本科生

图 12.24　数据备份与删除表单执行界面

Form1. AutoCenter = . T. —真

Form1. BoderStyle = 2—固定对话框

Form1. TitleBar = 0—关闭

Form1. ShowWindow = 1—在顶层菜单中　　&& 在顶层表单中来调用此表单

Form1. WindowState = 0—普通

Form1. WindowType = 1—模式

标签控件 Label1 ~ Label7 的公共属性设置：

Label1 ~ Label7 的 AutoSize = . T.

Label1 ~ Label7 的 WordWrap = . T.

Label1 ~ Label7 的 BackStyle = 0—透明

标签控件 Label1 ~ Label7 的 Caption 属性分别为：

Label1. Caption = "数据备份与删除模块"

Label2. Caption = "数据备份与导入"

Label3. Caption = "请选择表"

Label4. Caption = "操作提示：请选择记录后，点击删除按钮。"

Label5. Caption = "显示表数据"

Label6. Caption = " = "备份说明：" + CHR(13) + "选择要备份的表文件，单击'数据备份'按钮，新表文件名由表名，日期，时间组成，以明确备份的日期，命名格式为：xxbakYYYYMMDD_HHMMSS. DBF" "

Label7. Caption = " = "备份路径：" + CHR(13) + "D:\RS\BAK" "

命令按钮控件 Command1 ~ Command5 的 Caption 属性：

Command1. Caption = "更改保存位置"

Command2. Caption = "数据备份"

Command3. Caption = "数据导入"

Command4. Caption = "删除"

Command5. Caption = "退出"

组合框控件 Combo1 的属性设置：

Combo1. Value = 1 && 显示第一项的内容

Combo1. Style = 2—下拉列表框

Combo1. RowSourceType = 1—值

Combo1. RowSource = "人事表,部门表"

表格控件 Grid1 的属性设置:

Grid1. RecordSourceType = 1—别名

Grid1. RecordSource = "tblRS"

注:表 tblRS 要加入表单的数据环境中,且把 Cursor1 的 Exclusive 属性设置为.T.—真。

3. 事件代码

Form1 表单的 Init 事件代码:

```
Public Flag1,Cdir                 && 定义全局变量
Flag1 = .F.                       && 用来判断用户是否更改保存文件位置的标志变量
Cdir = Sys(5) + Sys(2003)         && 保存初始的路径信息
Set Path To &Cdir
```

Form1 表单的 Unload 事件代码:

```
Pack                              && 物理删除
Release Flag1,Cdir                && 释放变量
```

"更改保存位置"命令按钮 Command1 的 Click 事件代码:

```
Flag1 = .T.                       && 更改标志变量值为.T.,表示用户要更改文件的位置
Gdir = Getdir()                   && 获取新的文件位置
Cd &Gdir                          && 进入新的文件位置
Thisform.Label7.Caption = '备份路径:' + Chr(13) + Gdir
```

"数据备份"命令按钮 Command2 的 Click 事件代码:

```
Set Safety Off
Set Century On
Set Date To Ansi
If Flag1                          && 用户更改保存位置
  Flag1 = .F.                     && 恢复标志变量
Else
  If Not Directory("Bak")
    Mkdir Bak                     && 创建一个新目录
    Chdir Bak                     && 转换到新目录下
     = Getdir()                   && 显示目录选取对话框
  Else
    Chdir (Cdir + "\Bak")         && 转换到新目录下
  Endif
Endif
* 获取系统日期时间中的年、月、日、时、分和秒信息
Cdate = Dtoc(Date())
Cyear = Left(Cdate,4)
Cmonth1 = Substr(Cdate,6,2)
```

```
Cday = Right(Cdate,2)
Ctime = Left(Time(),2) + Substr(Time(),4,2) + Right(Time(),2)
Do Case
Case Thisform.Combo1.Value = 1
    Select * From Tblrs Into Table Rsbak&Cyear&Cmonth1&Cday._&Ctime
    Select Rsbak&Cyear&Cmonth1&Cday._&Ctime
    Use
    If File("Rsbak&Cyear&Cmonth1&Cday._&Ctime..Dbf")
      Messagebox("备份成功！新表的文件名为 rsbak & Cyear & Cmonth1 &Cday. _& Ctime.. Dbf")
    Else
      Messagebox("备份失败,请联系 Microsoft!")
    Endif
Case Thisform.Combo1.Value = 2
    Select * From Tblbm Into Table Bmbak&Cyear&Cmonth1&Cday._&Ctime
    Select Bmbak&Cyear&Cmonth1&Cday._&Ctime
    Use
      If File("Bmbak&Cyear&Cmonth1&Cday._&Ctime..Dbf")
        Messagebox("备份成功！新表的文件名为 bmbak &Cyear &Cmonth1 &Cday._ &Ctime..Dbf")
      Else
        Messagebox("备份失败,请联系 Microsoft!")
      Endif
Endcase
*恢复系统设置
Set Century Off
Set Date To American
Set Defa To (Cdir)
```

“数据导入”命令按钮 Command3 的 Click 事件代码：

```
Set Safety Off
Set Talk Off
Close Databases
Do Case
Case Thisform.Combo1.Value = 1
    Gctable = Getfile("Dbf","文件名","",0,"数据导入")
    If Not Empty(Gctable) And Upper("Rsbak") $ Gctable
        If Not Used("Tblrs")
          Select 0
          Use Tblrs Exclusive
        Else
          Select Tblrs
        Endif
        Zap
        Append From &Gctable
        Go Top
```

```
            Messagebox("数据成功导入!")
            Thisform.Grid1.Recordsource = "Tblrs"
            Thisform.Grid1.Column1.Width = 30
            Thisform.Grid1.Column2.Width = 60
            Thisform.Grid1.Column3.Width = 50
            Thisform.Grid1.Column4.Width = 30
        Else
          Messagebox("表导入错误,此表不是人事表的备份文件!")
        Endif
    Case Thisform.Combo1.Value = 2
        Gctable = Getfile("Dbf","文件名","",0,"数据导入")
      If Not Empty(Gctable) And Upper("Bmbak") $ Gctable
          If Not Used("Tblbm")
            Select 0
            Use Tblbm Exclusive
          Else
            Select Tblbm
          Endif
          Zap
            Append From &Gctable
            Go Top
            Messagebox("数据成功导入!")
          Else
            Messagebox("表导入错误,此表不是部门表的备份文件!")
          Endif
    Endcase
    Thisform.Refresh
```

"删除"命令按钮 Command4 的 Click 事件代码:

```
    Set Delete On
    Select Tblrs
    Name = 姓名
      Yn = Messagebox("是否删除姓名为 " + Name + " 的记录",32 + 4,"提示信息")
      If Yn  = 6
        Delete
        Skip
      Else
        Wait "用户取消了删除操作!" Windows Timeout 1
      Endif
    Thisform.Refresh
```

12.4.11 系统帮助表单设计

系统帮助表单显示本系统的功能调用流程图及系统的开发及应用环境要求。系统帮助表单包括显示提示信息的标签控件 Label1 ~ Label4、退出表单的命令按钮控件 Command1 和显示流程图的图像控件 Image1。上述各控件的属性比较简单,读者可参看下面的表单执行界面来进行设置,如图 12.25 所示。

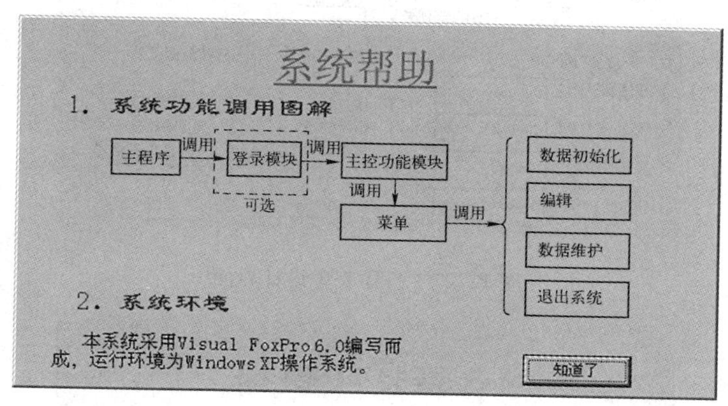

图 12.25 帮助表单执行界面

12.4.12 关于系统表单设计

系统表单用一系列的标签来显示本系统的相关信息,执行界面如图 12.26 所示。

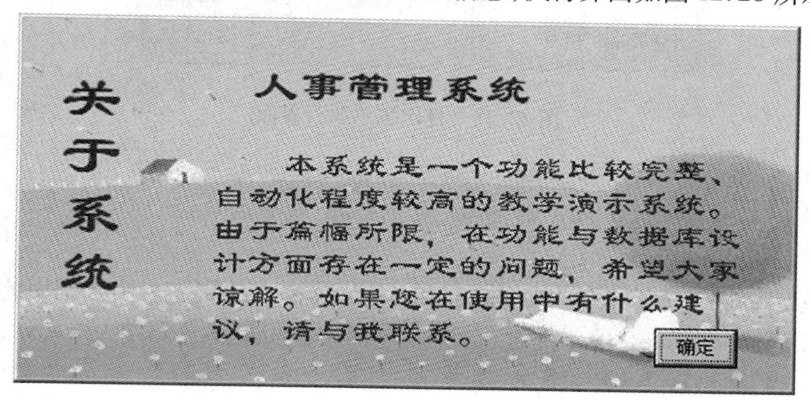

图 12.26 系统表单执行界面

12.4.13 打印模块表单设计

本表单通过调用报表的方式来实现对记录信息的打印。

1. 表单设计

本表单的设计界面如图 12.27 所示,表单的执行界面如图 12.28 所示。

2. 表单与控件的属性设置

如图 12.27 所示,本表单包括显示信息的标签控件 Label1 ~ Label9、退出表单的命令按钮控件 Command1、形状控件 Shape1 ~ Shape3、组合框控件 Combo1 ~ Combo4 及选项按钮组 Option-Group1、OptionGroup2。

Form1 表单的属性设置:

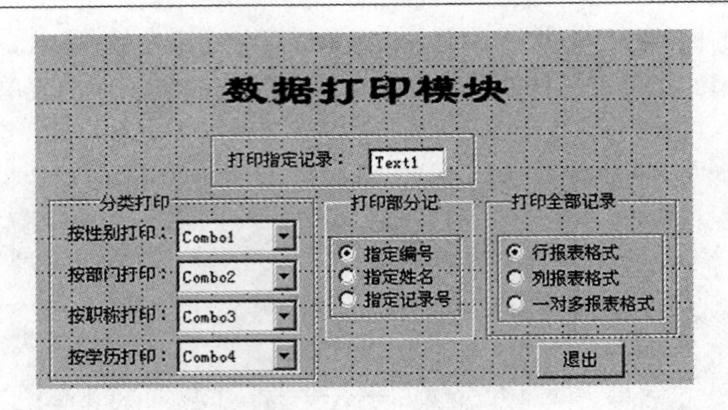

图 12.27 打印表单设计界面

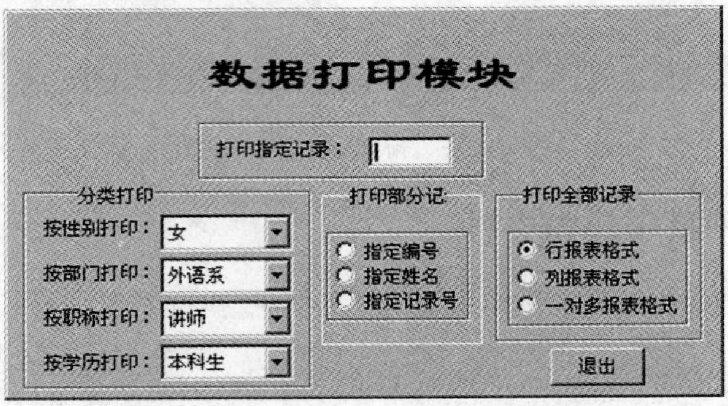

图 12.28 打印表单执行界面

Form1. AutoCenter = . T. —真

Form1. BoderStyle = 2—固定对话框

Form1. TitleBar = 0—关闭

Form1. ShowWindow = 1—在顶层菜单中 && 在顶层表单中来调用此表单

Form1. WindowState = 0—普通

Form1. WindowType = 1—模式

组合框控件 Combo1 的属性设置：

RowSourceType = 3—SQL 语句

RowSource = "select distinct 性别 from tblrs into cursor tmpXB"

组合框控件 Combo2 的属性设置：

RowSourceType = 3—SQL 语句

RowSource = "select 部门名称 from tblbm into cursor tmpBM"

组合框控件 Combo3 的属性设置：

RowSourceType = 3—SQL 语句

RowSource = "select distinct 职称 from tblrs into cursor tmpZC"

组合框控件 Combo4 的属性设置：

RowSourceType = 3—SQL 语句

RowSource = "select distinct 学历 from tblrs into cursor tmpXL"

选项按钮组 OptionGroup1 的属性设置：

```
OptionGroup1. ButtonCount = 3
Option1. caption = "指定编号"
Option1. caption = "指定姓名"
Option1. caption = "指定记录号"
```

选项按钮组 OptionGroup2 的属性设置：

```
OptionGroup2. ButtonCount = 3
Option1. caption = "行报表格式"
Option1. caption = "列报表格式"
Option1. caption = "一对多报表格式"
```

3. 事件代码

Form1 表单的 Activate 事件代码：

```
Thisform. Text1. Setfocus                    && 设置焦点
```

文本框控件 Text1 的 InterActiveChange 事件代码：

```
Thisform. OptionGroup1. Enabled = . T.       && 设置选项按钮组 1 为可用状态
```

选项按钮组 OptionGroup1 的 Init 事件代码：

```
This. Value = 0                              && 初始时,不选中任何项
This. Enabled = . F.                         && 设置为不可用状态
```

选项按钮组 OptionGroup1 的 InterActiveChange 事件代码：

```
Txtvalue = Thisform. Text1. Value
Do Case
  Case This. Value = 1 And Not Empty( Txtvalue)
    Report Form Reportone. Frx For Alltrim( 编号) == Alltrim( Txtvalue) Preview
  Case This. Value = 2 And Not Empty( Txtvalue)
    Report Form Reportone. Frx For 姓名 = Alltrim( Txtvalue) Preview
  Case This. Value = 3 And Not Empty( Txtvalue)
    Report Form Reportone. Frx For Recno( ) = Val( Txtvalue) Preview
Endcase
```

选项按钮组 OptionGroup2 的 Init 事件代码：

```
  This. Value = 0                            && 初始时,不选中任何项
```

选项按钮组 OptionGroup2 的 InterActiveChange 事件代码：

```
 * 根据用户选择来预览相应的报表文件
Do Case
    Case This. Value = 1
        Report Form Reportrow. Frx Preview
    Case This. Value = 2
        Report Form Reportcol. frx preview
    Case This. Value = 3
        Report Form Reportall. Frx Preview
    Endcase
```

组合框控件 Combo1 的 Click 事件代码：

Report Form Reportxb. Frx For 性别 = This. Displayvalue Preview &&条件打印预览报表

组合框控件 Combo2 的 Click 事件代码：

Report Form Reportall. Frx For 部门名称 = This. Displayvalue Preview

组合框控件 Combo3 的 Click 事件代码：

Report Form Reportxb. Frx For 职称 = This. Displayvalue Preview

组合框控件 Combo4 的 Click 事件代码：

Report Form Reportxb. Frx For 学历 = This. Displayvalue Preview

12.4.14 系统登录模块设计

本模块是系统的登录表单，运行时候将通过此表单调用主控模块，进而管理整个人事管理系统。

1. 表单的设计与执行

表单的设计界面如图 12.29 所示，表单执行界面如图 12.30 所示。

图 12.29 系统登录模块设计界面

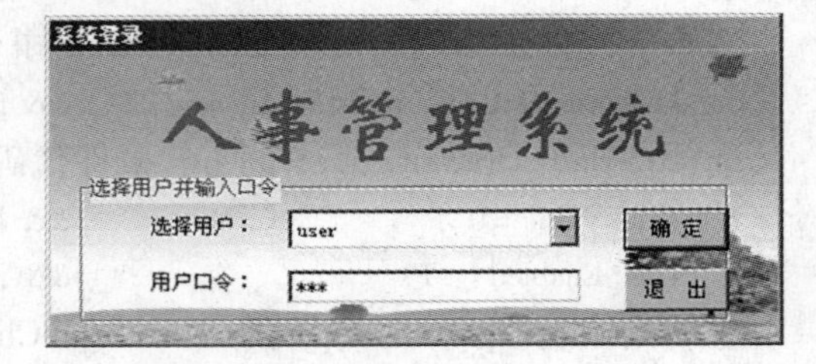

图 12.30 系统登录模块执行界面

2. 控件属性

本表单包括标签控件：Label1 ~ Label4、组合框控件：Combo1、命令按钮控件：Command1 和 Command2、文本框控件：Text1。

登录表单 Form1 的属性设置：

Form1. Autocenter = . T. —真 && 运行时居中

Form1. BorderStyle = 2—固定对话框 && 禁止更改表单大小

Form1. Picture = "d:\rs\bj. jpg"

Form1. ShowWindow = 2—作为顶层表单

Form1. Titlebar = 0—关闭 && 不显示表单上的标题栏

文本框控件 Text1 的属性设置：

Text1. ReadOnly = . T. && 只读

组合框控件 Combo1 的属性设置：

Combo1. Style = 2—下拉列表框

Combo1. RowSourceType = 6—字段

Combo1. RowSource = "tblpassword. 用户名"

注：在数据环境中添加自由表 tblpassword. dbf。

命令按钮控件 Command1、Command2 的 Caption 属性：

Command1. Caption = "确定"

Command2. Caption =“退出”。

标签控件 Label1 的属性设置：

Label1. AutoSize = . T.

Label1. WordWrap = . T.

Label1. BackStyle = 0—透明

标签控件 Label1 ~ Label4 的 Caption 属性：

Label1. Caption =“人事管理系统”

Label1. Caption =“选择用户并输入口令”

Label1. Caption =“选择用户：”

Label1. Caption =“用户口令：”

3. 事件代码

表单 Form1 的 Init 事件代码：

```
Public Ncount,Flag
Ncount = 0
Flag = . F.                                  && 标识密码是否正确的变量
Thisform. Label1. Left = (Thisform. Width - This. Label1. Width)/2
Thisform. Label1. Fontsize = 24
```

“确定”命令按钮 Command1 的 Click 事件代码：

```
Select Tblpassword
Scan
If Alltrim(Thisform. Text1. Value) = Alltrim(密码)
    Wait "密码正确,正在加载系统,请等候!" Windows Timeout 2
    Flag = . T.                              && 密码正确,Flag 的值置为. T.
    Do Form Frmmain
      Thisform. Release
Endif
Endscan
If Eof( ) And Not Flag
    Messagebox("密码输入错误" + Alltrim(Str(Ncount + 1)) + "次!",64,"密码信息框")
    Ncount = Ncount + 1                      && 统计错误次数
    If Ncount > = 3
        Thisform. Setall("Enabled",. F. ,"Commandbutton")
        Wait "由于错误次数太多,系统即将于 3 秒后退出,再见!" Windows Timeout 3
        Thisform. Release
Endif
        Thisform. Text1. Value = ""          && 清空密码
        Thisform. Text1. Setfocus
Endif
```

“退出”命令按钮 Command2 的 Click 事件代码：

```
Thisform. Release                            && 释放表单
Clear Events                                 && 关闭事件循环
```

12.4.15 报表设计

本系统一共使用了5个报表文件,即reportALL. frx、reportONE. frx 、reportCOL. frx、reportROW. frx和reportXB. frx。生成这5个报表比较简便的方法是用报表生成器先生成报表,然后再在上面修改、添加表格线。

1. 一对多报表文件(reportALL. frx)

此报表可用"一对多报表向导"生成。一方表为部门表(tblBM. dbf),只选择"部门名称"字段。多方表为人事表(tblRS. dbf),选择全部字段。表间关系为:tblBM. 部门编号 = tblRS. 部门编号。报表样式为:账务式,方向为"横向",字段布局为"行"。报表标题为:"人事档案一对多-部门报表"。生成报表后,可在"报表设计器"中做简要修改,其运行界面如图12.31所示。

部门名称: 外语系　　人事档案一对多-部门报表　　01/01/21

编号	姓名	性别	职称	学历	专业	籍贯
1	张 阳	女	助教	本科生	英语	大连市
2	王桂秀	女	助教	本科生	英语	沈阳市
3	刘小伟	男	讲师	研究生	日语	铁岭市
4	张立燕	女	讲师	本科生	英语	辽阳市
5	姜丽华	女	讲师	研究生	英语	丹东市
6	陈小旭	女	副教授	本科生	法语	沈阳市

图12.31 一对多报表

2. 特定记录打印报表文件(reportONE. frx)

此报表可用"报表向导"生成。数据源为人事表(tblRS. dbf),选择全部字段。报表样式为:账务式,方向为"纵向",字段布局为"列",列数为"3"。报表标题为:"人事档案报表-纵向报表格式"。生成报表后,可在"报表设计器"中做简要修改,其运行界面如图12.32所示。

01/01/21　　**人事档案报表-纵向报表格式**

字段	值	字段	值	字段	值
编号	1	编号	14	编号	19
部门编号	01	部门编号	02	部门编号	02
姓名	张 阳	姓名	张小燕	姓名	王小军
性别	女	性别	女	性别	男
职称	助教	职称	讲师	职称	教授
学历	本科生	学历	本科生	学历	本科生
专业	英语	专业	计算机	专业	物理
籍贯	大连市	籍贯	辽阳市	籍贯	朝阳市

图12.32 纵向报表

3. 列报表文件(reportCOL. frx)

此报表可用"报表向导"生成。数据源为人事表(tblRS. dbf),选择全部字段。报表样式为:账务式,方向为"横向",字段布局为"列",列数为"1"。排序记录为:按"编号"升序。报表标题为：人事档案报表－横向报表格式”。生成报表后，可在“报表设计器”中做简要修改，其运行界面如图12.33所示。

人事档案报表-横向报表格式

01/01/21

编号	部门编号	姓名	性别	职称	学历	专业	籍贯
1	01	张　阳	女	助教	本科生	英语	大连市
2	01	王桂秀	女	助教	本科生	英语	沈阳市
3	01	刘小伟	男	讲师	研究生	日语	铁岭市
4	01	张立燕	女	讲师	本科生	英语	辽阳市
5	01	姜丽华	女	讲师	研究生	英语	丹东市
6	01	陈小旭	女	副教授	本科生	法语	沈阳市

图 12.33　横向报表

12.5　程序的连编

前面已介绍了应用系统的设计，通过项目管理器，将表单与菜单、数据库等连在一起，就可以建立可执行程序。利用项目管理器编译可执行文件很简单，它将在项目管理器中的全部文件（除了排除在外的数据库和表文件外）编译在一起，形成一个独立的可执行文件。连编必须进行以下 4 个步骤：

① 将所有的应用程序加入项目管理器中。

② 主程序的建立。

③ 程序的调试。

④ 应用程序的连编。

12.5.1　将全部的应用程序添加到项目管理器中

将全部的应用程序添加到项目管理器中的操作步骤如下：

① 打开已建立的项目。

② 选择相应的选项卡，依次把自由表、数据表、表单文件、报表文件、菜单文件以及类库添加到项目中。

如果建立应用程序时，就已经在“项目管理器”中，上述步骤就可以省略了。

12.5.2　人事管理系统的主程序设计

为了连编，必须确定连编的顺序，并确定应用程序的接口，为此，必须编写主程序 main. prg，确定运行顺序。每个系统都应该有一个主程序，当在“项目管理器”的“程序”选项卡中开始编第一个程序时（程序文件、菜单、表单等），项目管理器会默认将其作为主程序，但有时可能第一个编的并不是主程序，这时就要重新设置主程序，创建一个可独立运行的 Windows 程序，即建立一

个程序文件(main. prg)作为主文件。其操作步骤如下:

① 在"项目管理器"中,选择"代码"选项卡,选择"程序"选项,单击"新建"按钮,打开"程序"窗口,即可创建程序文件。

人事管理主程序的代码内容如下:

```
* Main. Prg
Set Talk Off
Set Safety Off
_Screen. Visible = . F.
Do Form Frmmain              && 此时为不加载"系统登录"表单
* Do Form Frmlogin           && 加载"系统登录"表单
Read Events
Close All
Quit
```

② 单击右上角的"关闭"按钮,在"另存为"对话框中,以"main"为文件名保存。

③ 用鼠标右键单击文件名"main. prg",在弹出的快捷菜单中,选择"设置主文件"命令,如图 12.34所示,此时可以看到程序 main 变为黑体。

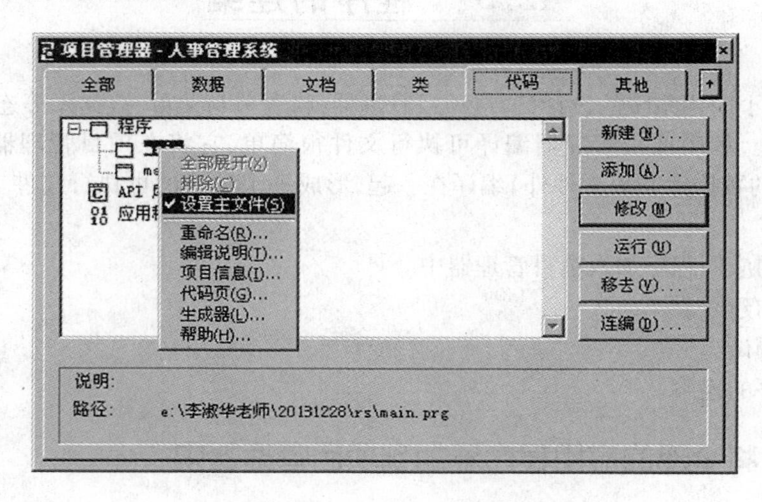

图 12.34 设置主文件

12.5.3 程序的调试

如果在程序中有语法性的错误,当程序运行到错误的语句时,系统就会停下来,并提示用户程序有错,往往还会显示是什么错误。如"命令中含有不能识别的短语或关键字",并给出"取消"、"挂起"、"忽略"、"帮助"4 个选项,其含义分别是:

"取消"——中止程序运行,回到命令窗口,相当于执行了 Cancel 命令,在程序中创建的所有变量被释放(除公共变量外),但数据库及数据表一般保持当时的状态,可以用 Browse 命令查看数据表的内容,即记录指针所在的位置等。

"挂起"——暂停程序,相当于执行了 SUSPEND 命令,这时程序中的所有变量都保持原值,可以用? 命令输出并查看变量的值。

“忽略”——忽略所出现的错误,即跳过出错的语句继续执行后面的语句。

“帮助”——显示有关出错的帮助信息,对于错误做更详细的说明。

如果这时能看出问题出在哪儿,可以选择“取消”,然后进入程序中找出错误所在的位置,将其改正。在选择了“取消”后,可能这时有的表单是打开的,那么用鼠标单击该窗口,然后调用菜单“文件”→“关闭”命令。如果菜单是自定义菜单,用 Set Sysmenu To Default 命令回到系统菜单。改完后,在再次运行程序前,最好将所有的数据库及表关闭,以免在程序打开一个数据表时出现表已打开的错误,比较好的办法是在程序开头先关闭所有的数据库及数据表。关闭所有数据库的命令是:Close Database All,关闭所有数据表的命令是:Close Tables All。

如果不知道问题出在程序的哪个地方,则选择“挂起”,系统会弹出一个调试器窗口,显示出错的语句,“跟踪窗口”的黄色箭头所指的语句就是可能出错的语句。

12.5.4 程序的连编

程序全部编好后就可以开始编译软件了,操作步骤如下:

① 在“项目管理器”中,单击“连编”按钮,打开“连编选项”对话框,如图 12.35 所示。

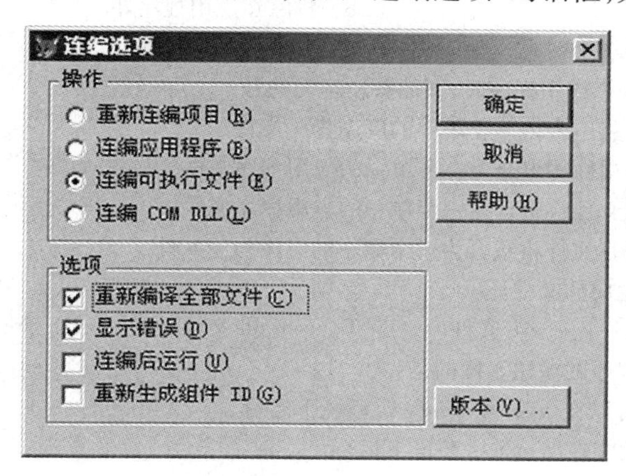

图 12.35 “连编选项”对话框

② 在“操作”选项区域中,选择“连编可执行文件”单选按钮,单击“确定”按钮。

③ 输入编译后的 EXE 文件名,然后保存在已建的应用程序所在的目录中。

④ 接着系统进入编译过程,这一过程是计算机自动完成的。在这一过程中系统会首先检查程序是否有错误,有错误时会给出提示。在提示中可以选择“忽略”、“全部忽略”、“取消”,这里的“忽略”就是不管出现的错误继续编译。当然,一般不应该这样,一旦出现错误提示,应选择“取消”,然后找出相应的错误,改正后再编译。为了方便查找错误,系统还将错误记录下来,通过选择菜单“项目”→“错误”命令可以看到,其中会讲明是什么错误,发生在哪个程序的哪一条语句中。对于有些错误会不给出提示而直接忽略,但它仍然会把错误记录下来。如果系统编译时没有记录错误,那是因为在菜单上的“工具”→“选项”→“常规”→“编程”中的“记录编译错误”没有打开。

⑤ 编译完成后,用户就可以将自己的系统复制到其他机器上运行了(即脱离 VFP 环境)。但是值得注意的是,系统要将相应版本的 VFP 支持文件复制进去,例如,VFP 6.0 中需要的文件为 VFP6r.dll、VFP6renu.dll。

习 题

一、选择题

1. 不能够作为应用程序系统中的主程序的是(　　)。
   A) 表单　B) 菜单　C) 数据表　D) 程序
2. 要连编程序,必须通过(　　)。
   A) 程序编辑器　B) 项目管理器　C) 应用程序生成器　D) 数据库设计器
3. 如果将一个数据表设置为“包含”状态,那么系统连编后,该数据表将(　　)。
   A) 成为自由表　B) 包含在数据库之中
   C) 可以随时编辑修改　D) 不能编辑修改
4. 通过连编可以生成多种类型的文件,但是却不能生成(　　)。
   A) PRG 文件　B) APP 文件　C) DLL 文件　D) EXE 文件
5. 如果将一个表单文件设置为“排除”状态,那么它(　　)。
   A) 不参加连编　B) 排除在应用程序外
   C) 本次不编译　D) 不显示编译错误
6. 把一个项目编译成一个应用程序时,下面叙述正确的是(　　)。
   A) 所有的项目文件将组合为一个单一的应用程序文件
   B) 所有项目包含的文件将组合为一个单一的应用程序文件
   C) 所有项目排除的文件将组合为一个单一的应用程序文件
   D) 由用户选定的项目文件将组合为一个单一的应用程序文件
7. 连编应用程序不能生成的文件是(　　)。
   A) .app 文件　B) .exe 文件　C) com dll 文件　D) .prg 文件
8. 下面关于运行应用程序的说法正确的是(　　)。
   A) .app 应用程序可以在 VFP 和 Windows 环境下运行
   B) .exe 应用程序只能在 Windows 环境下运行
   C) .exe 应用程序可以在 VFP 和 Windows 环境下运行
   D) .app 应用程序只能在 Windows 环境下运行
9. 作为整个应用程序入口点的主程序至少应具有以下(　　)功能。
   A) 初始化环境
   B) 初始化环境、显示初始用户界面
   C) 初始化环境、显示初始用户界面、控制事件循环
   D) 初始化环境、显示初始的用户界面、控制事件循环,退出时恢复环境
10. 在应用程序生成器的“数据”选项卡中可以(　　)。
    A) 为表生成一个表单和报表,并可以选择样式
    B) 为多个表生成的表单必须有相同的样式
    C) 为多个表生成的报表必须有相同的样式
    D) 只能选择数据源,不能创建它

二、填空题

1. 系统开发一般过程有________个阶段。
2. 用项目管理器组装应用系统,要将________等资源文件组装在项目中。

3. 项目管理器________将系统的各个组件组装在一起。

4. 连编可执行文件,要使用________。

5. 一个较为完善的应用程序系统包含________、________、________、________等部件。

6. 菜单程序组装在项目管理器________中。

7. 使用"应用程序向导"创建的项目,除项目外还自动生成一个________。

8. 在应用程序生成器的"常规"选项卡中,选择程序类型时选中"顶层",将生成一个________。选择程序类型时选中"正常",将生成一个________。

9. 要使得在应用程序生成器中所做的修改与当前活动项目保持一致,应单击________按钮。

10. 在打开项目管理器之后再打开应用程序生成器,可以通过按________键。

实　训

【实训目的】

1. 熟练掌握设计一个管理系统的程序设计方法。

2. 掌握程序连编的程序方法。

【实训内容】

1. 设计一个学生档案管理系统。

该系统的数据库(表)结构:

学号、姓名、性别、出生日期、家庭住址、邮编、联系电话、政治面貌、所在系、所在班级、入学时间、毕业学校、特长、身高、照片、备注。

该系统实现功能如图 12.36 所示。

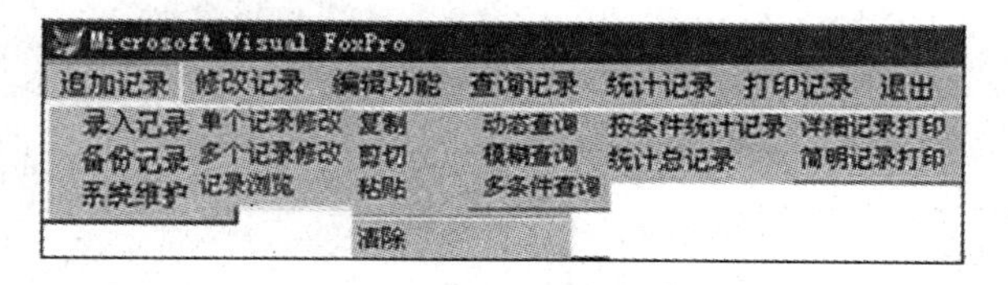

图 12.36　学生档案管理系统主控菜单

(1) 追加记录模块:包括录入记录、备份记录及系统维护模块。

① 录入记录模块:实现对数据库记录内容的录入,方式是采用可视化界面以及选择方式,如政治面貌可以通过组合框的方式来实现。

② 备份记录模块:实现对指定记录的备份,可以指定备份的路径和文件名。

③ 系统维护模块:实现显示日期、数据库初始化、密码设定与更改等。

(2) 修改记录模块:实现对指定的一个记录(或多个记录)进行修改以及记录浏览功能。

(3) 编辑功能模块:实现与编辑有关的系统模块,如复制、粘贴、剪切等。

(4) 查询记录模块:支持动态查询、模糊查询、多条件查询等。

(5) 统计记录模块:用来统计指定条件记录的个数,如某年出生的学生的个数。

(6) 打印记录模块:此模块用来实现对指定记录的打印输出,支持详细记录打印和简明记录打印(即打印的字段不同)。

(7) 退出模块:退出系统。

2. 参考学生档案管理系统,设计一个人事管理系统主控菜单程序。

第13章 关系数据库标准语言SQL

SQL是Structured Query Language的缩写，即结构化查询语言。查询是SQL的重要组成部分，SQL还包含数据定义、数据操作和数据控制功能等内容。SQL已经成为关系数据库的标准数据语言，所以现在所有的关系数据库管理系统都支持SQL。掌握SQL语法可以更加灵活地建立查询和视图。

13.1 SQL简介

SQL语言来源于20世纪70年代IBM的一个被称为SEQUEL(Structured English Query Language)的研究项目。20世纪80年代,SQL由ANSI进行了标准化。1998年4月,ISO提出了具有完整性特征的SQL,并将其定为国际标准,推荐它为标准关系数据库语言。1990年,我国也颁布了《信息处理系统数据库语言SQL》,将其定为中国国家标准。

13.1.1 SQL的主要特点

① 一体化语言。SQL提供了一系列完整的数据定义、数据查询、数据操作和数据控制等方面的功能。用SQL可以实现数据库生命周期中的全部活动,包括简单地定义数据库和表的结构,实现表中数据的录入、修改、删除、查询和维护,满足数据库重构、数据库安全控制等一系列操作要求。

② 高度非过程化。SQL和其他数据操作语言不同,SQL是一种非过程化语言,它不必一步步地告诉计算机"如何"去做,用户只需说明做什么操作,而不用说明怎样做,不必了解数据存储的格式及SQL命令的内部,就可方便地对关系数据库进行操作。

③ 语言简洁。虽然SQL的功能很强大,但语法却很简单,只有为数不多的几条命令。表13.1给出了分类的命令动词,从该表可知,它的词汇很少。初学者经过短期的学习就可以使用SQL进行数据库的存取等操作,因此,易学易用是它的最大特点。

④ 统一的语法结构和不同的工作方式。SQL可以直接在VFP的命令窗口以人机交互的方式使用,也可嵌入程序设计中以程序方式使用,例如,SQL写在.PRG文件中也能运行。在书写的时候,如果语句太长,可以用";"号换行。现在很多数据库应用开发工具都将SQL直接融入自身的语言之中,使用起来更方便,VFP就是如此。这些使用方式为用户提供了灵活的选择余地。此外,尽管SQL的使用方式不同,但SQL的语法基本是一致的。

13.1.2　SQL 语句的执行

SQL 语句可以在命令窗口中执行，也可以作为查询或视图（的内容）被使用，还可以在程序文件中被执行。SQL 命令动词如表 13.1 所示。

表 13.1　SQL 命令动词

SQL 功能	命令动词
数据查询	SELECT
数据定义	CREATE、DROP、ALTER
数据操作	INSERT、UPDATE、DELETE
数据控制	GRANT、REVOKE

13.2　查询功能

数据库中最常见的操作是数据查询，也是 SQL 的核心。

13.2.1　SQL 语法

SQL 给出了简单而又丰富的查询语句形式，SQL 的查询命令也称为 SELECT 命令，它的基本形式由 SELECT - FROM - WHERE 查询块组成，多个查询块可以嵌套执行。

格式：

SELECT[ALL|DISTINCT][TOP〈表达式〉]
　[〈别名〉]〈Select 表达式〉[AS〈列名〉][,[〈别名〉]
　　〈Select 表达式〉[AS〈列名〉]…]
　FORM[〈数据库名〉!]〈表名〉[[AS]Local_ Alias]
　[[INNER |LEFT[OUTER]|RIGHT[OUTER]|FULL[OUTER]
　　JOIN[〈数据库名〉!]〈表名〉[[AS]Local_ Alias][ON〈连接条件〉]]
　[INTO〈查询结果〉|TO FILE〈文件名〉[ADDITIVE]
　　|TO PRINTER [PROMPT]|TO SCREEN]
　[PREFERENCE PreferenceName][NOCONSOLE][PLAIN][NO WAIT]
　[WHERE〈连接条件 1〉[AND〈连接条件 2〉…][AND|OR〈筛选条件〉…]]
　[GROUP BY〈组表达式〉][,〈组表达式〉…]]
　[HAVING]〈筛选条件〉]
　[UNION[ALL]〈SELECT 命令〉]
　[ORDER BY〈关键字表达式〉[ASC |DESC][,〈关键字表达式〉[ASC |DESC]…]]

说明：SELECT-SQL 命令的格式包括 3 个基本子句：SELECT 子句、FROM 子句、WHERE 子句。此外，还包括操作子句：ORDER 子句、GROUP 子句、UNION 子句以及其他一些选项。

1. SELECT 子句

SELECT 子句用来指定查询结果中的数据。其中:

ALL 选项表示选出的记录中包括重复记录,这是默认值;DISTINCT 选项则表示选出的记录中不包括重复记录。

TOP〈表达式〉选项表示在符合条件的记录中,选取指定数量或百分比(〈表达式〉)记录。

[〈别名〉]〈SELECT 表达式〉[AS〈列名〉]选项中的别名是字段所在的表名;〈SELECT 表达式〉可以是字段名或字段表达式;〈列名〉用于指定输出时使用的列标题,可以不同于字段名。

〈SELECT 表达式〉用一个 * 号来表示时,表示指定所有字段。

2. FROM 子句

用于指定查询的表与连接类型。其中:

JOIN 关键字用于连接其左右两个〈表名〉所指定的表。

INNER | LEFT[OUTER] | RIGHT[OUTER] | FULL[OUTER] 选项,指定两表连接时的连接类型,连接类型有 4 种,如表 13.2 所示。其中的 OUTER 选项,表示外部连接,即允许满足连接条件的记录,又允许不满足连接条件的记录。若省略 OUTER 选项,效果不变。

表 13.2 连接类型

连接类型	意义
INNER JOIN(内部连接)	只有满足连接条件的记录包含在结果中
LEFT OUTER JOIN(左连接)	左表某记录与右表所有记录比较字段值,若有满足连接条件的,则产生一个真实记录;若都不满足,则产生一个含 NULL 值的记录。直到右表所有记录都比较完
RIGHT OUTER JOIN(右连接)	右表某记录与左表所有记录比较字段值,若有满足连接条件的,则产生一个真实记录;若都不满足,则产生一个含 NULL 值的记录。直到左表所有记录都比较完
FULL JOIN(完全连接)	先按右连接比较字段值,再按左连接比较字段值。不列入重复记录

ON〈连接条件〉选项用于指定连接条件。

INTO 与 TO 选项用于指定查询结果的输出去向,默认查询结果显示在浏览窗口中。INTO 选项中的〈查询结果〉有 3 种,如表 13.3 所示。

表 13.3 查询结果

目标	输出形式
ARRAY〈数组〉	查询结果输出到数组
CURSOR〈临时表〉	查询结果输出到临时表
TABLE | DBF〈表名〉	查询结果输出到表

TO FILE 选项表示输出到指定的文本文件，并取代原文件内容。

ADDITIVE 选项表示只添加新数据，不清除原文件的内容。

TO PRINTER 选项表示输出到打印机。

PROMPT 选项表示打印前先显示打印确认框。

TO SCREEN 选项表示输出到界面。

PLAIN 选项表示输出时省略字段名。

NO WAIT 选项表示显示浏览窗口后程序继续往下执行。

3. WHERE 子句

用来指定查询的条件。其中的〈连接条件〉指定一个字段，该字段连接 FROM 子句中的表。如果查询中包含不止一个表，就应该为第一个表后的每一个表指定连接条件。

4. 其他子句和选项

GROUP BY 子句：对记录按〈组表达式〉值分组，常用于分组统计。

HAVING 子句：当含有 GROUP BY 子句时，HAVING 子句可作为记录查询的限制条件；无 GROUP BY 子句时，HAVING 子句的作用如同 WHERE 子句。

UNION 子句：可以用 UNION 子句嵌入另一个 SQL - SELECT 命令，使这两个命令的查询结果合并输出，但输出字段的类型和宽度必须一致。UNION 子句默认组合结果中排除重复行，使用 ALL，则允许包含重复行。

ORDER BY 子句：指定查询结果中记录按〈关键字表达式〉排序，默认升序。选项 ASC 表示升序，DESC 表示降序。

SELECT 查询命令的使用非常灵活，用它可以构造各种各样的查询。本章将通过大量的实例来介绍 SELECT 命令的使用方法。

13.2.2 简单查询

简单查询只含有基本子句，可有简单的查询条件。

【例 13.1】 在“职工档案”表中，检索所有字段。查询结果如图 13.1 所示。

```
SELECT * FROM Zgda
```

查询

编号	姓名	性别	年龄	职称	工作时间	婚否	简历	照片
1	张黎黎	女	26	助教	05/24/18	T	memo	Gen
2	李 艳	女	30	助教	09/24/18	T	memo	Gen
3	刘 强	男	28	讲师	12/24/15	T	memo	Gen
4	王秋燕	女	30	讲师	10/09/15	T	memo	Gen
5	姜丽萍	女	30	讲师	10/09/15	T	memo	Gen
6	陈丽丽	女	32	讲师	09/27/15	T	memo	Gen
7	刘 刚	男	38	副教授	06/23/13	T	memo	Gen
8	王 良	男	30	讲师	08/09/15	T	memo	Gen

图 13.1 例 13.1 的查询结果

【例 13.2】 在“职工工资”表中，检索实发工资大于 2 000 元的记录。查询结果如图 13.2 所示。

```
SELECT 编号,姓名,实发工资 FROM Zggz WHERE 实发工资 >2000
```

【例 13.3】 在"职工档案"表中,检索所有职称名称。查询结果如图 13.3 所示。

```
SELECT DISTINCT 职称 FROM Zgda
```

查询

编号	姓名	实发工资
4	王秋燕	2010.00
5	姜丽萍	2030.00
7	刘 刚	2570.00

图 13.2 例 13.2 的查询结果

查询

职称
副教授
讲师
助教

图 13.3 例 13.3 的查询结果

【例 13.4】 在"职工档案"表中,检索职称是助教的记录。查询结果如图 13.4 所示。

```
SELECT 编号,姓名,职称 FROM Zgda WHERE 职称 = "助教"
```

【例 13.5】 在"职工工资"表中,检索实发工资小于 1 000 大于 1 800 元的记录。查询结果如图 13.5 所示。

```
SELECT 编号,姓名,实发工资 FROM Zggz WHERE 实发工资 >1000 AND 实发工资 <1800
```

查询

编号	姓名	职称
1	张黎黎	助教
2	李 艳	助教

图 13.4 例 13.4 的查询结果

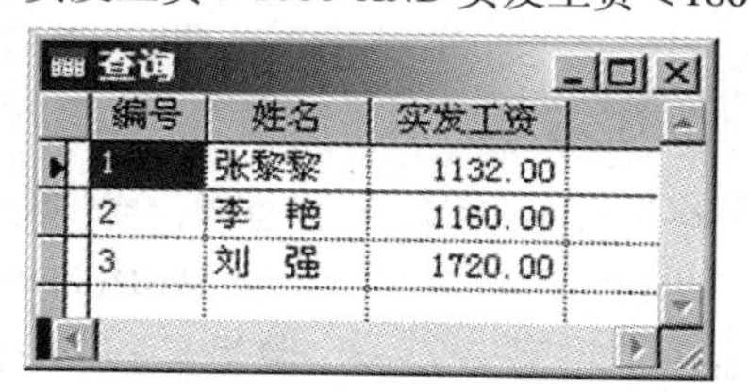

查询

编号	姓名	实发工资
1	张黎黎	1132.00
2	李 艳	1160.00
3	刘 强	1720.00

图 13.5 例 13.5 的查询结果

13.2.3 特殊运算符

在 SQL 语句中,WHERE 子句后面的连接条件除了可以使用 VFP 语言中的关系表达式以及逻辑表达式外,还可以使用几个特殊运算符:

[NOT]IN:表示[不]在……之中;

[NOT]BETWEEN…AND…:表示[不]在……之间;

[NOT]LIKE:表示[不]与……匹配。

下面以实例来说明此用法。

说明:

① NOT 运算符来设计否定条件。

② LIKE 运算符提供两种字符串匹配方式,一种是使用下画线符号"_",匹配一个任意字符;另一种是使用百分号"%",匹配 0 个或多个任意字符。

③ IN 运算符,格式为 IN(常量 1,常量 2,…)。含义为查找和常量相等的值。

【例 13.6】 在"职工档案"表中,检索性别是男的记录。查询结果如图 13.6 所示。

```
SELECT DISTINCT 编号,姓名,性别 FROM Zgda WHERE 性别 LIKE "男"
```

可以使用 NOT 运算符来设计否定条件,检索性别不是"男"的记录。

```
SELECT DISTINCT 编号,姓名,性别 FROM Zgda WHERENOT(性别 LIKE "男")
```

【例 13.7】 在"职工档案"表中,检索所有姓"刘"的记录。查询结果如图 13.7 所示。

```
SELECT 编号,姓名 FROM Zgda WHERE 姓名 LIKE "刘%"
```

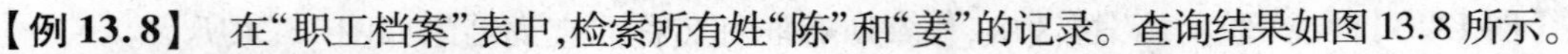

【例 13.8】 在“职工档案”表中,检索所有姓“陈”和“姜”的记录。查询结果如图 13.8 所示。

编号	姓名	性别
3	刘 强	男
7	刘 刚	男
8	王 良	男

图 13.6 例 13.6 的查询结果

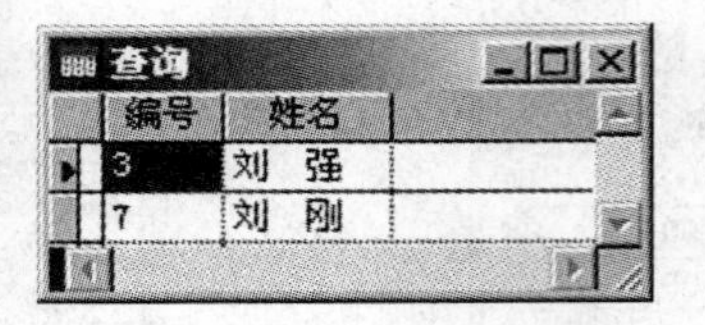

编号	姓名
3	刘 强
7	刘 刚

图 13.7 例 13.7 的查询结果

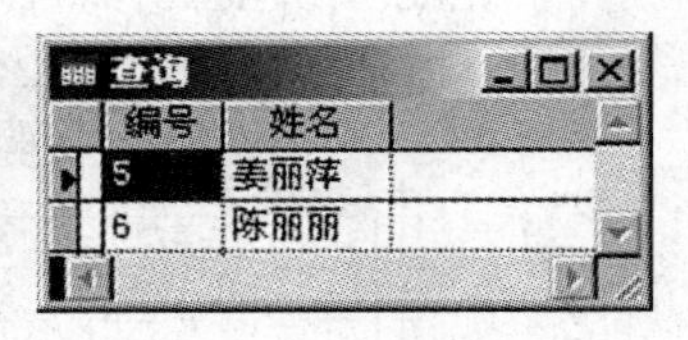

编号	姓名
5	姜丽萍
6	陈丽丽

图 13.8 例 13.8 的查询结果

```
SELECT 编号,姓名 FROM Zgda WHERE 姓名 IN("陈","姜")
```

上式可以改为 VFP 条件,执行结果是一样的。

```
SELECT 编号,姓名 FROM Zgda WHERE 姓名 LIKE "陈%" OR 姓名 LIKE "姜%"
```

13.2.4 简单的连接查询

连接是关系运算的基本操作之一,连接查询是一种基于多个关系的查询。

【例 13.9】 在“职工档案”表和“职工工资”表中,检索实发工资大于 2 000 元的记录。查询结果如图 13.9 所示。

```
SELECT Zgda.编号,Zgda.姓名,Zggz.实发工资 FROM Zgda,Zggz ;
  WHERE(实发工资 >2000)AND(Zgda.编号 = Zggz.编号)
```

其中,Zgda . 编号 = Zggz . 编号是连接的条件。

【例 13.10】 在“职工档案”表和“职工工资”表中,检索职称是“讲师”,并且实发工资大于 1 900 元的记录。查询结果如图 13.10 所示。

编号	姓名	实发工资
4	王秋燕	2010.00
5	姜丽萍	2030.00
7	刘 刚	2570.00

图 13.9 例 13.9 的查询结果

编号	姓名	职称	实发工资
4	王秋燕	讲师	2010.00
5	姜丽萍	讲师	2030.00
6	陈丽丽	讲师	1960.00
8	王 良	讲师	1960.00

图 13.10 例 13.10 的查询结果

```
SELECT Zgda.编号,Zgda.姓名,Zgda.职称,Zggz.实发工资 FROM Zgda,Zggz ;
  WHERE(职称 ="讲师")AND(实发工资 >1900)AND(Zgda.编号 = Zggz.编号)
```

13.2.5 嵌套查询

嵌套查询是基于多个关系的查询,这类查询所要求的结果出自一个关系,但相关条件却涉及多个关系。这时就需要使用 SQL 的嵌套查询功能。

格式:〈表达式〉〈比较运算符〉[ANY|ALL|SOME](〈子查询〉)

[NOT]EXISTS(〈子查询〉)

说明:

① 其中的〈比较运算符〉除了在第 6 章介绍的关系运算符之外,还有前面提到的特殊运算符。

② ANY、ALL 和 SOME 是量词,其中 ANY 和 SOME 是同义词,在进行比较运算时只要子查询中有一条记录为真,则结果为真;而 ALL 则要求子查询中的所有记录都为真,结果才为真。

③ EXISTS 是谓词,用来检查子查询中是否有结果返回(是否为空)。NOT EXISTS 表示是空的结果集。

为了讨论嵌套查询,在此引入一个订货管理数据库,此数据库涉及 4 个表(4 个关系),即仓库表、职工表、订购单表、供应商表,4 个表的内容分别如图 13.11 ~ 图 13.14 所示。

仓库

仓库号	城市	面积
WH1	北京	370
WH2	上海	500
WH3	广州	200
WH4	武汉	400

图 13.11 仓库表

职工

仓库号	职工号	工资
WH1	E3	1210
WH2	E4	1250
WH3	E6	1230
WH1	E7	1250

图 13.12 职工表

订购单

职工号	供应商号	订购单号	订购日期	总金额
E3	S7	OR67	06/23/20	35000.00
E1	S4	OR73	07/28/19	12000.00
E7	S4	OR76	05/25/20	7250.00
E6	Null	OR77	09/04/19	7800.00
E3	S4	OR79	06/13/19	30050.00
E1	Null	OR80	08/03/19	2000.00

图 13.13 订购单表

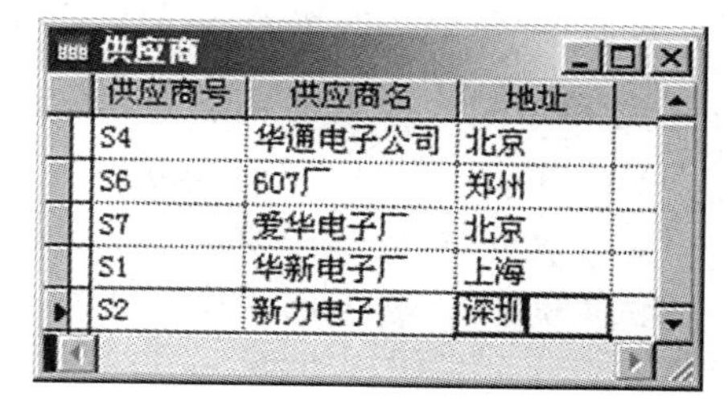

供应商

供应商号	供应商名	地址
S4	华通电子公司	北京
S6	607厂	郑州
S7	爱华电子厂	北京
S1	华新电子厂	上海
S2	新力电子厂	深圳

图 13.14 供应商表

【例 13.11】 在仓库表和职工表中,检索哪些城市至少有一个仓库的职工工资为 1 250 元。查询结果如图 13.15 所示。

```
SELECT 城市 FROM 仓库 WHERE 仓库号 IN ;
    (SELECT 仓库号 FROM 职工 WHERE 工资 = 1250)
```

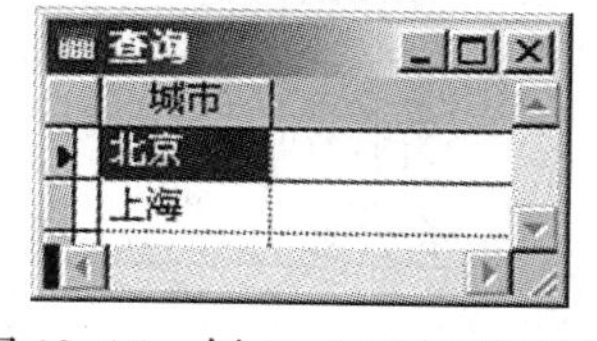

查询

城市
北京
上海

图 13.15 例 13.11 的查询结果

在这个命令中含有两个 SELECT – FROM – WHERE 查询块,即内层查询块和外层查询块,内层查询块检索到的仓库号值是 WH1 和 WH2,这里 IN 相当于集合运算符∈。这样就可写出等价的命令:

```
SELECT 城市 FROM 仓库 WHERE 仓库号 IN("WH1","WH2")
```

【例 13.12】 在仓库表和职工表中,检索所有职工的工资都多于 1 210 元的仓库信息。查询结果如图 13.16 所示。

```
SELECT * FROM 仓库 WHERE 仓库号 NOT IN ;
    (SELECT 仓库号 FROM 职工 WHERE 工资 <= 1210)
```

内层 SELECT – FROM – WHERE 查询块指出所有职工的工资少于或等于 1 210 元的仓库的仓库号值的集合,在这里该集合只有一个值 WH1;然后从仓库关系中检索元组的仓库号属性值不在该集合中的每个元组。

有的读者也许已经注意到刚才的检索出现了错误,尽管在“武汉”的 WH4 仓库还没有职工,但该仓库的信息也被检索出来了。所以必须认真分析检索要求,写出正确的 SQL 命令。如果要求排除那些还没有职工的仓库,检索要求可以叙述为:检索所有职工的工资都多于 1 210 元的仓库的信息,并且该仓库至少要有一名职工。这样描述就很清楚了,因为对没有职工的仓库不感兴趣。这样,写出的 SQL 命令也就复杂一些了。

```
SELECT * FROM 仓库 WHERE 仓库号 NOT IN ;
  (SELECT 仓库号 FROM 职工 WHERE 工资 <= 1210);
  AND 仓库号 IN(SELECT 仓库号 FROM 职工)
```

这样内层是两个并列的查询,在结果中将不包含没有职工的仓库信息。查询结果如图 13.17所示。

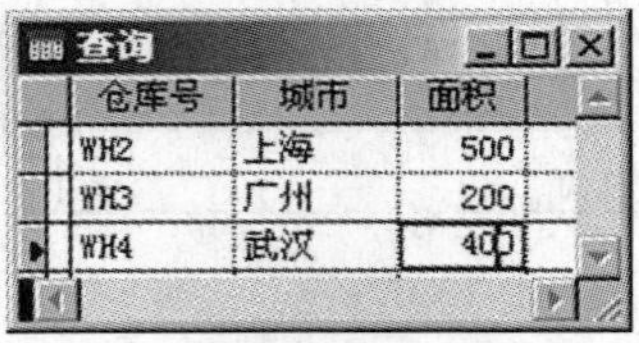

仓库号	城市	面积
WH2	上海	500
WH3	广州	200
WH4	武汉	400

图 13.16　例 13.12 的查询结果

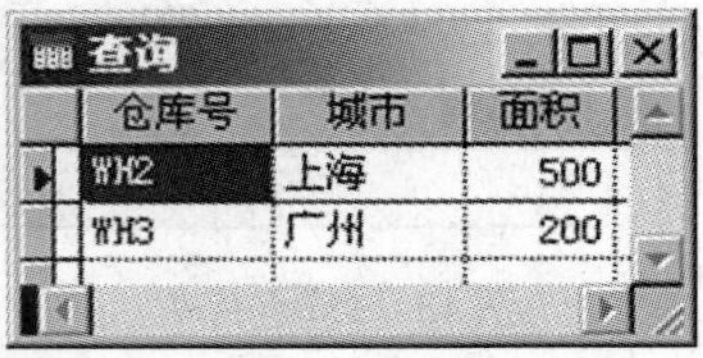

仓库号	城市	面积
WH2	上海	500
WH3	广州	200

图 13.17　例 13.12 的查询结果

【例 13.13】　检索出和职工 E4 挣同样工资的所有职工。查询结果如图 13.18 所示。

```
SELECT 职工号 FROM 职工 WHERE 工资 = ;
  (SELECT 工资 FROM 职工 WHERE 职工号 = "E4")
```

【例 13.14】　检索出工资在 1 220 元到 1 240 元范围内的职工信息。查询结果如图13.19 所示。

职工号
E4
E7

图 13.18　例 13.13 的查询结果

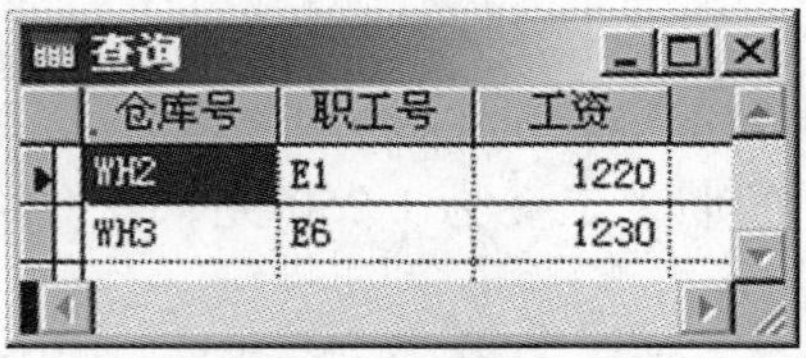

仓库号	职工号	工资
WH2	E1	1220
WH3	E6	1230

图 13.19　例 13.14 的查询结果

这个查询的条件值是在一个范围之内的,显然可以用 BETWEEN – AND,为此有如下查询语句:

```
SELECT * FROM 职工 WHERE 工资 BETWEEN 1220 AND 1240
```

这里 BETWEEN – AND 的意思是在"……和……之间",这个查询的条件等价于:

```
(工资 >= 1220)AND(工资 <= 1240)
```

显然使用 BETWEEN – AND 表达条件更清晰、更简洁。

假如找出工资不在 1 220 元和 1 240 元之间的全部职工信息,可以用命令:

```
SELECT * FROM 职工 WHERE 工资 NOT BETWEEN 1220 AND 1240
```

查询结果如图 13.20 所示。

【例 13.15】　在供应商表中,检索出全部公司而不要工厂或其他供应商的信息。查询结果如图 13.21 所示。

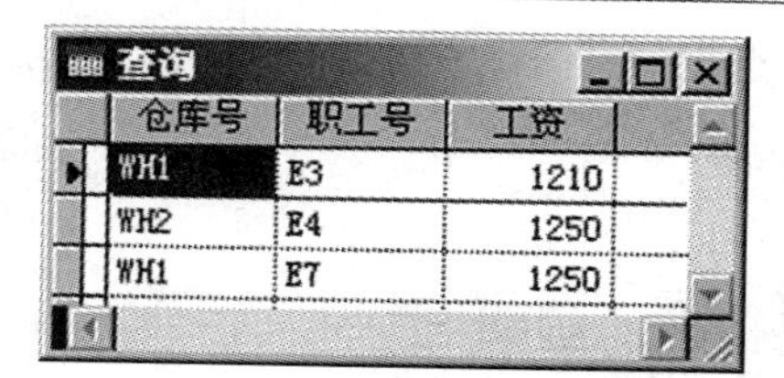

仓库号	职工号	工资
WH1	E3	1210
WH2	E4	1250
WH1	E7	1250

图 13.20 与例 13.14 相反的查询结果

供应商号	供应商名
S4	华通电子公司
S7	爱华电子公司

图 13.21 例 13.15 的查询结果

这是一个字符串匹配的查询,显然应该使用 LIKE 运算符:

SELECT * FROM 供应商 WHERE 供应商名 LIKE "%公司"

这里的 LIKE 是字符串匹配运算符,通配符"%"表示 0 个或多个字符,另外还有一个通配符"_"表示一个字符。

【例 13.16】 在供应商表中,找出不在北京的全部供应商的信息。查询结果如图 13.22 所示。

SELECT * FROM 供应商 WHERE 地址! ="北京"

在 SQL 中,"不等于"用"! ="表示。另外还可以用否定运算符 NOT 写出等价命令:

SELECT * FROM 供应商 WHERENOT(地址="北京")

NOT 的应用范围很广,例如,可以有 NOT IN(例 13.12)、NOT BETWEEN 等。

供应商号	供应商名	地址
S3	振华电子厂	西安
S6	607厂	郑州
S1	华新电子厂	上海
S2	新力电子厂	深圳

图 13.22 例 13.16 的查询结果

13.2.6 排序

SQL 中排序操作使用 ORDER BY 子句。

格式:ORDER BY〈关键字表达式 1〉[ASC |DESC]

[,〈关键字表达式 2〉[ASC |DESC]…]

说明:ASC 为升序(默认为升序),DESC 为降序。允许按一列或多列排序。

【例 13.17】 在职工表中,按职工的工资值升序检索出全部职工的信息。查询结果如图 13.23所示。

SELECT * FROM 职工 ORDER BY 工资

这里 ORDER BY 是排序子句,如果需要将结果按降序排列,只要加上 DESC。查询结果如图 13.24所示。

仓库号	职工号	工资
WH1	E3	1210
WH2	E1	1220
WH3	E6	1230
WH2	E4	1250
WH1	E7	1250

图 13.23 例 13.17 的查询结果(升序排列)

仓库号	职工号	工资
WH2	E4	1250
WH1	E7	1250
WH3	E6	1230
WH2	E1	1220
WH1	E3	1210

图 13.24 例 13.17 的查询结果(降序排列)

SELECT * FROM 职工 ORDER BY 工资 DESC

【例 13.18】　在职工表中,先按仓库号排序,再按工资排序,并输出全部职工信息。查询结果如图 13.25 所示。

```
SELECT * FROM 职工 ORDER BY 仓库号,工资
```

查询

仓库号	职工号	工资
WH1	E3	1210
WH1	E7	1250
WH2	E1	1220
WH2	E4	1250
WH3	E6	1230

图 13.25　例 13.18 的查询结果

这是一个按多列排序的例子。

说明:ORDER BY 是对最终的查询结果进行排序,不可以在子查询中使用该短语。

13.2.7　简单的计算查询

SQL 是完备的,也就是说,只要数据是按关系方式存入数据库的,就能构造合适的 SQL 命令把它检索出来。事实上,SQL 不仅具有一般的检索能力,而且还有计算方式的检索,比如检索职工的平均工资、检索某个仓库中职工的最高工资值等。用于计算检索的函数如下,这些函数可以用在 SELECT 短语中对查询结果进行计算:

COUNT—计数

SUM—求和

AVG—计算平均值

MAX—求最大值

MIN—求最小值

【例 13.19】　在供应商表中,找出供应商所在地的数目。查询结果如图 13.26 所示。

```
SELECT COUNT(DISTINCT 地址)FROM 供应商
```

参见前面给出的供应商的记录值,其中共有 5 个地址:北京、西安、郑州、上海和深圳。所以结果为 5。

说明:除非对关系中的元组个数进行计数,一般应用 COUNT 函数时应该使用 DISTINCT。例如:

```
SELECT COUNT(*)FROM 供应商
```

将给出供应商表中的记录数是 6 个。

【例 13.20】　在职工表中,求支付的工资总数。查询结果如图 13.27 所示。

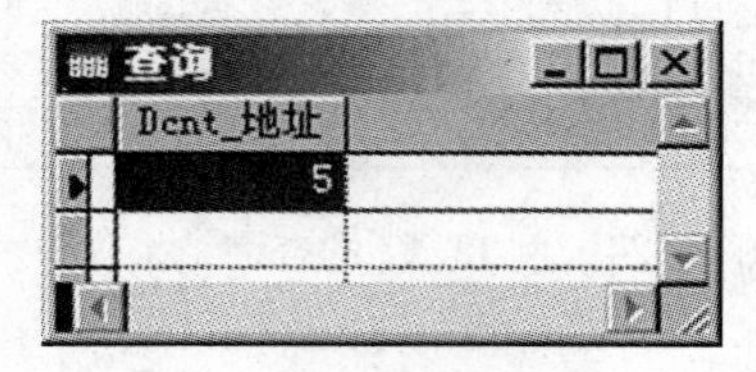
查询

Dcnt_地址
5

图 13.26　例 13.19 的查询结果

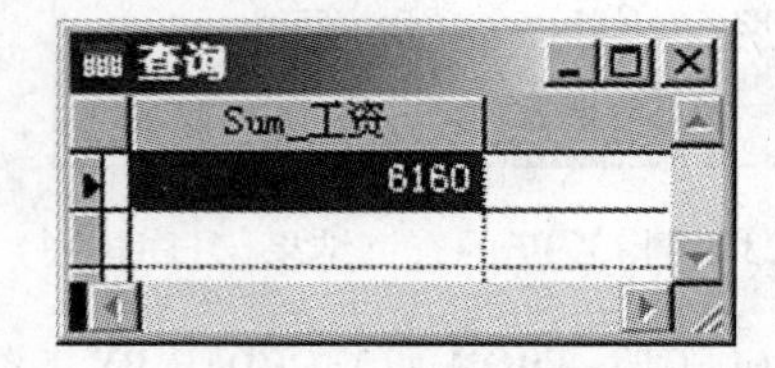
查询

Sum_工资
6160

图 13.27　例 13.20 的查询结果

```
SELECT SUM(工资)FROM 职工
```

结果是 6 160。这个结果是职工关系中的工资值的总和,它并不管是否有重复值。这时若使用命令:

```
SELECT SUM(DISTINCT 工资)FROM 职工
```

查询结果如图 13.28 所示,将得出错误的结果 4 910。原因是 DISTINCT 命令去掉了重复值1 250。

【例 13.21】 在职工表和仓库表中,求北京和上海的仓库职工的工资总和。查询结果如图 13.29所示。

```
SELECT SUM(工资)FROM 职工 WHERE 仓库号 IN ;
  (SELECT 仓库号 FROM 仓库 WHERE 城市 = "北京" OR 城市 = "上海")
```

【例 13.22】 在仓库表和职工表中,求所有职工的工资都多于 1 210 元的仓库的平均面积。查询结果如图 13.30 所示。

图 13.28 例 13.20 错误的查询结果

图 13.29 例 13.21 的查询结果

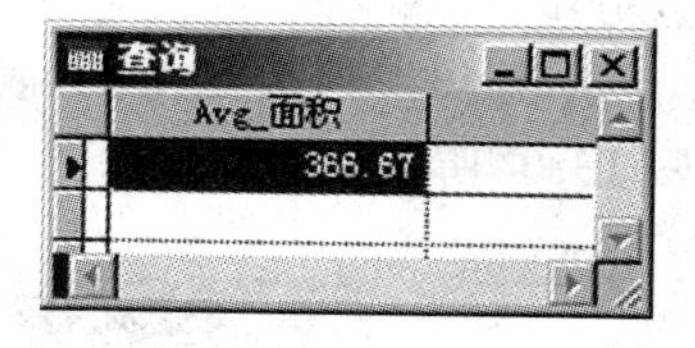

图 13.30 例 13.22 的查询结果

```
SELECT AVG(面积)FROM 仓库 WHERE 仓库号 NOT IN ;
  (SELECT 仓库号 FROM 职工 WHERE 工资 <=1210)
```

结果是 366.67。这里要注意,以上结果的运算包含了尚没有职工的 WH4 仓库。如果要排除没有职工的仓库,以上语句应该改为

```
SELECT AVG(面积)FROM 仓库 WHERE 仓库号 NOT IN ;
  (SELECT 仓库号 FROM 职工 WHERE 工资 <=1210);
    AND 仓库号 IN (SELECT 仓库号 FROM 职工)
```

查询结果如图 13.31 所示,结果是 350。

【例 13.23】 在职工表中,求在 WH2 仓库工作的职工的最高工资值。查询结果如图 13.32 所示。

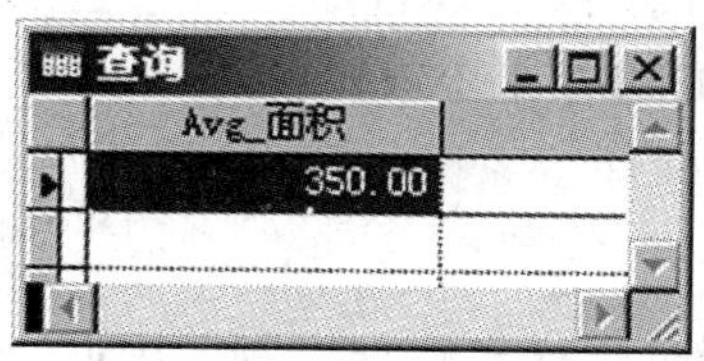

图 13.31 例 13.22 的查询结果

图 13.32 例 13.23 的查询结果

```
SELECT MAX(工资)FROM 职工 WHERE 仓库号 = "WH2"
```

结果是 1 250。

与 MAX 函数相对应的是 MIN 函数(求最小值)。例如,求最低工资值可以有如下命令:

```
SELECT MIN(工资)FROM 职工 WHERE 仓库号 = "WH2"
```

13.2.8 分组与计算查询

上面几个例子是对整个关系的计算查询,而利用 GROUP BY 子句可以进行分组计算查询,

使用更加广泛。

格式:GROUP BY〈分组字段名〉[〈分组字段名〉…][HAVING〈过滤条件〉]

可以按一列或多列分组,还可以用 HAVING 进一步限定分组的条件。下面是几个分组计算查询的例子。

【例 13.24】 在职工表中,求每个仓库的职工的平均工资。查询结果如图 13.33 所示。

```
SELECT 仓库号,AVG(工资)FROM 职工 GROUP BY 仓库号
```

在这个查询中,首先按仓库号属性进行分组,然后再计算每个仓库的平均工资。GROUP BY 子句一般跟在 WHERE 子句之后,没有 WHERE 子句时,跟在 FROM 子句之后。另外,还可以根据多个属性进行分组。

在分组查询时,有时要求分组满足某个条件时才检索,这时可以用 HAVING 子句来限定分组。

【例 13.25】 在职工表中,求至少有两个职工的每个仓库的平均工资。查询结果如图 13.34所示。

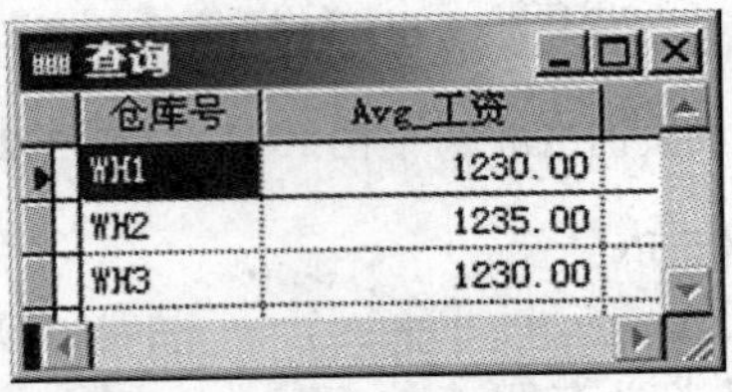

查询

仓库号	Avg_工资
WH1	1230.00
WH2	1235.00
WH3	1230.00

图 13.33 例 13.24 的查询结果

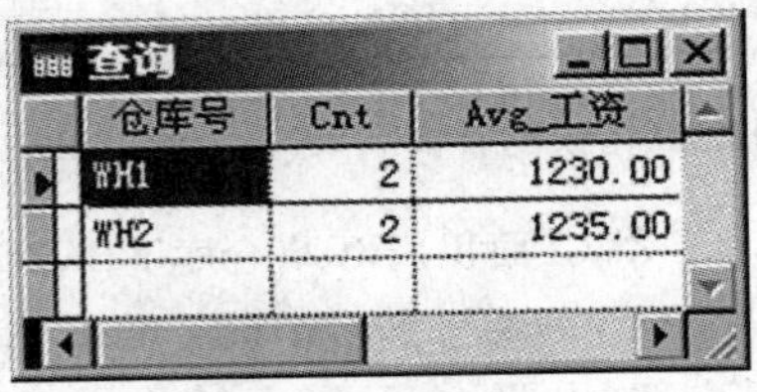

查询

仓库号	Cnt	Avg_工资
WH1	2	1230.00
WH2	2	1235.00

图 13.34 例 13.25 的查询结果

```
SELECT 仓库号,COUNT(*),AVG(工资)FROM 职工;
    GROUP BY 仓库号 HAVING COUNT(*)>=2.
```

HAVING 子句总是跟在 GROUP BY 子句之后,不可以单独使用。HAVING 子句和 WHERE 子句不矛盾,在查询中是先用 WHERE 子句限定元组,然后再进行分组,最后再用 HAVING 子句限定分组。

说明:WHERE 子句是用来指定表中各行所应满足的条件,而 HAVING 子句是用来指定每一分组所满足的条件,只有满足 HAVING 条件的那些组才能在结果中被显示。

13.2.9 别名的使用

在连接操作中,经常需要使用关系名作为前缀,有时这样显得很麻烦。因此,SQL 允许在 FROM 短语中为关系名定义别名。

格式:〈关系名〉〈别名〉

例如,如下的连接语句是一个基于 4 个关系的连接查询,其中必须使用关系名作为前缀:

```
SELECT 供应商名 FROM 供应商,订购单,职工,仓库;
    WHERE 地址="北京"AND 城市="北京";
    AND 供应商.供应商号=订购单.供应商号;
    AND 订购单.职工号=职工.职工号;
    AND 职工.仓库号=仓库.仓库号
```

在上面的查询中,如果使用别名就会简单一些,如下是使用了别名的同样的连接查询语句:

```
SELECT 供应商名 FROM 供应商 S,订购单 P,职工 E,仓库 W;
  WHERE 地址 = "北京" AND 城市 = "北京";
  AND S.供应商号 = P.供应商号;
  AND P.职工号 = E.职工号;
  AND E.仓库号 = W.仓库号
```

在 FROM 供应商 S、订购单 P、职工 E、仓库 W 中,用 S、P、E 和 W 分别代表供应商表、订购单表、职工表和仓库表。

说明:在嵌套的 SQL 子句中不能使用外层定义的别名。

13.2.10 内外层互相关嵌套查询

嵌套查询都是外层查询依赖于内层查询的结果,而内层查询与外层查询无关。事实上,有时也需要内、外层互相关的查询,这时内层查询的条件需要外层查询提供值,而外层查询的条件需要内层查询的结果。

【例 13.26】 在订购单表中,列出每个职工经手的具有最高总金额的订购单信息。查询结果如图 13.35 所示。

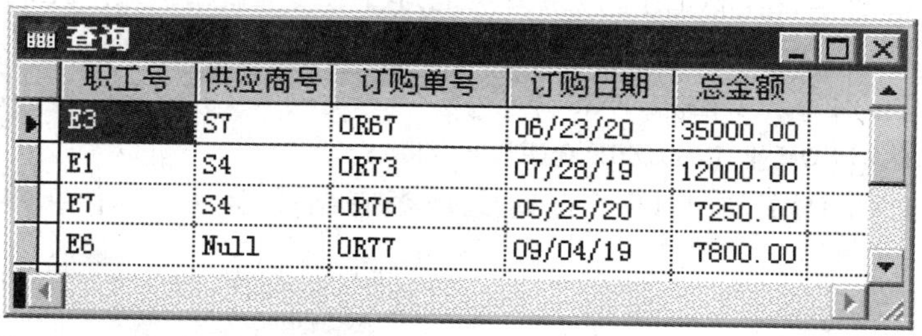

查询

职工号	供应商号	订购单号	订购日期	总金额
E3	S7	OR67	06/23/20	35000.00
E1	S4	OR73	07/28/19	12000.00
E7	S4	OR76	05/25/20	7250.00
E6	Null	OR77	09/04/19	7800.00

图 13.35 查询结果

这里先给出相应的查询语句,然后再做必要的解释。

```
SELECT out.职工号,out.供应商号,out.订购单号,out.订购日期,out.总金额;
  FROM 订购单 out WHERE 总金额 = (SELECT MAX(总金额) FROM 订购单 inner1;
  WHERE out.职工号 = inner1.职工号)
```

在这个查询中,外层查询和内层查询使用同一个关系:对于订购单表,给它分别指定别名 out 和 inner1。外层查询提供 out 关系中每个元组的职工号值给内层查询使用;内层查询利用这个职工号值,确定该职工经手的具有最高总金额的订购单和总金额。随后外层查询再根据 out 关系的同一元组的总金额与该总金额值进行比较,如果相等,则该元组被选择。

13.2.11 使用量词和谓词的查询

前面已经使用过和嵌套查询或子查询有关的 IN 和 NOT IN 运算符,除此之外,还有两类和子查询有关的运算符。

格式:〈表达式〉〈比较运算符〉[ANY|ALL|SOME](子查询)

[NOT]EXISTS(子查询)

ANY、ALL 和 SOME 是量词,其中 ANY 和 SOME 是同义词,在进行比较运算时只要子查询中有一行能使结果为真,则结果就为真。

ALL 则要求子查询中的所有行都使结果为真时,结果才为真。

EXISTS 是谓词,EXISTS 或 NOT EXISTS 是用来检查在子查询中是否有结果返回,即存在元组或不存在元组。

下面通过几个例子来理解这些量词和谓词在查询中的用法和用途。

【例 13.27】　在仓库表和职工表中,检索哪些仓库中还没有职工的仓库的信息。查询结果如图 13.36 所示。

这里的查询是没有职工或不存在职工,所以可以使用谓词 NOT EXISTS。

```
SELECT * FROM 仓库 WHERE NOT EXISTS;
  (SELECT * FROM 职工 WHERE 仓库号 = 仓库.仓库号)
```

说明:这里的内层查询引用了外层查询的表,只有这样使用谓词 EXISTS 或 NOT EXISTS 才有意义。所以这类查询也都是内、外层互相关嵌套查询。

以上的查询命令等价于如下查询命令:

```
SELECT * FROM 仓库 WHERE 仓库号 NOT IN (SELECT 仓库号 FROM 职工)
```

【例 13.28】　在仓库表和职工中,检索哪些仓库中至少已经有一个职工的仓库的信息。查询结果如图 13.37 所示。

```
SELECT * FROM 仓库 WHERE EXISTS;
  (SELECT * FROM 职工 WHERE 仓库号 = 仓库.仓库号)
```

说明:[NOT]EXISTS 只是判断子查询中是否有结果返回,它本身并没有任何运算或比较。

查询

仓库号	城市	面积
WH4	武汉	400

图 13.36　例 13.27 的查询结果

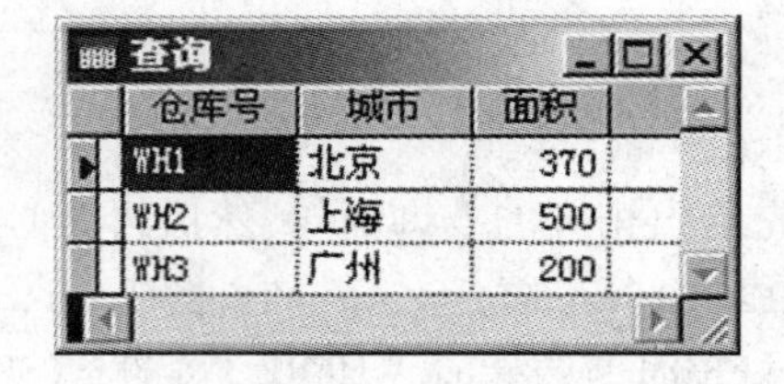

查询

仓库号	城市	面积
WH1	北京	370
WH2	上海	500
WH3	广州	200

图 13.37　例 13.28 的查询结果

【例 13.29】　在职工表中,检索有职工的工资大于或等于 WH1 仓库中任何一名职工工资的仓库号。查询结果如图 13.38 所示。

这个查询可以使用 ANY 或 SOME 量词。

```
SELECT DISTINCT 仓库号 FROM 职工 WHERE 工资 >= ANY;
  (SELECT 工资 FROM 职工 WHERE 仓库号 = "WH1")
```

它等价于:

```
SELECT DISTINCT 仓库号 FROM 职工 WHERE 工资 >= ;
  (SELECT MIN(工资) FROM 职工 WHERE 仓库号 = "WH1")
```

【例 13.30】　在职工表中,检索有职工的工资大于或等于 WH1 仓库中所有职工工资的仓库号。查询结果如图 13.39 所示。

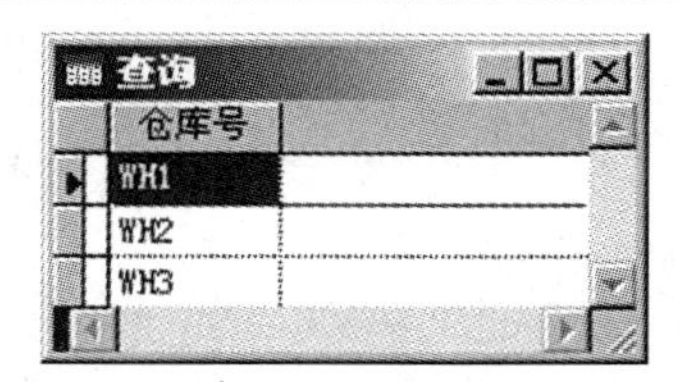

查询
仓库号
WH1
WH2
WH3

图 13.38 例 13.29 的查询结果

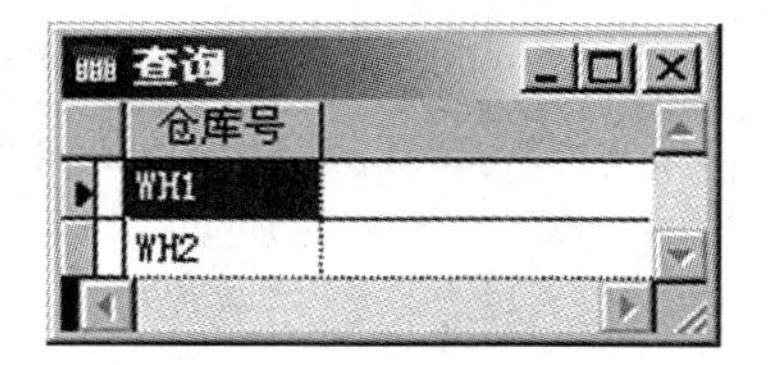

查询
仓库号
WH1
WH2

图 13.39 例 13.30 的查询结果

这个查询使用 ALL 量词。

```
SELECT DISTINCT 仓库号 FROM 职工 WHERE 工资 >= ALL;
  (SELECT 工资 FROM 职工 WHERE 仓库号 = "WH1")
```

它等价于：

```
SELECT DISTINCT 仓库号 FROM 职工 WHERE 工资 >= ;
  (SELECT MAX(工资)FROM 职工 WHERE 仓库号 = "WH1")
```

13.2.12 超连接查询

SQL 中 FROM 子句后的连接称为超连接，超连接有 4 种形式。

格式：FROM 〈表名〉[[INNER |LEFT[OUTER] |RIGHT[OUTER] |FULL[OUTER]

JOIN [〈数据库名〉!]〈表名〉[[AS]Local_ Alias][ON〈连接条件〉]]

说明：OUTER 关键字可被省略，包含 OUTER 强调这是一个外连接。

下面分别以几个实例来说明这 4 种超连接的含义及区别。

1. 内部连接

使用 INNER JOIN 形式的连接称为内部连接，INNER JOIN 等价于 JOIN。INNER JOIN 与普通连接相同，只有满足条件的记录才出现在查询结果中。

【例 13.31】 将仓库表和职工表的职工号字段连接在一起。查询结果如图 13.40 所示。

```
SELECT 仓库.仓库号,城市,面积,职工号,工资;
  FROM 仓库 JOIN 职工 ON 仓库.仓库号 = 职工.仓库号
```

仓库号	城市	面积	职工号
WH2	上海	500	E1
WH1	北京	370	E3
WH2	上海	500	E4
WH3	广州	200	E6
WH1	北京	370	E7

图 13.40 例 13.31 的查询结果

如下两种命令格式也是等价的：

```
SELECT 仓库.仓库号,城市,面积,职工号,工资;
  FROM 仓库 INNER JOIN 职工 ON 仓库.仓库号 = 职工.仓库号
```

和

```
SELECT 仓库.仓库号,城市,面积,职工号,工资;
  FROM 仓库,职工 WHERE 仓库.仓库号 = 职工.仓库号
```

2. 左连接

使用 LEFT[OUTER]JOIN 称为左连接，在查询结果中包含 JOIN 左侧表中的所有记录以及 JOIN 右侧表中匹配的记录。

左连接，即除满足连接条件的记录出现在查询结果中外，第一个表中不满足连接条件的记录也出现在查询结果中。

【例 13.32】 将仓库表和职工表的职工号和工资字段连接在一起。查询结果如图13.41

所示。

```
SELECT 仓库.仓库号,城市,面积,职工号,工资;
  FROM 仓库 LEFT JOIN 职工;
  ON 仓库.仓库号 = 职工.仓库号
```

从以上查询结果中可以看到,首先以左侧表中的第一条记录为准,在右侧表中查询,找到了,则显示,找不到相应的字段以 NULL 显示,本例中有相应的值。以下记录也是按照这种方法进行查询的。

3. 右连接

使用 RIGHT[OUTER]JOIN 称为右连接,在查询结果中包含 JOIN 右侧表中的所有记录以及 JOIN 左侧表中匹配的记录。

为了看到右连接和全连接的效果,假设在职工表中插入了如下一条记录:"WH8","E8",1 200。

右连接,即除满足连接条件的记录出现在查询结果中外,第二个表中不满足连接条件的记录也出现在查询结果中。

【例 13.33】 将仓库表和职工表的职工号和工资字段连接在一起。查询结果如图13.42所示。

查询

仓库号	城市	面积	职工号	工资
WH1	北京	370	E3	1210
WH1	北京	370	E7	1250
WH2	上海	500	E1	1220
WH2	上海	500	E4	1250
WH3	广州	200	E6	1230
WH4	武汉	400	.NULL.	.NULL.

图 13.41 例 13.32 的查询结果

查询

仓库号	城市	面积	职工号	工资
WH2	上海	500	E1	1220
WH1	北京	370	E3	1210
WH2	上海	500	E4	1250
WH3	广州	200	E6	1230
WH1	北京	370	E7	1250
.NULL.	.NULL.	.NULL.	E8	1200

图 13.42 例 13.33 的查询结果

```
SELECT 仓库.仓库号,城市,面积,职工号,工资;
  FROM 仓库 RIGHT JOIN 职工 ON 仓库.仓库号 = 职工.仓库号
```

实际上职工"E8"所在的仓库并不存在,这在实际应用中是不允许的。

4. 完全连接

FULL[OUTER]JOIN 称为完全连接,在查询结果中包含 JOIN 两侧所有的匹配记录和不匹配的记录。

完全连接,即除满足连接条件的记录出现在查询结果中外,两个表中不满足连接条件的记录也出现在查询结果中。

【例 13.34】 将仓库表和职工表的职工号和工资字段连接在一起。查询结果如图13.43所示。

```
SELECT 仓库.仓库号,城市,面积,职工号,工资;
  FROM 仓库 FULL JOIN 职工 ON 仓库.仓库号 = 职工.仓库号
```

说明:VFP 的 SQL – SELECT 语句的连接格式只能实现两个表的连接,如果要实现多个表的连接,还需要使用标准格式。

例如,下面是一个基于4个表的连接查询。查询结果如图13.44所示。

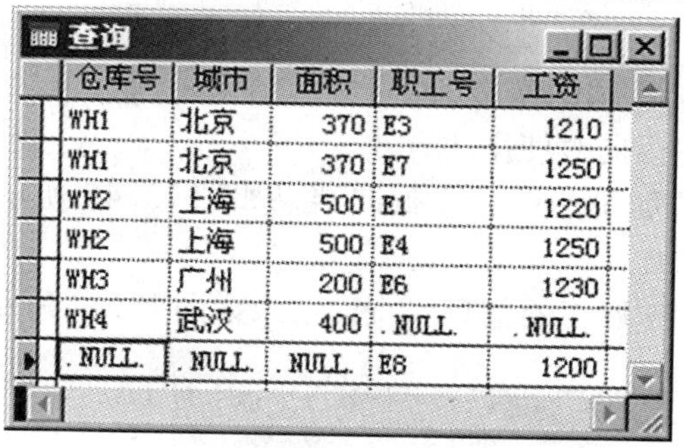

仓库号	城市	面积	职工号	工资
WH1	北京	370	E3	1210
WH1	北京	370	E7	1250
WH2	上海	500	E1	1220
WH2	上海	500	E4	1250
WH3	广州	200	E6	1230
WH4	武汉	400	.NULL.	.NULL.
.NULL.	.NULL.	.NULL.	E8	1200

图13.43 例13.34的查询结果

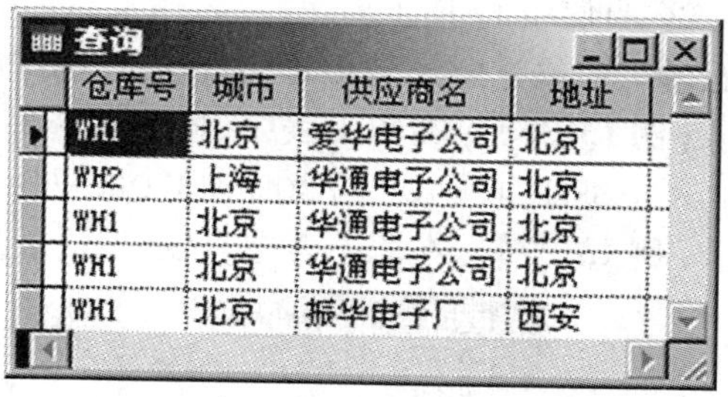

仓库号	城市	供应商名	地址
WH1	北京	爱华电子公司	北京
WH2	上海	华通电子公司	北京
WH1	北京	华通电子公司	北京
WH1	北京	华通电子公司	北京
WH1	北京	振华电子厂	西安

图13.44 基于4个表的连接查询

```
SELECT 仓库.仓库号,城市,供应商名,地址;
  FROM 供应商,订购单,职工,仓库;
  WHERE 供应商.供应商号 = 订购单.供应商号;
    AND 订购单.职工号 = 职工.职工号;
    AND 职工.仓库号 = 仓库.仓库号
```

这样的查询用VFP的专门格式是写不出来的。

13.2.13 集合的并运算

使用UNION子句可以进行集合的并运算,即可以将两个SELECT语句的查询结果合并成一个查询结果。当然,要求进行并运算的两个查询结果具有相同的字段个数,并且对应字段的值要具有相同的数据类型和取值范围。

格式:〈SELECT 命令1〉UNION[ALL]〈SELECT 命令2〉

说明:

① 可以使用多个UNION子句,ALL选项防止删除合并结果中重复的行(记录)。

② 不能使用UNION来组合子查询。

③ 只有最后的〈SELECT 命令〉中可以包含ORDER BY子句,而且必须按编号指出排序的列(它将影响整个结果)。

【例13.35】 在仓库表中,显示城市为"北京"和"上海"的仓库信息。查询结果如图13.45所示。

```
SELECT * FROM 仓库 WHERE 城市 = "北京";
UNION;
SELECT * FROM 仓库 WHERE 城市 = "上海"
```

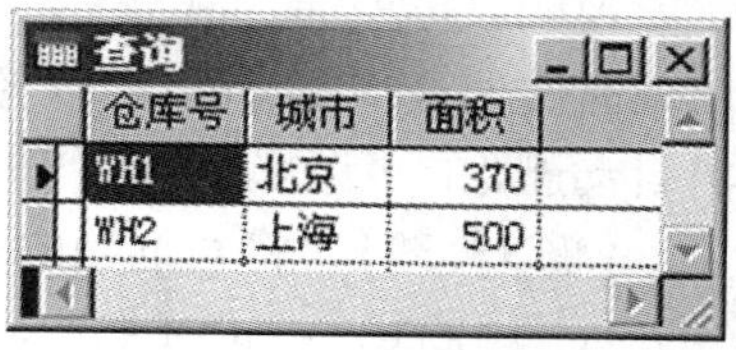

仓库号	城市	面积
WH1	北京	370
WH2	上海	500

图13.45 例13.35的查询结果

13.2.14 查询输出去向

1. 显示部分结果

格式:TOP〈表达式〉[PERCENT]

功能:显示需要满足条件的前几条记录。

说明：

①〈表达式〉是数字表达式，当不使用 PERCENT 时，〈表达式〉是 1 ~ 32 767 间的整数，说明显示前几条记录。

② 当使用 PERCENT 时，〈表达式〉是 0.01 ~ 99.99 间的实数，说明显示结果中前百分之几的记录。需要注意的是 TOP 短语要与 ORDER BY 短语同时使用才有效。

【例 13.36】 在职工表中，显示工资最高的 3 位职工的信息。查询结果如图 13.46 所示。

```
SELECT * TOP 3 FROM 职工 ORDER BY 工资 DESC
```

【例 13.37】 在职工表中，显示工资最低的那 30% 职工的信息。查询结果如图 13.47 所示。

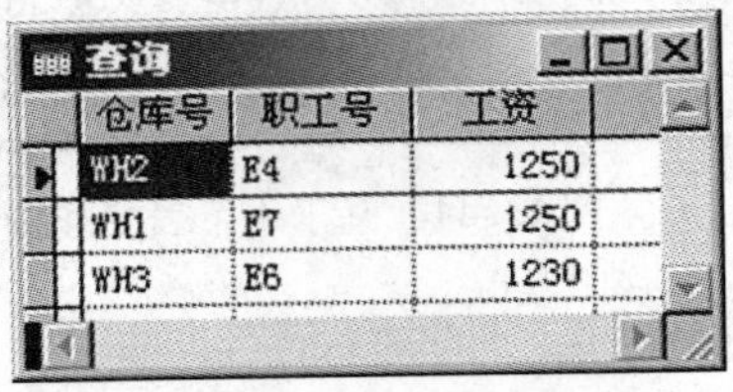

查询

仓库号	职工号	工资
WH2	E4	1250
WH1	E7	1250
WH3	E6	1230

图 13.46 例 13.36 的查询结果

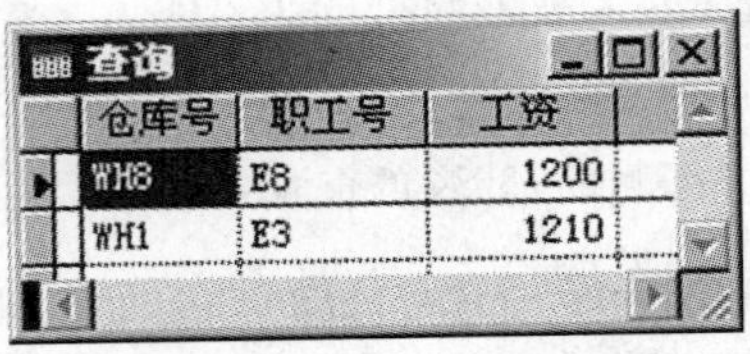

查询

仓库号	职工号	工资
WH8	E8	1200
WH1	E3	1210

图 13.47 例 13.37 的查询结果

```
SELECT * TOP 30 PERCENT FROM 职工 ORDER BY 工资
```

2. 将查询结果存放到数组中

格式：INTO ARRAY〈数组名〉

功能：将查询结果存放到数组中。

说明：〈数组名〉可以是任意的数组变量名。一般将存放查询结果的数组作为二维数组来使用，每行一条记录，每列对应于查询结果的一列。查询结果存放在数组中，可以非常方便地在程序中使用。

【例 13.38】 将查询到的职工信息存放在数组 T1 中。

```
SELECT * FROM 职工 INTO ARRAY T1
```

T1(1,1)存放的是第一条记录的仓库号字段值，T1(1,3)存放的是第一条记录的工资字段值等。

3. 将查询结果存放在临时文件中

格式：INTO CURSOR〈临时表〉

功能：将查询结果存放到临时数据库文件中。

说明：〈临时表〉是临时文件名，该短语产生的临时文件是一个只读 DBF 文件，当查询结束后该临时文件是当前文件，可以像一般的 DBF 文件一样使用，但仅是只读。当关闭文件时该文件将自动删除。

【例 13.39】 将查询到的职工表信息存放在临时 DBF 文件 T2 中。

```
SELECT * FROM 职工 INTO CURSOR T2
```

一般利用 INTO CURSOR 短语存放一些临时结果，如一些复杂的汇总可能需要分阶段完成，需要根据几个中间结果再汇总等，这时利用该短语存放中间结果就非常合适，当使用完后临时文件会自动删除。

4. 将查询结果存放到永久表中

格式：INTO DBF|TABLE〈表名〉

功能:可以将查询结果存放到永久表中(DBF 文件)。

【例 13.40】 在职工表中,显示工资最高的 3 位职工的信息,查询结果存放在表 A1 中。

```
SELECT * TOP 3 FROM 职工 INTO TABLE A1 ORDER BY 工资 DESC
```

5. 将查询结果存放到文本文件中

格式:TO FILE 〈文本文件名〉[ADDITIVE]

功能:可以将查询结果存放到文本文件中。

说明:文本文件名(默认扩展名是.TXT),如果使用 ADDITIVE 选项,结果将追加在原文件的尾部,否则将覆盖原有文件。

【例 13.41】 将查询结果以文本的形式存储在文本文件 A2.txt 中。

```
SELECT * TOP 3 FROM 职工 TO FILE A2 ORDER BY 工资 DESC
```

如果 TO 短语和 INTO 短语同时使用,则 TO 短语将会被忽略。

6. 将查询结果直接输出到界面

格式:TO SCREEN

功能:将查询结果输出到界面。

7. 将查询结果直接输出到打印机

格式:TO PRINTER [PROMPT]

功能:将查询结果输出到打印机,如果使用了 PROMPT 选项,在开始打印之前会打开打印机设置对话框。

FROM 子句中 INTO 与 TO 选项,用于指定查询结果的输出去向,默认查询结果显示在浏览窗口中。INTO 选项中的〈查询结果〉有 3 种:ARRAY〈数组〉、CURSOR〈临时表〉、TABLE | DBF〈表名〉。TO 选项也有 3 种:文本文件、界面和打印机。

本节用大量实例介绍了 SQL - SELECT 语句的使用方法,这些实例都可以在 VFP 下执行。掌握 SQL - SELECT 不仅对学好、用好 VFP 至关重要,也是以后使用其他数据库或开发数据库应用程序的基础。

13.3 操作功能

SQL 的操作功能包括对表中数据的增加、删除和更新操作。

13.3.1 插入

在一个表的尾部追加数据时,要用到插入功能,SQL 的插入命令包括以下 3 种格式:

```
INSERT INTO〈表名〉[(〈字段名 1〉[,〈字段名 2〉,…])]
  VALUES(〈表达式 1〉)[,〈表达式 2〉,…])
```

和

```
INSERT INTO〈表名〉FROM ARRAY〈数组名〉
```

和

```
INSERT INTO〈表名〉FROM MEMVAR
```

功能:3种格式都是在指定的表的尾部添加一条新记录。

说明:

① 第1种格式其值为VALUES后面的表达式的值。当需要插入表中所有字段的数据时,表名后面的字段名可以缺省,但插入数据的格式必须与表的结构完全吻合。若只需要插入表中某些字段的数据,就需要列出插入数据的字段,当然相应表达式的数据位置会与之对应。

② 第2种格式新记录的值是指定的数组中各元素的数据。数组中各元素与表中各字段顺序对应。如果数组中元素的数据类型与其对应的字段类型不一致,则新记录对应的字段为空值。如果表中字段个数大于数组元素的个数,则多的字段为空值。

③ 第3种格式新记录的值是指定的内存变量的值。添加的新记录的值是与指定表各字段名同名的内存变量的值,如果同名的内存变量不存在,则相应的字段为空。

VFP支持两种SQL插入命令的格式:第一种格式是标准格式,第二种格式是VFP的特殊格式。

【例13.42】 在订购单表中,插入元组("E7","S4","OR01",09/25/19)。查询结果如图13.48所示。

```
INSERT INTO 订购单(职工号,供应商号,订购单号,订购日期,总金额);
  VALUES("E7","S4","OR01",{^2019-09-25},1200)
```

其中"{^2019-09-25}"是日期型字段订购日期的值。

订购单

职工号	供应商号	订购单号	订购日期	总金额
E3	S7	OR67	06/23/20	35000.00
E1	S4	OR73	07/28/19	12000.00
E7	S4	OR76	05/25/20	7250.00
E6	Null	OR77	09/04/19	7800.00
E3	S4	OR79	06/13/19	30050.00
E1	Null	OR80	08/03/19	2000.00
E3	Null	OR90	03/04/20	90000.00
E3	S3	OR91	07/13/19	12560.00
E7	S4	OR01	09/25/19	1200.00

图13.48 例13.42的查询结果

假设供应商尚未确定,那么只能先插入职工号和订购单号两个属性的值,可用如下命令:

```
INSERT INTO 订购单(职工号,订购单号)VALUES("E7","OR01")
```

说明:这时另外3个属性的值为空。

下面用一组命令来说明INSERT INTO…FROM ARRAY的使用方式:

```
USE 订购单                          && 打开订购单
SCATTER to A1                       && 将当前记录读到数组A1
COPY STRUCTURE TO A2                && 复制订购单表的结构到A2
INSERT INTO A2 FROM ARRAY A1        && 从数组A1插入一条记录到A2
SELECT A2                           && 切换到A2的工作区
BROWSE                              && 用BROWSE命令验证插入的结果
USE                                 && 关闭A2.dbf文件
```

```
DELETE FILE A2.dbf                  && 删除 A2.dbf 文件
```

用下面一组命令来说明 INSERT INTO…FROM MEMVAR 的使用方式：

```
USE 订购单                           && 打开订购单
SCATTER M1                          && 将当前记录读到内存变量 M1 中
COPY STRUCTURE TO A2                && 复制订购单表的结构到 A2
INSETR INTO A2 FROM M1              && 从内存变量插入一条记录到 A2
SELECT A2                           && 切换到 A2 的工作区
BROWSE                              && 用 BROWSE 命令验证插入的结果
USE                                 && 关闭 A2.dbf 文件
DELETE FILE A2.dbf                  && 删除 A2.dbf 文件
```

说明：当一个表定义了主索引或候选索引后，由于相应的字段具有关键字的特性，即不能为空，所以只能用此命令插入记录。VFP 的插入命令(INSERT 或 APPEND)是先插入一条空记录，然后再输入各字段的值，由于关键字字段不允许为空，所以使用以前的方法就不能成功地插入记录。

13.3.2 更新

更新是指对存储在表中的记录进行修改。

格式：UPDATE [〈数据库〉!]〈表名〉

　　　SET〈列名 1〉=〈表达式 1〉[,〈列名 2〉=〈表达式 2〉…]

　　　[WHERE〈条件表达式 1〉[AND|OR〈条件表达式 2〉…]]

说明：

① [〈数据库〉!]〈表名〉用来指定要更新数据的记录所在的表名及该表所在的数据库名。

② SET〈列名〉=〈表达式〉用来指定被更新的字段及该字段的新值。如果省略 WHERE 子句，则该字段每一条都用同样的值更新。

③ WHERE〈条件表达式〉用来指明将要更新数据的记录。即更新表中符合条件表达式的记录，并且一次可以更新多个字段。如果不使用 WHERE 子句，则更新全部记录。

【例 13.43】 在职工表中，给 WH1 仓库的职工提高 10%的工资。查询结果如图 13.49 所示。

```
UPDATE 职工 SET 工资 = 工资 * 1.10 WHERE 仓库号 = "WH1"
```

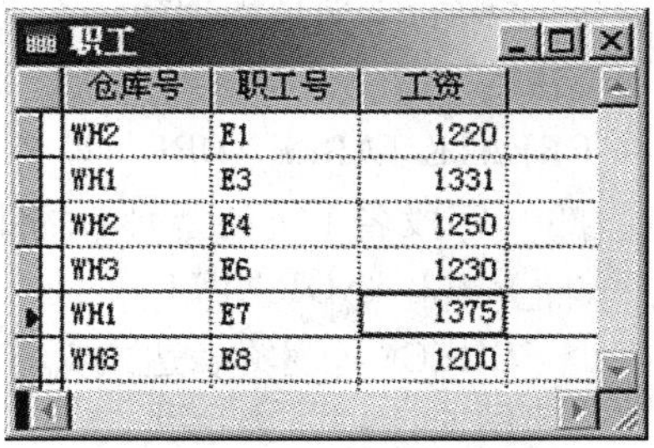

职工

仓库号	职工号	工资
WH2	E1	1220
WH1	E3	1331
WH2	E4	1250
WH3	E6	1230
WH1	E7	1375
WH8	E8	1200

图 13.49 例 13.43 的查询结果

例如：将所有学生的年龄增加 1 岁。

```
UPDATE 学生 SET 年龄 = 年龄 + 1
```

13.3.3 删除

使用 SQL 可以删除数据表中的记录。

格式：DELETE FROM [〈数据库!〉]〈表名〉

　　　[WHERE〈条件表达式 1〉[AND|OR〈条件表达式 2〉…]]

说明：

① [〈数据库!〉]〈表名〉用来指定加删除标记的表名及该表所在的数据库名，用“!”分割表名和数据库名，数据库名为可选项。

② WHERE 选项用来指明只对满足条件的记录加删除标记。如果不使用 WHERE 子句，则删除该表中的全部记录。

③ 上述删除只是加删除标记，并没有从物理上删除，只有执行了 PACK 命令以后，有删除标记的记录才能真正从表中删除。删除标记可以用 RECALL 命令取消。

【例 13.44】 删除仓库表中仓库号值是 WH2 的记录。

```
DELETE FROM 仓库 WHERE 仓库号 = "WH2"
```

说明：SQL - DELETE 命令同样是逻辑删除记录，如果要物理删除记录，需要继续使用 PACK 命令。

13.4 定义功能

标准 SQL 的数据定义功能非常广泛，一般包括数据库的定义、表的定义、视图的定义、存储过程的定义、规则的定义和索引的定义等若干部分。在本节将主要介绍 VFP 支持的表定义功能和视图定义功能。

13.4.1 表结构的定义

在第3章中已介绍了通过表设计器建立表的方法，在 VFP 中也可以通过 SQL 的 CREATE TABLE 命令建立表。

现在介绍怎样利用 SQL 命令来建立相同的数据库，然后可以利用数据库设计器和表设计器来检验用 SQL 建立的数据库，读者可以从中做一些对比。

表结构的定义是指创建一个含有指定字段的表。

格式：

```
CREATE TABLE |DBF 〈表名1〉[NAME〈长表名〉][FREE]
  (〈字段名1〉〈类型〉[(〈字段宽度〉[,〈小数位数〉])]
  [NULL |NOT NULL]
  [CHECK〈逻辑表达式1〉[ERROR〈字符型文本信息1〉]]
  [DEFAULT〈表达式1〉]
  [PRIMARY KEY |UNIQUE]
  [REFERENCES〈表名2〉[TAG〈标识名1〉]]
  [NOCPTRANS][,〈字段名2〉…]
  [,PRIMARY KEY〈表达式2〉TAG〈标识名2〉
    |,UNIQUE〈表达式3〉TAG〈标识名3〉]
  [,FOREIGN KEY〈表达式4〉TAG〈标识名4〉[NODUP]
    REFERENCES〈表名3〉[TAG〈标识名5〉]]
  [,CHECK〈逻辑表达式2〉[ERROR〈字符型文本信息2〉]])
```

|FROM ARRAY〈数组名〉

说明:用 CREATE TABLE 命令可以完成第 3 章中介绍的表设计器具有的所有操作。

① TABLE 和 DBF 选项等价,都是建立表文件。

②〈表名〉为新建表指定表名。

③ NAME〈长表名〉为新建表指定一个长表名。只有打开数据库,在数据库中创建表时,才能指定一个长表名。长表名最多可以包含 128 个字符。

④ FREE 表示建立的表是自由表,不加入到打开的数据库中。当没有打开数据库时,建立的表都是自由表。

⑤〈字段名 1〉〈类型〉[(〈字段宽度〉[,〈小数位数〉])]用来指定字段名、字段类型、字段宽度及小数位数。字段类型可以用一个字符表示。

⑥ NULL 表示允许该字段值为空;NOT NULL 表示该字段值不能为空。默认值为 NOT NULL。

⑦ CHECK〈逻辑表达式 1〉用来指定该字段的合法值及该字段值的约束条件。

⑧ ERROR〈字符型文本信息 1〉用来指定在浏览或编辑窗口中该字段输入的值不符合 CHECK 子句的合法值时,VFP 显示的错误信息。

⑨ DEFAULT〈表达式〉为该字段指定一个默认值,表达式的数据类型与该字段的数据类型要一致。即每添加一条记录时,该字段自动取该默认值。

⑩ PRIMARY KEY 表示为该字段创建一个主索引,索引标识名与字段名相同。主索引字段值必须唯一。UNIQUE 表示为该字段创建一个候选索引,索引标识名与字段名相同。

⑪ REFERENCES〈表名〉[TAG〈标识名〉]用来指定建立持久关系的父表,同时以该字段为索引关键字建立外索引,用该字段名作为索引标识名。表名为父表表名,标识名为父表中的索引标识名。如果省略索引标识名,则用父表的主索引关键字建立关系,否则不能省略。如果指定了索引标识名,则在父表中存在索引标识字段上建立关系。父表不能是自由表。

⑫ CHECK〈逻辑表达式 2〉[ERROR〈字符型文本信息 2〉]表示由逻辑表达式指定表的合法值。不合法时,显示由字符型文本信息指定的错误信息。该信息只有在浏览或编辑窗口中修改数据时显示。

⑬ FROM ARRAY〈数组名〉表示由数组创建表结构。数组名指定的数组包含表的每一个字段的字段名、字段类型、字段宽度及小数位数。

用 SQL 命令来建立的数据表,可以与用表设计器建立的表做对比。

【例 13.45】 用命令建立订货管理 1 数据库。

```
CREATE DATABASE D:\VFP1\订货管理 1                    && 建立订货管理 1 数据库
```

用 SQL CREATE 命令建立仓库 1 表。

```
OPEN DATABASE 订货管理 1                              && 打开订货管理 1 数据库
  CREATE TABLE D:\VFP1\仓库 1(仓库号 C(5)PRIMARY KEY ,;
  城市 C(10),面积 I CHECK (面积 >0)ERROR "面积应该大于 0!")   && 建立仓库 1 表
```

说明:

① PRIMARY KEY 说明仓库号是主索引。

② CHECK 为面积字段值说明了有效性规则(面积 >0)。

执行完如上命令后,在项目管理器中立刻可以看到仓库1表。查询结果如图 13.50 所示。

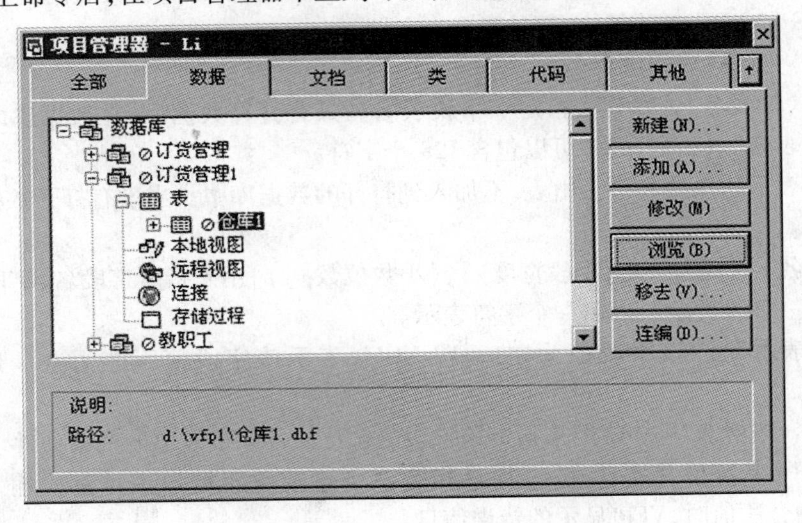

图 13.50　例 13.45 的查询结果

【例 13.46】　用 SQL - CREATE 命令建立订购单1表。

```
CREATE TABLE D:\VFP1\订购单1(职工号 C(5),供应商号 C(5),;
    订购单号 C(5)PRIMARY KEY ,订购日期 D)
```

以上所有建立表的命令执行完后可以在数据库设计器中看到如图 13.51 所示的界面,从中可以看到通过 SQL - CREATE 命令不仅可以建立表,同时还可以建立起表之间的联系。然后可以用第4章介绍的方法来编辑参照完整性,进一步完善数据库的设计。

说明:

① 用 SQL - CREATE 命令新建的表自动在最低可用工作区打开,并可以通过别名引用,新表的打开方式为独占方式,忽略 SET EXCLUSIVE 的当前设置。

② 如果建立自由表(当前没有打开的数据库或使用了 FREE),则很多选项在命令中不能使用,如 NAME、CHECK、DEFAULT、FOREIGN KEY、PRIMARY KEY 和 REFERENCES 等。

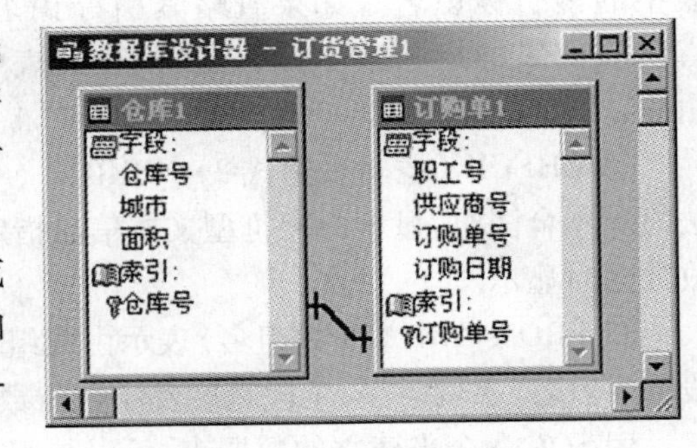

图 13.51　表之间的关联

13.4.2　表的删除

随着数据库应用的变化,往往有些表连同它的数据不再需要了,这时可以删除这些表,以节省存储空间。

格式:DROP TABLE〈表名〉

说明:DROP TABLE 直接从磁盘上删除表名所对应的 DBF 文件。如果表名是数据库中的表,并且相应的数据库是当前数据库,则从数据库中删除表;否则虽然从磁盘上删除了 DBF 文件,但是记录在数据库 DBC 文件中的信息却没有删除,此后会出现错误提示。所以要删除数据库中的表时，最好应使数据库是当前打开的数据库，在数据库中进行操作。

13.4.3 表结构的修改

用户使用数据时，随着应用要求的改变，往往需要对原来的表结构进行修改，修改表结构的SQL 命令是 ALTER TABLE ，该命令格式有 3 种。

1. 第 1 种格式

第 1 种格式的 ALTER TABLE 命令可以为指定的表添加字段或修改已有的字段。

格式：

```
ALTER TABLE〈表名 1〉ADD |ALTER [COLUMN]
  〈字段名 1〉〈字段类型〉[(〈长度〉[,〈小数位数〉])][NULL |NOT NULL]
  [CHECK〈逻辑表达式 1〉[ERROR〈字符型文本信息〉]][DEFAULT〈表达式 1〉]
  [PRIMARY KEY |UNIQUE][REFERENCES〈表名 2〉[TAG〈标识名 1〉]]
  [NOCPTRANS]
```

说明：

①〈表名 1〉用来指明被修改表的表名。

② ADD [COLUMN]。该子句指出新增加列的字段名以及它们的数据类型等信息。在 ADD 子句中使用 CHECK、PRIMARY KEY、UNIQUE 任选项时，需要删除所有数据，否则违反有效性规则，命令不被执行。

③ ALTER [COLUMN]。该子句指出要修改列的字段名以及它们的数据类型等信息。在 ALTER 子句中使用 CHECK 任选项时，需要被修改字段的已有数据满足 CHECK 规则；使用 PRIMARY KEY、UNIQUE 任选项时，需要被修改字段的已有数据满足唯一性，不能有重复值。

【例 13.47】 为订购单 1 表增加一个整型类型的数量字段。

```
ALTER TABLE 订购单 1;
  ADD 数量 I CHECK 数量 >0 ERROR "数量应该大于 0!"
```

【例 13.48】 将订购单 1 表的订购单号字段的宽度由原来的 5 改为 6。

```
ALTER TABLE 订购单 1 ALTER 订购单号 C(6)
```

从命令格式可以看出，该格式可以修改字段的类型、宽度、有效性规则、错误信息、默认值，定义主关键字和联系等；但是不能修改字段名或删除字段，也不能删除已经定义的规则等。

2. 第 2 种格式

第 2 种格式的 ALTER TABLE 命令，主要用于修改指定表中指定字段的 DEFAULT 和 CHECK 约束规则，不影响原有表的数据。

格式：

```
ALTER TABLE〈表名〉ALTER [COLUMN]〈字段名〉[NULL |NOT NULL]
  [SET DEFAULT〈表达式〉]
  [SET CHECK〈逻辑表达式〉[ERROR〈字符型文本信息〉]]
  [DROP DEFAULT][DROP CHECK]
```

说明：

①〈表名〉用来指明被修改的表名。

② ALTER [COLUMN]〈字段名〉用来指出要修改的字段名。

③ NULL|NOT NULL 用来指定字段可以为空或不能为空。

④ SET DEFAULT〈表达式〉表示重新设置字段的默认值。

⑤ SET CHECK〈逻辑表达式〉[ERROR〈字符型文本信息〉]用来重新设置该字段的合法值,要求该字段的原有数据满足合法值。

⑥ DROP DEFAULT 表示删除默认值。

⑦ DROP CHECK 表示删除该字段的合法限定。

【例 13.49】 修改或定义数量字段的有效性规则。

```
ALTER TABLE 订购单1;
    ALTER 数量 SET CHECK 数量>0 ERROR "数量应该大于0"
```

【例 13.50】 删除数量字段的有效性规则。

```
ALTER TABLE 订购单1 ALTER 数量 DROP CHECK
```

以上两种格式都不能删除字段,也不能更改字段名。第3种格式正是在这些方面对前两种格式的补充。

3. 第3种格式

第3种格式的 ALTER TABLE 命令,可以删除指定表中的指定字段、修改字段名、修改指定表的完整性规则,包括添加或删除主索引、外索引、候选索引及表的合法值限定。

格式:

```
ALTER TABLE〈表名〉[DROP [COLUMN]〈字段名1〉]
    [SET CHECK〈逻辑表达式1〉[ERROR〈字符型文本信息〉]]
    [DROP CHECK]
    [ADD PRIMARY KEY〈表达式1〉TAG〈标识名1〉[FOR〈逻辑表达式2〉]]
    [DROP PRIMARY KEY]
    [ADD UNIQUE〈表达式2〉[TAG〈标识名2〉[FOR〈逻辑表达式3〉]]]
    [DROP UNIQUE TAG〈标识名3〉]
    [ADD FOREIGN KEY [〈表达式3〉][TAG〈标识名4〉][FOR〈逻辑表达式4〉]
      REFERENCES 表名2[TAG〈标识名4〉]]
    [DROP FOREIGN KEY TAG〈标识名5〉[SAVE]]
    [RENAME COLUMN〈字段名2〉TO〈字段名3〉]
    [NOVALIDATE]
```

说明:

① DROP[COLUMN]〈字段名〉表示从指定表中删除指定的字段。

② SET CHECK〈逻辑表达式〉[ERROR〈字符型文本信息〉]用来为该表指定合法值及错误提示信息。DROP CHECK 为删除该表的合法值限定。

③ ADD PRIMARY KEY〈表达式〉TAG〈标识名〉为该表建立主索引,一个表只能有一个主索引。DROP PRIMARY KEY 用来删除该表的主索引。

④ ADD UNIQUE〈表达式〉[TAG〈标识名〉]用来为该表建立候选索引,一个表可以有多个候选索引。DROP UNIQUE TAG〈标识名〉用来删除该表的候选索引。

⑤ ADD FOREIGN KEY 为该表建立外(非主)索引,与指定的父表建立关系,一个表可以有

多个外索引。

⑥ DROP FOREIGN KEY TAG〈标识名〉用来删除外索引，取消与父表的关系，SAVE 子句将保存该索引。

⑦ RENAME COLUMN〈字段名 2〉TO〈字段名 3〉用来修改字段名，字段名 2 指定要修改的字段名，字段名 3 指定新的字段名。

⑧ NOVALIDATE 表示在修改表结构时，允许违反该表的数据完整性规则，默认值为禁止违反数据完整性规则。

注意：修改自由表时，不能使用 DEFAULT、FOREIGN KEY 、PRIMARY KEY、REFERENCES 或 SET 子句。

【例 13.51】 将订购单 1 表的总金额字段名改为金额。

```
ALTER TABLE 订购单 1 RENAME COLUMN 总金额 TO 金额
```

【例 13.52】 删除订购单 1 表中的金额字段。

```
ALTER TABLE 订购单 1 DROP COLUMN 金额
```

【例 13.53】 将订购单 1 表的职工号和供应商号定义为候选索引(候选关键字)，索引名是 E1。

```
ALTER TABLE 订购单 1 ADD UNIQUE 职工号 + 供应商号 TAG E1
```

【例 13.54】 删除订购单 1 表中的候选索引 E1。

```
ALTER TABLE 订购单 1 DROP UNIQUE TAG E1
```

13.4.4 视图的定义

在 VFP 中视图是一个定制的虚拟表，可以是本地的、远程的或带参数的。视图可引用一个或多个表，或者引用其他视图。视图是可更新的，它可引用远程表。

在关系数据库中，视图也称为窗口，即视图是操作表的窗口，可以把它看做是从表中派生出来的虚表。它依赖于表，但不独立存在。

在第 5 章中已经介绍了如何使用视图设计器来创建视图，本节介绍如何利用 SQL 建立视图。视图是根据对表的查询定义的。

格式：CREATE [SQL] VIEW〈视图名〉[(〈字段名 1〉[,〈字段名 2〉]…)] AS〈查询语句〉

说明：

①〈查询语句〉可以是任意的 SELECT 查询语句，它说明并限制了视图中的数据。如果没有为视图指定字段名，视图中的字段名将与〈查询语句〉中指定的字段名相同。

② 视图必须建立在数据库中。

1. 从单个表派生出的视图

【例 13.55】 在职工表中定义视图。查询结果如图 13.52 所示。

```
CREATE VIEW W1 AS;
   SELECT 职工号,仓库号 FROM 职工
```

其中 W1 是视图的名称。视图一经定义，就可以和基本表一样进行各种查询，也可以进行一些修改操作。对于最终用户来说，有时并不需要知道操作的是基本表还是视图。

为了查询职工号和仓库号信息，可以使用命令：

```
SELECT * FROM W1
```

或

```
SELECT 职工号,仓库号 FROM W1
```

或

```
SELECT 职工号,仓库号 FROM 职工
```

3 个命令效果相同。

上面是限定列构成的视图,下面再限定行定义一个视图。

【例 13.56】 在职工表中,查询北京仓库的信息,定义如下视图。查询结果如图 13.53 所示。

W1

职工号	仓库号
E1	WH2
E3	WH1
E4	WH2
E6	WH3
E7	WH1
E8	WH3

图 13.52 例 13.55 的查询结果

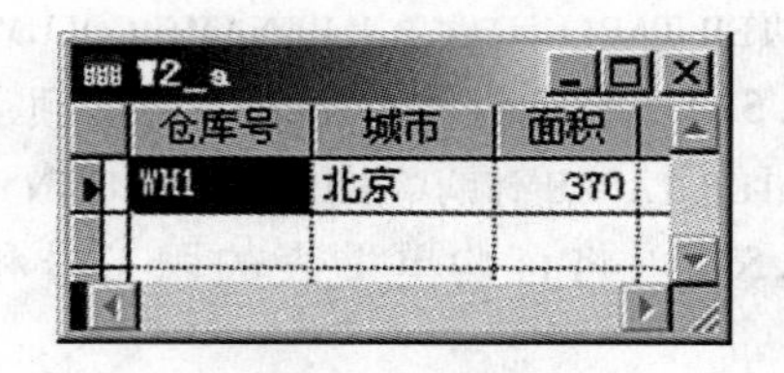

W2_a

仓库号	城市	面积
WH1	北京	370

图 13.53 例 13.56 的查询结果

```
CREATE VIEW W2 AS;
   SELECT * FROM 仓库 WHERE 城市 = "北京"
```

这里 W2 中只有北京仓库的信息。

2. 从多个表派生出的视图

从上面的例子可以看出,视图一方面可以限定对数据的访问,另一方面又可以简化对数据的访问。

【例 13.57】 定义视图向用户提供职工号、职工的工资和职工工作所在城市的信息。查询结果如图 13.54所示。

```
CREATE VIEW W4 AS;
   SELECT 职工号,工资,城市 FROM 职工,仓库;
   WHERE 职工.仓库号 = 仓库.仓库号
```

结果就好像有一个包含用户的职工号、工资和城市字段的表。

3. 视图中的虚字段

用一个查询来建立一个视图的 SELECT 子句可以包含算术表达式或函数,这些表达式或函数与视图的其他字段一样对待,由于它们是计算得来的,并不存储在表内,所以称为虚字段。

【例 13.58】 定义一个视图,它包含职工号、月工资和年工资 3 个字段。查询结果如图 13.55所示。

```
CREATE VIEW W5 AS;
   SELECT 职工号,工资 AS 月工资,工资 * 12 AS 年工资 FROM 职工
```

这里的 SELECT 短语中利用 AS 重新定义视图的字段名。由于其中一字段是计算得来的,所以必须给出字段名。这里年工资是虚字段,它是由职工表的工资字段乘以 12 得到的,而月工资就是职工表中的工资字段。由此可见,在视图中还可以重新命名字段名。

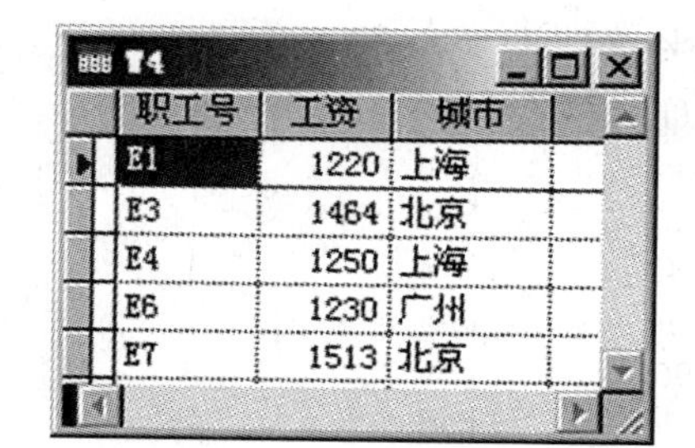

T4

职工号	工资	城市
E1	1220	上海
E3	1464	北京
E4	1250	上海
E6	1230	广州
E7	1513	北京

图 13.54　例 13.57 的查询结果

T5

职工号	月工资	年工资
E1	1220	14640
E3	1464	17568
E4	1250	15000
E6	1230	14760
E7	1513	18156
E8	1200	14400

图 13.55　例 13.58 的查询结果

4. 视图的删除

由于视图是从表中派生出来的,所以不存在修改结构的问题,但是可以删除视图。

格式:DROP VIEW 〈视图名〉

说明:上述命令与 VFP 中删除视图的命令 DELETE VIEW 〈视图名〉等价。

【例 13.59】　删除视图 W4。

```
DROP VIEW W4
```

5. 关于视图的说明

在 VFP 中视图是可更新的,但是这种更新是否反映在基本表中则取决于视图更新属性的设置。在 VFP 中视图有它特殊的概念和用途,在关系数据库中,视图始终不真正含有数据,它是原来表的一个窗口。所以,虽然视图可以像表一样进行各种查询,但是插入、更新和删除操作在视图上却有一定的限制。在一般情况下,当一个视图是由单个表导出时可以进行插入和更新操作,但不能进行删除操作;当视图是从多个表导出时,插入、更新和删除操作都不允许进行。这种限制是很必要的,它可以避免一些潜在问题的发生。

习　题

一、选择题

1. 下列对于 SQL 所具有功能的说法,错误的是(　　)。
   A) 数据查询　　B) 数据定义　　C) 数据操作　　D) 以上都不对
2. 下面有关 HAVING 子句描述错误的是(　　)。
   A) HAVING 子句必须与 GROUP BY 子句同时使用,不能单独使用
   B) 使用 HAVING 子句的同时不能使用 WHERE 子句
   C) 使用 HAVING 子句的同时可以使用 WHERE 子句
   D) 使用 HAVING 子句的作用是限定分组的条件
3. 下列不属于数据定义功能的 SQL 语句是(　　)。
   A) CREATE TABLE　　B) CREATE CURSOR
   C) UPDATE　　D) ALTER TABLE

说明:下面各题使用当前目录下的数据库 db_stock ,其中有数据表 Stock. dbf ,该数据库表的内容如表 13.4 所示。

表13.4 股票表 Stock. dbf

股票代码	股票名称	单价	交易所
600600	青岛啤酒	7.48	上海
600601	方正科技	15.20	上海
600602	广电电子	10.40	上海
600603	兴业房产	13.76	上海
600604	二纺机	9.96	上海
600605	轻工机械	14.76	上海
000001	深发展	7.48	深圳
000002	深万科	13.50	深圳

4. 以 Stock 表为依据,执行如下 SQL 语句后的结果是(　　)。

SELECT * FROM Stock INTO DBF Stock ORDER BY 单价

A) 系统会提示出错信息

B) 会生成一个按"单价"升序排序的表文件,将原来的 Stock. dbf 文件覆盖

C) 会生成一个按"单价"降序排序的表文件,将原来的 Stock. dbf 文件覆盖

D) 不会生成排序文件,只在界面上显示一个按"单价"升序排序的结果

5. 有如下 SQL 语句:

SELECT MAX(单价)INTO ARRAY a FROM Stock

执行该语后(　　)。

A) a[1]的内容为15.20　　B) a[1]的内容为6

C) a[0]的内容为15.20　　D) a[0]的内容为6

6. 有如下 SQL 语句:

SELECT 股票代码,AVG(单价)AS 均价 FROM Stock;

GROUP BY 交易所 INTO DBF Temp

执行该语句后 Temp 表中第二条记录的"均价"字段的内容是(　　)。

A) 7.48　　B) 9.99　　C) 13.73　　D) 15.20

7. 执行如下 SQL 语句后:

SELECT DISTINCT 单价 FROM Stock;

WHERE 单价 = (SELECT MIN(单价)FROM Stock)INTO DBF stock_x

表 stock_x 中的记录个数是(　　)。

A) 1　　B) 2　　C) 3　　D) 4

8. 求每个交易所的平均单价的 SQL 语句是(　　)。

A) SELECT 交易所,avg(单价)FROM Stock GROUP BY 单价

B) SELECT 交易所,avg(单价)FROM Stock ORDER BY 单价

C) SELECT 交易所,avg(单价)FROM Stock ORDER BY 交易所

D) SELECT 交易所,avg(单价)FROM Stock GROUP BY 交易所

9. 将 Stock 表的股票名称字段的宽度由8改为10,应用 SQL 语句(　　)。

A) ALTER TABLE Stock 股票名称 WITH c(10)

B) ALTER TABLE Stock 股票名称 c(10)

C) ALTER TABLE Stock ALTER 股票名称 c(10)

D) ALTER Stock 股票名称 c(10)

10. 在当前盘当前目录下删除表 Stock 的命令是(　　)。

A) DROP Stock　　B) DELETE TABLE Stock

C) DROP TABLE Stock　　D) DELETE Stock

二、填空题

1. 使用 SQL 语句将一条新的记录插入课程表 Kc.dbf：

INSERT ________ Kc（课程号，课程名，学分）________（"431231"，"自动控制原理"，3）

2. 使用 SQL 语句求"刘丽"的总分：

SELECT ________（成绩）FROM Cj；

WHERE 学号 IN（SELECT 学号 FROM ________ WHERE 姓名 ="刘丽"）

3. 使用 SQL 语句完成操作：将所有高等数学的成绩提高 3%：

UPDATE cj SET 成绩 = 成绩 * 1.03 ________课程号 IN；

SELECT 课程号________ Kc WHERE 课程名 ="高等数学（上）"

4. 要将第 2 题的查询结果存入永久表中，应使用________短语。

5. 在 SQL 命令中用于求和与计算平均值的函数为________和________。

实　训

【实训目的】

1. 熟练掌握常用函数的用法、各种数据类型常量的表示方法。

2. 掌握各种类型表达式的书写方法、运算符的优先级别。

【实训内容】

说明：第 1 ~ 5 题在数据表 Stock.dbf 中进行操作，第 6 ~ 10 题在订货管理库中进行操作。

1. 从表中检索出单价在 7.48 和 13.50 之间的股票信息。

2. 从表中检索出单价为 14.59 和 15.20 的股票信息。

3. 找出所有交易所不是上海的股票信息。

4. 在 Stock 表的基础上定义一个视图，它包含股票名称和交易所两个字段。

5. 删除视图 v1。

6. 列出总金额大于所有订购单总金额平均值的订购单（o1）清单（按"客户号"升序排列），并将结果存储到 r2 表中（表结构与 o1 表结构相同）。

7. 列出客户名为"三益贸易公司"的订购单明细（o2）记录（将结果先按"订单号"升序排列，同一订单的再按"单价"降序排列），并将结果存储到 r3 表中（表结构与 o2 表结构相同）。

8. 将 c1 表中的全部记录追加到 c 表中，然后用 SQL－SELECT 语句完成查询：列出目前有订购单的客户信息（即有对应的 o1 记录的 c 表中的记录），同时要求按"客户号"升序排列，并将结果存储到 r4 表中（表结构与 c 表结构相同）。

9. 将 o2 表中的全部记录追加到 o3 表中，然后用 SQL－SELECT 语句完成查询：列出所有订购单的订单号、订购日期、器件名和总金额（按"订单号"升序排列），并将结果存储到 r5 表中（其中订单号、订购日期、总金额取自 o1 表，器件号、器件名取自 o2 表）。

10. 将 o1 表中的全部记录追加到 o1 表中，然后用 SQL－SELECT 语句完成查询：

按"总金额"降序列出所有客户的客户号、客户名及其订单号和总金额，并将结果存储到 r6 表中（其中客户号、客户名取自 c 表，订单号、总金额取自 o1 表）。

第14章 常用函数

函数是用程序来实现的一种数据运算或转换。每一个函数都有特定的数据运算或转换功能，它往往需要若干个自变量，即运算对象，但只能有一个运算结果，称为函数值或返回值。函数可以用函数名和一对圆括号加以调用，自变量放在圆括号里，如LEN（x）。

函数调用可以出现在表达式里，表达式将函数的返回值作为自己运算的对象。函数调用也可作为一条命令使用，但此时系统忽略函数的返回值。

本章将常用函数分为数值函数、字符处理函数、日期类函数、数据类型转换函数、测试函数**5**类，下面将通过举例分别介绍。

14.1 数值函数

数值函数是指函数值为数值的一类函数，它们的自变量和返回值往往都是数值型数据。

1. 绝对值函数

格式：ABS(〈数值表达式〉)

功能：返回指定的数值表达式的绝对值。

例如：

```
? ABS(10),ABS( -5)
10        5
```

2. 符号函数

格式：SIGN(〈数值表达式〉)

功能：返回指定数值表达式的符号。当表达式的运算结果为正、负和零时，函数值分别为1、-1和0。

例如：

```
? SIGN( -10),SIGN(0),SIGN(5)
-1        0        1
```

3. 求平方根函数

格式：SQRT(〈数值表达式〉)

功能：返回指定表达式的平方根。自变量表达式的值不能为负。

例如：

```
? SQRT(4)
2
```

4. 圆周率函数

格式:PI()

功能:返回圆周率π(数值型)。该函数没有自变量。

5. 求整数函数

格式:INT(〈数值表达式〉)

CEILING(〈数值表达式〉)

FLOOR(〈数值表达式〉)

功能:INT()返回指定数值表达式的整数部分。

CEILING()返回大于或等于指定数值表达式的最小整数。

FLOOR()返回小于或等于指定数值表达式的最大整数。

例如:

```
X=5.8
? INT(X),INT(-X),CEILING(X),CEILING(-X),FLOOR(X),FLOOR(-X)
5    -5    6    -5    5    -6
```

6. 四舍五入函数

格式:ROUND(〈数值表达式1〉,〈数值表达式2〉)

功能:返回指定表达式在指定位置四舍五入后的结果。

说明:〈数值表达式2〉指明四舍五入的位置。若〈数值表达式2〉大于等于0,那么它表示的是要保留的小数位数,若〈数值表达式2〉小于0,那么它表示的是整数部分的舍入位数。

例如:

```
X=645.345
? ROUND(X,2),ROUND(X,1),ROUND(X,0),ROUND(X,-1)
645.35    645.3    645    650
```

7. 求余数函数

格式:MOD(〈数值表达式1〉,〈数值表达式2〉)

功能:返回两个数值相除后的余数。

说明:〈数值表达式1〉是被除数,〈数值表达式2〉是除数。余数的正负号与除数相同。如果被除数与除数同号,那么函数值即为两数相除的余数;如果被除数与除数异号,则函数值为两数相除的余数再加上除数的值。

例如:

```
? MOD(10,3),MOD(10,-3),MOD(-10,3),MOD(-10,-3)
1        -2        2        -1
```

8. 求最大值和最小值函数

格式:MAX(〈数值表达式1〉,〈数值表达式2〉,[,〈数值表达式3〉…]

MIN(〈数值表达式1〉,〈数值表达式2〉,[,〈数值表达式3〉…]

功能:MAX()计算各自变量表达式的值,并返回其中的最大值。

MIN()计算各自变量表达式的值,并返回其中的最小值。

说明:自变量表达式的类型可以是数值型、字符型、货币型、双精度型、浮点型、日期型和日期时间型,但所有表达式的类型必须相同。

例如:

```
? MAX(8,100),MAX('8','100'),MIN('工作','学习','休息')
100          8              工作
```

14.2 字符函数

字符函数是指自变量一般是字符型数据的函数。

1. 求字符串长度函数

格式:LEN(〈字符表达式〉)

功能:返回指定字符表达式值的长度,即所包含的字符个数。函数值为数值型。

例如:

```
X = "book"
? LEN(X)
4
```

2. 小写转换函数

格式:LOWER(〈字符表达式〉)

功能:将指定表达式值中的大写字母转换成小写字母,其他字符不变。

例如:

```
? LOWER('BOOK'),LOWER('abcDeFg20')
book          abcdefg20
```

3. 大写转换函数

格式:UPPER(〈字符表达式〉)

功能:将指定表达式值中的小写字母转换成大写字母,其他字符不变。

例如:

```
? UPPER('work'),UPPER('abcDeFg')
WORK          ABCDEFG
```

4. 空格字符串生成函数

格式:SPACE(〈数值表达式〉)

功能:返回由指定数目的空格组成的字符串。

5. 删除前后空格函数

格式:TRIM(〈字符表达式〉

LTRIM(〈字符表达式〉)

ALLTRIM(〈字符表达式〉)

功能:TRIM()返回指定字符表达式值去掉尾部空格后形成的字符串。

LTRIM()返回指定字符表达式值去掉前导空格后形成的字符串。

ALLIRIM( )返回指定字符表达式值去掉前导和尾部空格后形成的字符串。

例如：

```
STORE SPACE(1) + "VFP" + SPACE(3) TO X
? TRIM(X) + LTRIM(X) + ALLTRIM(X)
VFPVFP   VFP
? LEN(X),LEN(TRIM(X)),LEN(LTRIM(X)),LEN(ALLTRIM(X))
7        4        6        3
```

6. 取子串函数

格式：LEFT(〈字符表达式〉,〈长度〉)

RIGHT(〈字符表达式〉,〈长度〉)

SUBSTR(〈字符表达式〉,〈起始位置〉[,〈长度〉])

功能：LEFT( )从指定表达式值的左端取一个指定长度的子串作为函数值。

RIGHT( )从指定表达式值的右端取一个指定长度的子串作为函数值。

SUBSTR( )从指定表达式的值指定起始位置取指定长度的子串作为函数值。

说明：在 SUBSTR( )函数中，若缺省第 3 个自变量〈长度〉，则函数从指定位置一直取到最后一个字符。

例如：

```
STORE "GOOD BYE!" TO X
? LEFT (X,2),SUBSTR(X,6,2) + SUBSTR(X,6),RIGHT(X,3)
GO BYBYE! YE!
```

7. 计算子串出现次数函数

格式：OCCURE(〈字符表达式 1〉,〈字符表达式 2〉)

功能：返回第一个字符串在第二个字符串中出现的次数，函数值为数值型。若第一个字符串不是第二个字符串的子串，函数值为 0。

例如：

```
STORE 'abarabcadababcr' TO X
? OCCURS ('a',X),OCCURS('b',X),OCCURS('c',X),OCCURS('f',X),OCCURS('r',X)
6        4        2        0        2
```

8. 求子串位置函数

格式：AT(〈字符表达式 1〉,〈字符表达式 2〉[,〈数值表达式〉])

ATC(〈字符表达式 1〉,〈字符表达式 2〉[,〈数值表达式〉])

功能：AT( )的函数值为数值型。如果〈字符表达式 1〉是〈字符表达式 2〉的子串，则返回〈字符表达式 1〉值的首字符在〈字符表达式 2〉值中的位置；若不是子串，则返回 0。

说明：ATC( )与 AT( )功能类似，但在子串比较时不区分字母大小写。

第 3 个自变量〈数值表达式〉用于表明要在〈字符表达式 2〉值中搜索〈字符表达式 1〉值的第几次出现，其默认值是 1。

例如：

```
STORE "This is Visual FoxPro" TO x
? AT("pro",x),ATC("fox",x),AT("is",x),AT("xo",x)
0        16        3        0
```

9. 子串替换函数

格式:STUFF(〈字符表达式1〉,〈起始位置〉,〈长度〉,〈字符表达式2〉)

功能:用〈字符表达式2〉值替换〈字符表达式1〉中由〈起始位置〉和〈长度〉指明的一个子串。

说明:替换和被替换的字符个数不一定相等。如果〈长度〉值是0,〈字符表达式2〉则插在由〈起始位置〉指定的字符前面。如果〈字符表达式2〉值是空串,那么〈字符表达式1〉中由〈起始位置〉和〈长度〉指明的子串被删去。

例如:

```
STORE 'GOOD BYE! ' TO X1
STORE 'MORNING' TO X2
? STUFF(x1,6,3,X2),STUFF(X1,1,4,X2)
GOOD MORNING! MORNING BYE!
```

10. 字符替换函数

格式:CHRTRAN(〈字符表达式1〉,〈字符表达式2〉,〈字符表达式3〉)

功能:当第1个字符串中的一个或多个字符与第2个字符串中的某个字符相匹配时,就用第3个字符串中的对应字符(相同位置)替换这些字符。

说明:如果第3个字符串包含的字符个数少于第2个字符串包含的字符个数,因而没有对应字符,那么第1个字符串中相匹配的各字符将被删除。如果第3个字符串包含的字符个数多于第2个字符串包含的字符个数,多余字符被忽略。该函数的自变量是3个字符表达式。

例如:

```
x1 = CHRTRAN("ABACAD","ACD","X12")
y1 = CHRTRAN("计算机 ABC","计算机","电脑")
z1 = CHRTRAN("大家好!","大家","您")
? xl,y1,z1
XBX1X2 电脑 ABC 您好!
```

11. 字符串匹配函数

格式:LIKE(〈字符表达式1〉,〈字符表达式2〉)

功能:比较两个字符串对应位置上的字符,若所有对应字符都相匹配,则函数返回逻辑真(.T.),否则返回逻辑假(.F.)。

说明:〈字符表达式1〉中可以包含通配符 * 和?。 * 可与任何数目的字符相匹配,? 可以与任何单个字符相匹配。

例如:

```
STORE "abc" TO X
STORE "abcd" TO y
? LIKE("ab * ",x),LIKE("ab * ",y),LIKE(x,y),LIKE("? b?",x),LIKE("Abc",x)
.T.          .T.          .F.          .T.          .F.
```

14.3 日期和时间函数

日期和时间函数的自变量一般是日期型数据或日期时间型数据。

1. 系统日期和时间函数

格式:DATE( )
TIME( )
DATETIME( )

功能:DATE( )返回当前系统日期,函数值为日期型。
TIME( )以24小时制、hh:mm:ss格式返回当前系统时间,函数值为字符型。
DATETIME( )返回当前系统日期时间,函数值为日期时间型。

例如:

```
? DATE( ),TIME( ),DATETIME( )
09/25/18    16:59:05    09/25/18  16:59:05PM
```

2. 求年份、月份和天数函数

格式:YEAR(〈日期表达式〉|〈日期时间表达式〉)
MONTH(〈日期表达式〉|〈日期时间表达式〉)
DAY(〈日期表达式〉|〈日期时间表达式〉)

功能:YEAR( )从指定的日期表达式或日期时间表达式中返回年份(如2018)。
MONTH( )从指定的日期表达式或日期时间表达式中返回月份。
DAY( )从指定的日期表达式或日期时间表达式中返回月里面的天数。

说明:这3个函数的返回值都为数值型。

例如:

```
STORE {^2018-09-25} TO d
? YEAR(d),MONTH(d),DAY(d)
2018      9       25
```

3. 时、分和秒函数

格式:HOUR(〈日期时间表达式〉)
MINUTE(〈日期时间表达式〉)
SEC(〈日期时间表达式〉)

功能:HOUR( )从指定的日期时间表达式中返回小时部分(24小时制)。
MINUTE( )从指定的日期时间表达式中返回分钟部分。
SEC( )从指定的日期时间表达式中返回秒数部分。

说明:这3个函数的返回值都为数值型。

例如:

```
STORE{^2018-09-25 04:20:40 P} TO t
? HOUR(t),MINUTE(t),SEC(t)
16       20       40
```

14.4 数据类型转换函数

数据类型转换函数的功能是将某一种类型的数据转换成另一种类型的数据。

1. 数值转换成字符串

格式:STR(〈数值表达式〉[,〈长度〉[,〈小数位数〉]])

功能:将〈数值表达式〉的值转换成字符串,转换时根据需要自动进行四舍五入。

说明:

① 返回字符串的理想长度 L 应该是〈数值表达式〉值的整数部分位数加上〈小数位数〉值,再加上一位小数点。

② 如果〈长度〉值大于 L,则字符串加前导空格以满足规定的〈长度〉要求。

③ 如果〈长度〉值大于等于〈数值表达式〉值的整数部分位数(包括负号)但又小于 L,则优先满足整数部分而自动调整小数位数。

④ 如果〈长度〉值小于〈数值表达式〉值的整数部分位数,则返回一串星号(*)。

⑤〈小数位数〉的默认值为 0,〈长度〉的默认值为 10。

例如:

```
STORE -834.456 TO X
?"X = " + STR(X,8,3)
X = -834.456
? STR(x,9,2),STR(X,6,2),STR(X,3),STR(X,6),STR(X)
-834.46      -834.5      ***      -834      -834
```

2. 字符串转换成数值

格式:VAL(〈字符表达式〉)

功能:将由数字符号(包括正负号、小数点)组成的字符型数据转换成相应的数值型数据。

说明:

① 若字符串内出现非数字字符,那么只转换前面部分。

② 若字符串的首字符不是数字符号,则返回数值零,但忽略前导空格。

例如:

```
STORE '-6789' TO x
STORE '.23' TO y
STORE 'A42' TO z
? VAL(x),VAL(x+y),VAL(x+z),VAL(z+y)
-6789.00      -6789.23      -6789.00      0.00
```

3. 字符串转换成日期或日期时间

格式:CTOD(〈字符表达式〉)

　　CTOT(〈字符表达式〉)

功能:CTOD()将〈字符表达式〉值转换成日期型数据。

　　CTOT()将〈字符表达式〉值转换成日期时间型数据。

说明:字符串中的日期部分格式要与 SET DATE TO 命令设置的格式一致。其中的年份可以用四位,也可以用两位。由 SET CENTURY OFF/ON 语句指定,OFF 是两位,ON 是四位。

例如:

```
SET DATE TO YMD
SET CENTURY ON          && 显示日期或日期时间时,用四位数显示年份
```

```
d1 = CTOD('2018/07/25')
t1 = CTOT('2018/07/25')
? d1,t1
2018/07/25      2018/07/25    12:00:00AM
```

这里,SET CENTURY TO 语句指定小于51的两位数年份属于21世纪(19+1),而大于等于51的两位数年份属于20世纪(19)。

4. 日期或日期时间转换成字符串

格式:DTOC(〈日期表达式〉|〈日期时间表达式〉[,1])

TTOC(〈日期时间表达式〉[,1])

功能:DTOC()将日期型数据或日期时间数据的日期部分转换成字符串。

TTOC()将日期时间数据转换成字符串。

说明:

① 字符串中日期部分的格式与SET DATE TO语句的设置和SET CENTURY ON | OFF(ON为四位年份,OFF为两位数年份)语句的设置有关。

② 时间部分的格式与SET HOURS TO 12 | 24语句的设置有关。

③ DTOC()函数,如果使用选项1,则字符串的格式总是YYYYMMDD,共8个字符。对TTOC()来说,如果使用选项1,则字符串的格式总是为YYYYMMDDHHMMSS,采用24小时制,共14个字符。

例如:

```
STORE DATETIME() TO t
? t
09/25/18 12:54:49 PM
? DTOC(t),TTOC(t),TTOC(t,1)
09/25/18   09/25/18   12:54:49PM   20180925125449
```

5. 宏替换函数

格式:&(字符型变量)[.]

功能:替换出字符型变量的内容,即&的值是变量中的字符串。

说明:如果该函数与其后的字符无明确分界,则要用"."做函数结束标识。宏替换可以嵌套使用。

例如:

```
STORE "ZGDA" TO X
USE & X                      && 相当于 USE ZGDA
XM = "姓名"
? &XM  + "你好!"             && 相当于? 姓名 + "你好!"
张黎黎你好!                  && 字段变量姓名的值是张黎黎
SKIP                         && 转到下条记录
? XM,& XM                    && 相当于? XM.姓名
姓名      李艳
```

14.5 测试函数

在数据处理过程中，有时用户需要了解操作对象的状态。例如，要使用的文件是否存在、数据库的当前记录号是否到达了文件尾、检索是否成功、某工作区中记录指针所指的当前记录是否有删除标记、数据类型等信息。尤其是在运行应用程序时，常常需要根据测试结果来决定下一步的处理方法或程序走向。

1. 空值（NULL 值）测试函数

格式：ISNULL(〈表达式〉)

功能：判断一个表达式的运算结果是否为 NULL 值，若是 NULL 值则返回逻辑真(.T.)，否则返回逻辑假(.F.)。

例如：

```
STORE .NULL. TO X
? X, ISNULL(X)
.NULL.          .T.
```

2. "空"值测试函数

格式：EMPTY(〈表达式〉)

功能：根据指定表达式的运算结果是否为"空"值，返回逻辑真(.T.)或逻辑假(.F.)。

说明：

① 这里所指的"空"值与 NULL 值是两个不同的概念。函数 EMPTY(.NULL.)的返回值为逻辑假(.F.)。

② 该函数自变量表达式的类型可以是数值型、字符型、逻辑型、日期型等类型。不同类型数据的"空"值，有不同的规定，如表 14.1 所示。

表 14.1 不同类型数据的"空"值规定

数据类型	"空"值	数据类型	"空"值
数值型	0	双精度型	0
字符型	空串、空格	日期型	空(如 CTOD(""))
货币型	0	日期时间	空(如 CTOT(""))
浮点型	0	逻辑型	.F.
整型	0	备注字段	空(无内容)

3. 数据类型测试函数

格式：VARTYPE(〈表达式〉[,〈逻辑表达式〉])

功能：测试〈表达式〉的类型，返回一个大写字母。

说明：

① 函数值为字符型。字母的含义如表 14.2 所示。

表 14.2 用 VARTYPE( ) 测得的数据类型

返回的字母	数据类型	返回的字母	数据类型
C	字符型或备注型	G	通用型
N	数值型、整型、浮点型或双精度型	D	日期型
Y	货币型	T	日期时间型
L	逻辑型	X	NULL 值
O	对象型	U	未定义

② 若〈表达式〉是一个数组,则根据第一个数组元素的类型返回字符串。若〈表达式〉的运算结果是 NULL 值,则根据〈逻辑表达式〉值决定是否返回〈表达式〉的类型。如果〈逻辑表达式〉值为.T.,就返回〈表达式〉的原数据类型。如果〈逻辑表达式〉值为.F.或缺省,则返回 X 以表明〈表达式〉的运算结果是 NULL 值。

例如:

```
X = "AAA"
STORE 10 TO X
STORE. NULL. TO Y
STORE " $ 100.2" TO Z
? VARTYPE(x),VARTYPE(Y,.T.),VARTYPE(Y),VARTYPE(Z)
N     C     X     C
```

4. 表文件尾测试函数

系统对表中的记录是逐条进行处理的。对于一个打开的表文件来说,在某一时刻只能处理一条记录。VFP 为每一个打开的表设置了一个内部使用的记录指针,指向正在被操作的记录,该记录称为当前记录。记录指针的作用是标识表的当前记录。

表文件的逻辑结构如图 14.1 所示。最上面的记录是首记录,记为 TOP,最下面的记录是尾记录,记为 BOTTOM。在第一个记录之前有一个文件起始标识(Beginning of File,BOF);在最后一个记录的后面有一个文件结束标识(End of File,EOF)。使用测试函数能够得到指针的位置。刚刚打开表时,记录指针总是指向首记录。

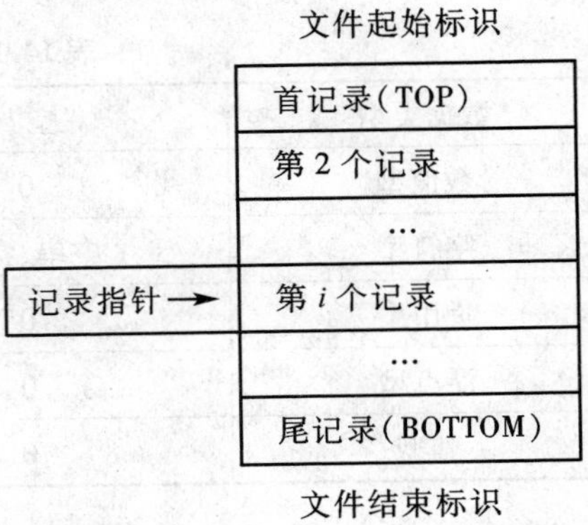

文件起始标识

首记录(TOP)

第 2 个记录

…

记录指针 → 第 i 个记录

…

尾记录(BOTTOM)

文件结束标识

图 14.1 表文件的逻辑结构

格式:EOF([〈工作区号〉|〈表别名〉])

功能:测试指定表文件中的记录指针是否指向文件尾,若是则返回逻辑真.T.,否则返回逻辑假.F.。

说明:表文件尾是指最后一条记录的后面位置。若缺省自变量,则测试当前表文件。若在指定工作区上没有打开表文件,则函数返回逻辑假.F.。若表文件中不包含任何记录,则函数返回逻辑真.T.。

例如:

```
USE ZGDA
```

```
GO BOTTOM
? EOF()
.F.
SKIP
? EOF(),EOF(2)            &&2 号工作区没有打开表
.T.        .F.
```

5. 表文件首测试函数

格式:BOF([〈工作区号〉|〈表别名〉])

功能:测试当前表文件(若缺省自变量)或指定表文件中的记录指针是否指向文件首,若是则返回逻辑真.T.,否则返回逻辑假.F.。

说明:表文件首是指第一条记录的前面位置。若指定工作区上没有打开表文件,则函数返回逻辑假.F.。若表文件中不包含任何记录,则函数返回逻辑真.T.。

6. 记录号测试函数

格式:RECNO([〈工作区号〉|〈表别名〉])

功能:返回当前表文件(若缺省自变量)或指定表文件中当前记录(记录指针所指记录)的记录号。

说明:如果指定工作区上没有打开表文件,函数值为0。如果记录指针指向文件尾,则函数值为表文件中的记录数加1。如果记录指针指向文件首,则函数值为表文件中第一条记录的记录号。

7. 记录个数测试函数

格式:RECCOUNT([〈工作区号〉|〈表别名〉])

功能:返回当前表文件(若缺省自变量)或指定表文件中的记录个数。如果指定工作区上没有打开表文件,则函数值为0。

说明:该函数返回的是表文件中物理上存在的记录个数。不管记录是否被逻辑删除以及SET DELETED的状态如何,也不管记录是否被过滤(SET FILTER),该函数都会把它们考虑在内。

例如:

```
USE ZGDA                              && 假定表中有8条记录
? BOF(),RECNO()                       && 显示.F.    1
SKIP -1
? BOF(),RECNO()                       && 显示.T.    1
G0 BOTTOM
? EOF(),RECNO()                       && 显示.F.    8
SKIP
? EOF(),RECNO(),RECCOUNT()            && 显示.T.    9    8
```

8. 条件测试函数

格式:IIF(〈逻辑表达式〉,〈表达式1〉,〈表达式2〉)

功能:测试〈逻辑表达式〉的值,若为逻辑真.T.,函数返回〈表达式1〉的值;若为逻辑假.F.,函数返回〈表达式2〉的值。

说明:〈表达式1〉和〈表达式2〉的类型不要求相同。

例如:

```
X=100
Y=300
? IIF(X>100,X-50,X+50),IIF(Y>100,Y-50,Y+50)
150        250
SET CENTURY ON
STORE DATE() TO D
STORE DTOC(D) TO X
? X,IIF(LEN(X)=8,"这是两位数年份","年份是:"+STR(YEAR(D),4))
2018/09/25        年份是:2018
```

9. 记录删除测试函数

格式:DELETED([〈表的别名〉|〈工作区号〉])

功能:测试指定的表,或在指定工作区中所打开的表,记录指针所指的当前记录是否有删除标记"*"。若有则为真,否则为假。若缺省自变量,则测试当前工作区中所打开的表。

例如:

```
SELECT 0                                        && 选择最小号空闲工作区
USE ZGDA                                        && 打开职工表
DELETE FOR 性别="女"AND 职称="助教"             && 逻辑删除记录
     2          删除记录
LIST 姓名,性别 FOR DELETED()                    && 列出被逻辑删除的记录
记录号    姓名      性别
   1    *张黎黎      女
   2    *李  艳      女
```

VFP 6.0 提供非常丰富的函数,在此仅列举一些常用函数的例子,希望读者在今后的学习中逐渐体会各种函数的功能。

习 题

一、选择题

1. 在 Visual FoxPro 中,有下面几个内存变量赋值语句:

```
X={^2018-07-28 10:15:20PM}
Y=.T.
M=$ 123.45
N=123.45
Z="123.45"
```

执行上述赋值语句之后,内存变量 X、Y、M、N 和 Z 的数据类型分别是(　　)。

A) D、L、Y、N、C　　　B) D、L、M、N、C

C) T、L、M、N、C　　　D) T、L、Y、N、C

2. 以下日期值正确的是(　　)。

A) {"2018－05－25"}　　B) {^2018－05－25}

C) {2018－05－25}　　D) {[2018－0525]}

3. 在下面的 Visual FoxPro 表达式中,不正确的是(　　)。

A) [^2018－05－01]＋[1000]　　B) {^2018－05－01}－DATE()

C) {^2018－05－01}＋DATE()　　D) {^2018－05－01 10:10:10AM}－10

4. 在下面的 Visual FoxPro 表达式中,运算结果是逻辑真的是(　　)。

A) EMPTY(.NULL.)　　B) LIKE('acd','ac?')

C) AT('a','123abc')　　D) EMPTY(SPACE(2))

5. 设 D＝5＞6,命令? VARTYPE(D)的输出值是(　　)。

A) L　　B) C　　C) N　　D) D

6. 在下列函数中,函数值为数值的是(　　)。

A) BOF()　　B) CTOD('01/01/18')

C) SUBSTR(DTOC(DATE()),7)　　D) AT('人民','中华人民共和国')

7. 设 N＝886,M＝345,K＝"M＋N",表达式 1＋&K 的值是(　　)。

A) 1232　　B) 数据类型不匹配

C) 1＋M＋N　　D) 346

8. 表达式 VAL(SUBSTR("奔腾 586",5,1)) * LEN("Visual FoxPro")的结果是

A) 13.00　　B) 14.00

C) 15.00　　D) 16.00

9. 连续执行以下命令之后,最后一条命令的输出结果是(　　)。

```
SET EXACT OFF
X = "A"
? IIF("A" = X,X - "BCD",X + "BCD")
```

A) A　　B) BCD

C) ABCD　　D) A　BCD

二、填空题

1. 命令? ROUND(337.2009,3)的执行结果是________。
2. 命令? LEN("THIS IS MY BOOK")的结果是________。
3. TIME()返回值的数据类型是________。
4. 顺序执行下列操作后,界面最后显示的结果是________和________。

```
Y = DATE()
H = DTOC(Y)
? VARTYPE(Y),VARTYPE(H)
```

5. 命令? STR(456.5678,8,2)的执行结果是________。
6. 命令? STR(456.5678,6,3)的执行结果是________。
7. 命令? VAL("150.45")＋100 的执行结果是________。
8. 命令? VAL("30a3.45")的执行结果是________。
9. 命令? AT("人民","中华人民共和国")的执行结果是________。
10. 命令? VAL(SUBSTR('668899',5,2))＋1 的执行结果是________。
11. 命令? SUBSTR('668899',3)－"1"的执行结果是________。

实训

【实训目的】

1. 熟练掌握常用函数的用法、各种数据类型常量的表示方法。
2. 掌握各种类型表达式的书写方法、运算符的优先级别。

【实训内容】

上机执行下述命令,熟悉函数的功能。

1.
```
B = DTOC(DATE().1)
?"今天是:" + LEFT(B,4) + "年" + IIF(SUBS(B,5,1) = "0",;
    SUBS(B,6,2)),SUBS(B,5,2)) + "月" + RIGHT(B,2) + "日"
```

2.
```
X = STR(12.4,4,1)
Y = RIGHT(X.3)
Z = "&Y + &X"
? Z. &Z
```

3.
```
X = "苹果"
Y = "个人计算机"
? LEN(X),RIGHT(Y,7)
? "&X. &Y"
```

4.
```
DD = DATE()
?   STR(YEAR(DD),4) + "年" + STR(MONTH(DD),2) + "月";
    + STR(DAY(DD),2) + "日"
```

5.
```
? STR(123.5678,6,3)          &&  123.57
```

6.
```
? VAL("123.45") + 100        &&  223.45
```

7. 测试函数 BOF()、EOF()、RECNO()的使用方法。

```
USE ZGDA
? BOF()                      &&  .F.
? RECNO()                    &&  1 刚刚打开的表,指针指向首记录
SKIP  -1                     &&  指针向上移动一条记录
? BOF()                      &&  .T.
? RECNO()                    &&  1 表可访问的最小记录号为1
GO BOTTOM                    &&  指针指向尾记录
? EOF()                      &&  .F.
? RECNO()                    &&  8 假设表中只有8条记录,指针指向首记录
SKIP                         &&  指针向下移动一条记录
? EOF()                      &&  .T.
? RECNO()                    &&  9 表示可访问的最大记录号为记录总数 +1,假设表
                             &&  中只有8条记录
? RECCOUNT()                 &&  8 假设表中只有8条记录
```